Python 网络爬虫案例实战

李晓东 ◎ 编著
Li Xiaodong

清華大學出版社
北京

内容简介

本书介绍如何利用Python开发网络爬虫，实用性较强。本书以案例项目为驱动，由浅入深地讲解爬虫开发中所需要的知识和技能。从静态网站到动态网站，从单机爬虫到分布式爬虫，既包含基础知识点，又讲解了关键问题和重难点问题，包含从入门到进阶的所有知识。本书主要包括爬虫网络概述、Web前端、静态网络抓取、动态网页抓取、解析网页、Python并发、数据库、反爬虫、乱码问题、登录与验证码、采集服务器、基础爬虫、App爬取、分布式爬虫、爬虫的综合实战等内容。

本书适合Python初学者，也适合研究Python的广大科研人员、学者、工程技术人员。

图书在版编目(CIP)数据

Python网络爬虫案例实战/李晓东编著. —北京：清华大学出版社，2021.1（2023.8重印）
（清华开发者书库・Python）
ISBN 978-7-302-56228-3

Ⅰ.①P… Ⅱ.①李… Ⅲ.①软件工具—程序设计 Ⅳ.①TP311.561

中国版本图书馆CIP数据核字(2020)第156119号

责任编辑：刘 星 李 晔
封面设计：刘 键
责任校对：李建庄
责任印制：杨 艳

出版发行：清华大学出版社
网 址：http://www.tup.com.cn，http://www.wqbook.com
地 址：北京清华大学学研大厦A座 **邮 编**：100084
社 总 机：010-83470000 **邮 购**：010-62786544
投稿与读者服务：010-62776969，c-service@tup.tsinghua.edu.cn
质量反馈：010-62772015，zhiliang@tup.tsinghua.edu.cn
课件下载：http://www.tup.com.cn，010-83470236
印 装 者：三河市春园印刷有限公司
经 销：全国新华书店
开 本：185mm×260mm **印 张**：23.5 **字 数**：573千字
版 次：2021年1月第1版 **印 次**：2023年8月第3次印刷
印 数：3001～3500
定 价：89.00元

产品编号：088014-01

前言

PREFACE

人类社会已经进入大数据时代,大数据深刻改变着人们的工作和生活。随着互联网、移动互联网社交网络等的迅猛发展,各种数量庞大、种类繁多、随时随地产生和更新的大数据,蕴含着前所未有的社会价值和商业价值。对大数据的获取、处理和分析,以及基于大数据的智能应用,已成为提高未来竞争力的关键要素。

但如何获取这些宝贵数据呢? 网络爬虫就是一种高效的信息采集技术,利用它可以快速、准确地采集人们想要的各种数据资源。因此,可以说,网络爬虫技术已成为大数据时代IT从业者的必修课程。

在互联网时代,强大的爬虫技术造就了很多伟大的搜索引擎公司,使人类的搜索能力得到了巨大的延展。今天在移动互联网时代,爬虫技术仍然是支撑一些信息融合应用(如"今日头条")的关键技术。但是,今天爬虫技术面临着更大的挑战,与互联网的共享机制不同,很多资源只有在登录之后才能访问,还采取了各种反爬虫措施,这就让爬虫不那么容易访问这些资源。网络爬虫与反爬虫措施是矛与盾的关系,网络爬虫技术就是在这种针锋相对、见招拆招的不断斗争中,逐渐完善和发展起来的。无论是产品还是研究,都需要大量的优质数据来使机器更加智能。因此,在这个时代,从业者急需一本全面介绍爬虫技术的书,因此本书就诞生了。

本书介绍了基于Python 3进行网络爬取的各项技术,如环境配置、理论基础进阶实战、分布式规模采集等,详细介绍了网络爬虫开发过程中需要了解的知识点,并通过多个案例介绍了不同场景下采用不同爬虫技术实现数据爬取的过程。

1. 本书特色

- 深入浅出。本书是一本适合初学者的书籍,既有对基础知识点的讲解,也涉及关键问题和重点难点的分析和解决。
- 图文并茂。本书每章节都是理论与实践相结合,通过文字与图片介绍完相关理论知识点后,都会通过相关实战来演示总结,产生结果,并对结果进行说明。
- 具有完整的源代码,应用价值高。书中所有的代码都提供了免费资源,使读者学习更方便,而且随着图书内容的推进,项目不断趋近于工程化,具有很高的应用价值和参考性。

2. 本书主要内容

全书共15章。

第1章介绍了爬虫网络的基本概述,主要包括HTTP基本原理、网页基础知识、网络爬虫合法性、网络爬虫技术等内容。

第2章介绍了Python平台及Web前端,主要包括Python软件的介绍及安装、数据类型、面向对象编程及 Web 前端等内容。

第 3 章介绍了静态网页抓取，主要包括 Requests 的安装、获取响应内容、JSON、传递 URL 参数等内容。

第 4 章介绍了动态网页抓取，主要包括动态的抓取实例、Ajax 抓取、Selenium 抓取动态网页等内容。

第 5 章介绍了解析网页，主要包括正则表达式解析网页、BeautifulSoup 解析网页、lxml 解析网页等内容。

第 6 章介绍了 Python 并发与 Web，主要包括并发和并行、同步和异步、阻塞与非阻塞、线程、队列、进程、协程等内容。

第 7 章介绍了 Python 数据库存储，主要包括几种保存方法、JSON 文件存储、存储到 MongoDB 数据库等内容。

第 8 章介绍了 Python 反爬虫，主要包括为什么会被反爬虫、反爬虫的方式有哪些、怎样"反反爬虫"等内容。

第 9 章介绍了 Python 中文乱码问题，主要包括什么是字符编码、Python 的字符编码、解决中文编码问题等内容。

第 10 章介绍了 Python 登录与验证码，主要包括处理登录表单、验证码处理等内容。

第 11 章介绍了 Python 采集服务器，主要包括使用服务器采集原因、动态 IP 拨号服务器、Tor 代理服务器等内容。

第 12 章介绍了 Python 基础爬虫，主要包括架构及流程、URL 管理器、HTML 下载器及 HTML 解析器等内容。

第 13 章介绍了 Python 的 App 爬取，主要包括 Charles 爬取、Appium 爬取、API 爬取等内容。

第 14 章介绍了 Python 分布式爬虫，主要包括主从模式、爬虫节点 Redis、操作 RabbitMQ 等内容。

第 15 章介绍了爬虫的综合实战，主要包括 Email 提醒、爬取 mp3 资源信息、创建"云起书院"爬虫以及使用代理爬取微信公众号文章等内容。

由于时间仓促，加之作者水平有限，错误和疏漏之处在所难免。在此，诚恳地期望得到各领域的专家和广大读者的批评指正，请发送邮件到 workemail6@163.com。本书提供的程序代码、习题答案等资料，请扫描下方二维码或者在清华大学出版社官方网站本书页面下载。

程序代码

习题答案

编　者

2020 年 10 月

目录

CONTENTS

第1章 爬虫网络概述

CHAPTER 1

在互联网软件开发工程师的分类中，爬虫工程师是非常重要的。爬虫工作往往是一个公司核心业务开展的基础，数据爬取下来，才有后续的加工处理和最终展现。此时数据的爬取规模、稳定性、实时性、准确性就显得非常重要。早期的互联网充分开放互联，数据获取的难度很小。随着各大公司对数据资源日益看重，反爬水平也不断提高，各种新技术不断给爬虫软件提出新的课题。

在写爬虫之前，需要了解一些基本知识，如HTTP原理、网页的基础知识、爬虫的基本原理、Cookie基本原理等。

1.1 HTTP基本原理

详细了解HTTP的基本原理，有助于进一步了解爬虫的基本原理。

1.1.1 URL和URL

先了解一下URI和URL。URI的全称为Uniform Resource Identifier，即统一资源标志符；URL的全称为Universal Resource Locator，即统一资源定位符。

举例来说，https://github.com/favicom.ico是GitHub的网站图标链接，它既是一个URL，也是一个URI，即有这样的一个图标资源，用URL/URI来唯一指定了它的访问方式，这其中包括了访问协议https、访问路径(/即根目录)和资源名称favicon.ico。通过这样一个链接，便可以从互联网上找到这个资源，这就是URL/URI。

URL是URI的子集，也就是说，每个URL都是URI，但不是每个URI都是URL。那么，怎样的URI不是URL呢？URI还包括一个子类叫作URN，它的全称为Universal Resource Name，即统一资源名称。URN只命名资源而不指定如何定位资源，比如urn:isbn:0451450523指定了一本书的ISBN，可以唯一标识这本书，但是没有指定怎样定位这本书，这就是URN。URL、URN和URI的关系可以用图1-1表示。

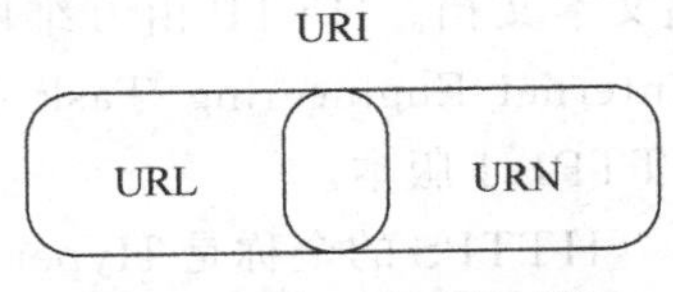

图1-1 URL、URN和URI关系图

但是在目前的互联网中，URN用得非常少，所以几乎所有的URI都是URL，一般的网页链接既可以称为URL，也可以称为URI。

1.1.2 超文本

接着，再了解一个概念——超文本，其英文名称为 hypertext，在浏览器中看到的网页就是超文本解析而成的，其网页浏览代码是一系列 HTML 代码，其中包含了一系列标签，比如 img 显示图片，p 指定显示段落等。浏览器解析这些标签后，便形成了平常看到的网页，而网页的源代码 HTML 就可以称作超文本。

例如，在 Chrome 浏览器中打开任意一个页面，如京东首页，右击任一位置并选择“检查”项（或直接按快捷键 F12），即可打开浏览器的开发者工具，这时单击 Elements 选项卡即可看到当前网页的源代码，这些源代码都是超文本，如图 1-2 所示。

图 1-2 源代码

1.1.3 HTTP 和 HTTPS

在京东首页 https://www.jd.com/中，URL 的开头会有 http 或 https，这就是访问资源需要的协议类型。有时，还会看到 ftp、sftp、smb 开头的 URL，它们都是协议类型。在爬虫中，爬取的页面通常是 http 或 https 协议的，此处首先了解一下这两个协议的含义。

HTTP 的全称为 Hyper Text Transfer Protocol，中文名叫作超文本传输协议。HTTP 协议是用于从网络传输超文本数据到本地浏览器的传送协议，它能保证高效而准确地传送超文本文档。HTTP 由万维网协议（World Wide Web Consortium）和 Internet 工作小组（Internet Engineering Task Force，IETF）共同合作制定的规范，目前广泛应用的是 HTTP1.1 版本。

HTTPS 的全称是 Hyper Text Transfer Protocol over Secure Socket Layer，是以安全为目标的 HTTP 通道，简单讲就是 HTTP 的安全版，即 HTTP 下加入 SSL 层，简称为 HTTPS。

HTTPS的安全基础是SSL,因此通过它传输的内容都是经过SSL加密的,它的主要作用可以分为两种:

- 建立一个信息安全通道来保证数据传输的安全。
- 确认网站的真实性,凡是使用了HTTPS的网站,都可以通过单击浏览器地址栏的锁头标志来查看网站认证之后的真实信息,也可以通过CA机构颁发的安全签证来查询。

现在越来越多的网站和App都已经向HTTPS方向发展,例如:

- 苹果公司强制所有iOS App在2017年1月1日前全部改为使用HTTPS加密,否则App就无法在应用商店上架。
- 谷歌从2017年1月推出的Chrome 56开始,对未进行HTTPS加密的网址链接亮出风险提示,即在地址栏的显著位置提醒用户"此网络不安全"。
- 腾讯微信小程序的官方需求文档要求后台使用HTTPS请求进行网络通信,不满足条件的域名和协议无法请求。

1.1.4 HTTP请求过程

在浏览器中输入一个URL,回车后便会在浏览器中观察到页面内容。实际上,这个过程是浏览器向网站所在的服务器发送了一个请求,网站服务器接收到这个请求后进行处理和解析,然后返回对应的响应,接着传回给浏览。响应中包含了页面的源代码等内容,浏览器再对其进行解析,然后便将网页呈现出来,模型如图1-3所示。

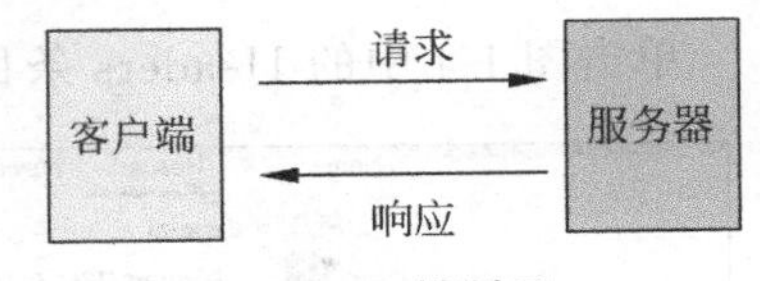

图1-3 模型图

此处客户端即代表自己的PC或手机浏览器,服务器即要访问的网站所在的服务器。

为了更直观地说明这个过程,这里用Chrome浏览器的开发者模式下的Network监听组件来做演示,它可以显示访问当前请求网页时发生的所有网络请求和响应。

打开Chrome浏览器,右击并选择"检查"项,即可打开浏览器的开发者工具。这里访问百度http://www.baidu.com/,输入该URL后回车,观察这个过程中发生了怎样的网络请求。可以看到,在Network页面下方出现了一个个的条目,其中一个条目就代表一次发送请求和接收响应的过程,如图1-4所示。

先观察第一个网络请求,即www.baidu.com。

其中各列的含义如下。

- 第一列Name:请求的名称,一般会将URL的最后一部分内容当作名称。
- 第二列Status:响应的状态码,这里显示为200,代表响应是正常的。通过状态码,可以判断发送了请求之后是否得到了正常的响应。
- 第三列Type:请求的文档类型,这里为document,代表这次请求的是一个HTML文档,内容就是一些HTML代码。
- 第四列Initiator:请求源,用来标记请求是由哪个对象或进程发起的。
- 第五列Size:从服务器下载的文件和请求的资源大小,如果是从缓存中取得的资源,则该列会显示from cache。
- 第六列Time:发起请求到获取响应所用的总时间。
- 第七列Waterfall:网络请求的可视化瀑布流。

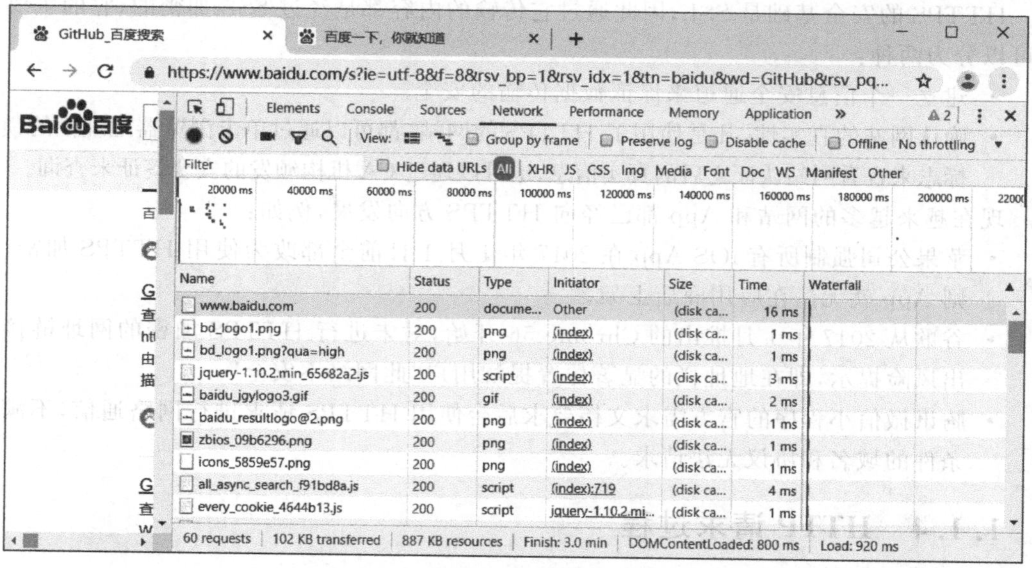

图 1-4 Network 面板

单击图 1-4 中的 Headers 条目，即可看到更详细的信息，如图 1-5 所示。

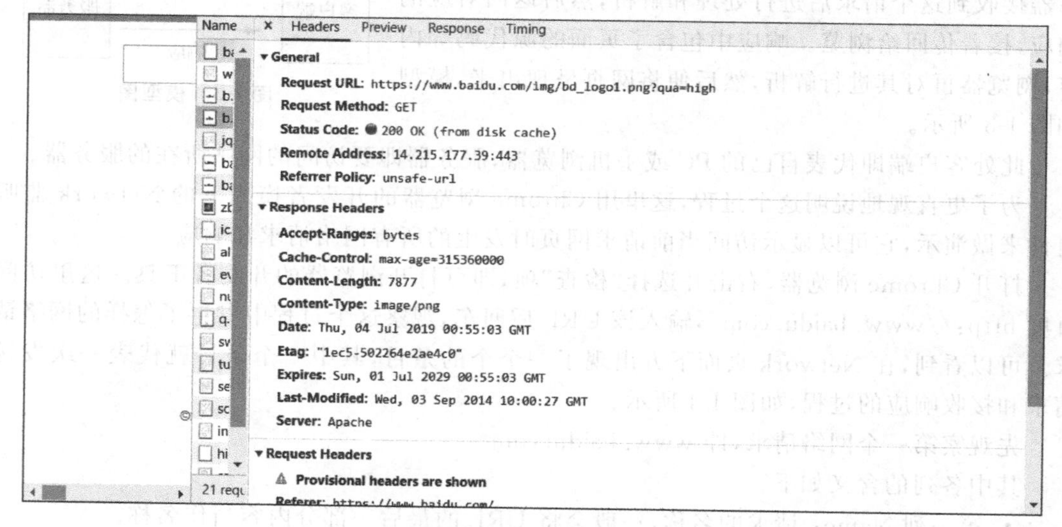

图 1-5 详细信息

在图 1-5 中，首先是 General 部分，Request URL 为请求的 URL，Request Method 为请求的方法，Status Code 为响应状态码，Remote Address 为远程服务器的地址和端口，Referrer Policy 为 Referrer 判别策略。

再往下可以看到，有 Response Headers 和 Request Headers，分别代表响应头和请求头。请求头中带有许多请求信息，例如浏览器标识、Cookie、Host 等信息，这是请求的一部分，服务器根据请求头内的信息判断请求是否合法，进而作出相应的响应。在图 1-5 中看到的 Response Headers 就是响应的一部分，例如其中包含了服务器的类型、文档类型、日期等信息，浏览器接收到响应后，解析响应内容，进而呈现网页的内容。

1.1.5 请求

请求,由客户端向服务端发出,可以分为4部分内容:请求方法(Request Method)、请求的网址(Request URL)、请求头(Request Header)、请求体(Request Body)。

1. 请求方法

常见的请求方法有两种:GET和POST。

在浏览器中直接输入URL并回车,这便发起了一个GET请求,请求的参数会直接包含到URL中。例如,在百度中搜索Python,这就是一个GET请求,链接为https://www.baidu.com/s?wd=Python,其中URL中包含了请求的参数信息,这里参数wd表示要搜寻的关键字。POST请求大多在表单提交时发起。比如,对于一个登录表单,输入用户名和密码后,单击“登录”按钮,这时通常会发起一个POST请求,其数据通常以表单的形式传输,而不会体现在URL中。

GET和POST请求方法有如下区别。

- GET请求中的参数包含在URL中,数据可以在URL中看到,而POST请求的URL不会包含这些数据,数据都是通过表单形式传输的,会包含在请求体中。
- GET请求提交的数据最多只有1024字节,而POST方式没有限制。

一般来说,登录时,需要提交用户名和密码,其中包含了敏感信息,使用GET方式请求,密码就会显露在URL中,造成泄露,所以这里最好以POST方式发送。上传文件时,由于文件内容比较大,也会选用POST方式。

平常遇到的绝大部分请求都是GET或POST请求,另外还有一些请求方法,如HEAD、PUT、DELETE、CONNECT、OPTIONS、TRACE等。请求方法总结见表1-1。

表1-1 请求方法

方法	描述
GET	请求页面,并返回页面内容
HEAD	类似于GET请求,只不过返回的响应中没有具体的内容,用于获取请求头
POST	大多用于提交表单或上传文件,数据包含在请求体中
PUT	从客户端向服务器传送的数据取代指定文档中的内容
DELETE	请求服务器删除指定的页面
CONNECT	把服务器当作跳板,让服务器代替客户端访问其他网页
OPTIONS	允许客户端查看服务器的性能
TRACE	回显服务器收到的请求,主要用于测试或诊断

2. 请求网址

请求的网址,即统一资源定位符URL,它可以唯一确定想请求的资源。

3. 请求头

请求头,用来说明服务器要使用的附加信息,比较重要的信息有Cookie、Referrer、User-Agent等。下面简要说明一些常用的头信息。

- Accept:请求报头域,用于指定客户端可接受哪些类型的信息。

- Accept-Language：指定客户端可接受的语言类型。
- Accept-Encoding：指定客户端可接受的内容编码。
- Host：指定请求资源的主机 IP 和端口号，其内容为请求 URL 的原始服务器或网关的位置。从 HTP1.1 版本开始，请求必须包含此内容。
- Cookie：也常用复数形式 Cookies，这里是网站为了辨别用户会话的数据而存储的用户数据。它的主要功能是维持当前访问会话。例如，输入用户名和密码成功登录某个网站后，服务器会用会话保存登录状态信息，后面每次刷新或请求该站点的其他页面时，会发现都是登录状态，这就是 Cookie 的功劳。Cookie 中有信息标识了所对应的服务器的会话，每次浏览器在请求该站点的页面时，都会在请求头中加上 Cookie 并将其发送给服务器，服务器通过 Cookie 识别出是我们自己，并且查出当前状态是登录状态，所以返回结果就是登录之后才能看到的网页内容。
- Referrer：此内容用来标识这个请求是从哪个页面发过来的，服务器可以通过这一信息做相应的处理，如进行来源统计、防盗链处理等。
- User-Agent：简称 UA，它是一个特殊的字符串头，可以使服务器识别客户使用的操作系统及版本、浏览器及版本等信息。在写爬虫时加上此信息，可以伪装为浏览器；如果不加，很可能被识别出为爬虫。
- Content-Type：也称作互联网媒体类型（Internet Media Type）或者 MIME 类型，在 HTTP 协议消息头中，它用来表示具体请求中的媒体类型信息。例如，text/html 代表 HTML 格式，image/gif 代表 GIF 图片，application/json 代表 JSON 类别，更多对应关系可以查看此对照表（见 http://tool.oschina.net/commons）。因此，请求头是请求的重要组成部分，在写爬虫时，大部分情况下都需要设定请求头。

4. 请求体

请求体一般承载的内容是 POST 请求中的表单数据，而对于 GET 请求，请求体则为空。例如，在此登录 GitHub 时捕获到的请求和响应如图 1-6 所示。

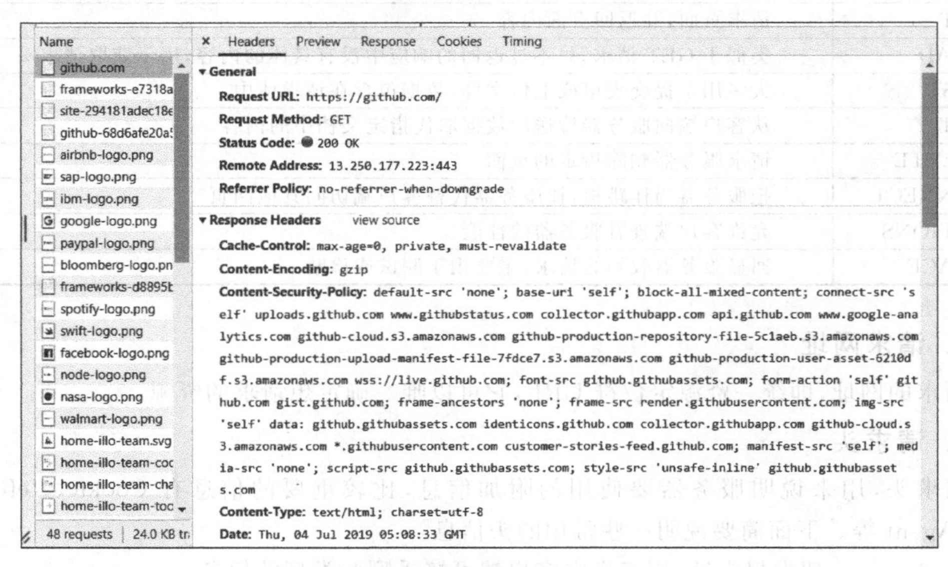

图 1-6 详细信息

登录之前，填写了用户名和密码信息，提交时这些内容就会以表单数据的形式提交给服务器，此时需要注意 Request Headers 中指定 Content-Type 为 application/x-www-form-urlencoded。只有设置 Content Type 为 application/x-www-form-urlencoded，才会以表单数据的形式提交。另外，也可以将 Content Type 设置为 application/json 提交 JSON 数据，或者设置为 multipart/form-data 来上传文件。

表 1-2 列出了 Content Type 和 POST 提交数据方式的关系。

表 1-2 Content Type 和 POST 提交数据方式的关系

Content Type	提交数据的方式
application/x-www-form-urlencoded	表单数据
multipart/form-data	表单文件上传
application/json	序列化 JSON 数据
text/xml	XML 数据

在爬虫中，如果要构造 POST 请求，需要使用正确的 Content-Type，并了解各种请求库的各个参数在设置时使用的是哪种 Content-Type，不然可能导致 POST 提交后无法正确响应。

1.1.6 响应

响应，由服务端返回给客户端，可以分为 3 个部分：响应状态码（Response Status Code）、响应头（Response Header）和响应体（Response Body）。

1. 响应状态码

响应状态码表示服务器的响应状态，如 200 代表服务器正常响应，404 代表页面未找到，500 代表服务器内部发生错误。在爬虫中，可以根据状态码来判断服务器响应状态，如状态码为 200，则证明成功返回数据，再进行进一步的处理，否则直接忽略。表 1-3 列出了常见的错误代码及错误原因。

表 1-3 常见的错误代码及错误原因

状态码	说　明	详　情
100	继续	请求者应当继续提出请求。服务器已收到请求的一部分，正在等待其余部分
101	切换协议	服务者已要求服务器切换协议，服务器已确认并准备切换
200	成功	服务器已成功处理了请求
201	已创建	请求成功并且服务器创建了新的资源
202	已接受	服务器已接受请求，但尚未处理
203	非授权信息	服务器已成功处理了请求，但返回的信息可能来自另一个源
204	无内容	服务器已成功处理了请求，但没有返回任何内容
205	重置内容	服务器已成功处理了请求，内容被重置
206	部分内容	服务器已成功处理了部分请求
300	多种选择	针对请求，服务器可执行多种操作
301	永久移动	请求的网页已永久移动到新位置，即永久重定向

续表

状态码	说　明	详　情
302	临时移动	请求的网页暂时跳转到其他页面，即暂时重定向
303	查看其他位置	如果原来的请求是 POST，重定向目标文档应该通过 GET 提取
304	未修改	此次请求返回的网页未修改，继续使用上次的资源
305	使用代理	请求者应该使用代理访问该网页
307	临时重定向	请求的资源临时从其他位置响应
400	错误请求	服务器无法解析该请求
401	未授权	请求没有进行身份验证或验证未通过
403	禁止访问	服务器拒绝此请求
404	未找到	服务器找不到请求的网页
405	方法禁用	服务器禁用了请求中指定的方法
406	不接受	无法使用请求的内容响应请求的网页
407	需要代理授权	请求者需要使用代理授权
408	请求超时	服务器请求超时
409	冲突	服务器在完成请求时发生冲突
410	已删除	请求的资源已永久删除
411	需要有效长度	服务器不接受不含有效内容长度字段的请求
412	未满足前提条件	服务器未满足请求者在请求中设置的其中一个前提条件
413	请求实体过大	请求实体过大，超出服务器的处理能力
414	请求 URL 过长	请求网址过长，服务器无法处理
415	不支持类型	请求格式不被请求页面支持
416	请求范围不符	页面无法提供请求的范围
417	未满足期望值	服务器未满足期望请求标头字段的要求
500	服务器内部错误	服务器遇到错误，无法完成请求
501	未实现	服务器不具备完成请求的功能
502	错误网关	服务器作为网关或代理，从上游服务器收到无效响应
503	服务不可用	服务器目前无法使用
504	网关超时	服务器作为网关或代理，但是没有及时从上游服务器收到请求
505	HTTP 版本不支持	服务器不支持请求中所用的 HTTP 协议版本

2. 响应头

响应头包含了服务器对请求的应答信息，如 Content-type、Server、Set-Cookie 等。下面简要说明一些常用的头信息。

- Data：标识响应产生的时间。
- Last-Modified：指定资源的最后修改时间。
- Content-Encoding：指定响应内容的编码。
- Server：包含服务器的信息，比如名称、版本号等。
- Content-Type：文档类型，指定返回的数据类型是什么，如 text/html 代表返回 HTML 文档，application/x-javascript 代表返回 JavaScript 文件，image/jpeg 代表返回图片。
- Set-Cookie：设置 Cookie。响应头中的 Set-Cookie 告诉浏览器需要将此内容放在 Cookie 中，下次请求携带 Cookie 请求。

- Expires：指定响应的过期时间，可以使用代理服务器或浏览器将加载的内容更新到缓存中。再次访问时，就可以直接从缓存中加载，从而降低服务器负载，缩短加载时间。

3. 响应体

最重要的当属响应体的内容了。响应的正文数据都在响应体中，比如请求网页时，它的响应体就是网页的 HTML 代码；请求一张图片时，它的响应体就是图片的二进制数据。爬虫请求网页时，要解析的内容就是响应体，如图 1-7 所示。

Name
www.baidu.com
plus_logo_web.png
1.png
squareicon_e582f4c48e9.
n-icons_7bcbf44.woff
u=980543139,19389879C
u=2638966758,19445475
u=2565923552,20275696
u=378305766,395039751
u=358216326,884377813
u=3405487895,24983813
u=3005290041,15109241
u=993530290,328637201
u=2148706866,64902207
u=2703915134,32628608
u=3553898125,12501775
u=1143112625,13230992
109 / 113 requests | 261 KB /

× Headers Preview Response Timing

```
define(function() {
    function a() {
        var a = $.Deferred()
          , c = new Date;
        if (window.OpenBox)
            return a.resolve(),
            a.promise();
        var h = "" + c.getFullYear() + (c.getMonth() + 1) + c.getDate()
          , y = document.createElement("script");
        y.src = "//s.bdstatic.com/common/openjs/openBox.js?_v=" + h,
        y.async = !0,
        y.onload = y.onreadystatechange = function() {
            this.readyState && "loaded" !== this.readyState && "complete" !== this.rea
            y = null,
            a.resolve())
        }
        ,
        y.onerror = function() {
            y.onerror = null,
            y = null,
            a.reject()
        }
        ;
        var v = document.getElementsByTagName("head")[0];
```

{} Line 1, Column 1

图 1-7 响应体内容

在浏览器开发者工具中单击 Preview，就可以看到网页的源代码，也就是响应体的内容，它是解析的目标。

在做爬虫时，主要通过响应体得到网页的源代码、JSON 数据等，然后从中做相应内容的提取。

1.2 网页基础

用浏览器访问网站时，页面各不相同，有没有想过它为何会是这个样子呢？下面就了解一下网页的基本组成、结构和节点等内容。

1.2.1 网页的组成

网页可以分为三大部分——HTML、CSS 和 JavaScript。如果把网页比作一个人，那么 HTML 相当于骨架，JavaScript 相当于肌肉，CSS 相当于皮肤，三者结合起来才能形成一个完善的网页。下面分别介绍这 3 部分的功能（HTTL 在前面已介绍，在此只对 CSS 和 JavaScript 作简单介绍，后面章节还会详细介绍）。

1. CSS

HTML 定义了网页的结构，但是只有 HTML 页面的布局并不美观，可能只是简单的节点元素的排列，为了让网页看起来更好看，这里借助了 CSS。

CSS全称为Cascading Style Sheets，即层叠样式表。“层叠”是指当在HTML中引用了数个样式文件，并且样式发生冲突时，浏览器能依据层叠顺序处理。“样式”指网页中文字大小、颜色、元素间距、排列等格式。

CSS是目前唯一的网页页面排版样式标准，有了它的帮助，页面才会变得更为美观。例如，

```
#head_wrapper.s-ps-islite.s-p-top {
    position:absolute;
bottom:40px;
     width: 100%;
    height: 181px;
}
```

就是一个CSS样式。花括号前面是一个CSS选择器，此选择器的意思是首先选中id为head_wrapper且class为s-ps-islite的节点，然后再选中其内部的class为s-p-top的节点。花括号内部写的就是一条条样式规则，例如position指定了这个元素的布局方式为绝对布局，bottom指定元素的下边距为40像素，width指定了宽度为100%，height则指定了元素的高度。也就是说，将位置、宽度、高度等样式配置统一写成这样的形式，然后用花括号括起来，接着在开头再加上CSS选择器，这就代表这个样式对CSS选择器选中的元素生效，元素就会根据此样式来展示了。

在网页中，一般会统一定义整个网页的样式规则，并写入CSS文件中(其后缀为.css)。在HTML中，只需要用link标签即可引入写好的CSS文件，这样整个页面就会变得美观、优雅。

2. JavaScript

JavaScript简称JS，是一种脚本语言。HTML和CSS配合使用，提供给用户的只是一种静态信息，缺乏交互性。在网页里可能看到一些交互和动画效果，如下载进度条、提示框、轮廓图等，这通常是JavaScript的功劳。它的出现使得用户与信息之间不只是一种浏览与显示的关系，而是实现了一种实时、动态、交互的页面功能。

JavaScript通常也是以单独的文件形式加载的，后缀为js，在HTML中通过script标签即可引入，例如：

```
<script src = "jquery - 2.1.0.js"></script>
```

综上所述，HTML定义了网页的内容和结构，CSS描述了网页的布局，JavaScript定义了网页的行为。

1.2.2 节点树及节点间的关系

在HTML中，所有标签定义的内容都是节点，它们构成了一个HTML DOM树。

先看一下什么是DOM。DOM是W3C(万维网联盟)的标准，英文为Document Object Model，即文档对象模型。它定义了访问HTML和XML文档的标准。

W3C文档对象模型(DOM)是平台和语言的接口，它允许程序和脚本动态地访问和更新文档的内容、结构和样式。

W3C DOM标准被分为3个不同的部分。

- 核心DOM：针对任何结构化文档的标准模型。
- XML DOM：针对XML文档的标准模型。

- HTML DOM：针对 HTML 文档的标准模型。

根据 W3C 的 HTML DOM 标准，HTML 文档中的所有内容都是节点，表现形式如下：

- 整个文档是一个文档节点。
- 每个 HTML 元素是元素节点。
- HTML 元素内的文本是文本节点。
- 每个 HTML 属性是属性节点。
- 注释是注释节点。

HTML DOM 将 HTML 文档视作树结构，这种结构被称为节点树，如图 1-8 所示。

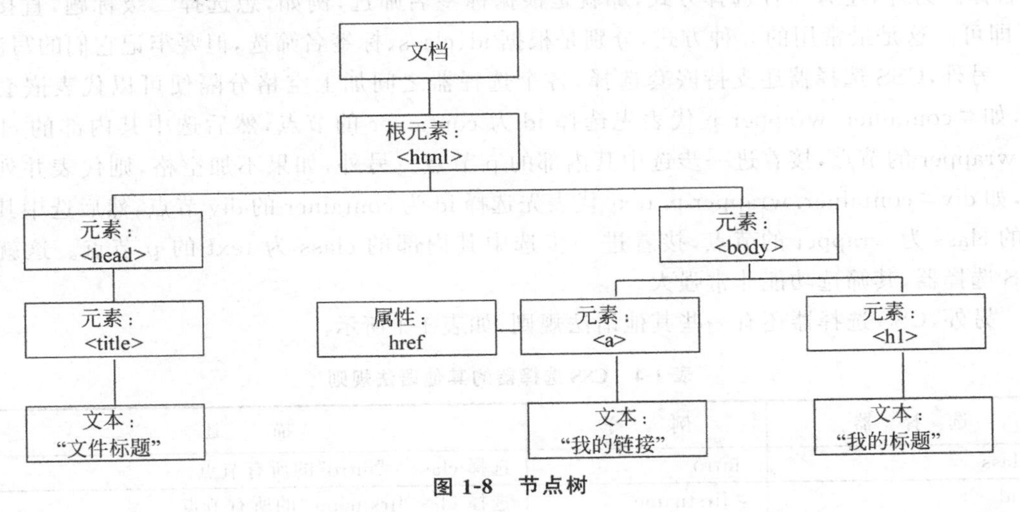

图 1-8　节点树

通过 HTML DOM，树中的所有节点均可通过 JavaScript 访问，所有 HTML 节点元素均可被修改，也可以被创建或删除。

节点树中的节点彼此拥有层级关系。常用父（parent）、子（child）和兄弟（sibling）等术语描述这些关系。父节点拥有子节点，同级的子节点被称为兄弟节点。

在树节点中，顶端节点称为根（root）。除了根节点外，每个节点都有父节点，同时可拥有任意数量的子节点或兄弟节点。图 1-9 展示了节点树以及节点间的关系。

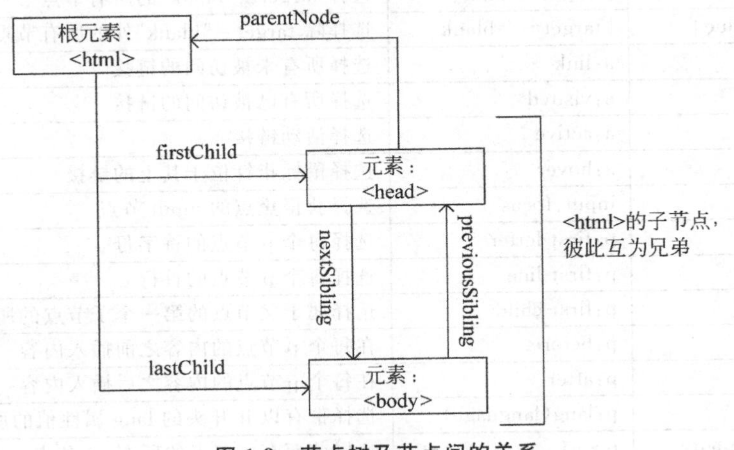

图 1-9　节点树及节点间的关系

1.2.3 选择器

网页由一个个节点组成，CSS选择器会根据不同的节点设置不同的样式规则，那么怎样来定位节点呢？

在CSS中，使用CSS选择器来定位节点。例如div节点的id为container，那么就可以表示为#container，其中#开头代表选择id，其后紧跟id的名称。另外，如果想选择class为wrapper的节点，便可以使用.wrapper，这里以点(.)开头代表选择class，其后紧跟class的名称。另外，还有一种选择方式，那就是根据标签名筛选，例如，想选择二级标题，直接用h2即可。这是最常用的3种方式，分别是根据id、class、标签名筛选，但要牢记它们的写法。

另外，CSS选择器还支持嵌套选择，各个选择器之间加上空格分隔便可以代表嵌套关系，如#container.wrapper p代表先选择id为container的节点，然后选中其内部的class为wrapper的节点，接着进一步选中其内部的p节点。另外，如果不加空格，则代表并列关系，如div#container.wrapper p.text代表先选择id为container的div节点，然后选中其内部的class为wrapper的节点，接着进一步选中其内部的class为text的p节点。这就是CSS选择器，其筛选功能非常强大。

另外，CSS选择器还有一些其他语法规则，如表1-4所示。

表1-4 CSS选择器的其他语法规则

选择器	例子	描述
.class	.intro	选择class="intro"的所有节点
#id	#firstname	选择id="firstname"的所有节点
*	*	选择所有节点
element	p	选择所有p节点
element,element	div,p	选择所有div节点和所有p节点
element element	div p	选择div节点内部的所有p节点
element>element	div>p	选择父节点为div节点的所有p节点
element+element	div+p	选择紧接在div节点之后的所有p节点
[attribute]	[target]	选择带有target属性的所有节点
[attribute=value]	[target=blank]	选择target="blank"的所有节点
[attribute~=value]	[target~=blank]	选择除target="blank"外的所有节点
:link	a:link	选择所有未被访问的链接
:visited	a:visited	选择所有已被访问的链接
:active	a:active	选择活动链接
:hover	a:hover	选择鼠标指针位于其上的链接
:focus	input:focus	选择获得焦点的input节点
:first-letter	p:first-letter	选择每个p节点的首字母
:first-line	p:first-line	选择每个p节点的首行
:first-child	p:first-child	选择属于父节点的第一个子节点的所有p节点
:before	p:before	在每个p节点的内容之前插入内容
:after	p:after	在每个p节点的内容之后插入内容
:lang(language)	p:lang(language)	选择带有以it开头的lang属性值的所有p节点
element1~=element2	p~ul	选择前面有p节点的所有ul节点

续表

选择器	例子	描述
[attribute^=value]	a[src^="https"]	选择其 src 属性值以 https 开头的所有 a 节点
[attribute$=value]	a[src$^=".pdf"]	选择其 src 属性以.pdf 结尾的所有 a 节点
[attribute*=value]	a[src*="abc"]	选择其 src 属性中包含 abc 子串中的所有 a 节点
:first-of-type	p:first-of-type	选择属于其父节点的首个 p 节点的所有 p 节点
:last-of-type	p:last-of-type	选择属于其父节点的最后 p 节点的所有 p 节点
:only-of-type	p:only-of-type	选择属于其父节点唯一的 p 节点的所有 p 节点
:only-child	p:only-child	选择属于其父节点的唯一子节点的所有 p 节点
:nth-child(n)	p:nth-child	选择属于其父节点的第 n 个子节点的所有 p 节点
:nth-last-child(n)	p:nth-last-child	同上,从最后一个子节点开始计数
:ntf-of-type(n)	p:ntf-of-type	选择属于其父节点最后一个子节点的所有 p 节点
:nth-last-of-type(n)	p:nth-last-of-type	同上,但是从最后一个子节点开始计数
:last-child	p:last-child	选择属于其父节点最后一个子节点的所有 p 节点
:root	:root	选择文档的根节点
:empty	p:empty	选择没有子节点的所有 p 节点(包括文本节点)
:target	#news:target	选择当前活动的#news 节点
:enabled	input:enabled	选择每个启用的 input 节点
:disabled	input:disabled	选择每个禁用的 input 节点
:checked	input:checked	选择每个被选中的 input 节点
:not(selector)	:not	选择非 p 节点的所有节点
::selection	::selection	选择被用户选取的节点部分

1.3 网络爬虫合法性

网络爬虫合法吗?

网络爬虫目前还属于早期的拓荒阶段,虽然互联网世界已经通过自身的协议建立了一定的道德规范(Robots 协议),但法律部分还在建立和完善中。从目前的情况来看,如果爬取的数据属于个人或科研范畴,基本不存在问题;而如果数据属于商业盈利范畴,就要就事而论,有可能属于违法行为,也有可能不违法。

1.3.1 Robots 协议

Robots 协议(爬虫协议)的全称是"网络爬虫排除标准"(Robots Exclusion Protocol),网络通过 Robots 协议告诉搜索引擎哪些页面可以爬取,哪些页面不能爬取。该协议是国际互联网界通告的道德规范,虽然没有写入法律,但是每一个爬虫都应该遵守这项协议。

下面以淘宝网的 robots.txt 为例进行介绍。

这里仅截取部分代码,查看完整代码可以访问 https://www.taobao.com/robots.txt。

```
User-agent: Baiduspider          #百度爬虫引擎
Allow: /article                  #允许访问/article.htm 和/article/12345.com
Allow: /oshtml
```

```
Allow: /ershou
Allow: /$
Disallow: /product/                 #禁止访问/product/12345.com
Disallow: /                         #禁止访问除Allow规定页面以外的其他所有页面

User-Agent: Googlebot               #谷歌爬虫引擎
Allow: /article
Allow: /oshtml
Allow: /product                     #允许访问/product.htm和/product/12345.com
Allow: /spu
Allow: /dianpu
Allow: /oversea
Allow: /list
Allow: /ershou
Allow: /$
Disallow: /
...
```

在上面的robots文件中，淘宝网对用户代理为百度爬虫引擎进行了规定。

以Allow项为开头的URL是允许robot访问的。例如，Allow：/article允许百度爬虫引擎访问/article.htm和/article/12345.com等。

以Disallow项为开头的链接是不允许百度爬虫引擎访问的。例如，Disallow：/product/不允许百度爬虫引擎访问/product/12345.com等。

最后一行，“Disallow：/”禁止百度爬虫访问除了Allow规定页面以外的其他所有页面。

因此，当你在百度搜索“淘宝”的时候，搜索结果下方的小字会出现：“由于该网站的robots.txt文件存在限制指令(限制搜索引擎爬取)，系统无法提供该页面的内容描述”，如图1-10所示。百度作为一个搜索引擎，良好地遵守了淘宝网的robot.txt协议，所以你是不能从百度上搜索到淘宝内部的产品信息的。

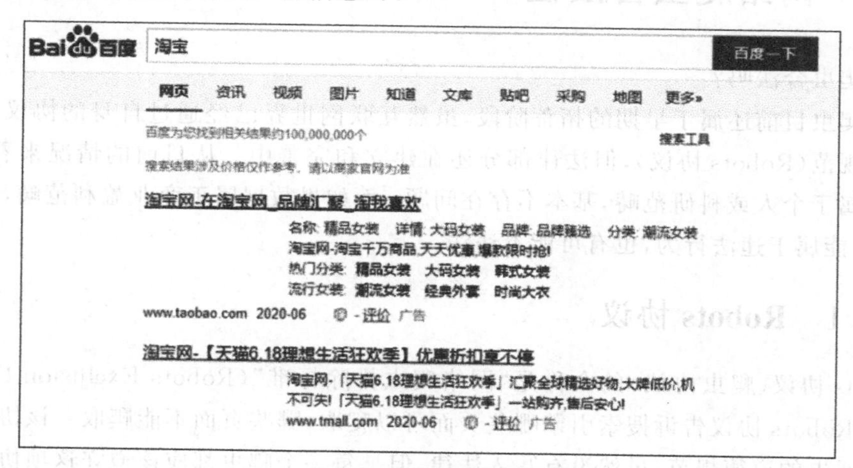

图1-10 百度搜索提示

淘宝的Robots协议对谷歌爬虫的待遇则不一样，和百度爬虫不同的是，它允许谷歌爬虫爬取产品的页面Allow:/product。因此，当你在谷歌搜索“淘宝iphone8”的时候，可以搜索到淘宝中的产品。

但无论如何，你爬取的数据无论是否仅供个人使用，都应该遵守Robots协议。

1.3.2 网络爬虫的约束

除了上述 Robots 协议外，使用网络爬虫的时候还要对自己进行约束：过于快速或者高频率的网络爬虫都会对服务器产生巨大的压力，网站可能封锁你的 IP，甚至采取进一步的法律行动。因此，你需要约束自己的网络爬虫行为，将请求的速度限定在一个合理的范围之内。

实际上，由于网络爬虫获取的数据带来了巨大价值，因此网络爬虫逐渐演变成一场网站方与爬虫方的战争。在携程技术微分享上，携程酒店研发部研发经理崔广宇分享过一个“三月爬虫”的故事，也就是每年的 3 月份会迎来一个爬虫高峰期。因为有大量的大学生 5 月份交论文，在写论文的时候会选择爬取数据，也就是 3 月份爬取数据，4 月份分析数据，5 月份交论文。

因此，各大互联网巨头也已经开始调集资源来限制爬虫，保护用户的流量和减少有价值数据的流失。

2007 年，爱帮网利用垂直搜索技术获取了大众点评网上的商户简介和消费者点评，并且直接大量使用，大众点评网多次要求爱帮网停止使用这些内容，而爱帮网以自己是使用垂直搜索获得的数据为由，拒绝停止爬取大众点评网上的内容，并且质疑大众点评对这些内容所享有的著作权。为此，双方打了两场官司。2011 年 1 月，北京市海淀区人民法院做出判决：爱帮网侵犯大众点评网著作权威成立，应当停止侵权并赔偿大众点评网经济损失和诉讼必要支出。

2013 年 10 月，百度诉 360 违反 Robots 协议。百度方面认为，360 违反了 Robots 协议，擅自爬取、复制百度网站内容并生成快照向用户提供。2014 年 8 月 7 日，北京市第一中级人民法院做出一审判决，法院认为被告奇虎 360 的行为违反了《中华人民共和国反不正当竞争法》相关规定，赔偿原告百度公司 70 万元。

虽然说大众点评上的点评数据、百度知道的问答由用户创建而非企业，但是搭建平台需要投入运营、技术和人力成本，所以平台拥有对数据的所有权、使用权和分发权。

以上两起败诉案例告诉我们，在爬取网站的时候需要限制自己的爬虫，遵守 Robots 协议和约束网络爬虫程序的速度；在使用数据的时候必须遵守网站的知识产权。如果违反了这些规定，很可能吃官司，并且败诉的概率相当高。

1.4 网络爬虫技术

在数据量爆发式增长的互联网时代，网站与用户的沟通本质上是数据的交换：搜索引擎从数据库中提取搜索结果，将其展现在用户面前；电商将产品的描述、价格展现在网站上，以供买家选择心仪的产品；社交媒体在用户生态圈的自我交互中产生大量文本、图片和视频数据。这些数据如果得以分析利用，不仅能够帮助第一方企业（也就是拥有这些数据的企业）做出更好的决策，对于第三方企业也是有益的。

1.4.1 网络爬虫的概述

网络爬虫（Web Crawler）按照一定的规则，自动地爬取万维网信息的程序或者脚本，它们被广泛用于互联网搜索引擎或其他类似网站，可以自动采集所有其能够访问到的页面内容,以获取或更新这些网站的内容和检索方式。

下面通过图1-11展示一下网络爬虫在互联网中起到的作用。

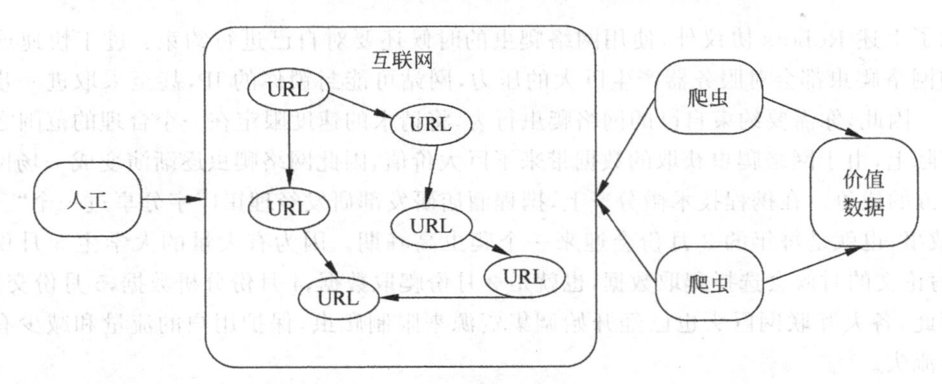

图1-11 网络爬虫

网络爬虫按照系统结构和实现技术,大致可以分为以下几种类型:通用网络爬虫、聚焦网络爬虫、增量式网络爬虫、深层网络爬虫。实际的网络爬虫系统通常是几种爬虫技术相结合实现的。

搜索引擎(Search Engine)(例如,传统的通用搜索引擎Baidu、Yahoo和Google等)是一种大型复杂的网络爬虫,属于通用网络爬虫的范畴。但是通用搜索引擎存在一定的局限性:

(1)不同领域、不同背景的用户往往具有不同的检索目的和需求,通用搜索引擎所返回的结果包含大量用户不关心的网页。

(2)通用搜索引擎的目标是获得尽可能大的网络覆盖率,因此有限的搜索引擎服务器资源与无限的网络数据资源之间的矛盾将进一步加深。

(3)万维网数据形式的丰富和网络技术的不断发展,图片、数据库、音频、视频多媒体等不同数据大量出现,通用搜索引擎往往对这些信息含量密集且有一定结构的数据无能为力,不能很好地发现和获取。

(4)通用搜索引擎大多提供基于关键字的检索,难以支持根据语义信息提出的查询。

为了解决上述问题,定向爬取相关网页资源的聚焦爬虫应运而生。

- 聚焦爬虫是一个自动下载网页的程序,它根据既定的爬取目标,有选择地访问万维网上的网页与相关的链接,获取所需要的信息。与通用爬虫不同,聚焦爬虫并不追求大的覆盖,而将目标定为爬取与某一特定主题内容相关的网页,为面向主题的用户查询准备数据资源。
- 增量式网络爬虫是指对已下载网页采取增量式更新和只爬取新产生的或者已经发生变化网页的爬虫,它能够在一定程度上保证所爬取的页面是尽可能新的页面。与周期性爬取和刷新页面的网络爬虫相比,增量式爬虫只会在需要的时候爬取新产生或发生更新的页面,并不重新下载没有发生变化的页面,可有效减少数据下载量,及时更新已爬行的网页,减小时间和空间上的耗费,但是增加了爬取算法的复杂度和实现难度。例如,想获取赶集网的招聘信息,以前爬取过的数据没有必要重复爬取,只需要获取更新的招聘数据,这时就要用到增量式爬虫。

• 深层网络爬虫。Web 页面按存在形式可以分为表层网页和深层网页。表层网页是指传统搜索引擎可以索引的页面，是以超链接可以到达的静态网页为主构成的 Web 页面。深层网页是那些大部分内容不能通过静态链接获取的、隐藏在搜索表单后的，只有用户提交一个场景——爬取贴吧或者论坛中的数据，并必须在用户登录且有权限的情况下才能获取完整的数据。

网络爬虫的结构如图 1-12 所示。

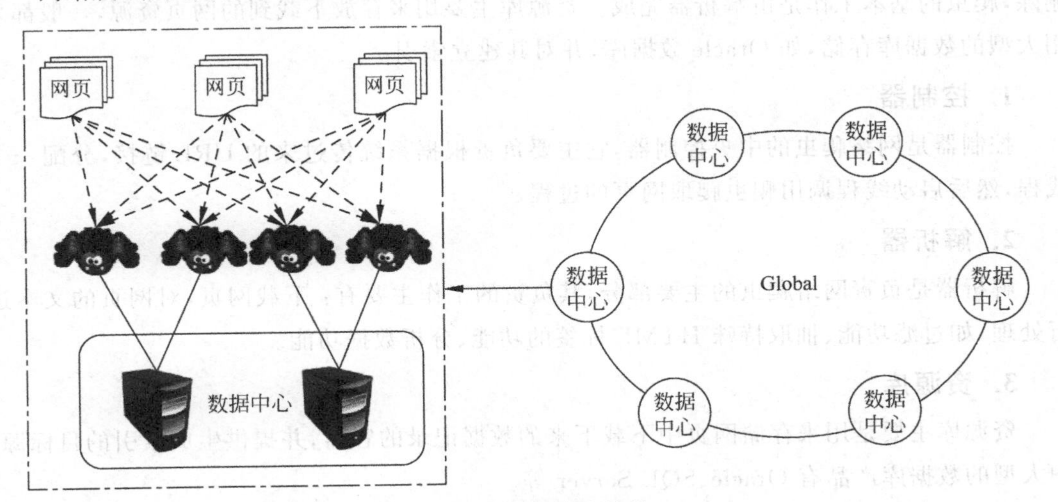

图 1-12 网络爬虫结构

1.4.2 网络爬虫原理

Web 网络爬虫系统的功能是下载网页数据，为搜索引擎系统提供数据来源。很多大型网络搜索引擎系统都被称为基于 Web 数据采集的搜索引擎系统，比如 Google、Baidu。由此可见 Web 网络爬虫系统在搜索引擎中的重要性。网页中除了包含供用户阅读的文字信息外，还包含一些超链接信息。Web 网络爬虫系统正是通过网页中的超链接信息不断获得网络上的其他网页的。正是因为这种采集过程像一个爬虫或者蜘蛛在网络上漫游，所以它才被称为网络爬虫系统或者网络蜘蛛系统，在英文中称为 Spider 或者 Crawler。其原理图如图 1-13 所示。

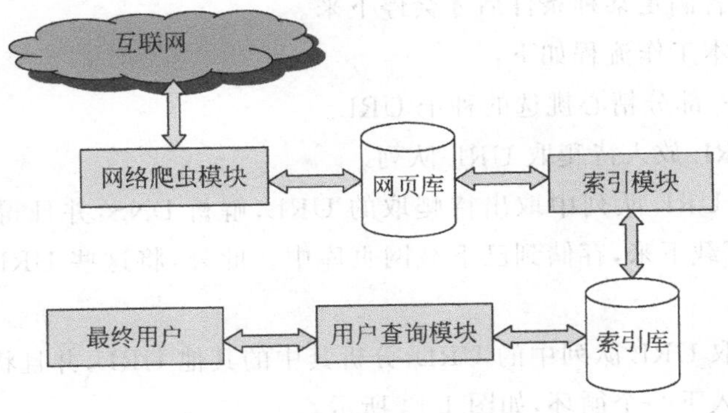

图 1-13 网络爬虫原理图

1.4.3 网络爬虫系统的工作原理

在网络爬虫的系统框架中，主过程由控制器、解析器、资源库3部分组成。控制器的主要工作是负责给多线程中的各个爬虫线程分配工作任务。解析器的主要工作是下载网页，进行页面的处理，主要是将一些JS脚本标签、CSS代码内容、空格字符、HTML标签等内容删除，爬虫的基本工作是由解析器完成。资源库主要用来存放下载到的网页资源，一般都采用大型的数据库存储，如Oracle数据库，并对其建立索引。

1. 控制器

控制器是网络爬虫的中央控制器，它主要负责根据系统传过来的URL链接，分配一个线程，然后启动线程调用爬虫爬取网页的过程。

2. 解析器

解析器是负责网络爬虫的主要部分，其负责的工作主要有：下载网页，对网页的文本进行处理，如过滤功能、抽取特殊HTML标签的功能、分析数据功能。

3. 资源库

资源库主要是用来存储网页中下载下来的数据记录的容器，并提供生成索引的目标源。中大型的数据库产品有Oracle、SQL Server等。

Web网络爬虫系统一般会选择一些比较重要的、出度(网页中链出超链接数)较大的网站的URL作为种子URL集合。网络爬虫系统以这些种子集合作为初始URL，开始数据的爬取。因为网页中含有链接信息，通过已有网页的URL会得到一些新的URL，可以把网页之间的指向结构视为一个森林，每个种子URL对应的网页是森林中的一棵树的根节点。这样，Web网络爬虫系统就可以根据广度优先算法或者深度优先算法遍历所有的网页。由于深度优先搜索算法可能使爬虫系统陷入一个网站内部，不利于搜索比较靠近网站首页的网页信息，因此一般采用广度优先搜索算法采集网页。Web网络爬虫系统首先将种子URL放入下载队列，然后简单地从队首取出一个URL下载其对应的网页。将爬取到的内容存储后，再经过解析网页中的链接信息可以得到一些新的URL，将这些URL加入下载队列。然后再取出一个URL，对其对应的网页进行下载，然后再解析，如此反复进行，直到遍历了整个网络或者满足某种条件后才会停下来。

网络爬虫的基本工作流程如下：

(1) 首先选取一部分精心挑选的种子URL。

(2) 将这些URL放入待爬取URL队列。

(3) 从待爬取URL队列中取出待爬取的URL，解析DNS，并且得到主机的IP，并将URL对应的网页下载下来，存储到已下载网页库中。此外，将这些URL放入已爬取URL队列。

(4) 分析已爬取URL队列中的URL，分析其中的其他URL，并且将URL放入待爬取URL队列，从而进入下一个循环，如图1-14所示。

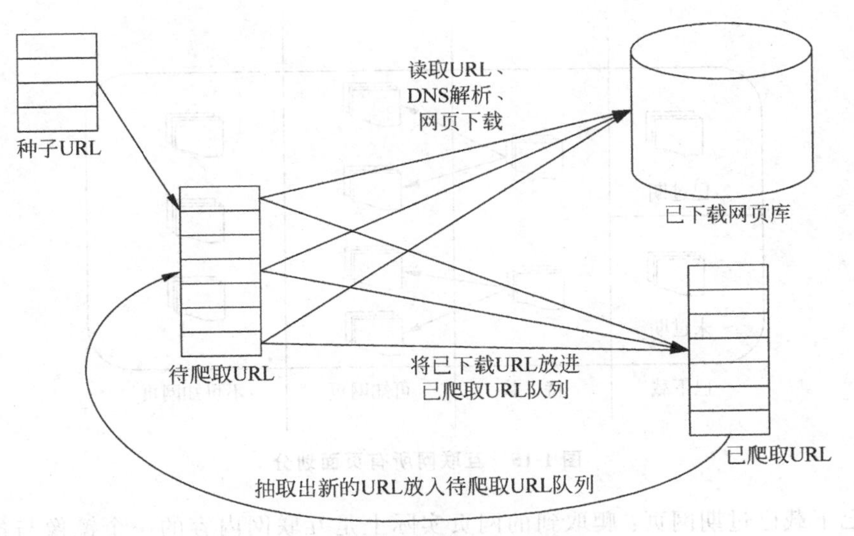

图 1-14 网络爬虫的工作流程图

1.4.4 Python 爬虫的架构

Python 爬虫架构主要由 5 个部分组成，分别是调度器、URL 管理器、网页下载器、网页解析器、应用程序(爬取的有价值数据)。

- 调度器：相当于一台计算机的 CPU，主要负责调度 URL 管理器、下载器、解析器之间的协调工作。
- URL 管理器：包括待爬取的 URL 地址和已爬取的 URL 地址，防止重复爬取 URL 和循环爬取 URL，实现 URL 管理器主要用 3 种方式，即通过内存、数据库、缓存数据库来实现。
- 网页下载器：通过传入一个 URL 地址来下载网页，将网页转换成一个字符串，网页下载器有 urllib2(Python 官方基础模块)。
- 网页解析器：将一个网页字符串进行解析，可以按照我们的要求来提取出有用的信息，也可以根据 DOM 树的解析方式来解析。网页解析器有正则表达式(直观，将网页转成字符串通过模糊匹配的方式来提取有价值的信息，当文档比较复杂的时候，以该方法提取数据时就会非常困难)、html. parser(Python 自带的)、beautifulsoup(第三方插件，可以使用 Python 自带的 html. parser 进行解析，也可以使用 lxml 进行解析，相对于其他几种来说要强大一些)、lxml(第三方插件，可以解析 xml 和 HTML)，html. parser 和 beautifulsoup 以及 lxml 都是以 DOM 树的方式进行解析的。
- 应用程序：就是从网页中提取的有用数据所组成的一个应用。

1.4.5 爬虫对互联网进行划分

对应地，可以将互联网的所有页面分为 5 部分，如图 1-15 所示。

(1) 已下载未过期网页。

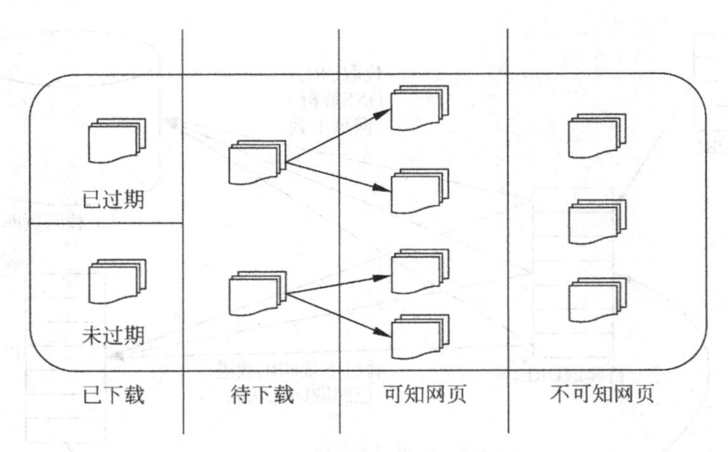

图 1-15 互联网所有页面划分

(2) 已下载已过期网页：爬取到的网页实际上是互联网内容的一个镜像与备份，互联网是动态变化的，一部分互联网上的内容已经发生了变化，这时，这部分爬取到的网页就已经过期了。

(3) 待下载网页：也就是待爬取 URL 队列中的那些页面。

(4) 可知网页：还没有爬取下来，也没有在待爬取 URL 队列中，但是可以通过对已爬取页面或者待爬取 URL 对应页面进行分析获取到的 URL，被认为是可知网页。

(5) 还有一部分网页，爬虫是无法直接爬取下载的，称为不可知网页。

1.5 爬取策略

在爬虫系统中，待爬取 URL 队列是很重要的一部分。待爬取 URL 队列中的 URL 以什么样的顺序排列也是一个很重要的问题，因为这涉及先爬取哪个页面，后爬取哪个页面。决定这些 URL 排列顺序的方法，叫作爬取策略。下面重点介绍几种常见的爬取策略。

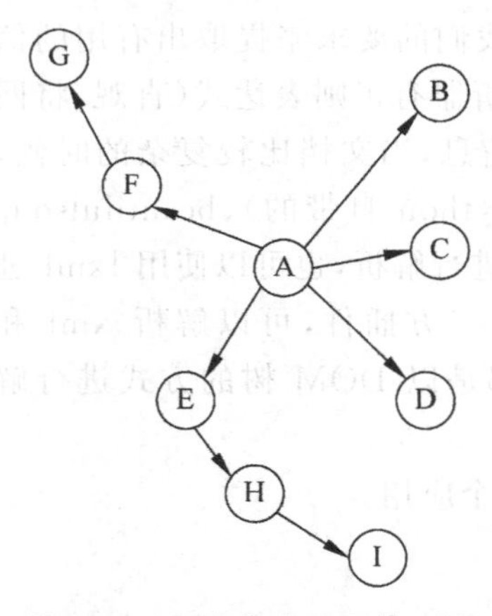

图 1-16 深度优先遍历策略图

1. 深度优先遍历策略

深度优先遍历策略是指网络爬虫会从起始页开始，一个链接一个链接地跟踪下去，处理完这条线路之后再转入下一个起始页，继续跟踪链接，以图 1-16 为例。

遍历的路径：A-F-G E-H-I B C D

2. 宽度优先遍历策略

宽度优先遍历策略的基本思路是：将新下载网页中发现的链接直接插入待爬取 URL 队列的末尾。也就是指网络爬虫会先爬取起始网页中链接的所有网页，然后再选择其中的一个链接网页，继续爬取在此网页中链接的所有网页，还是以图 1-6 为例。

遍历路径：A-B-C-D-E-F G H I

3. 反向链接数策略

反向链接数是指一个网页被其他网页链接指向的数量。反向链接数表示的是一个网页的内容受到其他人推荐的程度。因此，很多时候搜索引擎的爬取系统会使用这个指标来评价网页的重要程度，从而决定不同网页的爬取先后顺序。

在真实的网络环境中，由于广告链接、作弊链接的存在，反向链接数不能完全等同于其重要程度。因此，搜索引擎往往考虑一些可靠的反向链接数。

4. Partial PageRank 策略

Partial PageRank 算法借鉴了 PageRank 算法的思想：对于已经下载的网页，连同待爬取 URL 队列中的 URL，形成网页集合，计算每个页面的 PageRank 值，计算完之后，将待爬取 URL 队列中的 URL 按照 PageRank 值的大小排列，并按照该顺序爬取页面。

每次爬取一个页面，就重新计算 PageRank 值，一种折中方案是：每爬取 K 个页面后，重新计算一次 PageRank 值。但是这种情况还会有一个问题：对于已经下载下来的页面中分析出的链接，也就是之前提到的不可知网页那一部分，暂时是没有 PageRank 值的。为了解决这个问题，会给这些页面一个临时的 PageRank 值：将这个网页所有入链传递进来的 PageRank 值进行汇总，这样就形成了该不可知页面的 PageRank 值，从而参与排序。

5. OPIC 策略

该算法实际上也是对页面进行一个重要性打分。在算法开始前，给所有页面一个相同的初始现金(cash)。当下载了某个页面 P 之后，将 P 的现金分摊给所有从 P 中分析出的链接，并且将 P 的现金清空。对于待爬取 URL 队列中的所有页面按照现金数进行排序。

6. 大站优先策略

对于待爬取 URL 队列中的所有网页，根据所属的网站进行分类。对于待下载页面数多的网站，优先下载。这个策略也因此叫作大站优先策略。

1.6 爬虫网络更新策略

互联网是实时变化的，具有很强的动态性。网页更新策略主要是决定何时更新之前已经下载过的页面。常见的更新策略有以下 3 种。

1. 历史参考策略

顾名思义，根据页面以往的历史更新数据，预测该页面未来何时会发生变化。一般来说，是通过泊松过程进行建模进行预测。

2. 用户体验策略

尽管搜索引擎针对某个查询条件能够返回数量巨大的结果，但是用户往往只关注前几页结果。因此，爬取系统可以优先更新那些显示在查询结果前几页中的网页，而后再更新那些后面的网页。这种更新策略也是需要用到历史信息的。用户体验策略保留网页的多个历史版本，并且根据过去每次内容变化对搜索质量的影响，得出一个平均值，通过这个值决定何时重新爬取。

3. 聚类抽样策略

前面提到的两种更新策略都有一个前提——需要网页的历史信息。这样就存在两个问题：第一，系统要是为每个系统保存多个版本的历史信息，无疑增加了很多的系统负担；第二，要是新的网页完全没有历史信息，就无法确定更新策略。

这种策略认为，网页具有很多属性，类似属性的网页，可以认为其更新频率也是类似的。要计算某一个类别网页的更新频率，只需要对这一类网页抽样，以它们的更新周期作为整个类别的更新周期。其基本思路如图 1-17 所示。

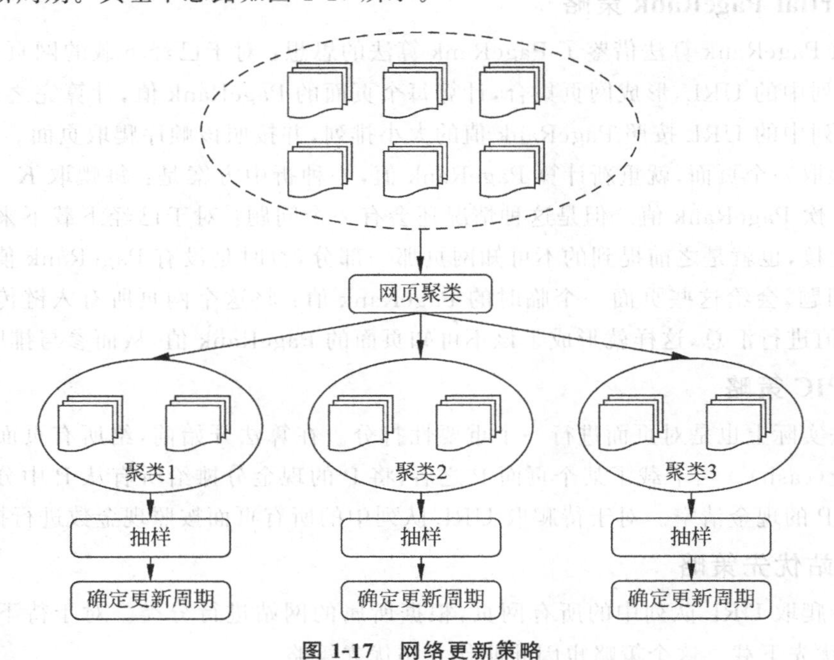

图 1-17 网络更新策略

1.7 会话和 Cookie

在浏览网站的过程中，经常会遇到需要登录的情况，有些页面只有登录后才可以访问，而且登录之后可以连续访问很多次网站，但是有时候过一段时间就需要重新登录。还有些网站，在打开浏览器时就自动登录了，而且很长时间都不会失效，这又是为什么呢？其实涉及会话(Session)和 Cookie 的相关知识，下面将揭开它们神秘的面纱。

1.7.1 静态网页和动态网页

在开始之前，需要先了解静态网页和动态网页的概念。代码展示如下：

```
<!DOCTYPE html>
<html>
<head>
<meta charset = "UTF - 8">
<title> This is a Demo </title>
```

```
</head>
<body>
<div id="container">
<div class="wrapper">
<h2 class="title">Hello Python</h2>
<p class="text">Hello,this is a paragraph.</p>
</div>
</div>
</body>
</html>
```

这是最基本的HTML代码，将其保存为一个.HTML文件，然后把它放在某台具有固定公网IP的主机上，主机上装上Apache或Nginx等服务器，这样这台主机就可以作为服务器了，其他人便可以通过访问服务器看到这个页面，这就搭建了一个最简单的网站。

这种网页的内容是HTML代码编写的，文字、图片等内容均通过写好的HTML代码来指定，这种页面叫作静态网页。它加载速度快、编写简单，但是存在很大的缺陷，如可维护性差，不能根据URL灵活多变地显示内容等。例如，想要给这个网页的URL传入一个name参数，让其他网页中显示出来，是无法做到的。

因此，动态网页应运而生，它可以动态解析URL中参数的变化，关联数据库并动态呈现不同的页面内容，非常灵活多变。现在遇到的大多数网站都是动态网站，它们不再是一个简单的HTML，而是可能由JSP、PHP、Python等语言编写的，其功能比静态网页强大和丰富许多。

此外，动态网站还可以实现用户登录和注册的功能。再回到开头提到的问题，很多页面是需要登录之后才可以查看的。按照一般的逻辑来说，输入用户名和密码登录之后，肯定是拿到了一种类似凭证的东西，有了它，才能保持登录状态，才能访问登录之后才可以看到的页面。

那么，这种神秘的凭证到底是什么呢？它就是会话和Cookie共同产生的结果，下面来探一探究竟。

1.7.2 无状态HTTP

在了解会话和Cookie之前，还需要了解HTTP的一个特点，叫作无状态。

HTTP的无状态是指HTTP协议对事务处理是没有记忆能力的，也就是服务器不知道客户端是什么状态。当我们向服务器发送请求后，服务器解析此请求，然后返回对应的响应，服务器负责完成这个过程。而且这个过程是完全独立的，服务器不会记录前后状态的变化，也就是缺少状态记录。这意味着如果后续需要处理前面的信息，则必须重传，这导致需要额外传递一些前面的重复请求，才能获取后续响应，然而这种效果显然不是我们想要的。为了保持前后状态，肯定不能将前面的请求全部重传一次，这太浪费资源了，对于这种需要用户登录的页面来说，更是棘手。

这时两个用于保持HTTP连接状态的技术就出现了，它们分别是会话和Cookie。会话在服务端，也就是网站的服务器，用来保存用户的会话信息；Cookie在客户端，也可以理解为浏览器端，有了Cookie，浏览器在下次访问网页时会自动附带上它发送给服务器，服务器通过识别Cookie并鉴定出是哪个用户，然后再判断用户是否登录状态，然后返回对应的响应。

可以理解为Cookie中保存了登录的凭证，有了它，在下次携带Cookie发送请求时就不必重新输入用户名、密码等信息重新登录了。

因此在爬虫中，有时候处理需要登录才能访问的页面时，一般会直接将登录成功后获取的Cookie放在请求中直接请求，而不必重新模拟登录。下面剖析Cookie及会话的原理。

1. 会话

会话，其本来含义是指有始有终的一系列动作/消息。比如，打电话时，从拿起电话拨号到挂断电话这中间的一系列过程可以称为一个会话。

而在Web中，会话对象用来存储特定用户会话所需的属性及配置信息。这样，当用户在应用程序的Web页之间跳转时，存储在会话对象中的变量将不会丢失，而是在整个用户会话中一直存在下去。当用户请求来自应用程序的Web页时，如果该用户还没有会话，则Web服务器将自动创建一个会话对象。当会话过期或被放弃后，服务器将终止该会话。

2. Cookie

Cookie指某些网站为了辨别用户身份、进行会话跟踪而存储在用户本地终端上的数据。

1）会话维持

那么，怎样利用Cookie保持状态呢？当客户端第一次请求服务器时，服务器会返回一个请求头中带有Set-Cookie字段的响应给客户端，用来标记是哪一个用户，客户端浏览器会把Cookie保存起来。当浏览器下一次再请求该网站时，浏览器会把此Cookie放到请求头一起提交给服务器，Cookie携带了会话ID信息，服务器检查该Cookie即可找到对应的会话是什么，然后再判断会话以辨认用户状态。

在成功登录某个网站时，服务器会告诉客户端设置哪些Cookie信息，在后续访问页面时客户端会把Cookie发送给服务器，服务器再找到对应的会话加以判断。如果会话中的某些设置登录状态的变量是有效的，则证明用户处于登录状态，此时返回登录之后才可以查看的网页内容，浏览器再进行解析便可以看到了。

反之，如果传给服务器的Cookie是无效的，或者会话已经过期了，那么将不能继续访问页面，此时可能收到错误的响应或者跳转到登录页面重新登录。

所以，Cookie和会话需要配合，一个处于客户端，一个处于服务端，二者共同协作，就实现了登录会话控制。

2）属性结构

接着，来看看Cookie都有哪些内容。一样以百度为例，在浏览器开发者工具中打开Application选项卡，然后在左侧会有一个Storage部分，最后一项即为Cookie，将其点开，如图1-18所示。

从图1-18可以看到，这里有很多项目，其中每个项目可以称为Cookie。它有如下几个属性。

- Name：该Cookie的名称，一旦创建，该名称便不可更改。
- Value：该Cookie的值，如果值为Unicode字符，需要为字符编码，如果值为二进制数据，则需要使用BASE64编码。
- Domain：可以访问该Cookie的域名，例如，如果设置为baidu.com，则所有以baidu.com结尾的域名都可以访问该Cookie。

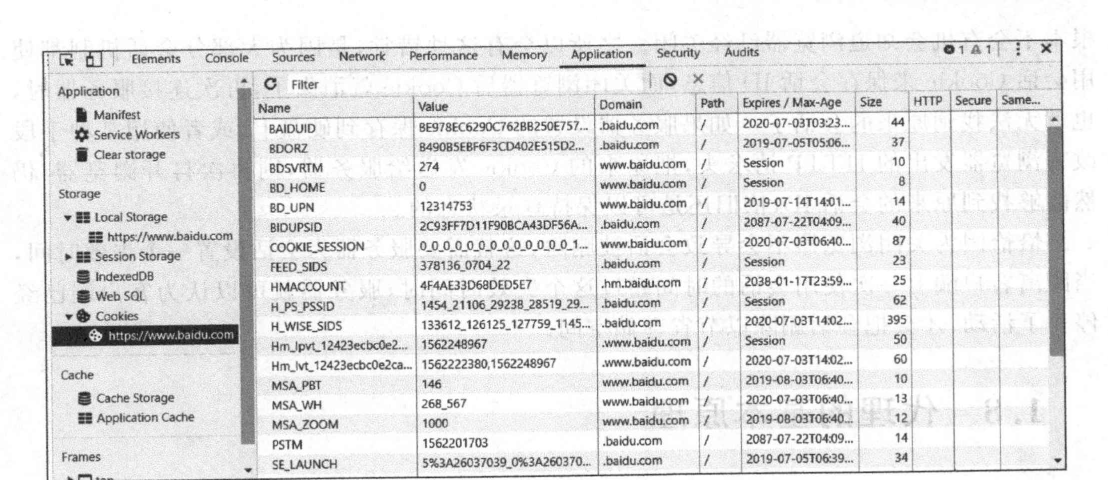

图 1-18 Cookie 列表

- Max Age：该 Cookie 失效的时间，单位为秒，也常和 Expires 一起使用，通过它可以计算出其有效时间。Max Age 如果为正数，则该 Cookie 在 Max Age 秒之后失效。如果为负数，则关闭浏览器时 Cookie 即失效，浏览器也不会以任何形式保存该 Cookie。
- Path：该 Cookie 的使用路径，如果设置为/path/，则只有路径为/path/的页面可以访问该 Cookie。如果设置为/，则本域名下的所有页面都可以访问该 Cookie。
- Size 字段：此 Cookie 的大小。
- HTTP 字段：Cookie 的 httponly 属性。如果此属性为 true，则只有在 HTTP 头中会带有此 Cookie 的信息，而不能通过 document. Cookie 访问此 Cookie。
- Secure：该 Cookie 是否仅被使用安全协议传输。安全协议有 HTTPTS 和 SSL 等，在网络上传输数据之前先将数据加密，默认为 false。

3）会话 Cookie 和持久 Cookie

从表面意思来说，会话 Cookie 就是把 Cookie 放在浏览器内存里，浏览器在关闭之后该 Cookie 即失效；持久 Cookie 则会保存到客户端的硬盘中，下次还可以继续使用，用于长久保持用户登录状态。

其实严格来说，没有会话 Cookie 和持久 Cookie 之分，只是由 Cookie 的 Max Age 或 Expires 字段决定了过期的时间。

因此，一些持久化登录的网站其实就是把 Cookie 的有效时间和会话有效时间设置得比较长，下次再访问页面时仍然携带之前的 Cookie，就可以直接保持登录状态。

1.7.3 常见误区

在谈论会话机制的时候，常常听到这样一种误解——“只要关闭浏览器，会话就消失了”。可以想象一下会员卡的例子，除非顾客主动对店家提出销卡，否则店家绝对不会轻易删除顾客的资料。对会话来说，也是一样，除非程序通知服务器删除一个会话，否则服务器会一直保留。比如，程序一般都是在做注销操作时才删除会话。

但是当关闭浏览器时，浏览器不会主动在关闭之前通知服务器它将要关闭，所以服务器根本不会有机会知道浏览器已经关闭。之所以会有这种错觉，是因为大部分会话机制都使用会话 Cookie 来保存会话 ID 信息，而关闭浏览器后 Cookie 就消失了，再次连接服务器时，也就无法找到原来的会话了。如果服务器设置的 Cookie 保存到硬盘上，或者使用某种手段改写浏览器发出的 HTTP 请求头，把原来的 Cookie 发送给服务器，则再次打开浏览器，仍然能够找到原来的会话 ID，依旧还是可以保持登录状态的。

恰恰因为关闭浏览器不会导致会话被删除，这就需要服务器为会话设置一个失效时间，当距离客户端上一次使用会话的时间超过这个失效时间时，服务器就可以认为客户端已经停止了活动，才会把会话删除以节省存储空间。

1.8 代理的基本原理

在做爬虫的过程中经常会遇到这样的情况，最初爬虫正常运行，正常爬取数据，一切看起来都是那么美好，然而喝一杯茶的工夫可能就会出现错误，比如 403Forbidden，这时候打开网页一看，可能会看到“您的 IP 访问频率太高”这样的提示。出现这种现象的原因是网站采取了一些反爬虫措施。比如，服务器会检测某个 IP 在单位时间内的请求次数，如果超过了这个阈值，就会直接拒绝服务，返回一些错误信息，这种情况可以称为封 IP。

既然服务器检测的是某个 IP 单位时间的请求次数，那么借助某种方式来伪装我们的 IP，让服务器识别不出是由本机发起的请求，不就可以成功防止 IP 被封了吗？

一种有效的方式就是使用代理，后面详细介绍代理的用法，在此只了解代理的基本原理，它是怎样实现 IP 伪装的呢？

1.8.1 基本原理

代理实际上指的就是代理服务器，英文为 proxy server，它的功能是代理网络用户去取得网络信息。形象地说，它是网络信息的中转站。在正常请求一个网站时，是发送了请求给 Web 服务器，Web 服务器把响应传回给我们。如果设置了代理服务器，实际上就是在本机和服务器之间搭建了一座桥，此时本机不是直接向 Web 服务器发起请求，而是向代理服务器发出请求，请求会发送给代理服务器，然后由代理服务器再发送给 Web 服务器，接着由代理服务器再把 Web 服务器返回的响应转发给本机。这样同样可以正常访问网页，但这个过程中 Web 服务器识别出的真实 IP 就不再是本机的 IP 了，从而成功实现了 IP 伪装，这就是代理的基本原理。

1.8.2 代理的作用

那么，代理有什么作用呢？可以简单列举如下：

- 突破自身 IP 访问限制，访问一些平时不能访问的站点。
- 访问一些单位或团体内部资源：比如使用教育网内地址段免费代理服务器，就可以用于对教育网开放的各类 FTP 下载上传，以及各类资源查询共享等服务。
- 提高访问速度：通常代理服务器都设置一个较大的硬盘缓冲区，当有外界的信息通过时，同时也将其保存到缓冲区，当其他用户再访问相同的信息时，则直接由缓冲区中取出信息，传给用户，以提高访问速度。

- 隐藏真实 IP：上网者也可以通过这种方法隐藏自己的 IP，免受攻击。对于爬虫来说，用代理就是为了隐藏自身 IP，防止自身的 IP 被封锁。

1.8.3 爬虫代理

对于爬虫来说，由于爬虫爬取速度过快，在爬取过程中可能遇到同一个 IP 访问过于频繁的问题，此时网站就会让我们输入验证码登录或者直接封锁 IP，这样会给爬取带来极大的不便。

使用代理隐藏真实的 IP，让服务器误以为是代理服务器在请求自己。这样在爬取过程中通过不断更换代理，就不会被封锁，可以达到很好的爬取效果。

1.8.4 代理分类

代理分类时，既可以根据协议区分，也可以根据其匿名程度区分。

1. 根据协议区分

根据代理的协议，代理可以分为如下类别。

- FTP 代理服务器：主要用于访问 FTP 服务器，一般有上传、下载以及缓存功能，端口一般为 21、2121 等。
- HTTP 代理服务器：主要用于访问网页，一般有内容过滤和缓存功能，端口一般为 80、8080、3128 等。
- SSL/TLS 代理：主要用于访问加密网站，一般有 SSL 或 TLS 加密功能（最高支持 128 位加密强度），端口一般为 443。
- RTSP 代理：主要用于访问 Real 流媒体服务器，一般有缓存功能，端口一般为 554。
- Telnet 代理：主要用于 Telnet 远程控制（黑客入侵计算机时常用于隐藏身份），端口一般为 23。
- POP3/SMTP 代理：主要用于 POP3/SMTP 方式收发邮件，一般有缓存功能，端口一般为 110/25。
- SOCKS 代理：只是单纯传递数据包，不关心具体协议和用法，所以速度快很多，一般有缓存功能，端口一般为 1080。SOCKS 代理协议又分为 SOCKS4 和 SOCKS5，前者只支持 TCP，而后者支持 TCP 和 UDP，还支持各种身份验证机制、服务器端域名解析等。简单来说，SOCKS4 能做到的 SOCKS5 都可以做到，但 SOCKS5 能做到的 SOCKS4 不一定能做到。

2. 根据匿名程度区分

根据代理的匿名程度，代理可以分为以下类别。

- 高度匿名代理：会将数据包原封不动地转发，在服务端看来就好像真的是一个普通客户端在访问，而记录的 IP 是代理服务器的 IP。
- 普通匿名代理：会在数据包上做一些改动，服务端上有可能发现这是一个代理服务器，也有一定概率追查到客户端的真实 IP。代理服务器通常会加入的 HTTP 头有 HTTP_VIA 和 HTTP_X_FORWARDED_FOR。

- 透明代理：不但改动了数据包，还会告诉服务器客户端的真实IP。这种代理除了能用缓存技术提高浏览速度，能用内容过滤提高安全性之外，并无其他显著作用，最常见的例子是内网中的硬件防火墙。
- 间谍代理：指组织或个人创建的用于记录用户传输的数据，然后进行研究、监控等目的的代理服务器。

1.8.5 常见代理设置

- 使用网上的免费代理：最好使用高匿名代理，另外可用的代理不多，需要在使用前筛选一下可用代理，也可以进一步维护一个代理池。
- 使用付费代理服务：互联网上存在许多代理商，可以付费使用，质量比免费代理好很多。
- ADSL拨号：拨一次号换一次IP，稳定性高，也是一种比较有效的解决方案。

1.9 习题

1. 请求，由客户端向服务端发出，可以分为________、________、________、________。
2. 网页可以分为三大部分：________、________和________。
3. 在网络爬虫的系统框架中，主过程由________、________、________3部分组成。
4. HTTP协议的定义。
5. HTTP经过SSL加密的主要作用是什么？
6. GET和POST请求方法有何区别？

第2章 Python 平台及 Web 前端

CHAPTER 2

本书的网络爬虫选择了 Python3 平台作为开发语言，为此，本章将对 Python 软件进行介绍。

2.1 Python 软件概述

Python 是一种计算机程序设计语言，是一种面向对象的动态类型语言，其自身具有独立的特点，主要表现如下：

- 简单——Python 是一种代表简单主义思想的语言。阅读一个良好的 Python 程序就感觉像是在读英语一样，它使你能够专注于解决问题而不是去搞明白语言本身。
- 易学——Python 极其容易上手，因为 Python 有极其简单的说明文档。
- 速度快——Python 的底层是用 C 语言写的，很多标准库和第三方库也都是用 C 语言写的，运行速度非常快。
- 免费、开源——Python 是 FLOSS(自由/开放源码软件)之一。使用者可以自由地发布这个软件的副本、阅读它的源代码、对它做改动、把它的一部分用于新的自由软件中。FLOSS 是基于一个团体分享知识的概念。
- 高层语言——用 Python 语言编写程序的时候无须考虑如何管理你的程序所使用的内存等底层细节。
- 可移植性——由于它的开源本质，Python 已经被移植在许多平台上(经过改动使它能够工作在不同平台上)。这些平台包括 Linux、Windows、FreeBSD、Macintosh、Solaris、OS/2、Amiga、AROS、AS/400、BeOS、OS/390、z/OS、Palm OS、QNX、VMS、Psion、Acom RISC OS、VxWorks、PlayStation、Sharp Zaurus、Windows CE、PocketPC、Symbian 以及 Google 基于 Linux 开发的 Android 平台。
- 解释性——一个用编译性语言比如 C 或 C++ 编写的程序可以从源文件(即 C 或 C++ 文件)转换到一个你的计算机所使用的语言(二进制代码，即 0 和 1)。这个过程通过编译器和不同的标记、选项完成。

运行程序的时候，连接/转载器软件把你的程序从硬盘复制到内存中并且运行，而 Python 语言写的程序不需要编译成二进制代码，可以直接从源代码运行程序。

在计算机内部，Python 解释器把源代码转换成称为字节码的中间形式，然后再把它翻译成计算机使用的机器语言并运行。这使得使用 Python 更加简单，也使得 Python 程序更加易于移植。

- 面向对象——Python 既支持面向过程的编程也支持面向对象的编程。在"面向过程"的语言中，程序是由过程或仅仅是可重用代码的函数构建起来的。在"面向对象"的语言中，程序是由数据和功能组合而成的对象构建起来的。
- 可扩展性——如果需要一段关键代码运行得更快或者希望某些算法不公开，那么可以用 C 或 C++ 编写部分程序，然后在 Python 程序中使用它们。
- 可嵌入性——可以把 Python 嵌入 C/C++ 程序，从而向程序用户提供脚本功能。
- 丰富的库——Python 标准库确实很庞大，它可以帮助处理各种工作，包括正则表达式、文档生成、单元测试、线程、数据库、网页浏览器、CGI、FTP、电子邮件、XML、XML-RPC、HTML、WAV 文件、密码系统、GUI(图形用户界面)、Tk 以及其他与系统有关的操作，这被称作 Python 的"功能齐全"理念。除了标准库以外，还有许多其他高质量的库，如 wxPython、Twisted 和 Python 图像库等。
- 规范的代码——Python 采用强制缩进的方式使得代码具有较好可读性，而 Python 语言写的程序不需要编译成二进制代码。

在网络爬虫领域，由于 Python 简单易学，又有丰富的库可以很好地完成工作，因此很多人选择 Python 进行网络爬虫开发，本书亦如此。

2.2 Python 的安装

Python 是一种跨平台的编程语言，这意味着它能够运行在所有主要的操作系统中。在所有安装了 Python 的现代计算机上，都能够运行你编写的任何 Python 程序。然而，在不同的操作系统中，安装 Python 的方法存在细微的差别。

本节介绍如何在自己的系统中安装 Python 和运行 hello_world. py 程序。首先要检查自己的系统是否安装了 Python，如果没有，就安装它；接着，需要安装一个简单的文本编辑器，并创建一个空的 Python 文件——hello_world. py。最后，将运行 hello_world. py 程序，并排除各种故障。

2.2.1 在 Linux 系统中搭建 Python 环境

Linux 系统是为编程而设计的，因此在大多数 Linux 计算机中都默认安装了 Python。

在系统中运行应用程序 Terminal(如果使用的是 Ubuntu，可按 Ctrl＋Alt＋T 键)，打开一个终端窗口。为确定是否安装了 Python，执行命令 python(注意，其中的 p 是小写的)。输出将类似下面这样，它指出了安装 Python 版本；最后>>>为一个提示符，让你能够输入 Python 命令。

```
C:\Users\ASUS > python
Python 3.6.5 (v3.6.5:f59c0932b4, Mar 28 2018, 17:00:18) [MSC v.1900 64 bit (AMD64)] on win32
Type "help", "copyright", "credits" or "license" for more information.
>>>
```

上述输出表明，当前计算机默认使用的 Python 版本为 3.6.5。看到上述输出后，如果要退出 Python 并返回到终端窗口，可按 Ctrl+D 键或执行命令 exit()。

可以打开一个终端窗口并执行命令 python，尝试运行 Python 代码，在终端输入与输出如下：

```
>>> print("Hello Python! ")
Hello Python!
```

消息将直接打印到当前终端窗口中。可通过 Ctrl+D 键或执行 exit()命令关闭 Python 解释器。

2.2.2 在 Windows 系统中搭建 Python 环境

Windows 系统并非都默认安装了 Python，因此你可能需要下载并安装它，再下载并安装一个文本编辑器。

下载并安装 Python 3.6.5（注意选择正确的操作系统）。下载后，安装界面如图 2-1 所示。

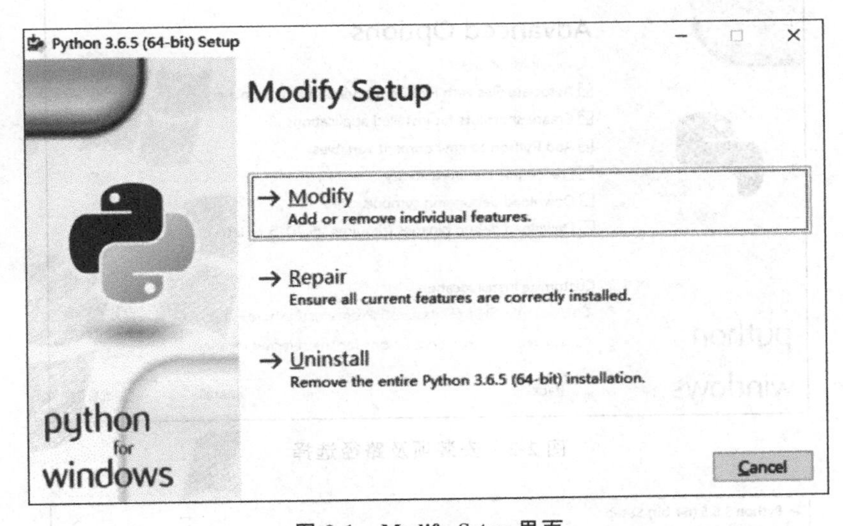

图 2-1 Modify Setup 界面

在图 2-1 中选择 Modify，进入下一步。如图 2-2 所示，可以看出 Python 包自带 pip 命令。

单击 Next 按钮，选择安装项，并可选择安装路径，如图 2-3 所示。

选择所需要安装项以及所存放的路径后，单击 Install 按钮，即可进行安装，安装完成效果如图 2-4 所示。

安装完成 Python 后，再在 PowerShell 中输入 python，若看到进入终端的命令提示，则代表 Python 安装成功。安装成功后的界面如图 2-5 所示。

为了编程方便，需要安装 Geany 程序，首先下载 Windows Geany 安装程序，可访问 htttː//geany. org/，单击 Download 下的 Releases，找到安装程序 geany-1. 25_setup. exe 或类似的文件。下载安装程序后，运行它并接受所有的默认设置。

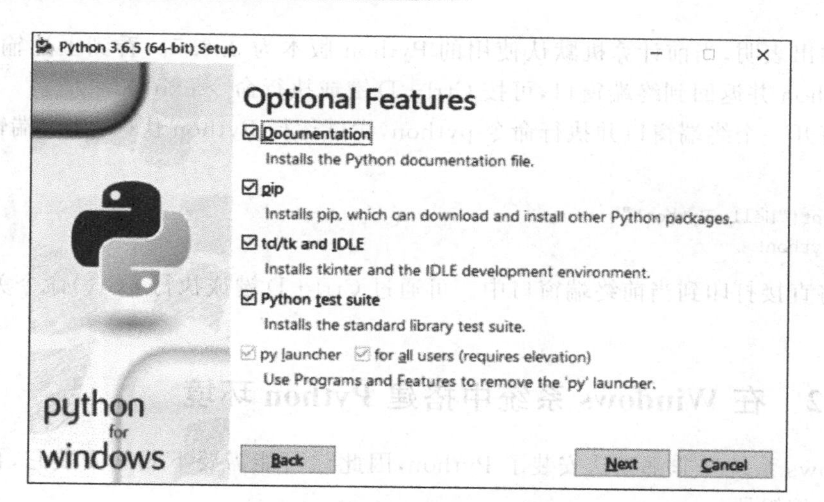

图 2-2 Optional Features 界面

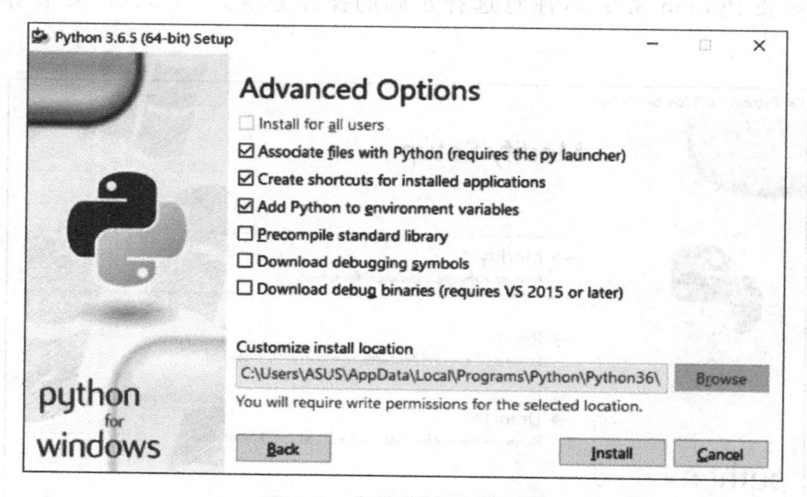

图 2-3 安装项及路径选择

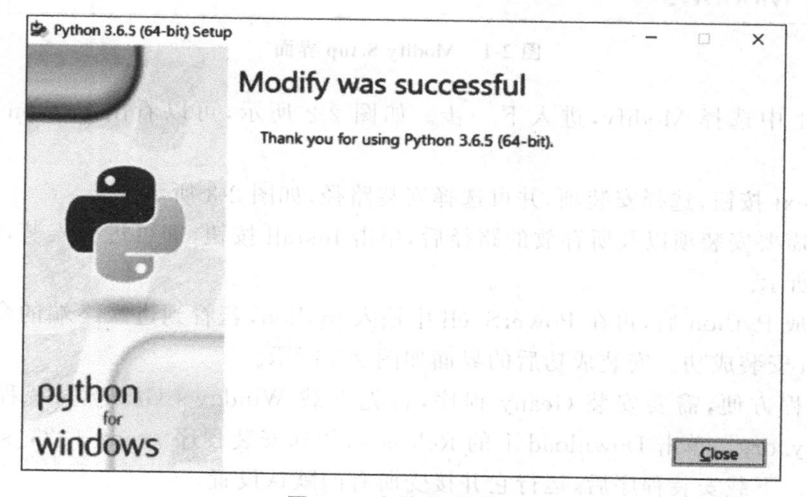

图 2-4 安装完成界面

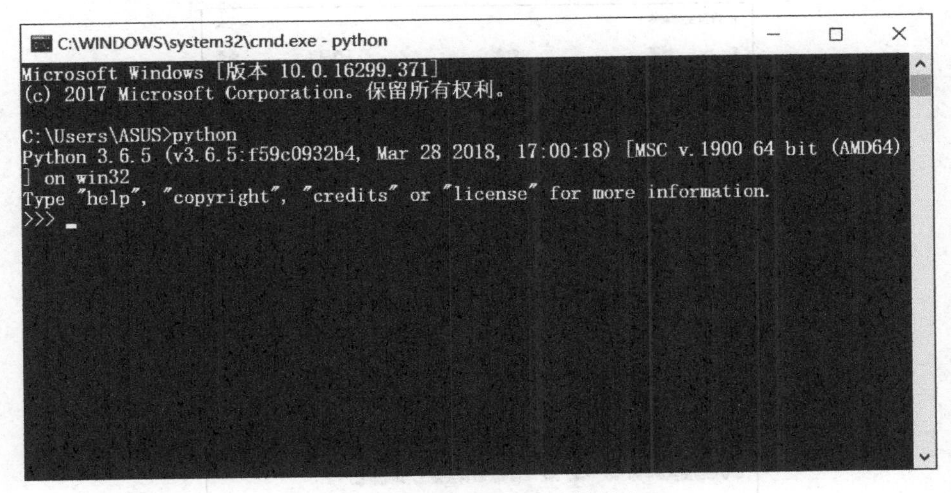

图 2-5　终端显示成功后的信息

启动 Geany，选择“文件”|“另存为”命令，将当前的空文件保存为 hello_world. py，再在编辑窗口中输入代码：

```
print("hello world! ")
```

效果如图 2-6 所示。

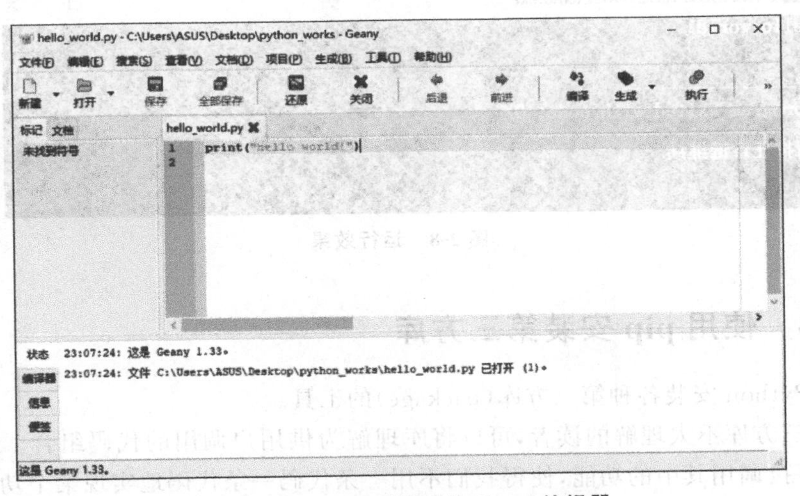

图 2-6　Windows 系统下的 Geany 编辑器

现在选择菜单“生成”|“设置生成命令”命令，将看到文字 Compile 和 Execute，它们旁边都有一个命令。默认情况下，这两个命令都是 python（全部小写），但 Geany 不知道这个命令位于系统的什么地方。需要添加启动终端会话时使用的路径。在编译命令和执行中，添加命令 python 所在的驱动器和文件夹。编译命令效果应类似于图 2-7。

提示：务必确定空格和大小都与图 2-7 中显示的完全相同。正确地设置这些命令后，单击“确定”按钮，即可成功运行程序。

在 Geany 中运行程序的方式有 3 种。为运行程序 hello_world. py，可选择菜单“生成”|

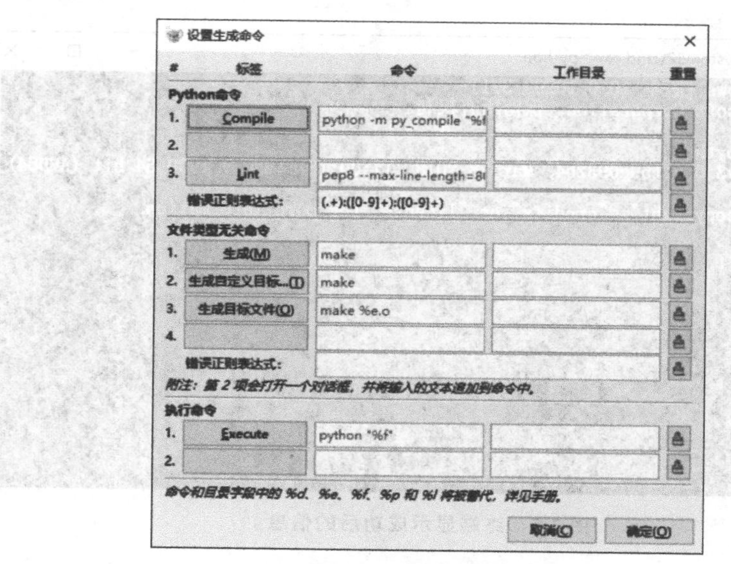

图 2-7　编译命令效果

Execute 命令、单击[执行]按钮或按 F5 键。运行 hello_world. py 时，将弹出一个终端窗口，效果如图 2-8 所示。

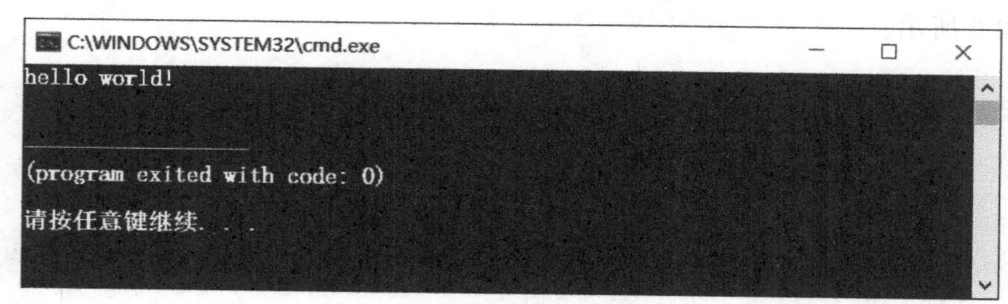

图 2-8　运行效果

2.2.3　使用 pip 安装第三方库

pip 是 Python 安装各种第三方库(package)的工具。

对于第三方库不太理解的读者，可以将库理解为供用户调用的代码组合。在安装某个库后，可以直接调用其中的功能，使得我们不用一条代码一条代码地实现某个功能。这就像你需要为计算机杀毒时会选择下载一个杀毒软件一样，而不是自己写一个杀毒软件，直接使用杀毒软件中的杀毒功能来杀毒就可以了。这个比方中的杀毒软件就像是第三方库，杀毒功能就是第三方库可以实现的功能。

下面的例子将介绍如何用 pip 安装第三方库 bs4，它可以使用其中的 BeautifulSoup 解析网页。

- 首先，打开 cmd. exe(在 Windows 中为 cmd，在 Mac 中为 terminal)。在 Windows 中，打开 cmd 命令窗口，输入一些命令后，cmd. exe 可以执行对系统的管理。单击“开始”按钮，在“搜索程序和文件”文本框中输入 cmd 后按 Enter 键，系统会打开命令提示符窗口，如图 2-9 所示。在 Mac 中，可以直接在“应用程序”中打开 terminal 程序。

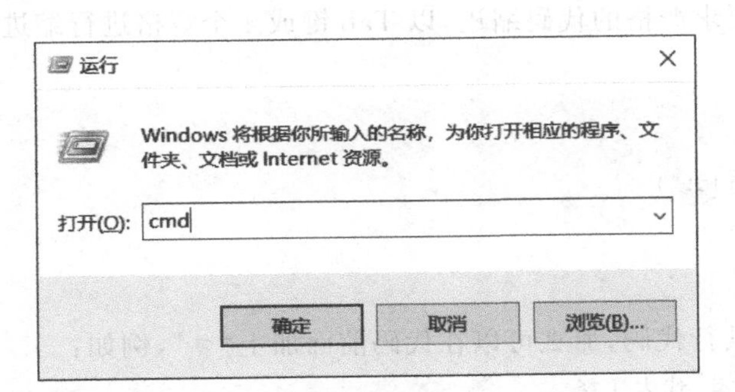

图 2-9 cmd 界面

- 安装 bs4 的 Python 库。在 cmd 中输入 pip install bs4 后按 Enter 键，如果出现 successfully installed，就表示安装成功，如图 2-10 所示。

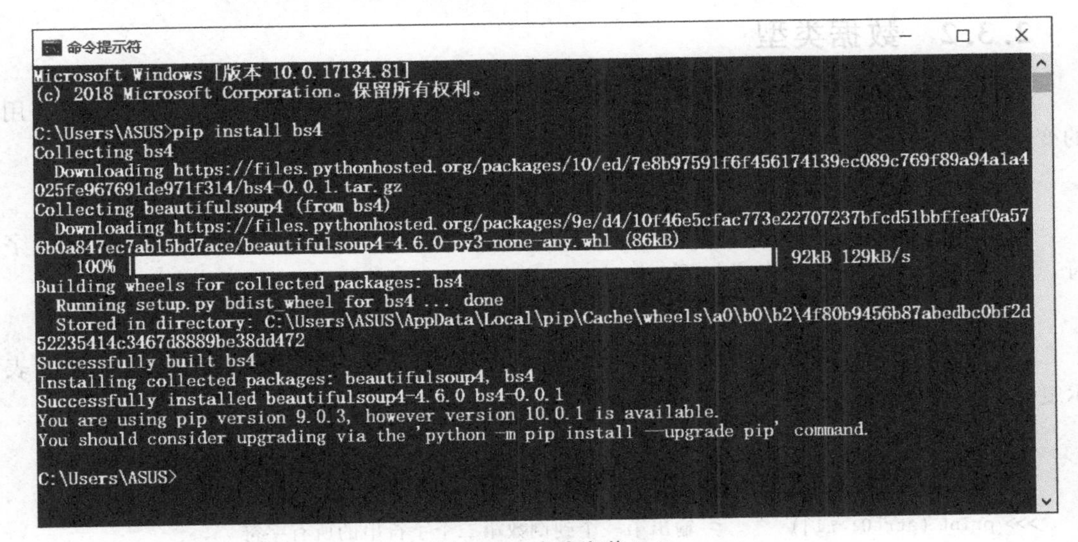

图 2-10 成功安装 bs4

除了 bs4 这个库，之后还会用到 requests 库、lxml 库等其他第三方库，帮助我们更好地使用 Python 实现机器学习。

2.3 Python 的入门

本节主要介绍 Python 的一些基本语法。

2.3.1 基本命令

Python 是一种非常简单的语言，最简单的就是 print，使用 print 可以打印出一系列结果。例如，在代码中输入 print("Hello World!")，打印的结果如下：

```
Hello World!
```

另外，Python要求严格的代码缩进，以Tab键或4个空格进行缩进，代码要按照结构严格缩进，例如：

```
x = 1
if x == 1:
 print("Hello World!")
```

输出为：

```
Hello World!
```

如果需要注释某行代码，那么可以在代码前面加上"#"，例如：

```
>>> #在前面加上#,代表注释
...
print("Hello World!")
Hello World!
>>>
```

2.3.2 数据类型

Python是面向对象(object oriented)的一种语言，并不需要在使用之前声明需要使用的变量和类别。下面将介绍Python的几种常用数据类型。

1. 字符串

Python中的字符串用单引号(')或双引号(")括起来，同时使用反斜杠(\)转义特殊字符。字符串的截取的语法格式如下：

```
变量[头下标:尾下标]
```

索引值以0为开始值，-1为从末尾的开始位置。加号+是字符串的连接符，星号*表示复制当前字符串，紧跟的数字为复制的次数。实例如下：

```
>>> str = 'Robort'
>>> print (str)              # 输出字符串
Robort
>>> print (str[0:-1])        # 输出第一个到倒数第二个字符串的所有字符
Robor
>>> print (str[0])           # 输出字符串第一个字符
R
>>> print (str[2:5])         # 输出从第三个开始到第五个字符串的所有字符
bor
>>> print (str[2:])          # 输出从第三个字符串后面的所有字符
bort
>>> print (str * 2)          # 输出字符串两次
RobortRobort
>>> print (str + "TEST")     # 连接字符串
RobortTEST
```

Python使用反斜杠(\)转义特殊字符，如果不想让反斜杠发生转义，可以在字符串前面添加一个r，表示原始字符串：

```
>>> print('Ro\bort')
Rort
>>> print(r'Ro\bort')
Ro\bort
>>>
```

另外，反斜杠(\)可以作为续行符，表示下一行是上一行的延续。也可以使用 """…""" 或者 '''…''' 跨越多行。

注意，Python 没有单独的字符类型，一个字符就是长度为 1 的字符串。

```
>>> word = 'Python'
>>> print(word[0], word[5])
P n
>>> print(word[-1], word[-6])
n P
```

与 C 字符串不同的是，Python 字符串不能被改变。向一个索引位置赋值，比如 word[0] = 'm'会导致错误。

2. 数字

Python3 支持 int、float、bool、complex(复数)。在 Python3 中，只有一种整数类型 int，表示为长整型，没有 Python2 中的 Long。像大多数语言一样，其数值类型的赋值和计算都是很直观的。内置的 type()函数可以用来查询变量所指的对象类型。

```
>>> a, b, c, d = 20, 5.5, True, 4+3j
>>> print(type(a), type(b), type(c), type(d))
<class 'int'><class 'float'><class 'bool'><class 'complex'>
```

此外，还可以用 isinstance 来判断：

```
>>> a = 222
>>> isinstance(a, int)
True
>>>
```

isinstance 和 type 的区别在于：

- type()不会认为子类是一种父类类型。
- isinstance()会认为子类是一种父类类型。

3. 列表

list(列表)是 Python 中使用最频繁的数据类型。列表可以完成大多数集合类的数据结构实现。列表中元素的类型可以不相同，它支持数字，字符串甚至可以包含列表(所谓嵌套)。列表是写在方括号[]之间、用逗号分隔开的元素列表。和字符串一样，列表同样可以被索引和截取，列表被截取后返回一个包含所需元素的新列表。列表截取的语法格式如下：

```
变量[头下标:尾下标]
```

索引值以 0 为开始值，-1 为从末尾的开始位置。其截取过程如图 2-11 所示。

加号+是列表连接运算符，星号 * 表示重复操作。给出一个实例如下：

```
list = ['abcd', 786, 2.23, 'Robort', 70.2]
tinylist = [123, 'Robort']
print(list)                    # 输出完整列表
print(list[0])                 # 输出列表第一个元素
print(list[1:3])               # 从第二个开始输出到第三个元素
print(list[2:])                # 输出从第三个元素开始的所有元素
print(tinylist * 2)            # 输出两次列表
print(list + tinylist)         # 连接列表
```

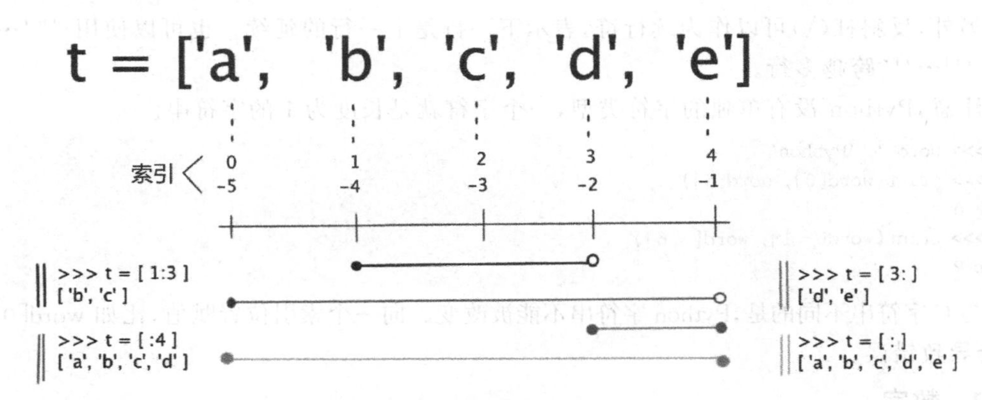

图 2-11 列表截取过程

运行程序,输出如下:

```
['abcd', 786, 2.23, 'Robort', 70.2]
abcd
[786, 2.23]
[2.23, 'Robort', 70.2]
[123, 'Robort', 123, 'Robort']
['abcd', 786, 2.23, 'Robort', 70.2, 123, 'Robort']
```

与 Python 字符串不一样的是,列表中的元素是可以改变的:

```
>>> a = [1, 2, 3, 4, 5, 6]
>>> a[0] = 8
>>> a[2:5] = [11,12,14]
>>> a
[8, 2, 11, 12, 14, 6]
>>> a[2:5] = [] #将对应的元素设置为[]
>>> a
[8, 2, 6]
```

list 内置了有很多方法,例如 append()、pop()等,这里不展开介绍。

需要注意以下几点:

(1) list 写在方括号之间,元素用逗号隔开。

(2) 和字符串一样,list 可以被索引和切片。

(3) list 可以使用+操作符进行拼接。

(4) list 中的元素是可以改变的。

4. 字典

字典(dictionary)是 Python 中另一个非常有用的内置数据类型。列表是有序的对象集合,字典是无序的对象集合。两者之间的区别在于:字典当中的元素是通过键来存取的,而不是通过偏移存取。字典是一种映射类型,字典用{}标识,它是一个无序的键(key):值(value)的集合,键(key)必须使用不可变类型。

在同一个字典中,键(key)必须是唯一的。例如:

```
dict = {}
dict['one'] = "1 - 爬虫"
dict[2] = "2 - 网络爬虫"
```

```
tinydict = {'name': 'Robort','code':1, 'site': 'www.Robort.com'}
print(dict['one'])                # 输出键为 'one' 的值
print(dict[2])                    # 输出键为 2 的值
print(tinydict)                   # 输出完整的字典
print(tinydict.keys())            # 输出所有键
print(tinydict.values())          # 输出所有值
```

运行程序,输出如下:

```
1 - 爬虫
2 - 网络爬虫
{'name': 'Robort', 'code': 1, 'site': 'www.Robort.com'}
dict_keys(['name', 'code', 'site'])
dict_values(['Robort', 1, 'www.Robort.com'])
```

构造函数 dict()可以直接从键-值对序列中构建字典如下:

```
>>> dict([('Robort', 1), ('Google', 2), ('Taobao', 3)])
{'Robort': 1, 'Google': 2, 'Taobao': 3}
>>> {x: x ** 2 for x in (2, 4, 6)}
{2: 4, 4: 16, 6: 36}
>>> dict(Robort = 1, Google = 2, Taobao = 3)
{'Robort': 1, 'Google': 2, 'Taobao': 3}
```

另外,字典类型也有一些内置的函数,例如 clear()、keys()、values()等。

需要注意以下几点:

(1) 字典是一种映射类型,它的元素是键-值对。

(2) 字典的关键字必须为不可变类型,且不能重复。

(3) 创建空字典使用{}。

2.4　条件语句与循环语句

本节主要介绍条件语句和循环语句。

2.4.1　条件语句

条件语句可以使得当满足条件的时候才执行某部分代码。条件为布尔值,也就是只有True 和 False 两个值。当 if 判断条件成立时才执行后面的语句;当条件不成立时,执行else 后面的语句。

在 Python 中,条件语句的语法格式为:

```
if condition_1:
    statement_block_1
elif condition_2:
    statement_block_2
else:
    statement_block_3
```

其中:

- 如果“condition_1”为 True 将执行“statement_block_1”块语句;
- 如果“condition_1”为 False,将判断“condition_2”;

- 如果“condition_2”为 True，将执行“statement_block_2”块语句；
- 如果“condition_2”为 False，将执行“statement_block_3”块语句。

Python 中用 elif 代替了 else if，所以 if 语句的关键字为 if-elif-else。

需要注意以下几点：

(1) 每个条件后面要使用冒号“:”，表示接下来是满足条件后要执行的语句块。

(2) 使用缩进来划分语句块，相同缩进数的语句在一起组成一个语句块。

(3) 在 Python 中没有 switch-case 语句。

【例 2-1】 以下是一个简单的 if 实例。

```
var1 = 98
if var1:
    print("1 - if 表达式条件为 true")
    print(var1)
var2 = 0
if var2:
    print("2 - if 表达式条件为 true")
    print(var2)
print("Good bye!")
```

运行程序，输出如下：

```
1 - if 表达式条件为 true
98
Good bye!
```

从结果可以看到，由于变量 var2 为 0，所以对应的 if 内的语句没有执行。

【例 2-2】 以下实例演示了狗的年龄计算判断。

```
age = int(input("请输入你家狗的年龄: "))
print("")
if age < 0:
    print("你是在逗我吧!")
elif age == 1:
    print("相当于 14 岁的人.")
elif age == 2:
    print("相当于 22 岁的人.")
elif age > 2:
    human = 22 + (age - 2) * 5
    print("对应人类年龄: ", human)
### 退出提示
input("单击 enter 键退出")
```

运行程序，输出如下：

```
请输入你家狗的年龄: 3
对应人类年龄: 27
单击 enter 键退出
```

在嵌套 if 语句中，可以把 if-elif-else 结构放在另外一个 if-elif-else 结构中。其语法格式为：

```
if 表达式 1:
语句
    if 表达式 2:
语句
```

```
    elif 表达式 3:
语句
    else:
语句
elif 表达式 4:
语句
else:
语句
```

【例 2-3】 if 语句嵌套演示实例。

```
num = int(input("输入一个数字: "))
if num % 2 == 0:
    if num % 3 == 0:
        print("你输入的数字可以整除 2 和 3")
    else:
        print("你输入的数字可以整除 2,但不能整除 3")
else:
    if num % 3 == 0:
        print("你输入的数字可以整除 3,但不能整除 2")
    else:
        print("你输入的数字不能整除 2 和 3")
```

运行程序,输出如下:

```
输入一个数字: 6
你输入的数字可以整除 2 和 3
```

2.4.2 循环语句

Python 中的循环语句有 for 和 while,下面给予介绍。

1. while 循环

Python 中 while 语句的一般形式:

```
while 判断条件:
语句
```

这里同样需要注意冒号和缩进。另外,在 Python 中没有 do-while 循环。

【例 2-4】 以下实例使用了 while 来计算 1～100 的总和。

```
n = 100
sum = 0
counter = 1
while counter <= n:
    sum = sum + counter
    counter += 1
print("1 到 %d 之和为: %d" % (n,sum))
```

运行程序,输出如下:

```
1 到 100 之和为: 5050
```

1) 无限循环

可以通过设置条件表达式永远不为 false 来实现无限循环,实例如下:

```
var = 1
```

```
while var == 1 : # 表达式永远为 true
    num = int(input("输入一个数字 :"))
    print("你输入的数字是: ", num)
print("Good bye!")
```

运行程序，输出如下：

```
输入一个数字 :8
你输入的数字是: 8
输入一个数字 :6
你输入的数字是: 6
输入一个数字 :
```

可以使用Ctrl+C键来退出当前的无限循环，无限循环在服务器上的实时请求非常有用。

2）while循环使用else语句

while-else在条件语句为false时执行else的语句块，例如：

```
count = 0
while count < 5:
    print(count, " 小于 5")
    count = count + 1
else:
    print(count, " 大于或等于 5")
```

运行程序，输出如下：

```
0  小于 5
1  小于 5
2  小于 5
3  小于 5
4  小于 5
5  大于或等于 5
```

3）简单语句组

类似if语句的语法，如果while循环体中只有一条语句，那么可以将该语句与while写在同一行中，如下所示：

```
flag = 1
while(flag): print('欢迎学习网络爬虫!')
print("Good bye!")
```

运行程序，输出如下：

```
欢迎学习网络爬虫!
欢迎学习网络爬虫!
欢迎学习网络爬虫!
欢迎学习网络爬虫!
…
```

2. for循环

Python的for循环可以遍历任何序列的项目，如一个列表或者一个字符串。

for循环的一般格式如下：

```
for <variable> in <sequence>:
<statements>
```

```
else:
    <statements>
```

【例 2-5】 for 循环实例。

```
languages = ["C", "C++", "Perl", "Python"]
for x in languages:
 print(x)
```

运行程序，输出如下：

```
C
C++
Perl
Python
```

以下 for 实例中使用了 break 语句，break 语句用于跳出当前循环体：

```
sites = ["Baidu", "Google","Robort","Taobao"]
for site in sites:
    if site == "Runoob":
        print("网络爬虫!")
        break
    print("循环数据 " + site)
else:
    print("没有循环数据!")
print("完成循环!")
```

运行程序，输出如下：

```
循环数据 Baidu
循环数据 Google
循环数据 Robort
循环数据 Taobao
没有循环数据!
完成循环!
```

2.5 面向对象编程

Python 从设计之初就已经是一门面向对象的语言，正因为如此，在 Python 中创建一个类和对象是很容易的。本节将详细介绍 Python 的面向对象编程。

如果你以前没有接触过面向对象的编程语言，那么可能需要先了解一些面向对象语言的基本特征，在头脑中形成一个基本的面向对象的概念，这样有助于更容易地学习 Python 的面向对象编程。

接下来先简单了解面向对象的一些基本特征。

2.5.1 面向对象技术简介

面向对象技术主要有：

- 类(Class)——用来描述具有相同的属性和方法的对象的集合，它定义了该集合中每个对象所共有的属性和方法。对象是类的实例。
- 方法——类中定义的函数。

- 类变量——类变量在整个实例化的对象中是公用的,类变量定义在类中且在函数体之外,类变量通常不作为实例变量使用。
- 数据成员——类变量或者实例变量用于处理类及其实例对象的相关数据。
- 方法重写——如果从父类继承的方法不能满足子类的需求,那么可以对其进行改写,这个过程叫方法覆盖(override),也称为方法重写。
- 局部变量——定义在方法中的变量,只作用于当前实例的类。
- 实例变量——在类的声明中,属性是用变量来表示的。这种变量就称为实例变量,是在类声明的内部但是在类的其他成员方法之外声明的。
- 继承——即一个派生类(derived class)继承基类(base class)的字段和方法。继承也允许把一个派生类的对象作为一个基类对象对待。例如,有这样一个设计:一个Dog类型的对象派生自Animal类,这是模拟"是一个(is-a)"关系(例图,Dog是一个Animal)。
- 实例化——创建一个类的实例,类的具体对象。
- 对象——通过类定义的数据结构实例,对象包括两个数据成员(类变量和实例变量)和方法。

与其他编程语言相比,Python在尽可能不增加新的语法和语义的情况下加入了类机制。Python中的类提供了面向对象编程的所有基本功能:类的继承机制允许多个基类,派生类可以覆盖基类中的任何方法,在方法中可以调用基类中的同名方法。对象可以包含任意数量和类型的数据。

2.5.2 类定义

类定义的语法格式为:

```
class ClassName:
<statement-1>
 ⋮
<statement-N>
```

类实例化后,可以使用其属性,实际上,创建一个类之后,可以通过类名访问其属性。

2.5.3 类对象

类对象支持两种操作:属性引用和实例化。属性引用使用与Python中所有的属性引用一样的标准语法:obj.name。创建类对象后,类命名空间中所有的命名都是有效属性名。假设类定义如下:

```
class MyClass:
    """一个简单的类实例"""
    i = 12345
    def f(self):
        return 'hello world'
# 实例化类
x = MyClass()
# 访问类的属性和方法
print("MyClass 类的属性 i 为:", x.i)
print("MyClass 类的方法 f 输出为:", x.f())
```

运行程序，输出如下：

```
MyClass 类的属性 i 为：12345
MyClass 类的方法 f 输出为：hello world
```

以上创建了一个新的类实例并将该对象赋给局部变量 x，x 为空的对象。

2.5.4 类的方法

在类的内部，使用 def 关键字来定义一个方法，与一般函数定义不同，类方法必须包含参数 self，且为第一个参数，self 代表的是类的实例。

```
#类定义
class people:
    #定义基本属性
    name = ''
    age = 0
    #定义私有属性，私有属性在类外部无法直接进行访问
    _weight = 0
    #定义构造方法
    def _init_(self,n,a,w):
        self.name = n
        self.age = a
        self._weight = w
    def speak(self):
        print("%s 说：我 %d 岁。" %(self.name,self.age))
# 实例化类
p = people('Robort',11,30)
p.speak()
```

运行程序，输出如下：

```
Robort 说：我 11 岁。
```

2.5.5 继承

Python 同样支持类的继承，如果一种语言不支持继承，类就没有什么意义。派生类的定义如下：

```
class DerivedClassName(BaseClassName1):
<statement-1>
:
<statement-N>
```

需要注意圆括号中基类的顺序，若基类中有相同的方法名，而在子类使用时未指定，那么 Python 从左至右搜索，即方法在子类中未找到时，从左至右查找基类中是否包含方法。

BaseClassName（示例中的基类名）必须与派生类定义在一个作用域内。除了类，还可以用表达式，基类定义在另一个模块中时这一点非常有用：

```
class DerivedClassName(modname.BaseClassName):
```

【例 2-6】 类继承实例。

```
#类定义
class people:
    #定义基本属性
```

```
    name = ''
    age = 0
    #定义私有属性,私有属性在类外部无法直接进行访问
    _weight = 0
    #定义构造方法
    def _init_(self,n,a,w):
        self.name = n
        self.age = a
        self._weight = w
    def speak(self):
        print("%s 说: 我 %d 岁." %(self.name,self.age))
#单继承示例
class student(people):
    grade = ''
    def _init_(self,n,a,w,g):
        #调用父类的构函
        people._init_(self,n,a,w)
        self.grade = g
    #覆写父类的方法
    def speak(self):
        print("%s 说: 我 %d 岁了,我在读 %d 年级"%(self.name,self.age,self.grade))
s = student('ken',10,60,3)
s.speak()
```

运行程序,输出如下:

```
ken 说: 我 10 岁了,我在读 3 年级
```

2.6 第一个爬虫实例

在了解了 Python 的基础语法后,本节尝试利用 Python 编写第一个爬虫实例。

在此选择的网站是中国天气网中的苏州天气,准备爬取最近 7 天的天气情况以及最高/最低气温,如图 2-12 所示(http://www.weather.com.cn/weather/101190401.shtml)。

在程序开始处添加:

```
# coding : UTF-8
```

这样就能告诉解释器该 py 程序是 utf-8 编码的,源程序中可以有中文。

(1) 要引用的包。

```
import requests
import csv
import random
import time
import socket
import http.client
import urllib.request
from bs4 import BeautifulSoup
```

其中,

- requests:用来爬取网页的 html 源代码。
- csv:将数据写入 csv 文件中。

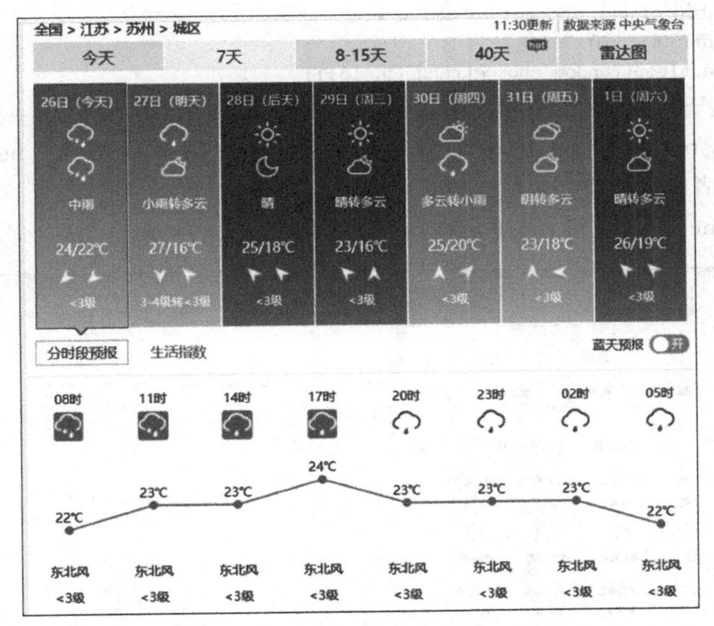

图 2-12　苏州最近 7 天天气情况

- random：取随机数。
- time：时间相关操作。
- socket 和 http.client：在这里只用于异常处理。
- BeautifulSoup：用来代替正则式取源码中相应标签中的内容。
- urllib.request：另一种爬取网页的 html 源代码的方法，但是不如 requests 方便。

（2）获取网页中的 HTML 代码。

```
def get_content(url , data = None):
    header = { 'Accept': 'text/html,application/xhtml + xml,application/xml;q = 0.9,image/webp,
*/*;q=0.8', 'Accept-Encoding': 'gzip, deflate, sdch', 'Accept-Language': 'zh-CN,zh;q=0.8',
'Connection': 'keep-alive', 'User-Agent': 'Mozilla/5.0 (Windows NT 6.3; WOW64) AppleWebKit/
537.36 (KHTML, like Gecko) Chrome/43.0.235' }
    timeout = random.choice(range(80, 180))
    while True:
        try:
            rep = requests.get(url,headers = header,timeout = timeout)
            rep.encoding = 'utf-8' # req = urllib.request.Request(url, data, header)
            break
        except socket.timeout as e:
            print( '3:', e)
            time.sleep(random.choice(range(8,15)))
        except socket.error as e:
            print( '4:', e)
            time.sleep(random.choice(range(20, 60)))
        except http.client.BadStatusLine as e:
            print( '5:', e)
            time.sleep(random.choice(range(30, 80)))
```

```
        except http.client.IncompleteRead as e:
            print( '6:', e)
            time.sleep(random.choice(range(5, 15)))
    return(rep.text) # 返回 html_text
```

其中，header 是 requests.get 的一个参数，目的是模拟浏览器访问。header 可以使用 Chrome 的开发者工具获得，具体方法如下：

打开 Chrome，按 F12 键，选择 network，效果如图 2-13 所示。

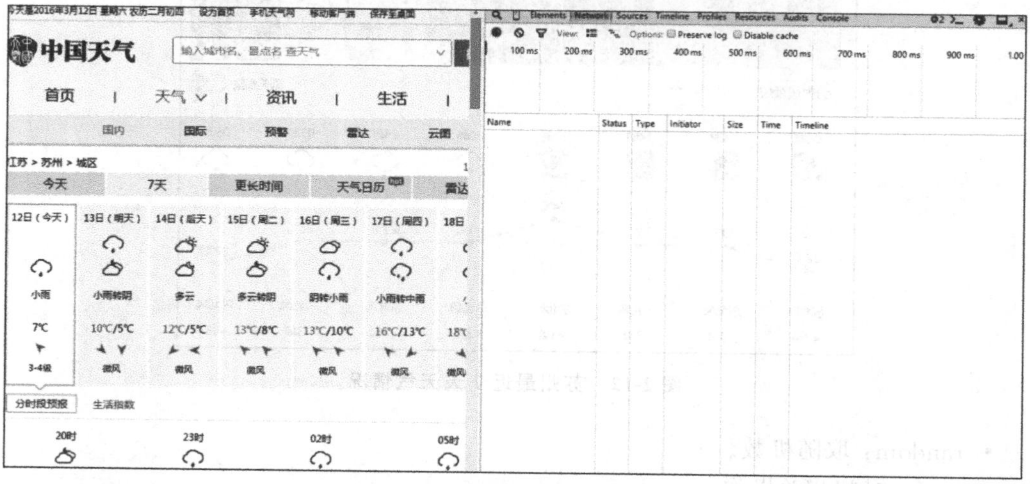

图 2-13 打开苏州最近 7 天天气情况

重新访问该网站，找到第一个网络请求，查看它的 header，如图 2-14 所示。

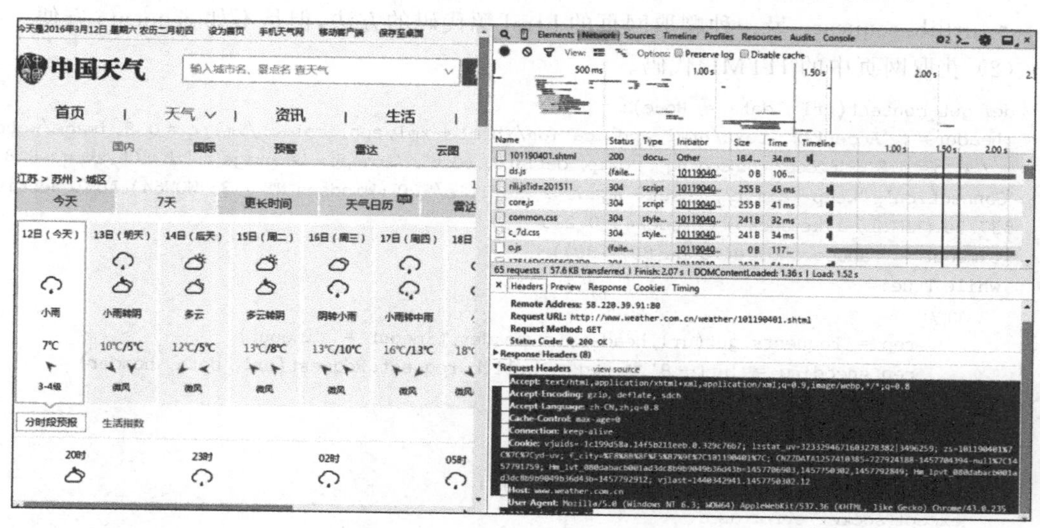

图 2-14 header 显示效果

timeout 是设定的一个超时时间，取随机数是因为防止被网站认定为网络爬虫。然后通过 requests.get 方法获取网页的源代码，rep.encoding ='utf-8'是将源代码的编码格式改为 utf-8(不改源代码中中文部分会为乱码)。

接着，还是用开发者工具查看网页源码，并找到所需字段的相应位置，如图 2-15 所示。

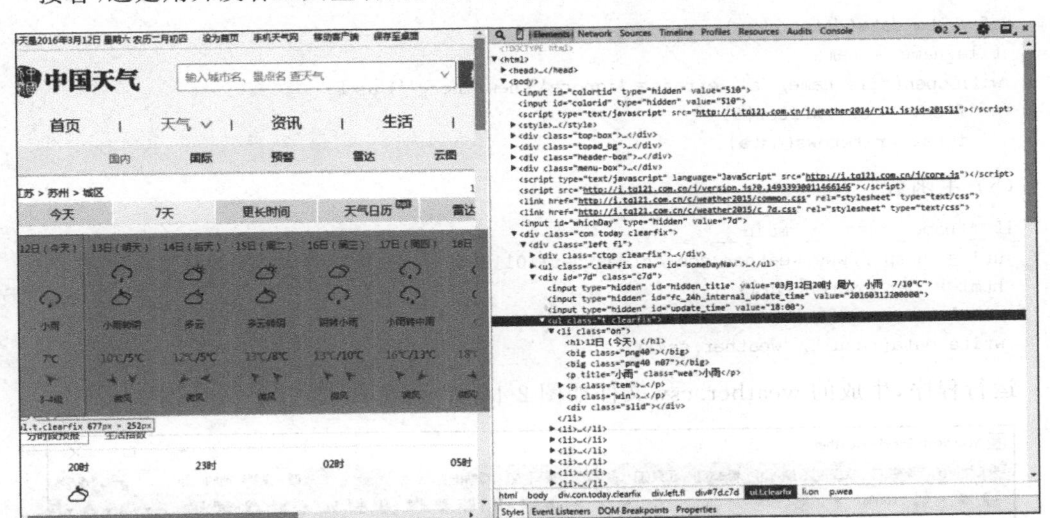

图 2-15 网页源码

(3) 我们需要的字段都在 id ="7d"的“div”的 ul 中。日期在每个 li 中 h1 中，天气情况在每个 li 的第一个 p 标签内，最高温度和最低温度在每个 li 的 span 和 i 标签中。到了傍晚，需要找到当天最高温度，所以要多加一个判断。代码如下：

```
def get_data(html_text):
    final = []
    bs = BeautifulSoup(html_text, "html.parser")   # 创建 BeautifulSoup 对象
    body = bs.body                                 # 获取 body 部分
    data = body.find('div', {'id': '7d'})          # 找到 id 为 7d 的 div
    ul = data.find('ul')                           # 获取 ul 部分
    li = ul.find_all('li')                         # 获取所有的 li
    for day in li:                                 # 对每个 li 标签中的内容进行遍历
        temp = []
        date = day.find('h1').string               # 找到日期
        temp.append(date)                          # 添加到 temp 中
        inf = day.find_all('p')                    # 找到 li 中的所有 p 标签
        temp.append(inf[0].string,)               # 第一个 p 标签中的内容（天气状况）加到 temp 中
        if inf[1].find('span') is None:
            temperature_highest = None # 天气预报可能没有当天的最高气温（到了傍晚，就是这样），
                                       # 需要加个判断语句，来输出最低气温
        else:
            temperature_highest = inf[1].find('span').string   # 找到最高温度
            temperature_highest = temperature_highest.replace('℃', '')  # 到了晚上气温会变，最
                                                                         # 高温度后面也有个℃
        temperature_lowest = inf[1].find('i').string  # 找到最低温度
        temperature_lowest = temperature_lowest.replace('℃', '')    # 最低温度后面有个℃
        temp.append(temperature_highest)           # 将最高温添加到 temp 中
        temp.append(temperature_lowest)           # 将最低温添加到 temp 中
        final.append(temp)                        # 将 temp 加到 final 中
    return final
```

(4) 写入文件 csv。将数据爬取出来后要将它们写入文件，具体代码如下：

```
def write_data(data, name):
 file_name = name
 with open(file_name, 'a', errors = 'ignore', newline = '') as f:
    f_csv = csv.writer(f)
    f_csv.writerows(data)
```

(5) 主函数。

```
if __name__ == '__main__':
 url = 'http://www.weather.com.cn/weather/101190401.shtml'
 html = get_content(url)
 result = get_data(html)
 write_data(result, 'weather.csv')
```

运行程序，生成的 weather.csv 文件如图 2-16 所示。

	A	B	C	D
1	26日（今	中雨	24	22
2	27日（明	小雨转多	27	16
3	28日（后	晴	25	18
4	29日（周	晴转多云	23	16
5	30日（周	多云转小	25	20
6	31日（周	阴转多云	23	18
7	1日（周六	晴转多云	26	19

图 2-16 weather.csv 文件

2.7 Web 前端

了解 Web 前端的知识是非常重要的。Web 前端的知识范围非常广泛，不可能全面和深入地展开介绍，本节主要抽取 Web 前端中和爬虫相关的知识点进行介绍，为之后的 Python 爬虫开发打下基础。

W3C 标准即指万维网联盟，是 Web 技术领域最具权威和影响力的国际中立性技术标准机构。万维网联盟(W3C)标准不是某一个标准，而是一系列标准的集合。网页主要由 3 部分组成：结构(Structure)、表现(Presentation)和行为(Behavior)。对应的标准也分为 3 方面。本节主要讲解 HTML、CSS、JavaScript、Xpath 和 JSON 共 5 个部分，基本上覆盖了爬虫开发中需要了解的 Web 前端基本知识。

1. HTML

什么是 HTML 标记语言？HTML 不是编程语言，是一种表示网页信息的符号标记语言。标记语言是一套标记，HTML 使用标记来描述网页。Web 浏览器的作用是读取 HTML 文档，并以网页的形式显示出它们。浏览器不会显示 HTML 标记，而是使用标记来解释页面的内容。HTML 语言的特点包括：

- 可以设置文本的格式，比如标题、字号、文本颜色、段落等。
- 可以创建列表。
- 可以插入图像和媒体。
- 可以建立表格。
- 超链接，可以通过单击超链接来实现页面之间的跳转。

下面从 HTML 的基本结构、文档设置标记、图像标记、超链接和表格 5 个方面讲解。

1）HTML 的基本结构

首先在浏览器上访问 Google 网站（见图 2-17），通过右键快捷菜单查看源代码，如图 2-18 所示。

图 2-17 谷歌网站首页图

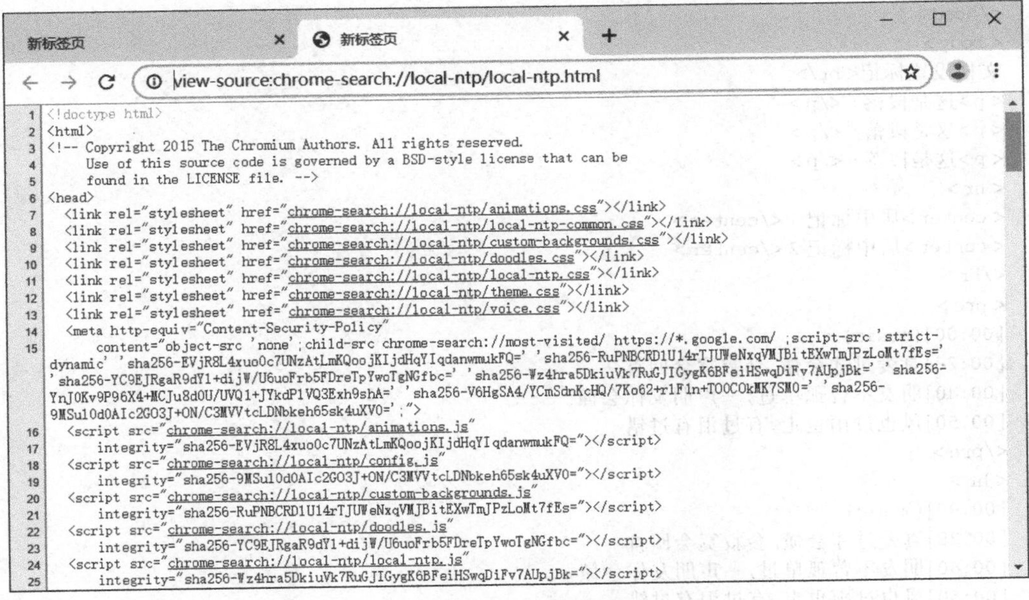

图 2-18 谷歌首页源代码

从谷歌首页的源代码中可以分析出HTML的基本结构如下：

- <html>内容</html>——HTML文档由<html></html>包裹，这是HTML文档的文档标记，也称为HTML开始标记。这对标记分别位于网页的最前端和最后端，<html>在最前端表示网页的开始，</html>在最后端表示网页的结束。
- <head>内容</head>——HTML文件头标记，也称为HTML头信息开始标记。用来包含文件的基本信息，比如网页的标题、关键字，在<head></head>内可以放<title></title>、<meta></meta>、<style></style>等标记。注意，在<head></head>标记内的内容不会在浏览器中显示。
- <title>内容</title>——HTML文件标题标记。网页的“主题”，显示在浏览器的窗口的左上边。
- <body>内容</body>——<body>…</body>是网页的主体部分，在此标记之间可以包含如<p></p>、<h1></h1>、
、<hr>等标记，这些内容组成了我们所看见的网页。
- <meta>内容</meta>——页面的元信息(meta-information)。提供有关页面的元信息，比如针对搜索引擎和更新频度的描述和关键词。注意标记必须放在head元素中。

2）文档设置标记

文档设置标记分为格式标记和文本标记。下面通过一个标准的HTML文档对格式标记进行讲解，文档如下：

```
<html>
<head>
 <meta charset = "UTF - 8">
 <title>Python爬虫开发</title>
</head>
<body>
文档设置标记<br/>
<p>这是段落：</p>
<p>这是段落：</p>
<p>这是段落：</p>
<hr>
<center>居中标记 1 </center>
<center>居中标记 2 </center>
</hr>
<pre>
[00:00](music)
[00:28]真爱过才会懂,会寂寞会回首
[00:40]朋友不曾孤单过,一声朋友你会懂
[00:50]风也过雨也走,有过泪有过错
</pre>
<hr>
[00:00](music)
[00:28]真爱过才会懂,会寂寞会回首
[00:40]朋友不曾孤单过,一声朋友你会懂
[00:50]风也过雨也走,有过泪有过错
</p>
<hr>
```

```
<br>
<ul>
<li>Coffee</li>
<li>Milk</li>
</ul>
<ol type="A">
 <li>Coffee</li>
 <li>Milk</li>
</ol>
<dl>
<dt>计算机</dt>
<dd>用来计算的仪器…</dd>
<dt>显示器</dt>
<dd>以视觉方式显示信息的装置…</dd>
</dl>
<div>
<h3>这是标题</h3>
<p>这是段落.</p>
</div>
</body>
</html>
```

以上代码的格式标记包括：

-
——强制换行标记。让后面的文字、图片、表格等显示在下一行。
- <p>——换段落标记。换段落，由于多个空格和回车在 HTML 中会被等效为一个空格，所以 HTML 中要换段落就要用<p>，<p>段落中也可以包含<p>段落。例如，<p>This is a paragraph.</p>。
- <center>——居中对齐标记。让段落或者是文字相对于父标记居中显示。
- <pre>——预格式标记。保留预先编排好的格式，常用来定义计算机源代码，和<p>进行一下对比，就可以理解。
- <li>——列表项目标记。每一个列表使用一个<li>标记，可用在有序列表(<ol>)和无序列表(<ol>)中。
- <ul>——无序列表标记。<ul>声明这个列表没有序号。
- <ol>——有序列表标记。可以显示特定的一些顺序。有序列表的 type 属性值“1”表示阿拉伯数字 1、2、3 等；默认 type 属性值“A”表示大小字母 A、B、C 等；上面的程序使用属性“a”，这表示小写字母 a、b、c 等；“I”表示大写罗马数字 Ⅰ、Ⅱ、Ⅲ、Ⅳ 等等；“i”表示小写罗马数字 i、ii、iii、iv 等。注意，列表可以进行嵌套。
- <dl><dt><dd>——定义型列表。对列表条目进行简短说明。
- <hr>——水平分割线标记。可以用作段落之间的分割线。
- <div>——分区显示标记，也称为层标记。常用来编排一大段的 HTML 段落，也可以用于将表格式化，和<p>很相似，可以多层嵌套使用。

接着通过一个 HTML 文档对文本标记进行讲解，文档代码如下：

```
<html>
 <head>
    <title>Python 爬虫项目</title>
    <meta charset="UTF-8">
 </head>
```

```
<body>
 Hn 标题标记 ---->>
 <br>
    <h1>Python 爬虫</h1>
    <h2>Python 爬虫</h2>
    <h3>Python 爬虫</h3>
    <h4>Python 爬虫</h4>
    <h5>Python 爬虫</h5>
    <h6>Python 爬虫</h6>
 font 标记 ---->>
 <font size="1">Python 爬虫</font>
 <font size="3">Python 爬虫</font>
 <font size="7">Python 爬虫</font>
 <font size="7" color="red" face="微软雅黑">Python 爬虫</font>
 <font size="7" color="red" face="宋体">Python 爬虫</font>
 <font size="7" color="red" face="新细明体">Python 爬虫</font>
 <br>
B 加粗标记 ---->>
 <b>Python 爬虫</b>
 <br>
 i 标记斜体 ---->>
 <i>Python 爬虫</i>
 <br>
 sub 下标标记 ---->>
 2<sub>2</sub>
 <br>
 sup 上标标记 ---->>
 2<sup>2</sup>
 <br>
 引用标记 ---->>
 <cite>Python 爬虫</cite>
 <br>
 em 标记表示强调,显示为斜体 ---->>
 <em>Python 爬虫</em>
 <br>
 strong 标记表示强调,加粗显示 ---->>
 <strong>Python 爬虫</strong>
 <br>
 small 标记,可以显示小一号字体,可以嵌套使用 ---->>
 <small>Python 爬虫</small>
 <small><small>Python 爬虫</small></small>
 <small><small><small>Python 爬虫</small></small></small>
 <br>
 big 标记,显示大一号的字体 ---->>
 <big>Python 爬虫</big>
 <big><big>Python 爬虫</big></big>
 <br>
 u 标记是显示下画线 ---->>
 <big><big><big><u>Python 爬虫</u></big></big></big>
 <br>
 </body>
</html>
```

以上文档代码的文本标记包括：

- <hn>——标题标记。共有 6 个级别，n 的范围为 1～6，不同级别对应不同显示大小的标题，h1 最大，h6 最小。

- <font>——字体设置标记。用来设置字体的格式，一般共有3个常用属性：size(字体大小)，<font size="16px">；color(颜色)，<font color="yellow">；face(字体)，<font face="黑体">。
- <b>——粗体标记。
- <i>——斜体标记。
- <sub>——文字下标字体标记。
- <tt>——打印机字体标记。
- <cite>——引用方式的字体，通常是斜体。
- <em>——表示强调，通常显示为斜体。
- <strong>——表示强调，通常显示为粗体。
- <small>——小型字体标记。
- <big>——大型字体标记。
- <u>——下画线字体标记。

3）图像标记

<img>称为图像标记，用来在网页中显示图像。使用方法为：<img src="路径/文件名.图片格式"width="属性值"height="属性值"border="属性值"alt="属性值">。<img>标记主要包括以下属性：

- src属性用来指定要加载的图片的路径、图片的名称以及图片格式。
- width属性用来指定图片的宽度，单位为px、em、cm、mm。
- height属性用来指定图片的高度，单位为px、em、cm、mm。
- border属性用来指定图片的边框宽度，单位为px、em、cm、mm。
- alt属性有两个作用：

① 如果图像没有下载或者加载失败，会用文字来代替图像显示；

② 搜索引擎可以通过这个属性的文字来爬取图片。

可以在浏览器上访问博客登录界面，对博客登录界面的图片进行审查，就可以看到img标记的使用方法，如图2-19所示。

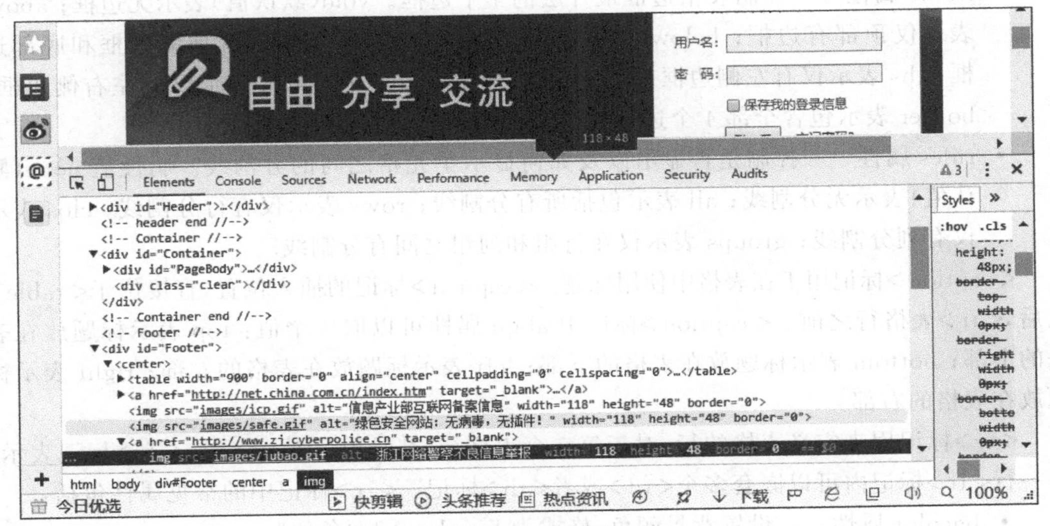

图 2-19 img 标记

提示：<img>为单标记，不需要使用</img>闭合。在加载图像文件时，文件的路径、文件名或者文件格式错误，将无法加载图片。

4）超链接

爬虫开发中经常需要抽取链接，链接的引用使用的是<a>标记。

<a>标记的基本语法：<a href="链接地址"target="打开方式"name="页面锚点名称">链接文字或图片</a>。<a>标记主要包括以下属性：

- href 属性值是链接的地址，链接的地址可以是一个网页，也可以是一个视频、图片、音频等。
- target 属性用来定义超链接的打开方式。当属性值为 blank 时，作用是在一个新的窗口中打开链接；当属性值为_self(默认值)时，作用是在当前窗口中打开链接；当属性值为_parent 时，作用是在父窗口中打开页面；当属性值为_top 时，作用是在顶层窗口中打开文件。
- name 属性用来指定页面的锚点名称。

5）表格

表格的基本结构包括<table>、<caption>、<tr>、<td>和<th>等标记。

<table>标记的基本格式为<table 属性值1="属性值1"属性2="属性值2"…>表格内容</table>。table 标记有以下常见属性：

- width 属性——表格的宽度，它的值可以是像素(px)，也可以是父级元素的百分比(%)。
- height 属性——表格的高度，它的值可以是像素(px)，也可以是父级元素的百分比(%)。
- border 属性——表格外边框的宽度。
- align 属性——表格的显示位置。left 居左显示，center 居中显示，right 居中显示。
- cellspacing 属性——单元格之间的间距，默认是 2px，单位为像素。
- cellpadding 属性——单元格内容与单元格边框的显示距离，单位为像素。
- frame 属性——控制表格边框最外层的 4 个边框。void(默认值)表示无边框；above 表示仅顶部有边框；below 表示仅底部边框；hsides 表示仅有顶部边框和底部边框；lhs 表示仅有左侧边框；rhs 表示仅有右侧边框；vsides 表示仅有左右侧边框；border 表示包含全部 4 个边框。
- rules 属性——控制是否显示以及如何显示单元格之间的分割线。属性值 none(默认值)表示无分割线；all 表示包括所有分割线；rows 表示仅有行分割线；clos 表示仅有列分割线；groups 表示仅在行组和列组之间有分割线。

<caption>标记用于在表格中使用标题。<caption>标记的插入位置，直接位于<table>之后，<tr>表格行之前。<caption>标记中 align 属性可以取 4 个值：top 表示标题放在表格的上部；bottom 表示标题放在表格的下部；left 表示标题放在表格的左部；right 表示标题放在表格的右部。

<tr>标记用来定义表格的行，对于每一个表格行，都是由一对<tr>…</tr>标记表示，每一行<tr>标记内可以嵌套多个<td>或者<th>标记。<tr>标记中的常见属性包括：

- bgcolor 属性——设置背景颜色，格式为 bgcolor="颜色值"。

- valign 属性——设置垂直方向对齐方式，格式为 valign="值"。值为 bottom 时，表示靠顶端对齐；值为 top 时，表示靠底部对齐；值为 middle 时，表示居中对齐。
- align 属性——设置水平方向对齐方式，格式为 align="值"。值为 left 时，表示靠左对齐；值为 right 时，表示靠右对齐；值为 center 时，表示居中对齐。

<td>和<th>都是单元格的标记，其必须嵌套在<tr>标记内，成对出现。<th>是表头标记，通常位于首行或者首列。<td>和<th>两者的标记属性都是一样的，常用属性如下：

- bgcolor——设置单元格背景。
- align——设置单元格对齐水平方式。
- valign——设置单元格对齐垂直水平方式。
- width——设置单元格宽度。
- height——设置单元格高度。
- rowspan——设置单元格所占行数。
- colspan——设置单元格所占列数。

前面介绍了相关概念，下面直接通过一个 HTML 文档来演示表格的使用，文档代码如下：

```
<html>
<head>
 <title>学生信息表</title>
 <meta charset = "UTF - 8">
</head>
 <body>
    <table width = "960" align = "center" border = "1" rules = "all" cellpadding = "15">
            <tr>
                <th>学号</th>
<th>班级</th>
                <th>姓名</th>
                <th>年龄</th>
                <th>籍贯</th>
            </tr>
            <tr align = "center">
                <td> 1500001 </td>
                <td>(1)班</td>
                <td>陈荣</td>
                <td> 16 </td>
<td>北京</td>
            </tr>
            <tr align = "center">
<td> 1500011 </td>
                <td>(2)班</td>
                <td>吴明</td>
                <td> 15 </td>
                <td bgcolor = "#ccc">杭州</td>
            </tr>
        </table>
        <br/>
    <table width = "960" align = "center" border = "1" rules = "all" cellpadding = "15">
<tr bgcolor = "#ccc">
<th>学号</th>
```

```
<th>班级</th>
<th>姓名</th>
<th>年龄</th>
<th>籍贯</th>
</tr>
<tr align = "center">
<td> 1500001 </td>
<td>(1)班</td>
<td>陈荣</td>
<td> 16 </td>
<td bgcolor = "red"><font color = "white">北京</font></td>
</tr>
<tr align = "center">
<td> 1500011 </td>
<td>(2)班</td>
<td>吴明</td>
<td> 15 </td>
<td>杭州</td>
</tr>
        </table>
 </body>
</html>
```

2. CSS

CSS指层叠样式表，用来定义如何显示HTML元素，一般和HTML配合使用。CSS样式表是为了解决内容与表现分离的问题，即使同一个HTML文档也能表现出外观的多样化。在HTML中使用CSS样式的方式，一般有3种。

- 内联样式表：CSS代表直接写在现有的HTML标记中，直接使用style属性改变样式。例如，<body style="background-color:green;margin:0;padding:0;"></body>。
- 嵌入式样式表：CSS样式代码写在<style type="text/css"></style>标记之间，一般情况下嵌入式CSS样式写在<head></head>之间。
- 外部样式表：CSS代码写在一个单独的外部文件中，这个CSS样式文件以.css为扩展名，在<head>内(不是在<style>标记内)使用<link>标记将CSS样式文件链接到HTML文件内。例如，<link rel="StyleSheet"type="text/css"href="style.css">。

CSS规则由两个主要部分构成：选择器以及一条或多条声明。选择器通常是需要改变样式的HTML元素，每条声明由一个属性和一个值组成。属性(property)是希望设置的样式属性(style attribute)。每个属性有一个值，属性和值由冒号分开。例如，h1{color:blue;font-size:12px}。其中h1为选择器，color和font-size是属性值，blue和12px是属性值，这句话的意思是将h1标记中的颜色设置为蓝色，字体大小为12px。根据选择器的定义方式，可以将样式表的定义分成3种。

- HMTL标记定义：上面举的例子就是使用这种方式。假如想修改<p>…</p>的样式，可以定义CSS：p{属性：属性值：属性1：属性值1}。p可称为选择器，定义了标记中内容所执行的样式。一个选择器可以控制若干个样式属性，它们之间需要用英文的";"隔开，最后一个可以不加";"。
- ID选择器定义：ID选择器可以为标有特定ID的HTML元素指定特定的样式。HTML元素以ID属性来设置ID选择器，CSS中ID选择器以"#"来定义。假如定义为#word{textalign:center;color:red;},就将 HTML 中 ID 为 word 的元素设置为居中,颜色为红色。

- class 选择器定义:class 选择器用于描述一组元素的样式,clas 选择器有别于 ID 选择器,它可以在多个元素中使用。class 选择器在 HTML 中以 class 属性表示,在 CSS 中,class 选择器以一个点“.”号显示。例如,.center{text-align:center;}将所有拥有 center 类的 HTML 元素设为居中。当然也可以指定特定的 HTML 元素使用 class,例如,p.center{text-align:center;}是对所有的 p 元素使用 class="center",让该元素的文本居中。

接着介绍 CSS 中一些常见的属性。常见属性有颜色属性、字体属性、背景属性、文本属性和列表属性。

1) 颜色属性

颜色属性 color 用来定义文本的颜色,可以使用以下方式定义颜色:

- 颜色名称,如 color:green。
- 十六进制,如 color:#ff6600。
- 简写方式,如 color:#f60。
- RGB 方式,如 rgb(255,255,255),红(R)、绿(G)、蓝(B)的取值范围均为 0~255。
- RGBA 方式,如 color:rgba(255,255,255,1),RGBA 表示 Red(红色)、Green(绿色)、Blue(蓝色)和 Alpha 的(色彩空间)透明度。

2) 字体属性

可以使用字体属性定义文本形式,有如下方法:

- font-size 定义字体大小,如 font-size:14px。
- font-family 定义字体,如 font-family:微软雅黑,serif。字体之间可以使用“,”隔开,以确保当字体不存在的时候直接使用下一个字体。
- font-weight 定义字体加粗,取值有两种方式:一种是使用名称,如 normal(默认值)、bold(粗)、bolder(更粗)、lighter(更细);另一种是使用数字,如 100、200、300~900,400=normal,而 700=bold。

3) 背景属性

可以用背景属性定义背景颜色、背景图片、背景重复和背景的位置,内容如下:

- background-color 用来定义背景的颜色,用法参考颜色属性。
- background-image 用来定义背景图片,如 background-image:url(图片路径),也可以设置为 background-image:none,表示不使用图片。
- background-repeat 用来定义背景重复方式。取值为 repeat,表示整体重复平铺;取值为 repeat-x,表示只在水平方向平铺;取值为 repeat-y,表示只在垂直方向平铺;取值为 no-repeat,表示不重复。
- background-position 用来定义背景位置。在横向上,可以取 left、center、right;在纵向上可以取 top、center、bottom。
- 简写方式可以简化背景属性的书写,同时定义多个属性,格式为“background:背景颜色 url(图像)重复位置”。如 background:#f60 url(images/bg、jpg) no-repeat top center。

4）文本属性

可以用文本属性设置行高、缩进和字符间距，具体如下：

- text-align 设置文本对齐方式，属性值可以取 left、center、right。
- line-height 设置文本行高，属性值可以取具体数值，来设置固定的行高值。也可以取百分比，是基于字体大小的百分比行高。
- text-indent 代表首行缩进，如 text-indent：50px，意为首行缩进 50 像素。
- letter-spacing 用来设置字符间距。属性值默认是 normal，规定字符间没有额外的空间；可以设置具体的数值（可以是负值），如 letter-spacing：3px；可以取 inherit，从父元素继承 letter-spacing 属性的值。

5）列表属性

在 HTML 中，有两种类型的列表：无序和有序。其实使用 CSS，可以列出进一步的模式，并可用图像作列表项标记。接下来主要讲解以下几种属性：

- list-style-type 用来指明列表项标记的类型。常用的属性值有 none（无标记）、disc（默认，标记是实心圆）、circle（标记是空心圆）、square（标记是实心方块）、decimal（标记是数字）、decimal-leading-zero（0 开头的数字标记）、lower-roman（小写罗马数字 i、ii、iii、iv、v 等）、upper-roman（大写英文字母 I、II、III、IV、V 等）、lower-alpha（小写英文字母 a、b、c、d、e 等）、upper-alpha（大写英文字母 A、B、C、D、E 等）。例如，ul. a{list-style-type：circle；}是将 class 选择器的值为 a 的 ul 标记设置为空心圆标记。
- list-style-position 用来指明列表项中标记的位置。属性值可以取 inside、outside 和 inherit。inside 指的是列表项标记放置在文本以内，且环绕文本根据标记对齐。outside 为默认值，保持标记位于文本的左侧，列表项标记放置在文本以外，且环绕文本不根据标记对齐。inherit 规定应该从父元素继承 list-style-position 属性的值。
- list-style-image 用来设置图像列表标记。属性值可以为 URL（图像的路径）、none（默认无图形被显示）、inherit（从父元素继承 list-style-image 属性的值）。例如，ul{list-style-image：url（'image. gif'）；}，意为给 ul 标记前面的标记设置为 image. gif 图片。

下面通过一个综合的例子将所有知识点进行融合，采用嵌入式样式表的方式，HTML 文档代码如下：

```
<html>
<head>
<meta charset = "utf - 8">
<title>Python 爬虫开发</title>
<style>
h1
{
    background - color: #6495ed;                /* -- 背景颜色 -- */
    color:red;                                  /* 字体颜色 */
    text - align:center;                        /* 文本居中 */
    font - size:40px;                           /* 字体大小 */
}
p
{
    background - color: #e0ffff;
```

```
    text-indent:50px;                                  /* 首行缩进 */
    font-family:"Times New Roman", Times, serif;       /* 设置字体 */
}
p.ex {color:rgb(0,0,255);}
div
{
    background-color:#b0c4de;
}
ul.a {list-style-type:square;}
ol.b {list-style-type:upper-roman;}
ul.c{list-style-image:url('http://www.cnblogs.com/images/logo_small.gif');}
</style>
</head>
<body>
<h1>CSS background-color 演示</h1>
<div>
该文本插入在 div 元素中。
<p>该段落有自己的背景颜色。</p>
<p class="ex">这是一个类为"ex"的段落。这个文本是蓝色的。</p>
我们仍然在同一个 div 中。
</div>
<p>无序列表实例:</p>
<ul class="a">
<li>Coffee</li>
<li>Tea</li>
<li>Coca Cola</li>
</ul>
<p>有序列表实例:</p>
<ol class="b">
<li>Coffee</li>
<li>Tea</li>
<li>Coca Cola</li>
</ol>
<p>图片列表示例</p>
<ul class="c">
<li>Coffee</li>
<li>Tea</li>
<li>Coca Cola</li>
</ul>
</body>
</html>
```

3. JavaScript

JavaScript 是一种轻量级的编程语言，和 Python 语言一样，只不过 JavaScript 是由浏览器进行解释执行。JavaScript 可插入 HTML 页面，可由所有的现代浏览器执行。JavaScript 是一门新的编程语言，很容易学习，本节主要介绍其用法和基本语法。

如何使用 JavaScript 呢？主要有直接插入代码和外部引用.js 文件两种做法：

(1) 直接插入代码。

在<script></script>标记中编写代码。JavaScript 代码可以直接嵌在网页的任何地方，不过通常都把 JavaScript 代码放到<head>中，例如：

```
<html>
 <head>
     <script type = "text/jaascript">
         alert('Hello Python');
     </script>
 </head>
 <body>
     python 爬虫
 </body>
</html>
```

<script>标记中包含的就是 JavaScript 代码，可以直接被浏览器执行，弹出一个警告框。

(2) 外部引用.js 文件。把 JavaScript 代码放到一个单独的.js 文件，然后在 HTML 中通过<script src'目标文档的 URL'></script>的方式来引入.js 文件，其中目标文档的 URL 即是链接外部的.js 文件。例如：

```
<html>
 <head>
     <script src = "/static/js/jquery.js"></script>
 </head>
 <body>
     python 爬虫
 </body>
</html>
```

这样/static/js/jquery.js 就会被浏览器执行。把 JavaScript 代码放入一个单独的.js 文件中更利于维护代码，并且多个页面可以各自引用同一个.js 文件，减少程序员编码量。在页面中多次编写 JavaScript 代码，浏览器按照顺序依次执行。

一般在正常的开发中都是采用上述两种做法结合的方式，之后在进行 Python 爬虫开发时经常遇到。

下面从基本语法、数据类型和变量、运算符和操作符、条件判断、循环和函数 6 个方面介绍 JavaScript。

1) 基本语法

JavaScript 严格区分大小写，JavaScript 会忽略关键字、变量名、数字、函数名或其他各种元素之间的空格、制表符或换行符。可以使用缩进、换行来使代码整齐，提高可读性。一条完整的语法格式为：

```
var x = 2;
```

这条语句定义了一个名为 x 的变量。从这条语句中可以看到以分号"；"作为结束。一行可以定义多条语句，但不推荐这么做。最后一条语句的分号可以省略，但尽量不要省略。示例语句如下：

```
var x = 2;var y = 4;
```

语句块是一组语句的集合，使用{…}形成一个块(block)。例如，下面的代码先做一个判断，如果判断成立，将执行{…}中的所有语句：

```
var x = 4;var y = 2;
if (x > y){
```

```
  x = 4;
  y = 2;
 }
```

{…}还可以嵌套，形成层级结构。将以上代码进行改造，程序如下：

```
var x = 4;var y = 2;
if (x< y){
 x = 1;
 y = 3;
 if(x> y){
      x = 4;
      y = 2;
 }
}
```

注释主要分为单行注释和多行注释，单行注释使用//作为注释符，多行注释使用/ ** / 注释内容。例如：

```
//var x = 4;var y = 2;
/ * var x = 4;var y = 2; * /
```

2）数据类型和变量

与 Python 一样，JavaScript 也有自己的数据类型。在 JavaScript 中定义了以下几种数据类型。

- Number 类型：JavaScript 中不区分整数和浮点数，统一使用 Number 表示。如：100（整数）、0.35（浮点数）、1.26e4（科学记数法表示）、−8（负数）、NaN（无法计算时使用）、Infinity（无限大）、0xff（十六进制）。
- 字符串类型：字符串是以单引号或双引号括起来的任意文本，比如'abc'、"xyz"等。
- 布尔值类型：一个布尔值只有 true 和 false 两种值。
- 数组类型：数组是一组按顺序排列的集合，集合的每个值称为元素。JavaScript 的数组可以包括任意数据类型，如：var array=[1,3,5.35,'Hi',num,false]。上述数组包含 6 个元素。数组用[]表示，元素之间用“,”分隔。另一种创建数组的方法是通过 Array()函数实现，如：var array=new Array(1,2,3)。数组的元素可以通过索引来访问，索引的起始值为 0。
- 对象类型：JavaScript 的对象是一组由键-值组成的无序集合，类似 Python 中的字典。如：var person={name:"qiye",age:18,tags:['Python','Web','hacker'], city:"shanghai",man:true}。JavaScript 对象的键都是字符串类型，值可以是任意数据类型。要获取一个对象的属性，可用“对象变量.属性名”的方式，如 person.name。

JavaScript 是弱类型的编程语言，声明变量的时候都是使用关键字 var，没有 int、char 之说，为变量赋值时会自动判断类型并进行转换。变量名是大小写英文、数字、“$”和“_”的组合，且不能用数字开头。变量名也不能是 JavaScript 的关键字，如 if、while 等。声明一个变量用 var 语句，比如：var s_08='08'。

3）运算符和操作符

JavaScript 中的运算符和操作符与 Python 中的用法非常相似。表 2-1 总结了 JavaScript

常用的运算符和操作符。

表 2-1 运算符和操作符

<table>
<tr><th>类 别</th><th>操 作 符</th><th>实 例</th></tr>
<tr><td>算术操作符</td><td>+、-、*、/、%(取模)</td><td>1+2;
(1+5)*5/2;
2/0; //Infinity
0/0; //NaN
10%3; //1
10.5%3; //1.5</td></tr>
<tr><td>字符串操作符</td><td>+(字符串连接)、+=(字符串连接复合)</td><td>var str1="Hi";var str2="Python";
str1+=str2</td></tr>
<tr><td>布尔操作符</td><td>!、&&、||</td><td>true && false; //结果为 false
true && true; //结果为 true
!true; //结果为 false</td></tr>
<tr><td>一元操作符</td><td>++、--、+(一元加)、-(一元减)</td><td>var i=0; i++;</td></tr>
<tr><td>关系比较操作符</td><td><、<=、>、>=、!=、==、===、!==</td><td>3>4; //false
4>=2; //true
6==6; //true
false==0; //true
false===0; //false</td></tr>
<tr><td>按位操作符</td><td>~(按位非)、&(按位与)、|(按位或)、^(按位异或)、<<(左移)、>>(有符号右移)、>>>(无符号右移)</td><td>var i=0xff;
i=i<<4;</td></tr>
<tr><td>赋值操作符</td><td>=、复合赋值(+=、-=、*=、%=)
复合按位赋值(~=、&=、|=、^=、<<=、>>=、>>>=)</td><td>var i=0;i+=1;</td></tr>
<tr><td>对象操作符</td><td>.(属性访问)、[](属性或数组访问)、New(调用构造函数创建对象)、Delete(变量属性删除)、void(返回 undefined)、In(判断属性)、instanceof(原型判断)</td><td>var person={name:'qiye',age:18};
person.name</td></tr>
<tr><td>其他操作符</td><td>?:(条件操作符)、,(逗号操作符)、()(分组操作)、typeof(类型操作符)</td><td>typeof true; //结果为 boolean 字符串</td></tr>
</table>

4) 条件判断

JavaScript 使用 if(){…}else{…}进行条件判断，和 C 语言的使用方法一样。例如，当时间小于 20:00 时，生成问候“Good day”，否则生成问候“Good evening”，可以用 if 语句实现如下：

```
if (time<20)
{
    x="Good day";
}
else
{
    x="Good evening";
}
```

5）循环

JavaScript 的循环有两种：一种是 for 循环；另一种是 while 循环。

首先介绍 for 循环。举个例子，计算 1～100 的和，程序如下：

```
var x = 0;
var i;
for(i = 1;i <= 100,i++){
    x = x + i;
}
```

for 循环常用来遍历数组。另外 for 循环还有一个变体是 for…in 循环，它可以把一个对象的所有属性依次循环出来，例如：

```
var person = {
 name:'qiye',
 age:18,
 city:'shanghai'
};
for(var key in person){
 alert(key);   //'name','age','city'
}
```

而 while 循环使用方法和 C 语言一样，分为 while(){…}循环和 do{…}while()。下面的例子使用 do-while 循环。该循环至少会执行一次，即使条件为 false 它也会执行一次，因为代码块会在条件被测试前执行：

```
do
{
    x = x + "The number is " + i + "<br>";
    i++;
}
while (i<5);
```

6）函数

在 JavaScript 中，使用关键字 function 定义函数。函数可以通过声明定义，也可以是一个表达式。使用方式如下：

```
function myFunction(a, b) {
    return a * b;
}
```

上述 myFunction 函数的定义如下：

- function 指出这是一个函数定义。
- myFunction 是函数的名称。
- (x,y)括号内列出函数的参数，多个参数以“,”分隔。
- {…}之间的代码是函数体，可以包含若干语句，甚至可以没有任何语句。

调用函数时，按顺序传入参数即可，例如，myFunction(10,9);//返回 90。

由于 JavaScript 允许传入任意个数参数而不影响调用，因此传入的参数比定义的参数多也没有问题，虽然函数内部并不需要这些参数，例如，myFunction(10,9,'blablabla');//返回 90。

传入的参数比定义的少也没有问题，例如，myFunction();//返回 NaN。此时 myFunction(a,b)

函数的参数 a 和 b 收到的值为 undefined，计算结果为 NaN。

4. XPath

XPath 是一门在 XML 文档中查找信息的语言，被用于在 XML 文档中通过元素和属性进行导航。XPath 虽然是被设计用来搜寻 XML 文档，不过它也能很好地在 HTML 文档中工作，并且大部分浏览器都支持通过 XPath 来查询节点。在 Python 爬虫开发中，经常使用 XPath 查找提取网页中的信息，因此 XPath 非常重要。

XPath 既然叫 Path，就是以路径表达式的形式来指定元素，这些路径表达式和我们在常规计算机文件系统中看到的表达式非常相似。由于 XPath 一开始是被用来搜寻 XML 文档的，所以接着就以 XML 文档为例子来讲解 XPath。接着从节点、语法、轴和运算符 4 个方面讲解 XPath 的使用。

1）XPath 节点

在 XPath 中，XML 文档是被作为节点树来对待的，有 7 种类型的节点：元素、属性、文本、命名空间、处理指令、注释以及文档(根)节点。树的根被称为文档节点或者根节点。

```
<?xml version = "1.0" encoding = "ISO - 8859 - 1"?>
    <classroom>
    <student>
    <id>1001</id>
    <name lang = "en">marry</name>
    <age>20</age>
    <country></country>
    </student>
</classroom>
```

上面的 XML 文档中的节点包括：<classroom>(文档节点)、<id>1001</id>(元素节点)、lang="en"(属性节点)、marry(文本)。

- student 元素是 id、name、age 以及 country 元素的父节点。
- id、name、age 以及 country 元素都是 student 元素的子节点。
- id、name、age 以及 country 元素都是同胞节点，拥有相同的父节点。
- name 元素的先辈是 student 元素和 classroom 元素，也就是此节点的父、父的父等。
- classroom 的后代是 id、name、age 以及 country 元素，也就是此节点的子，子的子等。

2）XPath 语法

XPath 使用路径表达式来选取 XML 文档中的节点或节点集。节点是沿着路径(path)或者步(steps)来选取的。接着重点是如何选取节点，下面给出一个 XML 文档进行分析：

```
<?xml version = "1.0" encoding = "ISO - 8859 - 1"?>
<classroom>
<student>
<id>1001</id>
<name lang = "en">marry</name>
 <age>20</age>
 <country></country>
</student>
<student>
<id>1002</id>
 <name lang = "en">jack</name>
```

```
<age>24</age>
 <country></country>
</student>
</classroom>
```

先列举出一些常用的路径表达式进行节点的选取，如表 2-2 所示。

表 2-2 路径表达式

表 达 式	描 述
nodename	选取此节点的所有子节点
/	从根节点选取
//	从匹配选择的当前节点选择文档中的节点，而不考虑它们的位置
.	选取当前节点
..	选取当前节点的父节点
@	选取属性

通过表 2-2 的路径表达式，尝试对上面的文档进行节点选取。以表格的形式进行说明，如表 2-3 所示。

表 2-3 节点选取实例

路径表达式	实 现 效 果
classroom	选取 classroom 元素的所有子节点
/classroom	选取根元素 classroom
classroom/student	选取属于 classroom 的子元素的所有 student 元素
//student	选取所有 student 子元素，而不管它们在文档中的位置
classroom//student	选择属于 classroom 元素的后代的所有 student 元素，而不管它们位于 classroom 之下什么位置
//@lang	选取名为 lang 的所有属性

上面选取的例子最后实现的效果都是选取了所有符合条件的节点，是否能选取某个特定的节点或者包含某一个指定的值的节点呢？这需要用到谓语，谓语被嵌在方括号中。表 2-4 对谓语的用法做了解释。

表 2-4 谓语用法

路径表达式	实 现 效 果
/classroom/ *	选取 classroom 元素的所有子元素
// *	选取文档中的所有元素
//name[@ *]	选取所有带有属性的 name 元素
//student/name|//student/age	选取 student 元素的所有 name 和 age 元素
/classroom/student/name|//age	选取属于 classroom 元素的 student 元素的所有 name 元素，以及文档中所有的 age 元素

3）XPath 轴

XPath 轴定义了所选节点与当前节点之间的树关系。在 Python 爬虫开发中，提取网页中的信息会遇到这种情况：首先提取到一个节点信息，然后想在这个节点的基础上提取它的子节点或父节点，这时候就会用到轴的概念。轴的存在会使提取变得更加灵活和准确。

表 2-5 对 XPath 轴进行了说明。

表 2-5 XPath 轴

轴 名 称	含 义
child	选取当前节点的所有子元素
parent	选取当前节点的父节点
ancestor	选取当前节点的所有先辈元素(父、祖父等)
ancestor-or-self	选取当前节点的所有先辈元素(父、祖父等)以及当前节点本身
descendant	选取当前节点的所有后代元素(子、孙等)
descendant-or-self	选取当前节点的所有后代元素(子、孙等)以及当前节点本身
preceding	选取文档中当前节点的开始标记之前的所有节点
following	选取文档中当前节点的结束标记之后的所有节点
preceding-sibling	选取当前节点之前的所有同级节点
following-sibling	选取当前节点之后的所有同级节点
self	选取当前节点
attribute	选取当前节点的所有属性
namespace	选取当前节点的所有命名空间节点

下面给出一个 XML 文档：

```
<?xml version = "1.0" encoding = "ISO - 8859 - 1"?>
< classroom >
        < student >
        < id > 1001 </id >
        < name lang = "en"> marry </name >
 < age > 20 </age >
 < country ></country >
        </student >
        < student >
        < id > 1002 </id >
 < name lang = "en"> jack </name >
        < age > 24 </age >
 < country ></country >
        </student >
        < teacher >
        < classid > 01 </classid >
 < name lang = "en"> Jim </name >
        < age > 45 </age >
 < country ></country >
        </teacher >
</classroom >
```

针对上面的文档进行实例分析，如表 2-6 所示。

表 2-6 XPath 轴分析

轴 名 称	含 义
/classroom/child::teacher	选取当前 classroom 节点中子元素的 teacher 节点
//id/parent::*	选取所有 id 节点的父节点

续表

轴 名 称	含 义
//classid/ancestor::*	选取所有以 classid 为子节点的祖先节点
/classroom/descendant::*	选取 classroom 节点下的所有后代节点
//student/descendant::id	选取所有以 student 为父节点的 id 元素
//classid/ancestor-or-self::*	选取所有 classid 元素的祖先节点及本身
/classroom/student/descendant-or-self::*	选取/classroom/student 本身及所有后代元素
/classroom/teacher/preceding-sibling::*	选取/classroom/teacher 之前的所有同级节点，结果就是选取了所有的 student 节点
/classroom/student[2]/following-sibling::*	选取/classroom 中第二个 student 之后的所有同级节点，结果就是选取了 teacher 节点
/classroom/teacher/preceding::*	选取/classroom/teacher/节点所有之前的节点(除其祖先外)，不仅仅是 student 节点，还有里面的子节点
/classroom/student[2]/following::*	选取/classroom 中第二个 student 之后的所有节点，结果就是选取了 teacher 节点及其子节点
//student/self::*	选取 student 节点，单独使用没有什么意思。主要是与其他轴一起使用，如 ancestor-or-self，descendant-of-self
/classroom/teacher/name/attribute::*	选取/classroom/teacher/name 节点的所有属性

4) XPath 运算符

XPath 表达式可返回节点集、字符串、逻辑值以及数字。表 2-7 列举了可用在 XPath 表达式中的运算符。

表 2-7 XPath 运算符实例分析

运算符	描 述	实 例	返 回 值
|	计算两个节点集	//book|//cd	返回所有拥有 book 和 cd 元素的节点集
+	加法	5+3	8
−	减法	5−3	2
*	乘法	5 * 3	15
div	除法	6 div 3	2
=	等于	price=9.8	如果 price 是 9.80，则返回 true 如果 price 是 9.90，则返回 false
!=	不等于	price!=9.8	如果 price 是 9.90，则返回 true 如果 price 是 9.80，则返回 false
<	小于	price<9.8	如果 price 是 9.00，则返回 true 如果 price 是 9.90，则返回 false
<=	小于或等于	price<=9.8	如果 price 是 9.00，则返回 true 如果 price 是 9.90，则返回 false
>	大于	price>9.8	如果 price 是 9.90，则返回 true 如果 price 是 9.80，则返回 false
>=	大于或等于	price>=9.8	如果 price 是 9.90，则返回 true 如果 price 是 9.70，则返回 false
or	或	price=9.8 or price=9.7	如果 price 是 9.80，则返回 true 如果 price 是 9.50，则返回 false

续表

运算符	描　述	实　例	返　回　值
and	与	price>9.00 and price<9.90	如果 price 是 9.80,则返回 true 如果 price 是 8.50,则返回 false
mod	计算除法的余数	5 mod 2	1

5. JSON

JSON 是 JavaScript 对象表示法(JavaScript Object Notation),用于存储和交换文本信息。JSON 比 XML 更小、更快、更易解析,因此 JSON 在网络传输中,尤其是 Web 前端中运用非常广泛。JSON 使用 JavaScript 语法来描述数据对象,但是 JSON 仍然独立于语言和平台。JSON 解析器和 JSON 库支持许多不同的编程语言,其中就包括 Python。

下面主要简单介绍一下 JSON 的语法,关于 JSON 的详细用法在后面章节将介绍。JSON 语法非常简单,主要包括以下几方面:

- JSON 键-值对。JSON 数据的书写格式是:键-值对。键-值对包括字段名称(在双引号中),紧接着是一个冒号,最后是值。例如,"name":"qiye"非常像 Python 中的字典。
- JSON 值。JSON 值可以是数字(整数或浮点数)、字符串(在双引号前)、逻辑值(true 或 false)、数组(在方括号中)、对象(在花括号中)、null。
- JSON 对象。JSON 对象在花括号中书写,对象可以包含多个键-值对。例如:{"name":"qiye","age":"20"},其实就是 Python 中的字典。
- JSON 数组。JSON 数组在方括号中书写,数组可包含多个对象。例如:{"reader":[{"name":"qiye","age":"20"},{"name":"qiye","marry":"24"}]},这里对象"reader"是包含两个对象的数组。

2.8 习题

1. 类对象支持两种操作,分别是________和________。
2. 网页主要由 3 部分组成,分别为________、________和________。
3. Python 有哪些特点?
4. JSON 语法主要包括几方面?
5. 利用 print 打印九九乘法表。
6. 利用 while 循环和 append 函数在 score 列表中添加 10 个数值。

第3章 静态网页爬取

CHAPTER 3

在网站设计中，纯粹 HTML（标准通用标记语言下的一个应用）格式的网页通常被称为“静态网页”。静态网页是相对于动态网页而言的，是指没有后台数据库、不含程序和不可交互的网页。静态网页的更新相对比较麻烦，适用于一般更新较少的展示型网站。容易让人产生误解的是静态页面都是 HTML 这类页面，实际上静态也不是完全静态，它也可以出现各种动态的效果，如 GIF 格式的动画、Flash、滚动字幕等。

在网络爬虫中，静态网页的数据比较容易获取，因为所有数据都呈现在网页的 HTML 代码中。相对而言，使用 AJAX 动态加载网络的数据不一定会出现在 HTML 代码中，这就给爬虫增加了困难。

在静态网页中，有一个强大的 Requests 库能够让我们方便地发送 HTTP 请求，这个库功能完善，而且操作非常简单。

3.1 Requests 的安装

在 Windows 系统下，Requests 库可以通过 pip 安装。打开 cmd 或 terminal，输入：

```
pip install requests
```

即可完成安装，可以输入 import requests 命令来试试是否安装成功，如图 3-1 所示即显示安装成功。

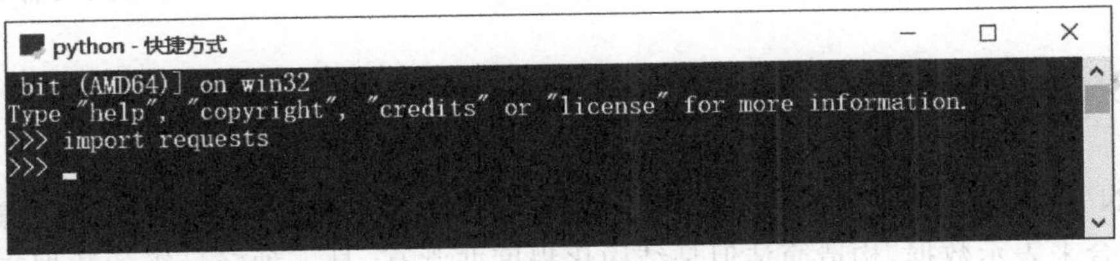

```
python - 快捷方式
bit (AMD64)] on win32
Type "help", "copyright", "credits" or "license" for more information.
>>> import requests
>>> _
```

图 3-1 成功安装 Requests

在 Requests 中，最常用的功能就是获取某个网页内容。现在使用 Requests 获取个人博客主页的内容。

```
>>> import requests
>>> r = requests.get('http://www.zhidaow.com')  # 发送请求
```

```
>>> r.status_code                              # 返回码
200
>>> r.headers['content-type']                  # 返回头部信息
'text/html; charset=utf-8'
>>> r.encoding                                 # 编码信息
'utf-8'
>>> r.text    #内容部分(PS,由于编码问题,建议这里使用r.content)
'\n<!DOCTYPE html>\n<html>\n<head>\n<script type="text/javascript" src="/fb
...
```

其中,

(1) r.text 是服务器响应的内容,会自动根据响应头部的字符编码进行解码。

(2) r.encoding 是服务器的内容所使用的文本编码。

(3) r.status_code 用于检测响应的状态码,如果返回 200,则表示请求成功;如果返回的是 4xx,则表示客户端错误;如果返回 5xx,则表示服务器错误响应。可以用 r.status_code 来检测请求是否正确响应。

(4) r.content 是字节方式的响应体,会自动解码 gzip 和 deflate 编码的响应数据。

3.2 获取响应内容

在 Python 爬虫网络中,可以使用 r.encoding 获取网页编码。

```
>>> import requests
>>> r = requests.get('http://www.zhidaow.com')
>>> r.encoding
'utf-8'
```

在 Python 中,当发送请求时,Requests 会根据 HTTP 头部来猜测网页编码,当使用 r.text 时,Requests 就会使用这个编码。当然你还可以修改 Requests 的编码形式。例如:

```
>>> r = requests.get('http://www.zhidaow.com')
>>> r.encoding
'utf-8'
>>> r.encoding = 'ISO-8859-1'
>>>
```

像上面的例子,对 encoding 修改后就直接会用修改后的编码去获取网页内容。

3.3 JSON 数据库

JSON 全称为 JavaScript Object Notation,也就是 JavaScript 对象标记,它通过对象和数组的组合来表示数据,构造简洁但是结构化程度非常高,是一种轻量级的数据交换格式。下面进行简单的介绍,第 7 章将对其进行详细介绍。

3.3.1 JSON 的使用

像 urllib1 和 urllib2,如果用到 JSON,就要引入新模块,如 JSON 和 simplejson,但在 Requests 中已经有了内置的函数——r.json()。以查询 IP 的 API 为例:

```
>>> r = requests.get('http://ip.taobao.com/service/getIpInfo.php?ip=122.88.60.28')
>>> r.json()['data']['country']
'中国'
```

3.3.2 爬取抽屉网信息

此外,还可以利用 Requests 和 JSON 爬取网络信息。

【例 3-1】 爬取抽屉网信息(JSON 数据)。

```
import requests
from fake_useragent import UserAgent
agent = UserAgent()
import json #
# # pip search 工具包名字
# # pip install fake_useragent
url = "https://dig.chouti.com/getTopTenLinksOrComments.json?_=1529764992551"
# # 通过浏览器获取的操作一般都是 get 请求
headers = { "Host":"dig.chouti.com",
    "User-Agent":"Mozilla/5.0 (Windows NT 6.1; WOW64; rv:53.0) Gecko/20100101 Firefox/53.0",
    "Accept": "application/json,text/javascript, */*; q=0.01",
    "Accept-Language": "zh-CN,zh;q=0.8,en-US;q=0.5,en;q=0.3",
    "Accept-Encoding":"gzip,deflate, br",
    "X-Requested-With":"XMLHttpRequest",
    "Referer":"https://dig.chouti.com/", "Cookie":"gpsd = 0b08b9f5b945fd53eac7868a2e8945a8;
JSESSIONID=aaazCSOWV2s7FcALFeHqw;gpid=55eaeb947f15445b82467624c476521f;_pk_id.1.a2d5=
dbeb24b52f36519f.1529741245.1.1529741290.1529741245.;_pk_ses.1.a2d5=*",
    "Connection":"keep-alive"}
data = {"_":"1529742010062"}
res = requests.post(url, headers=headers, data=data)
rs_js = json.loads(res.content)
print(rs_js['result']['data'])
```

运行程序,输出如下:

```
    raise FakeUserAgentError('Maximum amount of retries reached')
fake_useragent.errors.FakeUserAgentError: Maximum amount of retries reached
[{'action': 1, 'actiontime': 1558879802717000, 'actiontimeStr': '8 分钟前', 'closeIp': False,
'commentsCount': 0, 'comm…
…
```

3.4 传递 URL 参数

为了请求特定的数据,需要在 URL 的查询字符串中加入某些数据。如果你是自己构建 URL,那么数据一般会跟在一个问号后面,并且以键-值的形式放在 URL 中,如 http://httpbin.org/get?key1=value1。

在 Requests 中,可以直接把这些参数保存在字典中,用 params 构建至 URL 中。例如,将 key1=value1 和 key2=value2 传递到 http://httpbin.org/get,可以这样编写:

```
import requests
key_dict={'key1':'value1','key2':'value2'}
r=requests.get('http://httpbin.org/get',params=key_dict)
```

```
print('URL 已经正确编码：',r.url)
print('字符串方式的响应体：\n',r.text)
```

通过上述代码的输出结果可以发现 URL 已经正确编码：

```
URL 已经正确编码：http://httpbin.org/get?key1 = value1&key2 = value2
```

字符串方式的响应体：

```
{
  "args": {
    "key1": "value1",
    "key2": "value2"
  },
  "headers": {
    "Accept": "*/*",
    "Accept-Encoding": "gzip, deflate",
    "Host": "httpbin.org",
    "User-Agent": "python-requests/2.19.1"
  },
  "origin": "14.27.49.210, 14.27.49.210",
  "url": "https://httpbin.org/get?key1 = value1&key2 = value2"
}
```

3.5 获取响应内容

在 Requests 中，可以通过 r.text 来获取网页的内容。例如：

```
>>> import requests
>>> r = requests.get('https://www.baidu.com')
>>> r.text
'<!DOCTYPE html>\r\n<!--STATUS OK--><html><head><meta http-equiv=content-type content=text/html;charset=utf-8><meta htt…
…
```

在 Requests 中，还会自动将内容转码，大多数 unicode 字体都会无缝转码。此外，还可以通过 r.content 来获取页面内容。

```
>>> r = requests.get('https://www.baidu.com')
>>> r.content
b'<!DOCTYPE html>\r\n<!--STATUS OK--><html><head><meta http-equiv=content-type content=text/html;charset=utf-8><meta ht…
…
```

r.content 是以字节的方式去显示，所以在 IDLE 中以 b 开头。但在 cygwin 中用起来并没有，下载网页正好，所以就替代了 urllib2 的 urllib2.urlopen(url).read()功能。

3.6 获取网页编码

在 Requests 中，可以用 r.status_code 来检查网页的状态码。例如：

```
>>> r = requests.get('http://www.mengtiankong.com')
>>> r.status_code
```

```
200
>>> r = requests.get('http://www.mengtiankong.com/123123/')
>>> r.status_code
404
>>> r = requests.get('http://www.baidu.com/link?url=QeTRFOS7TuUQRppa0wlTJJr6FfI-YI1DJprJukx4Qy0XnsDO_s9bao08u1wvjxgqN')
>>> r.url
'http://www.zhidaow.com/'
>>> r.status_code
200
```

前两个例子很正常，能正常打开的返回 200，不能正常打开的返回 404。但第三个就有点奇怪了，那个是百度搜索结果中的 302 跳转地址，但状态码显示是 200，接下来用其他方法进行实验：

```
>>> r.history
[<Response [302]>]
>>>
```

这里能看出是使用了 302 跳转。也许有人认为这样可以通过判断来获取跳转的状态码了，其实还有个更简单的方法：

```
>>> r = requests.get('http://www.baidu.com/link?url=QeTRFOS7TuUQRppa0wlTJJr6FfIYI1D-JprJukx4Qy0XnsDO_s9bao08u1wvjxgqN', allow_redirects = False)
>>> r.status_code
302
```

只要加上一个参数 allow_redirects，禁止了跳转，就会直接出现跳转的状态码了。

3.7 定制请求头

请求头 Headers 提供了关于请求、响应或其他发送实体的信息。对于爬虫而言，请求头十分重要，尽管在上一个例子中并没有制定请求头。如果没有指定请求头或请求的请求头与实际网页不一致，就可能无法返回正确的结果。

Requests 并不会基于定制的请求头 Headers 的具体情况改变自己的行为，只是在最后的请求中，所有的请求头信息都会被传递进去。

在 Requests 中可以通过 r.headers 获取响应头内容。例如：

```
>>> r.headers
{'Cache-Control': 'private, no-cache, no-store, proxy-revalidate, no-transform', 'Connection': 'Keep-Alive', 'Content-Encoding': 'gzip', 'Content-Type': 'text/html', 'Date': 'Mon, 27 May 2019 04:47:21 GMT', 'Last-Modified': 'Mon, 23 Jan 2017 13:27:57 GMT', 'Pragma': 'no-cache', 'Server': 'bfe/1.0.8.18', 'Set-Cookie': 'BDORZ=27315; max-age=86400; domain=.baidu.com; path=/', 'Transfer-Encoding': 'chunked'}
```

由结果可以看到是以字典的形式返回了全部内容，也可以访问部分内容。例如：

```
>>> r.headers['Content-Type']
'text/html'
>>> r.headers.get('content-type')
'text/html'
```

而请求头内容可以用 r.request.headers 来获取。例如：

```
>>> r.request.headers
{'User-Agent': 'python-requests/2.18.4', 'Accept-Encoding': 'gzip, deflate', 'Accept': '*/*',
'Connection': 'keep-alive'}
```

3.8 发送 POST 请求

除了 GET 请求外，有时还需要发送一些编码为表单形式的数据，如在登录的时候请求就为 POST，因为如果用 GET 请求，密码就会显示在 URL 中，这是非常不安全的。如果要实现 POST 请求，那么只需要简单地传递一个字典给 Requests 中的 data 参数，这个数据字典就会在发出请求的时候自动编码为表单形式。例如：

```
import requests
key_dict = {'key1':'value1','key2':'value2'}
r = requests.post('http://httpbin.org/post',data = key_dict)
print(r.text)
```

运行程序，输出如下：

```
{
  "args": {},
  "data": "",
  "files": {},
  "form": {
    "key1": "value1",
    "key2": "value2"
  },
  "headers": {
    "Accept": "*/*",
    "Accept-Encoding": "gzip, deflate",
    "Content-Length": "23",
    "Content-Type": "application/x-www-form-urlencoded",
    "Host": "httpbin.org",
    "User-Agent": "python-requests/2.19.1"
  },
  "json": null,
  "origin": "14.27.49.210, 14.27.49.210",
  "url": "https://httpbin.org/post"
}
```

可以看到，form 变量的值为 key_dict 输入的值，这样一个 POST 请求就发送成功了。

3.9 设置超时

有时爬虫会遇到服务器长时间不返回，这时爬虫程序就会一直等待，造成爬虫程序没能顺利地执行。因此，可以用 Requests 在 timeout 参数设定的秒数结束之后停止等待响应。也就是说，如果服务器在 timeout 秒内没有应答，就返回异常。

把这个秒数设置为 0.001 秒，看看会抛出什么异常，这是为了让大家体验 timeout 异常的效果而设置的值，一般会把这个值设置为 20 秒。

```
>>> requests.get('http://github.com', timeout = 0.001)
Traceback (most recent call last):
  File "C:\Users\ASUS\Anaconda3\lib\site - packages\urllib3\connection.py", line 141, in _
new_conn
    (self.host, self.port), self.timeout, ** extra_kw)
  File "C:\Users\ASUS\Anaconda3\lib\site - packages\urllib3\util\connection.py", line 83, in
create_connection
    raise err
  File "C:\Users\ASUS\Anaconda3\lib\site - packages\urllib3\util\connection.py", line 73, in
create_connection
    sock.connect(sa)
socket.timeout: timed out
During handling of the above exception, another exception occurred:
…
```

3.10 代理访问

采集时为避免被封IP，经常会使用代理。Requests也有相应的proxies属性。例如：

```
import requests
proxies = {
  "http": "http://10.10.1.10:3128",
  "https": "http://10.10.1.10:1080",
}
requests.get("http://www.zhidaow.com", proxies = proxies)
```

如果代理需要账户和密码，则需如下这样：

```
proxies = {
    "http": "http://user:pass@10.10.1.10:3128/",
}
```

3.11 自定义请求头部

在Requests中，伪装请求头部是采集时经常用的，可以用如下方法来隐藏：

```
import requests
r = requests.get('http://www.zhidaow.com')
print(r.request.headers['User - Agent'])
headers = {'User - Agent': 'alexkh'}
r = requests.get('http://www.zhidaow.com', headers = headers)
print(r.request.headers['User - Agent'])
```

运行程序，输出如下：

```
python - requests/2.19.1
alexkh
```

3.12 Requests爬虫实践

至此，已经介绍了利用爬虫网络对静态网页进行爬取，下面直接通过两个实例来演示爬虫的实践。

3.12.1 状态码 521 网页的爬取

1. 问题发现

在做代理池的时候，发现了一种以前没有见过的反爬虫机制。在用常规的 requests.get(url)方法对目标网页进行爬取时，其返回的状态码(status_code)为 521，这是一种以前没有见过的状态码。再输出它的爬取内容(text)，发现是一些 JavaScript 代码，如图 3-2 所示。下面来探索一下。

```
521
<html><body><script language="javascript"> window.onload=setTimeout("lr(74)", 200);
    function lr(RK) {var qo, mo="", no="", oo = [0xfa,0x8a,0xc3,0xb5,0x91,0x85,0x71,0x67
    ,0x5e,0x39,0xef,0xe1,0xd7,0xcd,0xd3,0xcd,0xc5,0xb1,0x55,0x03,0x09,0x4f,0x37,0x24,0x
    16,0x09,0xf6,0xe6,0xbb,0x9e,0x8e,0x83,0x75,0x61,0x05,0x85,0x72,0x5e,0x49,0x3c,0xdc,
    0x79,0x20,0x12,0xaf,0x50,0xeb,0xd7,0x73,0x6e,0x10,0xaf,0x51,0x3d,0x30,0xd1,0xf1,0xde
    ,0xd0,0x6c,0x09,0xa6,0x47,0x37,0xec,0x89,0x78,0x64,0x00,0xb4,0x0d,0xa9,0x45,0xe8,0x
    8f,0x43,0x36,0xac,0x4d,0x40,0xdc,0x90,0x2d,0xcc,0x5a,0xf8,0x97,0x84,0x20,0x10,0xb2,
    0x84,0x76,0x14,0x06,0xa7,0x5b,0xfc,0x70,0x0c,0xa8,0x4a,0xf1,0x91,0x31,0x1d,0xc0,0x5d
    ,0xf9,0xa3,0x54,0x40,0x15,0xfd,0xde,0xd6,0xb7,0xa3,0x85,0x76,0x1a,0x15,0xf2,0xde,0x
    91,0x42,0x84,0x23,0xbf,0x73,0x80,0x6c,0x5e,0x13,0xc8,0x68,0x0f,0xbf,0x60,0x07,0x5a,
    0x03,0xa4,0x41,0xeb,0x8c,0x27,0xed,0x9e,0xac,0xc0,0xbb,0x65,0x16,0x3a,0x25,0x1b,0x0f
    ,0x00,0xf8,0xed,0x3c,0xdf,0x96,0x33,0xd1,0xc9,0xaa,0xb3,0x6a,0x5c,0x51,0xfc,0xab,0x
    8c,0x34,0x24,0x00,0xf7,0x9b,0x51,0x00,0xf0,0x9a,0x49,0x27,0x1f,0x16,0x01,0xda,0xd0,
    0xae,0x63,0x50,0x46,0x38,0xd9,0xb5,0xa9,0x95,0x8c,0x67,0x1e,0xab,0xa0,0x96,0x88,0x78
    ,0x53,0x4b,0xe7,0xdd,0xd4,0x78,0x63,0x59,0x4b,0x23,0x00,0xf4,0xe0,0xd5,0xb2,0x67,0x
    a7,0xa3,0xa6,0xc1,0x3b];qo = "qo=227; do{oo[qo]=(-oo[qo])&0xff; oo[qo]=(((oo[
    qo]>>1)|((oo[qo]<<7)&0xff))-153)&0xff;} while(--qo>=2);"; eval(qo);qo = 226; do { oo
    [qo] = (oo[qo] - oo[qo - 1]) & 0xff; } while (-- qo >= 3 );qo = 1; for (;;) { if (qo
     > 226) break; oo[qo] = ((((((oo[qo] + 101) & 0xff) + 40) & 0xff) << 1) & 0xff) | ((
    (((oo[qo] + 101) & 0xff) + 40) & 0xff) >> 7); qo++;}po = ""; for (qo = 1; qo < oo.
    length - 1; qo++) if (qo % 7) po += String.fromCharCode(oo[qo] ^ RK);eval("
    qo=eval;qo(po);");} </script> </body></html>
```

图 3-2 状态码和爬取内容

2. 分析原理

打开 Fiddler，爬取访问网站的包，如图 3-3 所示，发现浏览器对于同一网页连续访问了两次，第一次的访问状态码为 521，第二次为 200(正常访问)。看来网页加了反爬虫机制，需要两次访问才可返回正常网页。

#	结果	协议	Host	URL	正文	缓存	Content-Type	进程
⚠7	521	HTTP	www....	/	855	no-cache...	text/html	chrome...
◇8	200	HTTP	www....	/	3,746		text/html	chrome...

图 3-3 Fiddler 抓包信息

下面来对比两次请求的区别。521 的请求如图 3-4 所示；200 的请求如图 3-5 所示。

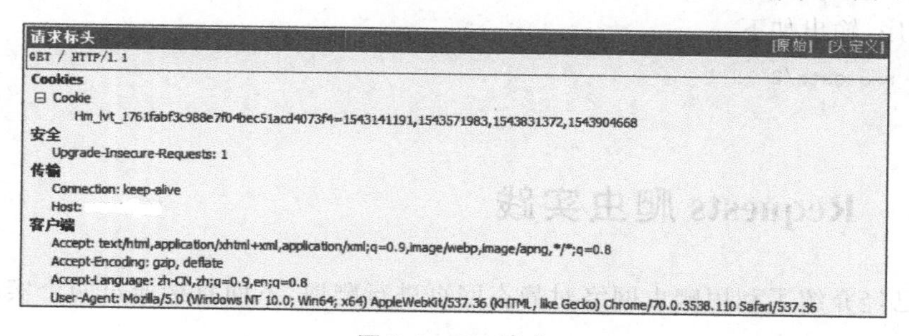

图 3-4 521 请求

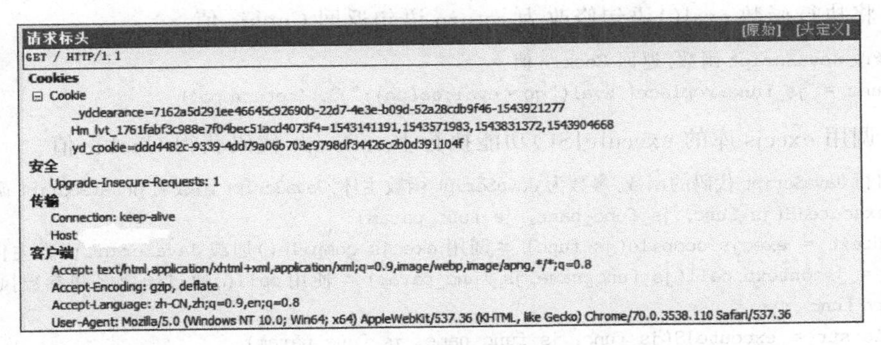

图 3-5　200 请求

通过对比两次请求头，可发现第二次访问带了新的 Cookie 值。再考虑上面程序对爬取结果的输出为 JavaScript 代码，可以考虑其操作过程为：第一次访问时服务器返回一段可动态生成 Cookie 值的 JavaScript 代码；浏览器运行 JavaScript 代码生成 Cookie 值，并带 Cookie 重新进行访问；服务器被正常访问，返回页面信息，浏览器渲染加载。

3. 执行流程

弄清楚浏览器的执行过程后，就可以模拟其行为通过 Python 进行网页爬取。操作步骤如下：

- 用 request.get(url)获取 JavaScript 代码。
- 通过正则表达式对代码进行解析，获得 JavaScript 函数名，JavaScript 函数参数和 JavaScript 函数主体，并将执行函数 eval()语句修改为 return 语句返回 Cookie 值。
- 调用 execjs 库的 executeJS()功能执行 JavaScript 代码获得 Cookie 值。
- 将 Cookie 值转化为字典格式，用 request.get(url, Cookie = Cookie)方法获取得到正确的网页信息。

4. 实现代码

根据以上流程步骤，实现代码主要表现在：

(1) 实现程序所需要用到的库。

```
import re                #实现正则表达式
import execjs            #执行 JavaScript 代码
import requests          #爬取网页
```

(2) 第一次爬取获得包含 JavaScript 函数的页面信息后，通过正则表达式对代码进行解析，获得 JavaScript 函数名、JavaScript 函数参数和 JavaScript 函数主体，并将执行函数 eval()语句修改为 return 语句返回 Cookie 值。

```
# js_html 为获得的包含 JavaScript 函数的页面信息
# 提取 JavaScript 函数名
js_func_name = ''.join(re.findall(r'setTimeout\(\"(\D+)\(\d+\)\"', js_html))
# 提取 JavaScript 函数参数
js_func_param = ''.join(re.findall(r'setTimeout\(\"\D+\((\d+)\)\"', js_html))
# 提取 JavaScript 函数主体
js_func = ''.join(re.findall(r'(function.*?)</script>', js_html))
```

(3) 将执行函数eval()语句修改为return语句返回Cookie值。

```
# 修改JavaScript函数,返回Cookie值
js_func = js_func.replace('eval("qo = eval;qo(po);")', 'return po')
```

(4) 调用execjs库的executeJS()功能执行JavaScript代码获得Cookie值。

```
# 执行JavaScript代码的函数,参数为JavaScript函数主体,JavaScript函数名和JavaScript函数参数
def executeJS(js_func, js_func_name, js_func_param):
jscontext = execjs.compile(js_func) #调用execjs.compile()加载JavaScript函数主体内容
func = jscontext.call(js_func_name,js_func_param) #使用call()通过函数名和参数执行该函数
return func
cookie_str = executeJS(js_func, js_func_name, js_func_param)
```

(5) 将Cookie值转化为字典格式。

```
#将Cookie值解析为字典格式,方便后面调用
def parseCookie(string):
  string = string.replace("document.cookie = '", "")
  clearance = string.split(';')[0]
  return {clearance.split(' = ')[0]: clearance.split(' = ')[1]}
cookie = parseCookie(cookie_str)
```

至此,在获得Cookie后,采用带Cookie的方式重新进行爬取,即可获得我们需要的网页信息。

3.12.2 TOP250电影数据

本实践项目的目的是获取豆瓣电影TOP250的所有电影名称,网页地址为:https://movie.douban.com/top250。在此爬虫中,将请求头定制为实际浏览器的请求头。

1. 网站分析

打开豆瓣电影TOP250的网站,右击网页的任意位置,在弹出的快捷菜单中单击“审查元素”命令即可打开该网页的请求头,如图3-6所示。

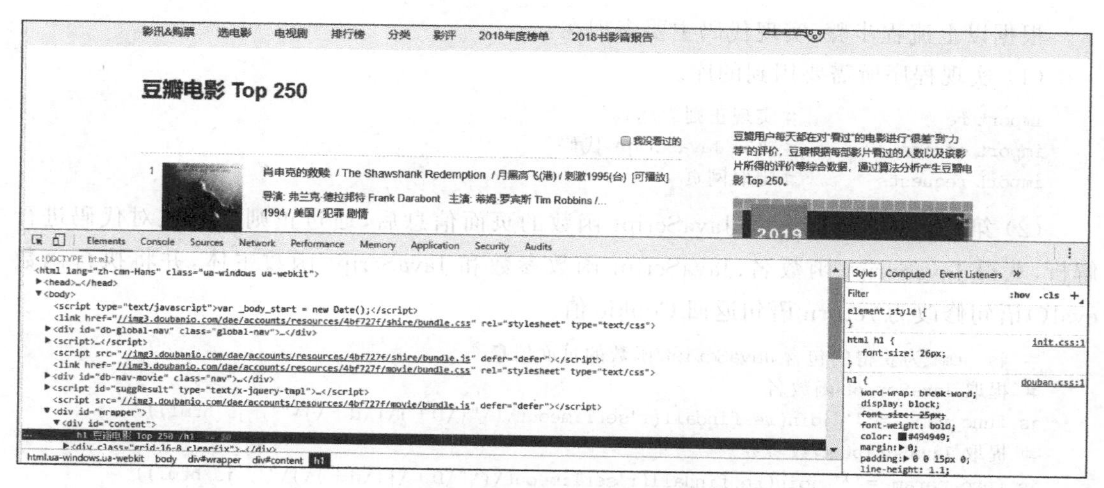

图3-6 豆瓣电影TOP250的网站

提取网站中重要的请求头代码为：

```
import requests                        #爬取网页
headers = {'user - agent':'Mozilla/5.0(Windows NT 6.1;Win64;x64) AppleWebKit/537.36(KHTML,
like Gecko) Chrome/52.0.2743.82 Safari/537.36','Host':'movie.douban.com'}
```

第一页只有25部电影，如果要获取所有的250页电影，就需要获取总共10页的内容。通过单击第二页可以发现网页地址变成了：

```
https://movie.douban.com/top250?start = 25
```

第三页的地址为 https://movie.douban.com/top250? start=50，这很容易理解，每多一页，就给网页地址的 start 参数加上 25。

2. 项目实践

通过以上分析，可以使用 requests 获取电影网页的代码，并利用 for 循环翻页。代码为：

```
import requests                        #爬取网页
def get_movies():
    headers = {'user - agent':'Mozilla/5.0(Windows NT 6.1;Win64;x64) AppleWebKit/537.36
(KHTML,like Gecko) Chrome/52.0.2743.82 Safari/537.36','Host':'movie.douban.com'}
    for i in range(0,10):
        link = 'http://movie.douban.com/top250?start = ' + str(i * 25)
        r = requests.get(link,headers = headers,timeout = 10)
        print(str(i + 1),"页响应状态码：",r.status_code)
        print(r.text)
get_movies()
```

运行程序，输出如下：

```
1 页响应状态码：200
</p>
<div class = "star">
<span class = "rating45 - t"></span>
<span class = "rating_num" property = "v:average"> 8.8 </span>
<span property = "v:best" content = "10.0"></span>
<span> 244205 人评价</span>
</div>
<p class = "quote">
<span class = "inq">穷尽一生,我们要学会的,不过是彼此拥抱.</span>
</p>
</div>
</div>
</div>
</li>
<li>
<div class = "item">
<div class = "pic">
<em class = ""> 117 </em>
<a href = "https://movie.douban.com/subject/1291990/">
<img width = "100" alt = "爱在日落黄昏时" src = "https://img3.doubanio.com/view/photo/s_
ratio_poster/public/p1910924055.jpg" class = "">
…
```

这时，得到的结果只是网页的 HTML 代码，还需要从中提取需要的电影名称。下面代码实现网页的内容解析：

```
import requests
from bs4 import BeautifulSoup
# 通过 find 定位标签
# BeautifulSoup 文档: https://www.crummy.com/software/BeautifulSoup/bs4/doc/index.zh.html
def bs_parse_movies(html):
    movie_list = []
    soup = BeautifulSoup(html, "html")
    # 查找所有 class 属性为 hd 的 div 标签
    div_list = soup.find_all('div', class_ = 'hd')
    # 获取每个 div 中的 a 中的 span(第一个),并获取其文本
    for each in div_list:
        movie = each.a.span.text.strip()
        movie_list.append(movie)
    return movie_list
# css 选择器定位标签
# 更多 ccs 选择器语法: http://www.w3school.com.cn/cssref/css_selectors.asp
# 注意: BeautifulSoup 并不是每个语法都支持
def bs_css_parse_movies(html):
    movie_list = []
    soup = BeautifulSoup(html, "lxml")
    # 查找所有 class 属性为 hd 的 div 标签下的 a 标签的第一个 span 标签
    div_list = soup.select('div.hd > a > span:nth-of-type(1)')
    # 获取每个 span 的文本
    for each in div_list:
        movie = each.text.strip()
        movie_list.append(movie)
    return movie_list
# Xpath 定位标签
# 更多 Xpath 语法: https://blog.csdn.net/gongbing798930123/article/details/78955597
def xpath_parse_movies(html):
    et_html = etree.HTML(html)
    # 查找所有 class 属性为 hd 的 div 标签下的 a 标签的第一个 span 标签
    urls = et_html.xpath("//div[@class = 'hd']/a/span[1]")
    movie_list = []
    # 获取每个 span 的文本
    for each in urls:
        movie = each.text.strip()
        movie_list.append(movie)
    return movie_list
def get_movies():
    headers = {
        'user-agent': 'Mozilla/5.0 (Windows NT 6.1; Win64; x64) AppleWebKit/537.36 (KHTML,
like Gecko) Chrome/52.0.2743.82 Safari/537.36',
        'Host': 'movie.douban.com'
    }
    link = 'https://movie.douban.com/top250'
    r = requests.get(link, headers = headers, timeout = 10)
    print("响应状态码:", r.status_code)
    if 200 != r.status_code:
        return None
    # 3 种定位元素的方式:
    # 普通 BeautifulSoup find
```

```
        return bs_parse_movies(r.text)
        return bs_css_parse_movies(r.text)
        return xpath_parse_movies(r.text)
movies = get_movies()
print(movies)
```

运行程序，输出如下：

```
响应状态码：200
to this:
 BeautifulSoup(YOUR_MARKUP, "html5lib")
  markup_type = markup_type))
['肖申克的救赎', '霸王别姬', '这个杀手不太冷', '阿甘正传', '美丽人生', '泰坦尼克号', '千与千寻', '辛德勒的名单', '盗梦空间', '忠犬八公的故事', '机器人总动员', '三傻大闹宝莱坞', '海上钢琴师', '放牛班的春天', '楚门的世界', '大话西游之大圣娶亲', '星际穿越', '龙猫', '教父', '熔炉', '无间道', '疯狂动物城', '当幸福来敲门', '怦然心动', '触不可及']
```

3.13 习题

1. 请求头 Headers 提供了关于________、________或其他________的信息。

2. 什么是静态网页？

3. 利用 pip 安装第三方库 wheel。

4. 利用 Requests 中常用功能获取个人计算机浏览器首页内容。

5. 利用 POST 发送 JSON 数据 str = "loginAccount":"xx","password":"xxx","userType":"individua"}。

第 4 章 CHAPTER 4 动态网页爬取

第 3 章爬取的网页均为静态网页，这样的网页在浏览器中展示的内容都在 HTML 源代码中。但是，由于主流网站都使用 JavaScript 展现网页的内容，和静态网页不同的是，在使用 JavaScript 时，很多内容并不会出现在 HTML 源代码中，所以爬取静态网页的技术可能无法正确使用。因此，需要用到动态网页爬取的两种技术：通过浏览器审查元素解析真实网页地址和使用 selenium 模拟浏览器的方法。

4.1 动态爬取淘宝网实例

相对于使用 Ajax 而言，传统的网页如果需要更新内容，就必须重载整个网页。因此，Ajax 使得互联网应用程序更小、更快、更友好。但是，Ajax 网页的爬虫过程比较麻烦。

首先，让我们来看一个动态网页的例子。打开淘宝网，地址为 https://trade.taobao.com/trade/trade_success.htm? alipay_no=2019052322001100071037033770&seller_id=2088802741478045&biz_order_id=454980960323929555#RateIframe，如图 4-1 所示，其中的待评论数据就是用 JavaScript 加载的，这些评论数据不会出现在网页源代码中。

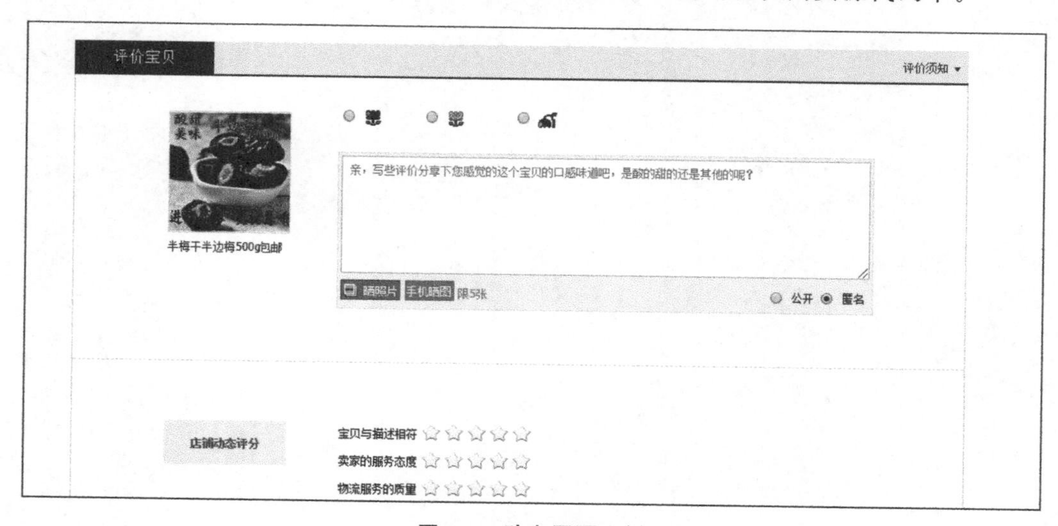

图 4-1 动态网页实例

为了验证页面下面的待评价是用 JavaScript 加载的，可以查看此网页的网页源代码，如图 4-2 所示。

```
121                         <span>我的淘宝</span>
122                     </a>
123
124                     <span class="site-nav-arrow"><span class="site-nav-icon">&#xe605;</span></span>
125
126                 </div>
127
128                 <div class="site-nav-menu-bd site-nav-menu-list">
129                     <div class="site-nav-menu-bd-panel menu-bd-panel">
130
131                             <a href="//trade.taobao.com/trade/itemlist/list_bought_items.htm" target="_top">已买到的宝贝</a>
132
133                             <a href="//www.taobao.com/markets/footmark/tbfoot" target="_top">我的足迹</a>
134
135                     </div>
136                 </div>
137
138             </li>
139
140
141
142
143                 <li class="site-nav-menu site-nav-cart site-nav-menu-empty site-nav-multi-menu J_MultiMenu" id="J_MiniCart" data-name="cart" data-
    spm="1997525049">
144                     <div class="site-nav-menu-hd">
145                         <a href="//cart.taobao.com/cart.htm?from=mini&ad_id=&am_id=&cm_id=&pm_id=1501036000a02c5c3739" target="_top">
146                             <span class="site-nav-icon site-nav-icon-highlight">&#xe603;</span>
147                             <span>购物车</span>
148                             <strong class="h" id="J_MiniCartNum"></strong>
```

图 4-2 查看网页的源代码

如果使用 Ajax 加载的动态网页，怎么爬取里面动态加载的内容呢？有以下两种方法：

(1) 通过浏览器审查元素解析地址。

(2) 通过 Selenium 模拟浏览器爬取。

下面分别进行介绍。

4.2 什么是 Ajax

Ajax(Asynchronous JavaScript and XML) 异步 JavaScript 和 XML，即异步的 JavaScript 和 XML。它不是一门编程语言，而是利用 JavaScript 在保证页面不被刷新、页面链接不改变的情况下与服务器交换数据并更新部分网页的技术。

对于传统的网页，如果想更新其内容，那么必须要刷新整个页面，但有了 Ajax，便可以在页面不被全部刷新的情况下更新其内容。在这个过程中，页面实际上是在后台与服务器进行了数据交互，在获取到数据之后，再利用 JavaScript 改变网页，这样网页内容就会更新了。

可以到 W3School 上体验几个示例来感受一下：http://www.w3school.com.cn/ajax/ajax_example.asp。

1. 实例引入

为了帮助理解 Ajax 的工作原理，创建了一个小型的 Ajax 应用程序。其实现效果：运行程序，生成初始界面如图 4-3(a)所示，当单击界面中的“通过 AJAX 改变内容”按钮时，即切换界面，如图 4-3(b)所示，再次单击该按钮，即返回如图 4-3(a)的界面。

下面对该 Ajax 实例进行解释。

上面的 Ajax 应用程序包含一个 div 和一个按钮。div 部分用于显示来自服务器的信息。当按钮被单击时，它负责调用名为 loadXMLDoc()的函数，代码为：

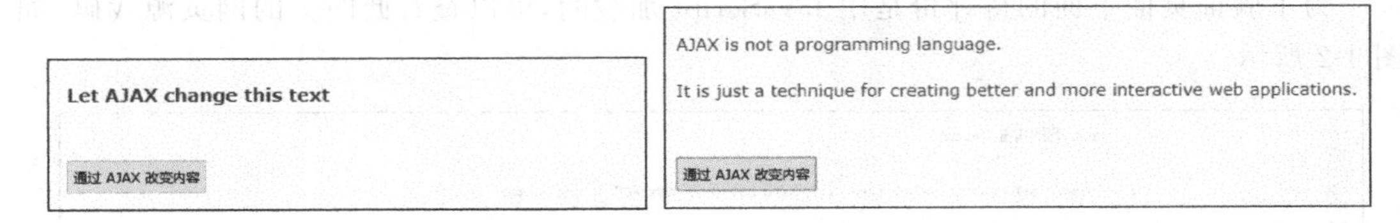

(a) 初始界面 (b) 切换界面

图 4-3 Ajax 应用程序界面

```
<html>
<body>
<div id="myDiv"><h3>Let AJAX change this text</h3></div>
<button type="button" onclick="loadXMLDoc()">Change Content</button>
</body>
</html>
```

接下来，在页面的 head 部分添加一个<script>标签，该标签中包含了这个 loadXMLDoc()函数。

```
<head>
<script type="text/javascript">
function loadXMLDoc()
{
... script goes here ...
}
</script>
</head>
```

2. 基本原理

初步了解了 Ajax 之后，下面再来详细了解它的基本原理。发送 Ajax 请求到网页更新的这个过程可以简单分为 3 步：发送请求、解析内容、渲染网页。

下面分别来详细介绍这几个过程。

1) 发送请求

我们知道，JavaScript 可以实现页面的各种交互功能，Ajax 也不例外，它也是由 JavaScript 实现的，实际上执行了如下代码：

```
var xmlhttp:
if(window.XMLHttpRequest){
    //code for IE7+,Firefox,Chorme,Opera,Safari
    xmlhttp = new HMLHttpRequest();
    }else{//code for IE6,IE5
        xmlhttp = new ActiveXObject("Microsoft.XMLHTTP");
        }
    xmlhttp.onreadystatechange = function(){
      if(xmlhttp.readyState == 4&& xmlhttp.status == 200){
        document.getElementById("myDiv").innerHTML = xmlhttp.responseText;
          }
    }
xmlhttp.open("POST","/ajax/",true);
xmlhttp.send();
```

这是 JavaScript 对 Ajax 最底层的实现,实际上就是新建了 XMLHttpRequest 对象,接着调用 onreadystatechange 属性设置了监听,然后调用 open()和 send()方法向某个链接(也就是服务器)发送了请求。前面用 Python 实现请求发送之后,可以得到响应结果,但这里请求的发送变成 JavaScript 来完成。由于设置了监听,所以当服务器返回响应时,onreadystatechange 对应的方法便会被触发,然后在这个方法中解析响应内容即可。

2) 解析内容

得到响应之后,onreadystatechange 属性对应的方法便被触发,此时利用 xmlhttp 的 responseText 属性便可取到响应内容。这类似于 Python 中利用 request 向服务器发起请求,然后得到响应的过程。返回内容可能是 HTML,可能是 JSON,接着只需要在方法中用 JavaScript 进一步处理即可。比如,如果是 JSON,则可以进行解析和转化。

3) 渲染网页

JavaScript 有改变网页内容的能力,解析完响应内容之后,就可以调用 JavaScript 来针对解析完的网页进行下一步处理了。比如,通过 document. getElementById(). innerHTML 这样的操作,便可以对某个元素内的源代码进行更改,这样网页显示的内容就改变了,该操作也被称为 DOM 操作,即对 Document 网页文档进行操作,如更改、删除等。

在前面的例子中,document. getElementById("myDiv"). innerHTML = xmlhttp. responseText 便将 ID 为 myDiv 的节点内部的 HTML 代码更改为服务器返回的内容,这样 myDiv 元素内部便会呈现出服务器返回的新数据,网页的部分内容看上去就更新了。

可以观察到,这 3 个步骤其实都是由 JavaScript 完成的,它完成了整个请求、解析和渲染的过程。真实的数据其实都是一次次 Ajax 请求得到的,如果想要爬取这些数据,需要知道这些请求到底是怎样发送的,发往哪里,发了哪些参数。如果知道这些,不就可以用 Python 模拟这个发送操作,获取到其中的结果了吗?

4.2.1 Ajax 分析

我们知道,拖动刷新的内容由 Ajax 加载,而且页面的 URL 没有变化,那么应该到哪里去查看这些 Ajax 请求呢?下面进行介绍。

1. 查看请求

上面内容是借助浏览器的开发者工具,下面以 Chrome 浏览器为例来介绍。

首先,用 Chrome 浏览器打开 https://www. cnblogs. com/python-study/p/6060530. html,随后在页面中右击,从弹出的快捷菜单中选择"检查"选项,此时便会弹出开发者工具。

此时在 Elements 选项卡中便会观察到网页的源代码,右侧便是节点的样式。不过这不是我们想要寻找的内容。切换到 Network 选项卡,随后重新刷新页面,可以发现这里出现了非常多的条目,如图 4-4 所示。

这里其实就是在页面加载过程中浏览器与服务器之间发送请求和接收响应的所有记录。

Ajax 其实有其特殊的请求类型,它叫 xhr。在图 4-5 中,可以发现一个名称以 Get 开头的请求,这就是一个 Ajax 请求。单击这个请求,可以查看这个请求的详细信息。

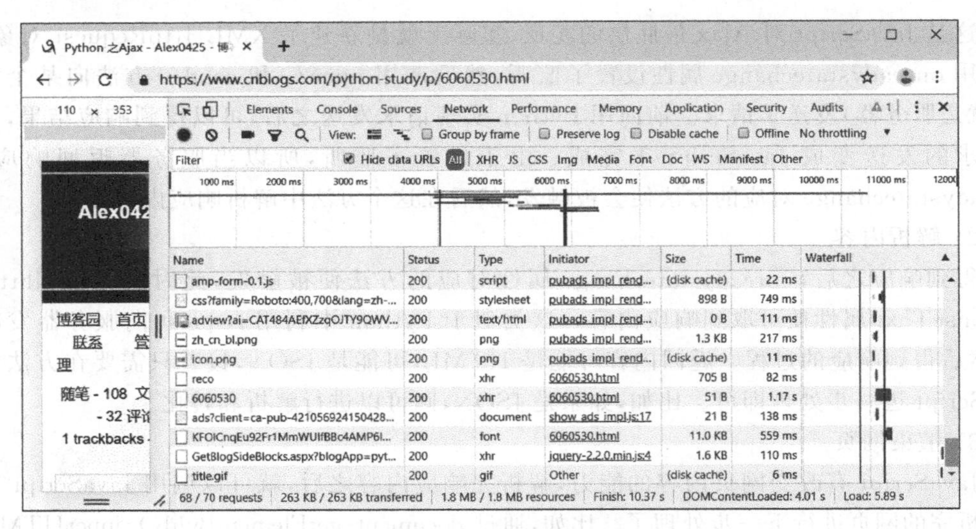

图 4-4 Network 面板结果

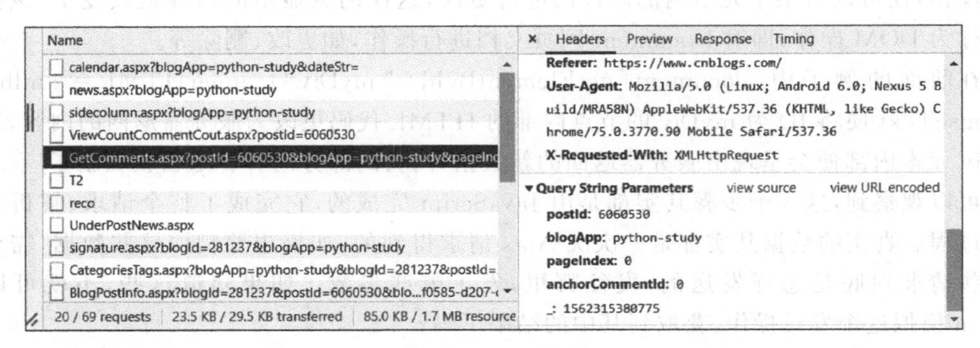

图 4-5 Ajax 请求

在右侧可以观察到 Request Headers、URL 和 Response Headers 等信息。其中 Request Headers 中有一个信息为 X-Requested-With:XMLHttpRequest,这就标记了此请求是 Ajax 请求,如图 4-6 所示。

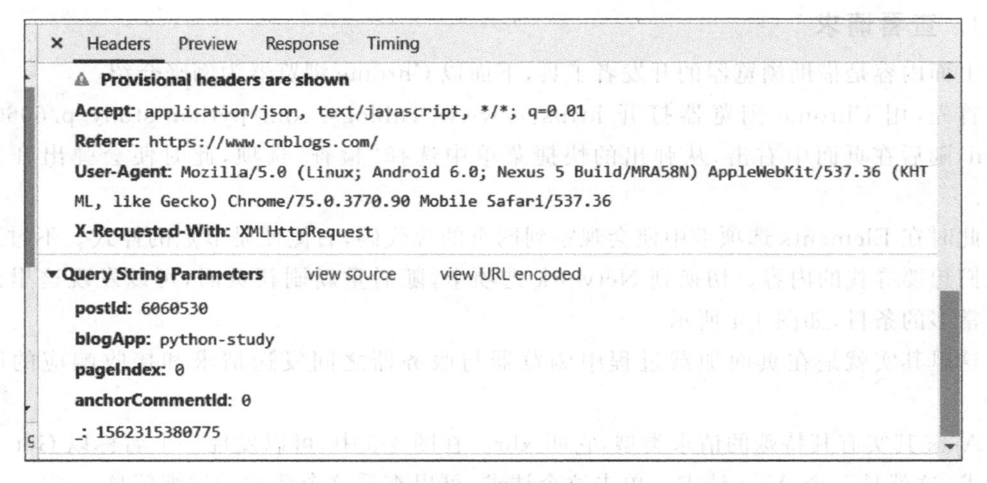

图 4-6 详细信息

随后单击 Preview，即可看到响应的内容，它是 JSON 格式的。这里 Chrome 为我们自动做了解析，单击下三角按钮即可展开和收起相应内容，如图 4-7 所示。

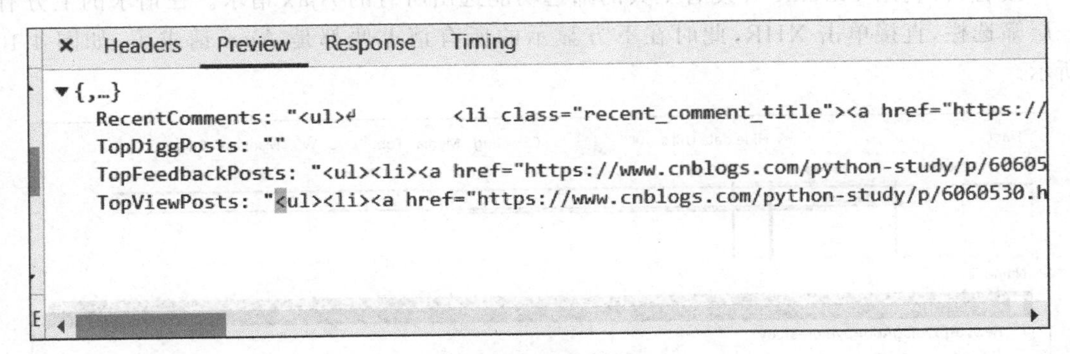

图 4-7 JSON 结果

另外，也可以切换到 Response 选项卡，从中观察到真实的返回数据，如图 4-8 所示。

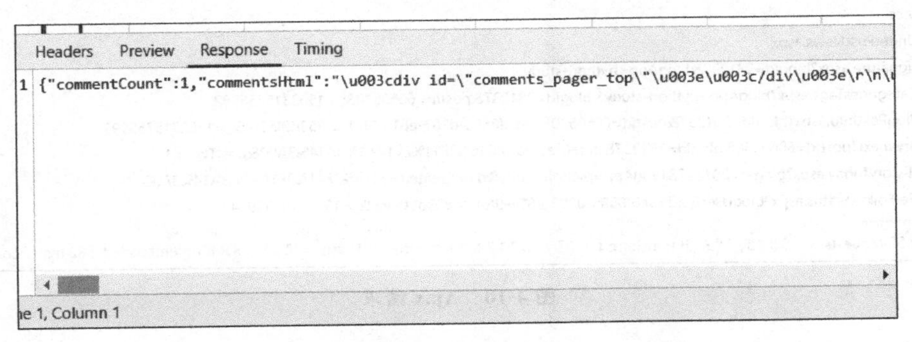

图 4-8 Response 内容 1

接着，切回到另一个请求，观察一下它的 Response 是什么，如图 4-9 所示。

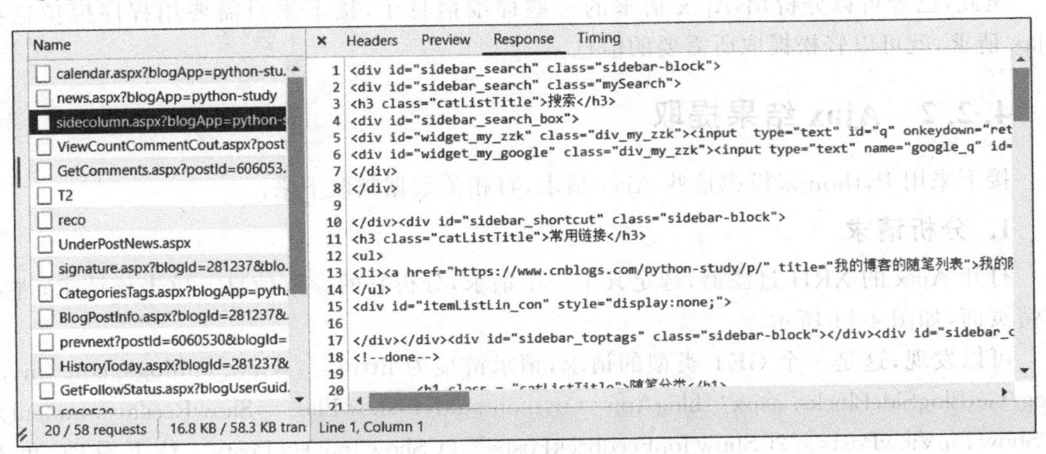

图 4-9 Response 内容 2

这是最原始的链接 https://www.cnblogs.com/python-study/p/6060530.html 返回的结果，结构相对简单，只是执行了一些 JavaScript。

2. 过滤请求

接着，再利用 Chrome 开发者工具的筛选功能选出所有的 Ajax 请求。在请求的上方有一层筛选栏，直接单击 XHR，此时在下方显示的所有请求便都是 Ajax 请求了，如图 4-10 所示。

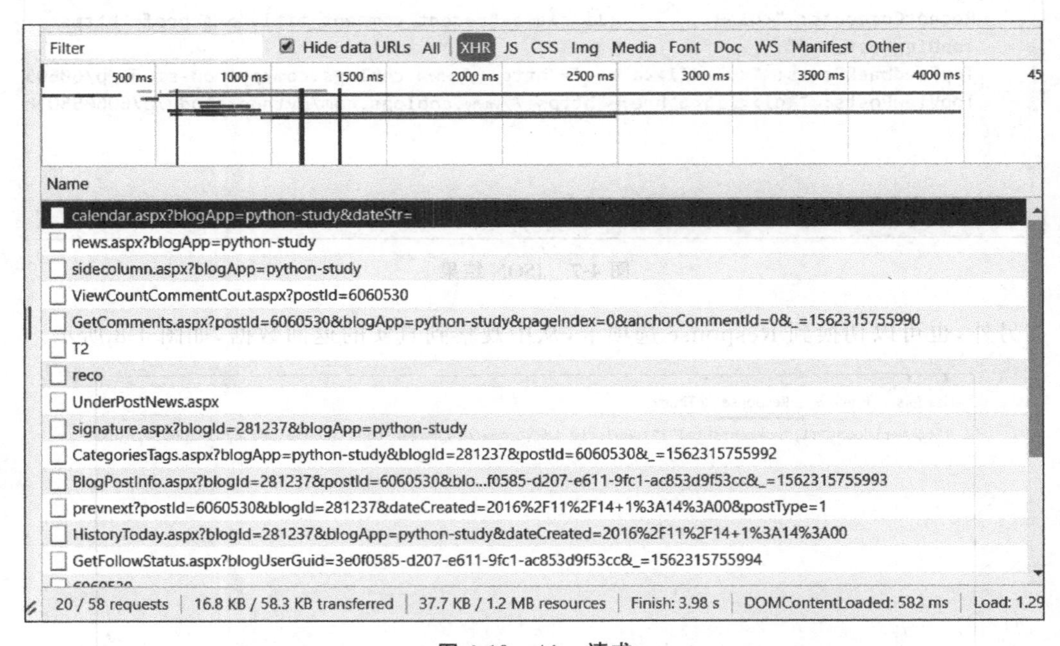

图 4-10 Ajax 请求

随意点开一个条目，都可以清楚地看到其 Request URL、Request Headers、Response Headers、Response Body 等内容，此时想要模拟请求和提取就非常简单了。

至此，已经可以分析出 Ajax 请求的一些详细信息了，接下来只需要用程序模拟这些 Ajax 请求，就可以轻松提取所需要的信息。

4.2.2 Ajax 结果提取

接下来用 Python 来模拟这些 Ajax 请求，将相关数据爬取下来。

1. 分析请求

打开 Ajax 的 XRH 过滤器，选定其中一个请求，分析它的参数信息。单击该请求，进入详情页面，如图 4-11 所示。

可以发现，这是一个 GET 类型的请求，请求链接为 https://www.cnblogs.com/mvc/Blog/GetBlogSideBlocks.aspx?blogApp=python-study&showFlag=ShowRecentComment%2CShowTopViewPosts%2CShowTopFeedbackPosts%2CShowTopDiggPosts。往下滑动，可看到请求的参数有两个，分别为 blogApp 和 showFlag。

2. 分析响应

随后，观察这个请求的响应内容，如图 4-12 所示。

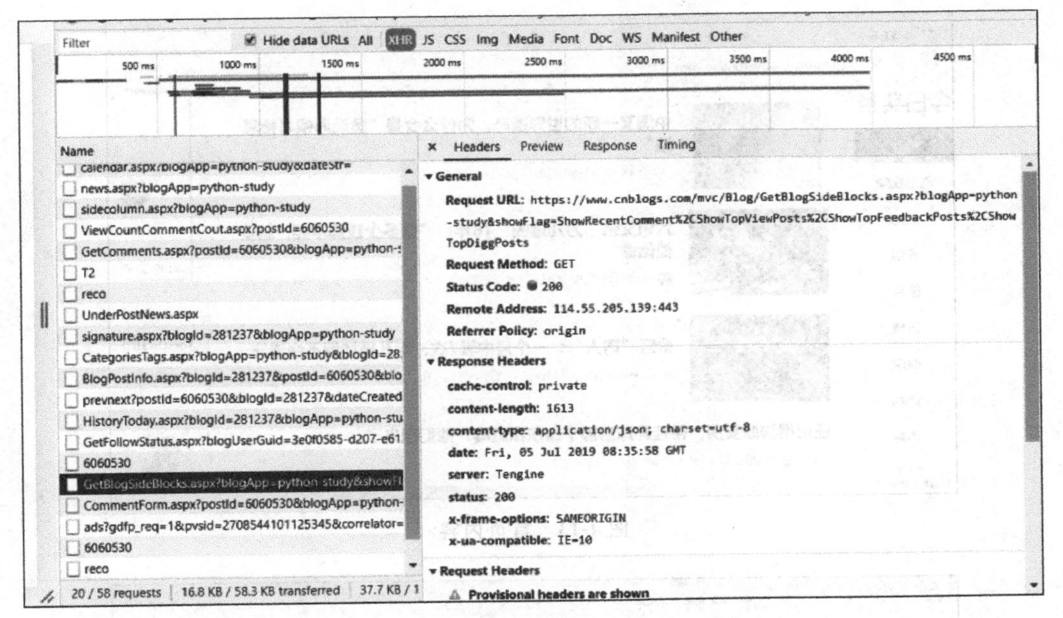

图 4-11 详情页面

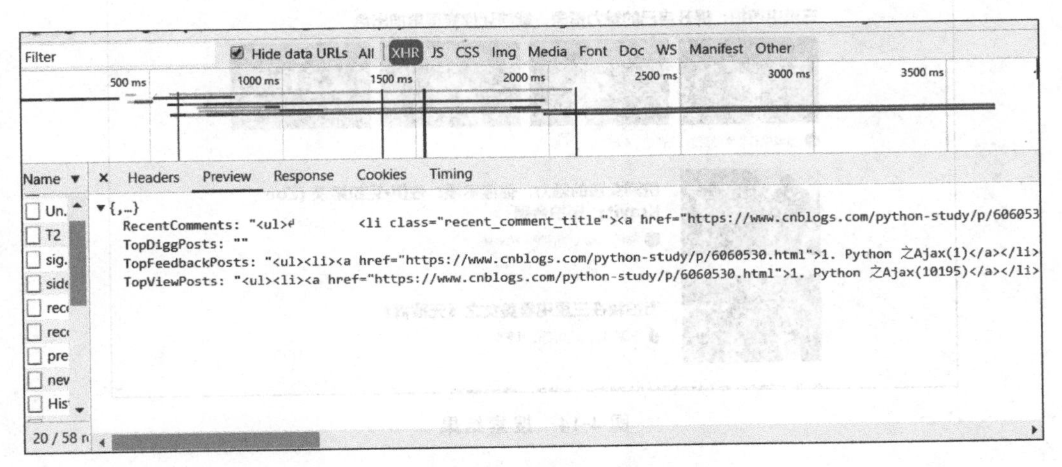

图 4-12 响应内容

4.2.3 Ajax 爬取今日头条街拍美图

本节以今日头条为例，尝试通过分析 Ajax 请求爬取网页数据的方法。这次要爬取的目标是今日头条的街拍美图，爬取完成后，将每组图片分文件夹下载到本地并保存下来。

在爬取之前，首先要分析爬取的逻辑。打开今日头条的首页 http://www.toutiao.com/，如图 4-13 所示。

右上角有一个搜索入口，此处尝试爬取街拍美图，所以输入“街拍”二字搜索一下，结果如图 4-14 所示。

图 4-13 首页内容

图 4-14 搜索结果

这时打开开发者工具，查看所有的网络请求。首先，打开第一个网络请求，这个请求的URL就是当前的链接 http://www.toutiao.com/search/?keyword=街拍，打开 Preview 选项卡查看 Response Body。如果页面中的内容是根据第一个请求得到的结果渲染出来的，那么第一个请求的源代码中必然会包含页面结果中的文字。为了验证，可以尝试搜索一下搜索结果的标题，比如“路人”二字，如图 4-15 所示。

可以发现，网页源代码中并没有包含这两个字，搜索匹配结果数目为 0。因此，可以初步判断这些内容是由 Ajax 加载，然后用 JavaScript 渲染出来的。接着，可以切换到 XHR 选项卡，查看一下有没有 Ajax。

单击 XHR 选项卡时，此处出现了一个比较常规的 Ajax 请求，单击 data 字段展开，发现这里有许多条数据。单击第一条展开，可以发现有一个 title 字段，它的值正好就是页面中第一条数据的标题。再检查一下其他数据，也正好是一一对应的，如图 4-16 所示。

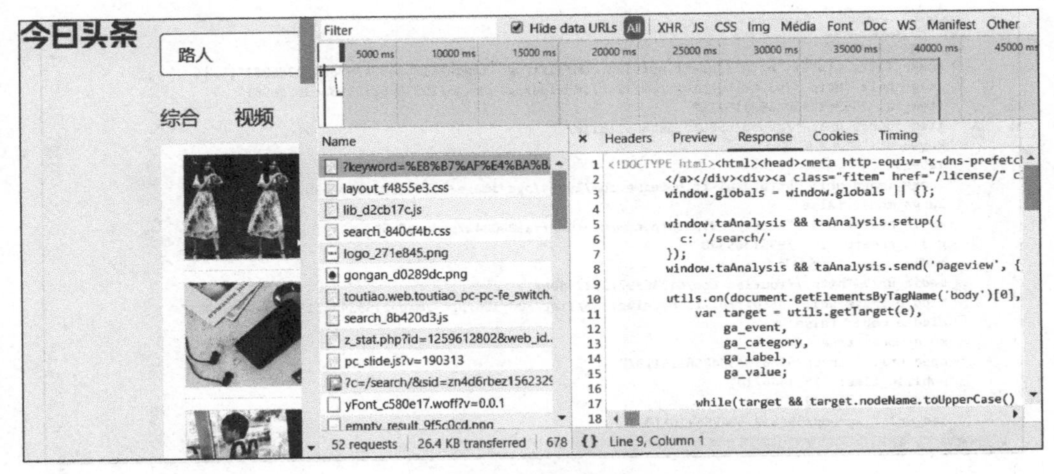

图 4-15 搜索结果

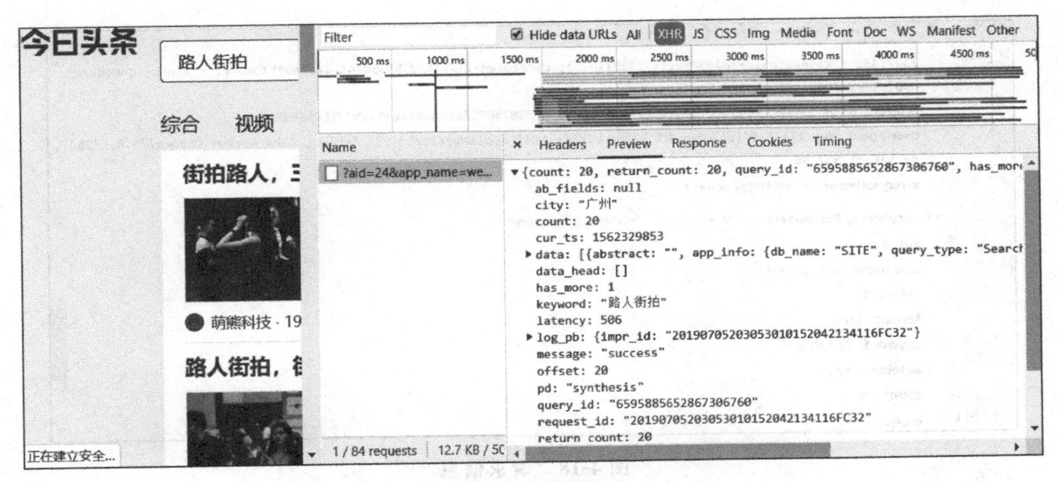

图 4-16 对比结果

这就确定了这些数据确实是由 Ajax 加载的。

我们的目的是要爬取其中的美图，这里一组图就对应前面 data 字段中的一条数据。每条数据还有一个 image_list 字段，它是列表形式，这其中就包含了组图的所有图片列表，如图 4-17 所示。

因此，只需要将列表中的 url 字段提取出来并下载就可以了。对每一组图都会建立一个文件夹，文件夹的名称就为组图的标题。

接着，就可以直接用 Python 来模拟这个 Ajax 请求，然后提取出相关美图链接并下载。但是在这之前，还需要分析一下 URL 的规律。

切换回 Headers 选项卡，观察一下它的请求 URL 和 Headers 信息，如图 4-18 所示。

可以看到，这是一个 GET 请求，请求 URL 的参数有 aid、app_name、offset、format、keyword、autoload、count、en_qc 等。我们需要找出这些参数的规律，才可以方便地用程序构造出来。

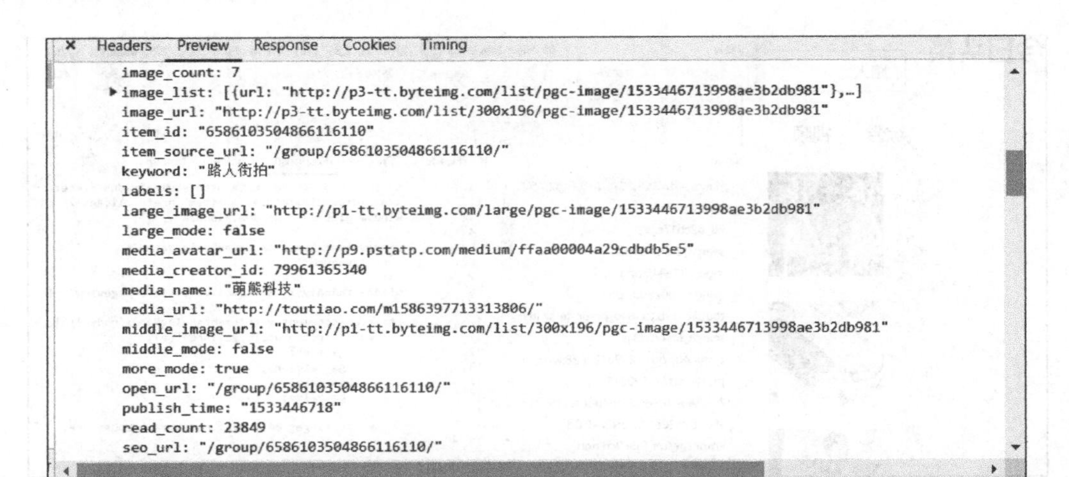

图 4-17　图片列表信息

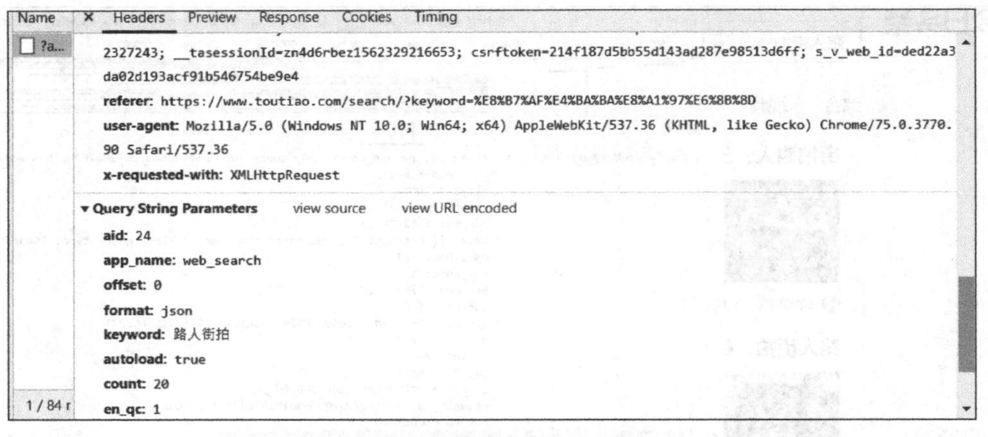

图 4-18　请求信息

接着，可以滑动页面，多加载一些新结果。在加载的同时可以发现，Network 中又出现了许多 Ajax 请求，如图 4-19 所示。

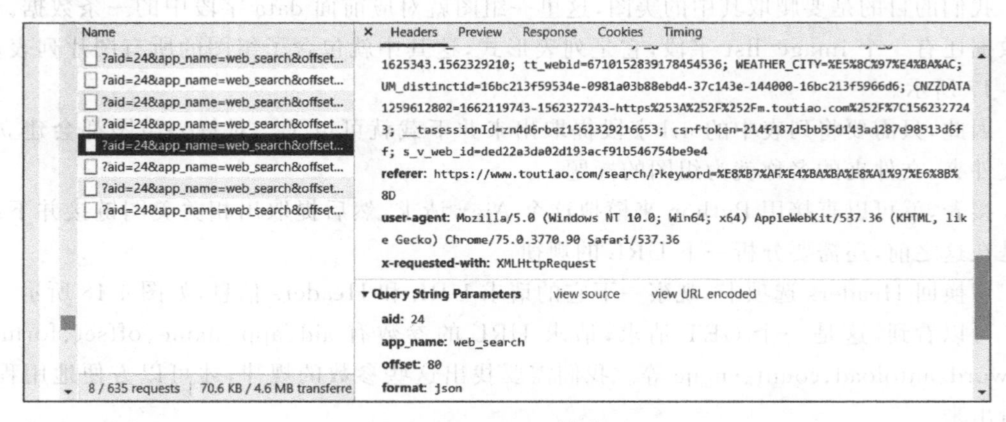

图 4-19　Ajax 请求

这里观察一下后续链接的参数，发现变化的参数只有 offset，其他参数都没有变化，而且第二次请求的 offset 值为 20，第三次为 40，第四次为 60，所以可以发现规律，这个 offset 值就是偏移量，进而可以推断出 count 参数就是一次性获取的数据条数。因此，可以用 offset 参数来控制数据分页。这样就可以通过接口批量获取数据了。

下面就用程序来实现美图下载，步骤如下：

(1) 首先，实现方法 get_page()来加载单个 Ajax 请求的结果。其中唯一变化的参数就是 offset，所以将它当作参数传递，实现代码为：

```
import requests
from urllib.parse import urlencode
from requests import codes
import os
from hashlib import md5
from multiprocessing.pool import Pool
import re
def get_page(offset):
    params = {
        'aid': '24',
        'offset': offset,
        'format': 'json',
        #'keyword': '街拍',
        'autoload': 'true',
        'count': '20',
        'cur_tab': '1',
        'from': 'search_tab',
        'pd': 'synthesis'
    }
    base_url = 'https://www.toutiao.com/api/search/content/?keyword=%E8%A1%97%E6%8B%8D'
    url = base_url + urlencode(params)
    try:
        resp = requests.get(url)
        print(url)
        if 200 == resp.status_code:
            print(resp.json())
            return resp.json()
    except requests.ConnectionError:
        return None
```

这里用 urlencode()方法构造请求的 GET 参数，然后用 requests 请求这个链接，如果返回状态码为 200，则调用 response 的 json()方法将结果转为 JSON 格式，然后返回。

(2) 实现一个解析方法：提取每条数据的 image_detail 字段中的每一张图片链接，将图片链接和图片所属的标题一并返回，此时可以构造一个生成器，实现代码为：

```
def get_images(json):
    if json.get('data'):
        data = json.get('data')
        for item in data:
            if item.get('cell_type') is not None:
                continue
            title = item.get('title')
            images = item.get('image_list')
```

```
            for image in images:
                origin_image = re.sub("list", "origin", image.get('url'))
                yield {
                    'image': origin_image,
                    # 'iamge': image.get('url'),
                    'title': title
                }
    print('succ')
```

(3) 实现一个保存图片的方法 save_image(),其中 item 就是前面 get_images()方法返回的一个字典。在该方法中,首先根据 item 的 title 来创建文件夹,然后请求这个图片链接,获取图片的二进制数据,以二进制的形式写入文件。图片的名称可以使用其内容的 MD5 值,这样可以去除重复。实现代码为:

```
def save_image(item):
    img_path = 'img' + os.path.sep + item.get('title')
    print('succ2')
    if not os.path.exists(img_path):
        os.makedirs(img_path)
    try:
        resp = requests.get(item.get('image'))
        if codes.ok == resp.status_code:
            file_path = img_path + os.path.sep + '{file_name}.{file_suffix}'.format(
                file_name=md5(resp.content).hexdigest(),
                file_suffix='jpg')
            if not os.path.exists(file_path):
                print('succ3')
                with open(file_path, 'wb') as f:
                    f.write(resp.content)
                print('Downloaded image path is %s' % file_path)
                print('succ4')
            else:
                print('Already Downloaded', file_path)
    except requests.ConnectionError:
        print('Failed to Save Image,item %s' % item)
```

(4) 最后,只需要构建一个 offset 数组,遍历 offset,提取图片链接,并将其下载即可,实现代码为:

```
def main(offset):
    json = get_page(offset)
    for item in get_images(json):
        print(item)
        save_image(item)
GROUP_START = 0
GROUP_END = 7
if __name__ == '__main__':
    pool = Pool()
    groups = ([x * 20 for x in range(GROUP_START, GROUP_END + 1)])
    pool.map(main, groups)
    pool.close()
    pool.join()
```

在以上代码中,定义了分页的起始页数和终止页数,分别为 GROUP_START 和 GROUP_END,还利用了多进程的进程池,调用其 map()方法实现多进程下载。

运行程序，输出如下：

```
succ
succ
succ
succ
succ
https://www.toutiao.com/api/search/content/?keyword = %E8%A1%97%E6%8B%8Daid =
24&offset = 0&format = json&autoload = true&count = 20&cur_tab = 1&from = search_tab&pd =
synthesis…
…
```

4.3　解析真实地址爬取

即使数据并没有出现在网页源代码中，也可以找到数据的真实地址，请求这个真实地址也可以获得想要的数据。这里用到浏览器的“检查”功能。

下面以淘宝网为例，目标是爬取所购买宝贝评价的详细信息。网址为：https://rate.taobao.com/remarkSeller.jhtml? spm = a1z09.2.0.0.74a22e8dtgmoDg&tradeID = 454980960323929555&returnURL = https://buyertrade.taobao.com/trade/itemlist/list_bought_items.htm。实现步骤如下：

(1) 用360浏览器打开淘宝中需要进行评价的宝贝。在页面任意位置右击，在弹出的快捷菜单中选择“审查元素”命令，得到如图4-20所示的页面窗口。

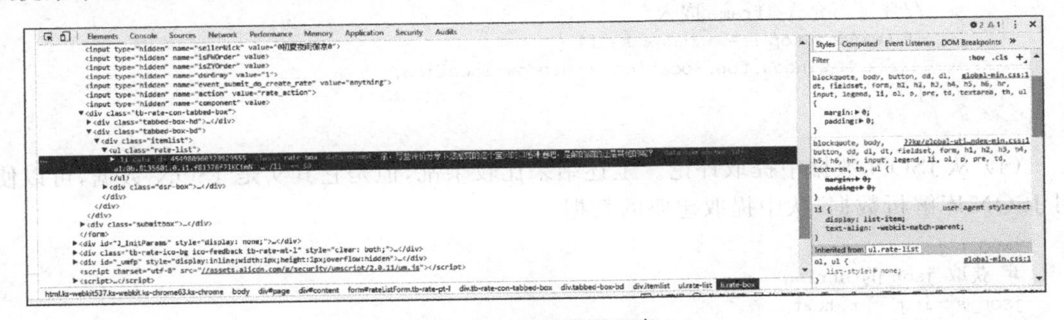

图4-20　审查页面元素

(2) 找到真实的数据地址。单击对话框中的Network，然后刷新网页。此时，Network会显示浏览器从网页服务器中得到的所有文件，一般这个过程称为“抓包”。

一般而言，这些数据可能以JSON文件格式获取。所以，可以通过Network中的All命令找到相关信息。

(3) 爬取真实待评论物品的信息。找到了真实的地址，就可以直接调用requests向这个地址发出请求以获取数据了，代码为：

```
import requests
link = """https://rate.taobao.com/remarkSeller.jhtml?spm = a1z09.2.0.0.74a22e8dHRJ3kn&tradeID =
454980960323929555&returnURL = https://buyertrade.taobao.com/trade/itemlist/list_bought_
items.htm"""
headers = {'User - Agent' : 'Mozilla/5.0 (Windows; U; Windows NT 6.1; en - US; rv:1.9.1.6)
Gecko/20091201 Firefox/3.5.6'}
```

```
r = requests.get(link, headers = headers)
print(r.text)
```

运行程序，输出如下：

```
<!DOCTYPE html>
<html>
<head>
<meta name = "data - spm" content = "a2107" />
<title>
淘宝网 - 淘!我喜欢
</title>
<meta charset = "gbk" />
<meta http - equiv = "X - UA - Compatible" content = "IE = edge" />
<meta name = "viewport"
        content = "width = device - width, initial - scale = 1, maximum - scale = 1" />
<meta name = "description"
        content = "淘宝网(Taobao.com)作为专业的购物网站拥有全球时尚前沿的消费者购物集
市,100%认证网上商城及超值二手商品区,同时购物安全,产品丰富,应有尽有,任你选购,让你尽享
网上在线购物乐趣!" />
<meta name = "keywords"
        content = "淘宝,掏宝,网上购物,C2C,在线交易,交易市场,网上交易,交易市场,网上买,网
上卖,购物网站,团购,网上贸易,安全购物,电子商务,放心买,供应,买卖信息,网店,一口价,拍卖,
网上开店,网络购物,打折,免费开店,网购,频道,店铺" />
<script>
        window._lgst_ = new Date().getTime();
</script>
<script>
        //登录不允许 iframe 嵌入
        if (window.top !== window.self) {
                window.top.location = window.location;
        }
…
```

(4) 从JSON数据中提取评论。上述结果比较杂乱，但是它其实是JSON数据，可以使用JSON库解析数据，从中提取想要的数据。

```
import json
# 获取 json 的 string
json_string = r.text
json_string = json_string[json_string.find('{'): -2]
json_data = json.loads(json_string)
comment_list = json_data['results']['parents']
for eachone in comment_list:
    message = eachone['content']
    print(message)
```

在代码中，首先，需要使用json_string[json_string.find('{'):−2]，仅仅提取字符串中符合JSON格式的部分。然后，使用json.loads可以把字符串格式的响应体数据转化为JSON数据。然后，利用JSON数据的结构，可以提取到评论的列表comment_list。

而在URL中改变offset的值便可以实现换页，实现代码为：

```
import requests
import json
def single_page_comment(link):
    headers = {'User - Agent' : 'Mozilla/5.0 (Windows; U; Windows NT 6.1; en - US; rv:1.9.1.6)
Gecko/20091201 Firefox/3.5.6'}
```

```
    r = requests.get(link, headers= headers)
    # 获取 json 的 string
    json_string = r.text
    json_string = json_string[json_string.find('{'):-2]
    json_data = json.loads(json_string)
    comment_list = json_data['results']['parents']
for eachone in comment_list:
    message = eachone['content']
    print(message)
for page in range(1,4):
    link1 = "https://api-zero.livere.com/v1/comments/list?callback=jQuery112403473268296510956_1531502963311&limit=10&offset="
    link2 = "&repSeq=4272904&requestPath=%2Fv1%2Fcomments%2Flist&consumerSeq=1020&livereSeq=28583&smartloginSeq=5154&_=1531502963316"
    page_str = str(page)
    link = link1 + page_str + link2
    print(link)
    single_page_comment(link)
```

在上述代码中，函数 single_page_comment(link)是之前爬取一个评论页面的代码，现在放入函数中，方便多次调取。另外，使用一个 for 循环，分别爬取第一页和第二页，在生成最终真实的 URL 地址后，调用函数爬取。

4.4 selenium 爬取动态网页

利用“审查元素”功能找到源地址十分容易，但是有些网站非常复杂。除此之外，有一些数据真实地址的 URL 也十分冗长和复杂，有些网站为了规避这些爬取会对地址进行加密。

因此，在此介绍另一种方法，即使用浏览器渲染引擎，直接用浏览器在显示网页时解析 HTML，应用 CSS 样式并执行 JavaScript 的语句。

此方法在爬虫过程中会打开一个浏览器，加载该网页，自动操作浏览器浏览各个网页，顺便把数据抓下来。通俗地说，就是使用浏览器渲染方法，将爬取动态网页变成了爬取静态网页。

可以用 Python 的 selenium 库模拟浏览器完成爬取。selenium 是一个用于 Web 应用程序测试的工具。selenium 测试直接运行在浏览器中，浏览器自动按照脚本代码做出单击、输入、打开、验证等操作，就像真正的用户在操作一样。

4.4.1 安装 selenium

selenium 的安装非常简单，和其他的 Python 库一样，可以用 pip 安装，代码为：

```
pip install selenium
```

selenium 的脚本可以控制浏览器进行操作，可以实现多个浏览器的调用，包括 IE(7、8、9、10、11)、Firefox、Safari、Google Chrome、Opera 等。

安装完成后打开终端，输入 python 回车，进入 Python，如图 4-21 所示。

```
命令提示符 - python
C:\Users\ASUS>python
Python 3.6.5 (v3.6.5:f59c0932b4, Mar 28 2018, 17:00:18) [MSC v.1900 64 bit (AMD64)] on win32
Type "help", "copyright", "credits" or "license" for more information.
>>>
```

图 4-21 Python 终端

接着，在终端中输入 from selenium import webdriver 并回车。若未报错则成功，如图 4-22 所示；若失败则重新安装 selenium 模块。

```
命令提示符 - python
C:\Users\ASUS>python
Python 3.6.5 (v3.6.5:f59c0932b4, Mar 28 2018, 17:00:18) [MSC v.1900 64 bit (AMD64)] on win32
Type "help", "copyright", "credits" or "license" for more information.
>>> from selenium import webdriver
>>> _
```

图 4-22 安装成功效果

若输入 web = webdriver.Firefox()并回车，则打开浏览器。正常情况下会打开一个这样的 Firefox，如图 4-23 所示。

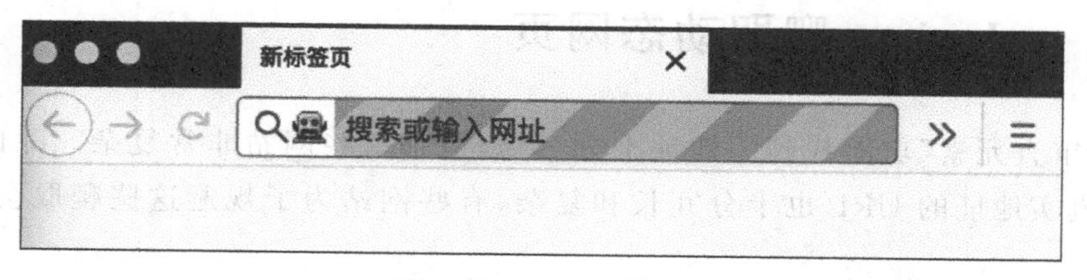

图 4-23 Firefox 界面

在图 4-23 中的地址栏带有黄色条纹，还有个小机器人图标。如果出现错误“selenium.common.exceptions.WebDriverException: Message: 'geckodriver' executable needs to be in PATH.”，即证明没有安装驱动，这时只需要安装驱动即可。

Mac 版 Firefox 驱动的下载地址为：http://download.csdn.net/download/qq_34122135/10203884，下载完驱动，解压得到 geckodriver，然后把文件移到/usr/local/bin 下面，并赋给 x 执行权限即可。安装完驱动，然后测试一下用 Python 代码控制浏览器打开百度首页。

```
from selenium import webdriver
wb = webdriver.Firefox()
wb.get("http://www.baidu.com")
# 打印网页源码
print(wb.page_source)
```

执行程序得到如图 4-24 所示界面。可以看到，启动了一个带小机器人图标的 Firefox，并且打开了百度首页，控制台也输出了百度首页的所有源码，如图 4-25 所示。

图 4-24 带小机器人图标的 Firefox

```
        <div id="m"></div>
      </div>
    </div>
  ▸ <div id="u">…</div> event
  ▾ <div id="u1"> event
      <a class="mnav" href="http://news.baidu.com" name="tj_trnews">新闻</a> event
      <a class="mnav" href="https://www.hao123.com" name="tj_trhao123">hao123</a> event
      <a class="mnav" href="http://map.baidu.com" name="tj_trmap">地图</a> event
      <a class="mnav" href="http://v.baidu.com" name="tj_trvideo">视频</a> event
      <a class="mnav" href="http://tieba.baidu.com" name="tj_trtieba">贴吧</a> event
      <a class="mnav" href="http://xueshu.baidu.com" name="tj_trxueshu">学术</a> event
      <a class="lb" href="https://passport.baidu.com/v2/?login&tpl=mn&u=http%3A%2F%2Fwww.baidu.com%2F&sms=5" name="tj_login"
      onclick="return false;">登录</a> event
      <a class="pf" href="http://www.baidu.com/gaoji/preferences.html" name="tj_settingicon">设置</a> event
      <a class="bri" href="http://www.baidu.com/more/" name="tj_briicon" style="display: block;">更多产品</a> event
      <div></div>
    </div>
  </div>
</div>
▸ <div id="s_tab" class="s_tab">…</div>
▸ <div class="qrcodeCon">…</div>
▸ <div id="ftCon">…</div>
▸ <div id="wrapper_wrapper">…</div> event
▸ <div class="bdpfmenu" style="left: 878px; top: 48px; display: none;">…</div> event
```

图 4-25 百度首页的所有源码

至此，基本环境就已经配置好了，接下来开始爬取表情包。

4.4.2 爬取百度表情包

我们可以使用百度图片搜索功能来实现表情包爬虫。

首先，先打开百度图片，搜索“表情包”，如图 4-26 所示。

接下来只要分析一下网页结构，按规则过滤就可以得到图片链接了。

用 Firefox 自带的工具查看即可，在网页上右击弹出快捷菜单，选择“查看元素”命令就可以很清晰地看到文档结构了，如图 4-27 所示。

其中，对环境结构进行了配置：

```
<div class = "bg" id = "headerbg">
<div class = "bgline">
<div class = "bglineleft"></div>
<div class = "bglinecenter"></div>
<div class = "bglineright"></div>
```

图 4-26 表情包

```
<!DOCTYPE html>
<!--STATUS OK-->
<html> event 滚动
 ▶<head>…</head>
 ▼<body link="#0000cc"> event
   ▶<script>…</script>
   ▼<div id="wrapper" class="wrapper_s" style="display: block;">
     ▶<script>…</script>
     ▼<div id="head" class=""> event
       ▼<div class="head_wrapper">
         ▼<div class="s_form">
           ▼<div class="s_form_wrapper soutu-env-nomac soutu-env-index">
             ▶<style>…</style>
             ▶<div id="lg">…</div>
             ▶<a id="result_logo" href="/" onmousedown="return c({'fm':'tab','tab':'logo'})">…</a> event
             ▶<form id="form" class="fm" name="f" action="/s">…</form> event
              <div id="m"></div>
            </div>
            ::after
          </div>
         ▶<div id="u">…</div> event
         ▼<div id="u1"> event
            <a class="mnav" href="http://news.baidu.com" name="tj_trnews">新闻</a> event
            <a class="mnav" href="https://www.hao123.com" name="tj_trhao123">hao123</a> event
            <a class="mnav" href="http://map.baidu.com" name="tj_trmap">地图</a> event
            <a class="mnav" href="http://v.baidu.com" name="tj_trvideo">视频</a> event
html > body > div#wrapper.wrapper_s > div#head > div.head_wrapper > div#u1:focus-within
```

图 4-27 代码结构

```
</div>
</div>
<div class = "ct clearfix narrow" id = "headersearch">
<script>
                (   function() {
                    var search = document.getElementById('headersearch');
                    var width = window.innerWidth
                        || (document.documentElement && document.documentElement.clientWidth)
                        || (document.body && document.body.clientWidth);
                    if (search && width < 1217) {
                        search.className = 'narrow ' + search.className;
```

至此，环境已经配置好了，文档结构也分析完了，接下来编写代码。

下面是下载图片的模块 download.py，代码为：

```
# -*- coding=utf-8 -*-
import urllib
# path 为要保存图片的文件夹
def downloadByHttp(url,path="/Users/mac/Pictures/spiderImg/"):
    #截取文件名，避免文件名过长只截取最后 20 位
    fileName = url.split("/")[-1:][0][-20:]
    #获取文件参数
    conn = urllib.urlopen(url)
    #获取文件后缀名
    sub = conn.headers['Content-Type'].split("/")[-1:][0]
    print('sss:',sub)
    conn.close()
    #如果这个超链接不包含后缀名，则加上一个后缀名
    if fileName.find(".") == -1:
        fileName = fileName + sub
    print(fileName)
    print("downloading with urllib")
    urllib.urlretrieve(url, path + fileName)
```

ImgSpider.py 的文件代码为：

```
# -*- coding=utf-8 -*-
from selenium import webdriver
from NetUtil import download
class ImgSpider(object):
    # wd 搜索的关键字,maxPage 最大下载的页数
    def __init__(self, wd="", maxPage = 5):
        #百度图片搜索的 http 请求
        self.url = "https://image.baidu.com/search/flip?tn=baiduimage&ie=utf-8&word=" + wd
        #打开 Firefox 浏览器
        self.wb = webdriver.Firefox()
        #设置最大下载的页数
        self.deep = maxPage
        self.start = 1
    #打开第一页
    def first(self):
        #打开 url 获取第一页结果
        self.wb.get(self.url)
        #解析网页
        self.parse()
        #读取下一页
        self.onNext()
    #递归读取下一页,直到条件不满足
    def onNext(self):
        #当前页码加 1
        self.start += 1
        #解析网页
        self.parse()
        #通过 xpath 方法匹配页码指示器
        element = self.wb.find_element_by_xpath("//div[@id='page']")
        for el in element.find_elements_by_xpath(".//span[@class='pc']"):
```

```
                #获取页码
                str = el.text
                num = int(str)
                #比较页码,若不满足条件,则关闭程序
                if num > self.deep:
                    self.close()
                #继续执行下一页操作
                if num == self.start:
                    el.click()
                    self.onNext()
        #解析下载图片
        def parse(self):
            #通过 xpath 匹配当前网页所有图片的最上层节点
            imgs = self.wb.find_element_by_xpath('''//div[@id="wrapper"]''')
            i = 0
            #匹配所有的图片节点,遍历下载
            for img in imgs.find_elements_by_xpath(".//img"):
                i = i + 1
                #获取 img 标签的连接
                url = img.get_attribute("src")
                print(url)
                #给下载模块下载图片
                download.downloadByHttp(url)
        #关闭爬虫
        def close(self):
            self.wb.quit()
            exit()
    #开始爬取数据关键字和最大页数
    spider = ImgSpider("表情包", 5)
    spider.first()
```

至此,便完成了表情包的下载。

4.5 爬取去哪儿网

最后来编写一个爬取去哪儿网酒店信息的简单动态爬取。目标是爬取深圳当天的酒店信息,并将这些信息存成文本文件。下面将整个目标进行功能分解。

(1) 搜索功能,在搜索框输出地点和入住时间,单击搜索按钮。

(2) 获取一页完整的数据。由于去哪儿网一个页面数据分为两次加载,第一次加载15条数据,这时需要将页面拉到底部,完成第二次数据加载。

(3) 获取一页完整且渲染过的 HTML 文档后,使用 BeautifulSoup 将其中的酒店信息提取出来进行存储。

(4) 解析完成,单击下一页,继续抽取数据。

第一步,找到酒店信息的搜索页面,如图 4-28 所示。

使用 Firebug 查看 HTML 结果,可以通过 selenium 获取目的地框、入住日期、离店日期和搜索按钮的元素位置,输入内容,并单击搜索按钮。

图 4-28 搜索页面

```
ele_toCity = driver.find_element_by_name('toCity')
ele_fromDate = driver.find_element_by_id('fromDate')
ele_toDate = driver.find_element_by_id('toDate')
ele_search = driver.find_element_by_class_name('search-btn')
ele_toCity.clear()
ele_toCity.send_keys(to_city)
ele_toCity.click()
ele_fromDate.clear()
ele_fromDate.send_keys(fromdate)
ele_toDate.clear()
ele_toDate.send_keys(todate)
ele_search.click()
```

第二步，分两次获取一页完整的数据，第二次让 driver 执行 JavaScript 脚本，把网页拉到底部。

```
while True:
    try:
        WebDriverWait(driver, 10).until(
            EC.title_contains(unicode(to_city))
        )
    except Exception,e:
        print e
        break
    time.sleep(5)
    js = "window.scrollTo(0, document.body.scrollHeight);"
    driver.execute_script(js)
    time.sleep(5)
    htm_const = driver.page_source
```

第三步，使用 BeautifulSoup 解析酒店信息，并将数据进行清洗和存储。

```
soup = BeautifulSoup(htm_const,'html.parser', from_encoding='utf-8')
infos = soup.find_all(class_="item_hotel_info")
f = codecs.open(unicode(to_city)+unicode(fromdate)+u'.html', 'a', 'utf-8')
for info in infos:
    f.write(str(page_num)+'--'*50)
    content = info.get_text().replace(" ","").replace("\t","").strip()
    for line in [ln for ln in content.splitlines() if ln.strip()]:
```

```
            f.write(line)
            f.write('\r\n')
    f.close()
```

第四步，单击下一页，继续重复这一过程：

```
try:
    next_page = WebDriverWait(driver, 10).until(
    EC.visibility_of(driver.find_element_by_css_selector(".item.next"))
    )
    next_page.click()
    page_num += 1
    time.sleep(10)
```

这个小实例只是简单实现了功能，其完整代码参考本书配套资源中的源代码。

4.6 习题

1. Ajax 不是一门编程语言，而是利用 JavaScript 在保证________、________情况下与服务器交换数据并更新部分网页的技术。

2. selenium 测试直接运行在浏览器中，浏览器自动按照脚本代码做出________、________、________和________等操作，就像真正的用户在操作一样。

3. 动态网页爬取的两种技术是什么？

4. Ajax 请求更新网页需要几个步骤？是什么？

5. 使用谷歌浏览器，用 selenium 自动爬取《小归人》和《我不是药神》这两部电影的评论。

第5章 解析网页

CHAPTER 5

在前面的章节已经能够使用 requests 库从网页把整个源代码爬取下来了，接着需要从每个网页中提取一些数据。会用到类库，常用的类库有 3 种，分别为 lxm、BeautifulSoup 及 re(正则)。

5.1 获取豆瓣电影

下面以获取豆瓣电影正在热映的电影名为例，网址为：url='https://movie.douban.com/cinema/nowplaying/beijing/'，利用这 3 种方法实现解析网页，然后再分别对这 3 种类库进行介绍。

1. 网页分析

部分网页源码为：

```
<ul class="lists">
<li
                id="3878007"
                class="list-item"
                data-title="海王"
                data-score="8.2"
                data-star="40"
                data-release="2018"
                data-duration="143 分钟"
                data-region="美国澳大利亚"
                data-director="温子仁"
                data-actors="杰森·莫玛 / 艾梅柏·希尔德 / 威廉·达福"
                data-category="nowplaying"
                data-enough="True"
                data-showed="True"
                data-votecount="105013"
                data-subject="3878007"
>
```

由分析可知，我们要的电影名称信息在 li 标签的 data-title 属性中。

2. 编写代码

爬虫完整的源码展示如下：

```
import requests
from lxml import etree                                    #导入库
from bs4 import BeautifulSoup
import re
import time
#定义爬虫类
class Spider():
    def __init__(self):
        self.url = 'https://movie.douban.com/cinema/nowplaying/beijing/'
        self.headers = {
            'User-Agent': 'Mozilla/5.0 (X11; Linux x86_64) AppleWebKit/537.36 (KHTML, like
Gecko) Chrome/70.0.3538.77 Safari/537.36'
        }
        r = requests.get(self.url,headers = self.headers)
        r.encoding = r.apparent_encoding
        self.html = r.text
    def lxml_find(self):
        '''用lxml解析'''
        start = time.time()                          #3种方式速度对比
        selector = etree.HTML(self.html)    #转换为lxml解析的对象
        titles = selector.xpath('//li[@class = "list-item"]/@data-title') #这里返回的
                                                                             #是一个列表
        for each in titles:
            title = each.strip()                     #去掉字符左右的空格
            print(title)
        end = time.time()
        print('lxml耗时', end - start)

    def BeautifulSoup_find(self):
        '''用BeautifulSoup解析'''
        start = time.time()
        soup = BeautifulSoup(self.html, 'lxml') #转换为BeautifulSoup的解析对象,其中'lxml'为
                                                  #解析方式
        titles = soup.find_all('li', class_ = 'list-item')
        for each in titles:
            title = each['data-title']
            print(title)
        end = time.time()
        print('BeautifulSoup耗时', end - start)
    def re_find(self):
        '''用re解析'''
        start = time.time()
        titles = re.findall('data-title = "(.+)"',self.html)
        for each in titles:
            print(each)
        end = time.time()
        print('re耗时', end - start)
if __name__ == '__main__':
    spider = Spider()
    spider.lxml_find()
    spider.BeautifulSoup_find()
    spider.re_find()
```

3. 爬取结果

爬取的结果输出如下：

```
哥斯拉 2：怪兽之王
哆啦 A 梦：大雄的月球探险记
阿拉丁
潜艇总动员：外星宝贝计划
托马斯大电影之世界探险记
巧虎大飞船历险记
大侦探皮卡丘
…
妈阁是座城
lxml 耗时 0.019963502883911133
哥斯拉 2：怪兽之王
哆啦 A 梦：大雄的月球探险记
阿拉丁
潜艇总动员：外星宝贝计划
托马斯大电影之世界探险记
巧虎大飞船历险记
大侦探皮卡丘
…
妈阁是座城
BeautifulSoup 耗时 0.12004613876342773
哥斯拉 2：怪兽之王
哆啦 A 梦：大雄的月球探险记
阿拉丁
潜艇总动员：外星宝贝计划
托马斯大电影之世界探险记
巧虎大飞船历险记
大侦探皮卡丘
…
妈阁是座城
re 耗时 0.039952754974365234
```

下面分别对这 3 个类库进行分析。

5.2 正则表达式解析网页

正则表达式并不是 Python 的一部分。正则表达式是用于处理字符串的强大工具，拥有自己独特的语法以及一个独立的处理引擎，效率上可能不如 str 自带的方法，但功能十分强大。得益于这一点，在提供了正则表达式的语言中，正则表达式的语法都是一样的，区别只在于不同的编程语言实现支持的语法数量不同；但不用担心，不被支持的语法通常是不常用的部分。

图 5-1 展示了使用正则表达式进行匹配的流程。

正则表达式的大致匹配过程是：依次拿出表达式和文本中的字符比较，如果每一个字符都能匹配，则匹配成功；一旦有匹配不成功的字符则匹配失败。如果表达式中有量词或边界，那么这个过程会稍微有一些不同。

在提取网页中的数据时，可以先把源代码变成字符串，然后用正则表达式匹配想要的数

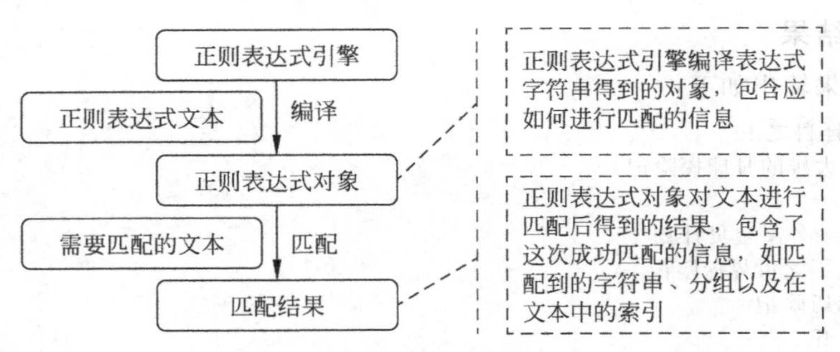

图 5-1 正则表达式进行匹配

据。使用正则表达式可以迅速地用极简单的方式实现字符串的复杂控制。

表 5-1 是常见的正则字符和含义。

表 5-1 常见的正则字符和含义

模式	描　述	模式	描　述
.	匹配任意字符,除了换行符	\s	匹配空白字符
*	匹配前一个字符 0 次或多次	\S	匹配任何非空白字符
+	匹配前一个字符 1 次或多次	\d	匹配数字,等价于[0-9]
?	匹配前一个字符 0 次或 1 次	\D	匹配任何非数字,等价于[^0-9]
^	匹配字符串开头	\w	匹配字母数字,等价于[A-ZA-Z0-9]
$	匹配字符串末尾	\W	匹配非字母数字,等价于[^A-ZA-Z0-9]
()	匹配括号内的表达式,也表示一个组	[]	用来表示一组字符

下面介绍 Python 正则表达式的 3 种方法,分别是 match、search 和 findall。

5.2.1 字符串匹配

本节利用 Python 中的 re.match 实现字符串匹配并找到匹配的位置。而 re.match 的意思是从字符串起始位置匹配一个模式,如果从起始位置匹配不了,match()就返回 none。

re.match 的语法格式为:

```
re.match(string[, pos[, endpos]]) | re.match(pattern, string[, flags])
```

match 只找到一次可匹配的结果即返回。

这个方法将从 string 的 pos 下标处开始尝试匹配 pattern;如果 pattern 结束时仍可匹配,则返回一个 match 对象;如果匹配过程中 pattern 无法匹配,或者匹配未结束就已到达 endpos,则返回 none。

pos 和 endpos 的默认值分别为 0 和 len(string);re.match()无法指定这两个参数,参数 flags 用于编译 pattern 时指定匹配模式。

注意:这个方法并不是完全匹配。当 pattern 结束时,若 string 还有剩余字符,则仍然视为成功。想要完全匹配,可以在表达式末尾加上边界匹配符'$'。

【例 5-1】 使用两个字符串匹配并找到匹配的位置。

```
# encoding: UTF-8
import re
m = re.match('www','www.taobao.com')
```

```
print('匹配的结果：',m)
print('匹配的起始与终点：',m.span())
print('匹配的起始位置：',m.start())
print('匹配的终点位置：',m.end())
```

运行程序，输出如下：

```
匹配的结果：<_sre.SRE_Match object; span = (0, 3), match = 'www'>
匹配的起始与终点：(0, 3)
匹配的起始位置：0
匹配的终点位置：3
```

上面例子中的 pattern 只是一个字符串，也可以把 pattern 改成正则表达式，从而匹配具有一定模式的字符串，例如：

```
# encoding: UTF-8
import re
line = 'Fat apples are smarter than bananas, is it right?'
m = re.match(r'(\w+) (\w+)(?P<sign>.*)',line)
print('匹配的整句话',m.group(0))
print('匹配的第一个结果',m.group(1))
print('匹配的第二个结果',m.group(2))
print('匹配的结果列表',m.group())
```

运行程序，输出如下：

```
匹配的整句话 Fat apples are smarter than bananas, is it right?
匹配的第一个结果 Fat
匹配的第二个结果 apples
匹配的结果列表 Fat apples are smarter than bananas, is it right?
```

为什么要在 match 的模式前加上 r 呢？

r'(\w+) (\w+)(? P<sign>. *)'前面的 r 的意思是 raw string，代表纯粹的字符串，使用它就不会对引号中的反斜杠'\'进行特殊处理。因为在正则表达式中有一些类似'\d'(匹配任何数字)的模式，所以模式中的单个反斜杠'\'符号都要进行转义。

假如需要匹配文本中的字符"\"，使用编程语言表示的正则表达式里就需要 4 个反斜杠"\\\\"，前两个反斜杠"\\"和后两个反斜杠"\\"各自在编程语言中转义成一个反斜杠"\"，所以 4 个反斜杠"\\\\"就转义成了两个反斜杠"\\"，这两个反斜杠"\\"最终在正则表达式中转义成一个反斜杠"\"。

5.2.2 起始位置匹配字符串

re.match 只能从字符串的起始位置进行匹配，而 re.search 扫描整个字符串并返回。re.search()方法扫描整个字符串，并返回第一个成功的匹配，如果匹配失败，则返回 None。

与 re.match()方法不同，re.match()方法要求必须从字符串的开头进行匹配，如果字符串的开头不匹配，那么整个匹配就失败了；re.search()并不要求必须从字符串的开头进行匹配，也就是说，正则表达式可以是字符串的一部分。

re.search()的语法格式为：

```
re.search(pattern, string, flags = 0)
```

其中，pattern：正则中的模式字符串。string：要被查找替换的原始字符串。flags：标志位，用于控制正则表达式的匹配方式，如：是否区分大小写、多行匹配等。

【例 5-2】 从起始位置匹配字符串演示实例。

```
import re
content = 'Hello 123456789 Word_This is just a test 666 Test'
result = re.search('(\d+).*?(\d+).*', content)
print(result)
print(result.group())   # print(result.group(0)) 同样效果的字符串
print(result.groups())
print(result.group(1))
print(result.group(2))
```

运行程序，输出如下：

```
<_sre.SRE_Match object; span=(6, 49), match='123456789 Word_This is just a test 666 Test'>
123456789 Word_This is just a test 666 Test
('123456789', '666')
123456789
666
```

适当调用以下代码，可实现数字匹配。例如：

```
import re
content = 'Hello 123456789 Word_This is just a test 666 Test'
result = re.search('(\d+)', content)
print(result)
print(result.group())   # print(result.group(0)) 同样效果的字符串
print(result.groups())
print(result.group(1))
```

运行程序，输出如下：

```
<_sre.SRE_Match object; span=(6, 15), match='123456789'>
123456789
('123456789',)
123456789
```

5.2.3 所有子串匹配

re.findall()在字符串中找到正则表达式所匹配的所有子串，并返回一个列表；如果没有找到匹配的，则返回空列表。返回结果是列表类型，需要遍历一下才能依次获取每组内容。

re.findall()的语法格式为：

```
findall(patern, string, flags=0)
```

其中，pattern：正则中的模式字符串。string：要被查找替换的原始字符串。flags：标志位，用于控制正则表达式的匹配方式，如：是否区分大小写、多行匹配等。

【例 5-3】 匹配所有子串演示。

```
import re
content = 'Hello 123456789 Word_This is just a test 666 Test'
results = re.findall('\d+', content)
print(results)
for result in results:
    print(result)
```

运行程序，输出如下：

```
['123456789', '666']
```

```
123456789
666
```

findall与match、search不同的是，findall能够找到所有匹配的结果，并且以列表的形式返回。

5.2.4 Requests爬取猫眼电影排行

本节利用Requests库和正则表达式来爬取猫眼电影TOP100的相关内容。Requests比urllib使用更加方便，在此选用正则表达式来作为解析工具。

【例5-4】 利用Requests和正则表达式爬取猫眼电影排行信息。

```
# -*- coding: utf-8 -*-
import re
import os
import json
import requests
from multiprocessing import Pool
from requests.exceptions import RequestException
def get_one_page(url):
    '''
获取网页html内容并返回
    '''
    try:
        # 获取网页html内容
        response = requests.get(url)
        # 通过状态码判断是否获取成功
        if response.status_code == 200:
            return response.text
        return None
    except RequestException:
        return None
def parse_one_page(html):
    '''
解析HTML代码,提取有用信息并返回
    '''
    # 用正则表达式进行解析
    pattern = re.compile('<dd>.*?board-index.*?>(\d+)</i>.*?data-src="(.*?)".
*?name">'
        + '<a.*?>(.*?)</a>.*?"star">(.*?)</p>.*?releasetime">(.*?)</p>'
        + '.*?integer">(.*?)</i>.*?fraction">(.*?)</i>.*?</dd>', re.S)
    # 匹配所有符合条件的内容
    items = re.findall(pattern, html)
    for item in items:
        yield {
            'index': item[0],
            'image': item[1],
            'title': item[2],
            'actor': item[3].strip()[3:],
            'time': item[4].strip()[5:],
            'score': item[5] + item[6]
        }
def write_to_file(content):
    '''
将文本信息写入文件
```

```
        '''
        with open('result.txt', 'a', encoding = 'utf - 8') as f:
            f.write(json.dumps(content, ensure_ascii = False) + '\n')
            f.close()
    def save_image_file(url, path):
        '''
    保存电影封面
        '''
        ir = requests.get(url)
        if ir.status_code == 200:
            with open(path, 'wb') as f:
                f.write(ir.content)
                f.close()
    def main(offset):
        url = 'http://maoyan.com/board/4?offset = ' + str(offset)
        html = get_one_page(url)
        # 封面文件夹不存在则创建
        if not os.path.exists('covers'):
            os.mkdir('covers')
        for item in parse_one_page(html):
            print(item)
            write_to_file(item)
            save_image_file(item['image'], 'covers/' + '%03d'% int(item['index']) + item['title'] +
    '.jpg')
    if __name__ == '__main__':
        # 使用多进程提高效率
        pool = Pool()
        pool.map(main, [i * 10 for i in range(10)])
```

运行程序,输出如下:

```
{'index': '1', 'image': 'https://p1.meituan.net/movie/20803f59291c47e1e116c11963ce019e68711.
jpg@160w_220h_1e_1c', 'title': '霸王别姬', 'actor': '张国荣,张丰毅,巩俐', 'time': '1993 - 01 -
01', 'score': '9.5'}
…
{'index': '100', 'image': 'https://p0.meituan.net/movie/c304c687e287c7c2f9e22cf78257872d277201.
jpg@160w_220h_1e_1c', 'title': '龙猫', 'actor': '秦岚,糸井重里,岛本须美', 'time': '2018 - 12 - 14',
'score': '9.1'}
```

5.3 BeautifulSoup解析网页

BeautifulSoup是Python的一个HTML解析框架,利用它可以方便地处理HTML和XML文档。BeautifulSoup有3和4两个版本,目前3已经停止开发。所以这里学习最新的BeautifulSoup4。

首先是利用pip安装BeautifulSoup。使用下面的命令。

```
pip install beautifulsoup4
```

安装BeautifulSoup后,就可以开始使用它了。

BeautifulSoup只是一个HTML解析库,所以如果想解析网上的内容,第一件事情就是把它下载下来。对于不同的网站,可能对请求进行过滤。糗事百科的网站就会直接拒绝没有UA的请求。所以如果要爬这样的网站,首先需要把请求伪装成浏览器的样子。具体网站具体分析,经过测试,糗事百科只要设置了UA就可以爬取到内容,对于其他网站,你需要测试一下才能确定什么设置可用。

有了 Request 对象还不够，还需要实际发起请求才行。下面代码的最后一句就使用了 Python3 的 urllib 库发起了一个请求。urlopen(req)方法返回的是 Reponse 对象，调用它的 read()函数获取整个结果字符串。最后调用 decode('utf-8')方法将它解码为最终结果，如果不调用这一步，那么汉字等非 ASCII 字符就会变成\xXXX 这样的转义字符。

```
import urllib.request as request
user_agent = 'Mozilla/5.0 (Windows NT 10.0; Win64; x64) AppleWebKit/537.36 (KHTML, like
Gecko) Chrome/56.0.2924.87 Safari/537.36'
headers = {'User - Agent': user_agent}
req = request.Request('http://www.qiushibaike.com/', headers = headers)
page = request.urlopen(req).read().decode('utf - 8')
```

有了文档字符串，就可以开始解析文档了。第一步是建立 BeautifulSoup 对象，这个对象在 bs4 模块中。注意，在建立对象的时候可以额外指定一个参数，作为实际的 HTML 解析器。解析器的值可以指定 html.parser，这是内置的 HTML 解析器。更好的选择是使用下面的 lxml 解析器，不过它需要额外安装一下，使用 pip install lxml 就可以安装。

```
mport bs4
soup = bs4.BeautifulSoup(page, "lxml")
```

有了 BeautifulSoup 对象，就可以开始解析了。首先介绍 BeautifulSoup 的对象种类，常用的有标签(bs4.element.Tag)以及文本(bs4.element.NavigableString)等，其中，注解等对象不常用，在此不展开介绍。在标签对象上，可以调用一些查找方法例如 find_all 等，还有一些属性返回标签的父节点、兄弟节点、直接子节点、所有子节点等。在文本对象上，可以调用.string 属性获取具体文本。

基本所有 BeautifulSoup 的遍历方法操作都需要通过 BeautifulSoup 对象来使用。使用方式主要有两种：一是直接引用属性，例如 soup.title，会返回第一个符合条件的节点；二是通过查找方法，例如 find_all，传入查询条件来查找结果。

接下来了解查询条件。查询条件可以是：字符串，会返回对应名称的节点；正则表达式，按照正则表达式匹配；列表，会返回所有匹配列表元素的节点；真值 True，会返回所有标签节点，不会返回字符节点；方法，可以编写一个方法，按照自己的规则过滤，然后将该方法作为查询条件。

BeautifulSoup 支持 Python 标准库中的 HTML 解析器，还支持一些第三方的解析器。表 5-2 列出了主要的解析器及其优缺点。

表 5-2 解析器及其优缺点

解析器	使用方法	优点	缺点
Python 标准库	BeautifulSoup(markup, "html.parser")	Python 的内置标准库，执行速度适中，文档容错能力强	在 Python3.2.2 前的版本中文档容错能力差
lxml HTML 解析器	BeautifulSoup(markup, "lxml")	速度快，文档容错能力强	需要安装 C 语言库
lxml XML 解析器	BeautifulSoup(markup, ["lxml","xml"])	速度快，唯一支持 XML 的解析器	需要安装 C 语言库
html5lib	BeautifulSoup(markup, "html5lib")	最好的容错性，以浏览器的方式解析文档，生成 HTML5 格式的文档	速度慢 不依赖外部扩展

使用lxml的解析器将会解析得更快，建议大家使用。

【例 5-5】 利用 requests 和 BeautifulSoup 爬取猫眼电影排行信息。

```
import requests
from bs4 import BeautifulSoup
import os
import time
start = time.clock()                              #添加程序运行计时功能
file_path = 'D:\python3.6\scrapy\猫眼'            #定义文件夹,方便后续 check 文件夹是否存在
file_name = 'maoyan.txt'                          #自定义命名文件名称
file = file_path+'\\'+file_name                   #创建文件全地址,方便后续引用
url = "http://maoyan.com/board/4"                 #获取 url 的开始页
headers = {"User-Agent": "Mozilla/5.0 (Windows NT 6.1) AppleWebKit/537.36 (KHTML, like
Gecko) Chrome/65.0.3325.181 Safari/537.36"}
def Create_file(file_path,file):                  #定义检查和创建目标文件夹和文件的函数
    if os.path.exists(file_path) == False:        #check 文件夹不存在
        os.makedirs(file_path)                    #创建新的自定义文件夹
        fp = open(file,'w')                       #创建新的自定义文件
    """ "w" 以写方式打开,只能写文件,如果文件不存在,创建该文件; 如果文件已存在,先清空,再
打开文件 """
    elif os.path.exists(file_path) == True: # check 文件夹存在
        with open(file, 'w', encoding='utf-8') as f: #打开目标文件夹中的文件
            f.seek(0)
    """f.seek(offset[,where])把文件指针移动到相对于 where 的 offset 位置.where 为 0 表示文
件开始处,这是默认值; 1 表示当前位置; 2 表示文件结尾"""
            f.truncate()
    """清空文件内容,注意: 仅当以 "r+" "rb+" "w" "wb" "wb+"等以可写模式打开的文件才可以
执行该功能"""
    def get_all_pages(start):
    #定义获取所有 pages 页的目标内容的函数
    pages=[]
    for n in range(0,100,10):
    #获取 offset 的步进值,注意把 int 的 n 转换为 str
    #遍历所有的 url,并获取每一页 page 的目标内容
        if n==0:
            url=start
        else:
            url=start+'?offset='+str(n)
        r = requests.get(url, headers=headers)
        soup = BeautifulSoup(r.content, 'lxml')
        page= soup.find_all(name='dd')
        #获取该 page 的所有 dd 节点的内容
        pages.extend(page)
        #将获取的所有 page list 扩展成 pages,方便下面遍历每个 dd 节点内容
        return pages
    #返回所有 pages 的 dd 节点的内容,每个 dd 节点内容都以 list 方式存储其中
    Create_file(file_path,file)
    text = get_all_pages(url)
    for film in text:
    #遍历列表 text 中的所有元素,也就是每个 dd 节点内容
    #这个 for 循环应该优化成自定义函数形式;
    dict ={}
    #创建空 dict
```

```
    #print(type(film))               #确认 film 属性为 tag,故可以使用 tag 相关的方法处理 film
    #print('*'*50)                   #可以分隔检查输出的内容,方便对照
    dict['Index'] = film.i.string    #选取 film 的第一个子节点 i 的 string 属性值
    #获取第三重直接子孙节点,例如下面注释中的<div class = "movie-item-info">节点全部元素
    comment1 = film.div.div.div
    name = comment1.find_all(name = 'p')[0].string
    star = comment1.find_all(name = 'p')[1].string
    releasetime = comment1.find_all(name = 'p')[2].string
    dict['name'] = name
    dict['star'] = str.strip(star)
    dict['releasetime'] = releasetime
    comment2 = comment1.find_next_sibling()
    """获取第三重直接子孙节点的 next 节点,例如下面注释中的<div class = "movie-item-
info">节点全部元素"""
    #print(comment2)                 #检查 comment2 是否为目标文本
    sco1 = comment2.i.string
    sco2 = comment2.i.find_next_sibling().string
    #print(type(sco1))               #判断 sco1 为 tag 类型
    #print(sco1)                     #检查 sco1 是否为目标输出内容
    score = (sco1.string + str.strip(sco2))  #获取合并后的 score 字符串
    dict['score'] = score
    print(dict)                      #检查 dict 是否为目标输出内容
    with open(file, 'a', encoding = 'utf-8') as f: #以打开目标 file 文件
        f.write(str(dict) + '\n') #注意添加换行符 '\n',实现每个 dict 自动换行写入 txt 中
    end = time.clock()               #添加程序运行计时功能
    print('爬取完成','\n','耗时:',end - start)  #添加程序运行计时功能
```

运行程序,效果如图 5-2 所示。

```
C:\WINDOWS\SYSTEM32\cmd.exe
德鲁·菲尔米诺', 'releasetime': '上映时间: 2002-08-30(巴西)', 'score': '8.9'}
{'Index': '88', 'name': '辩护人', 'star': '主演: 宋康昊,郭度沅,吴达洙', 'releasetime': '上映时
间: 2013-12-18(韩国)', 'score': '8.8'}
{'Index': '89', 'name': '美国往事', 'star': '主演: 罗伯特·德尼罗,詹姆斯·伍兹,伊丽莎白·麦戈
文', 'releasetime': '上映时间: 2015-04-23', 'score': '9.1'}
{'Index': '90', 'name': '七武士', 'star': '主演: 三船敏郎,志村乔,千秋实', 'releasetime': '上映
时间: 1954-04-26(日本)', 'score': '9.1'}
{'Index': '91', 'name': '完美的世界', 'star': '主演: 凯文·科斯特纳,克林特·伊斯特伍德,T·J·
劳瑟', 'releasetime': '上映时间: 1993-11-24(美国)', 'score': '8.9'}
{'Index': '92', 'name': '一一', 'star': '主演: 吴念真,金燕玲,李凯莉', 'releasetime': '上映时间
: 2000-09-20(法国)', 'score': '8.9'}
{'Index': '93', 'name': '英雄本色', 'star': '主演: 狄龙,张国荣,周润发', 'releasetime': '上映时
间: 2017-11-17', 'score': '9.2'}
{'Index': '94', 'name': '爱·回家', 'star': '主演: 俞承豪,金艺芬,童孝熙', 'releasetime': '上映
时间: 2002-04-05(韩国)', 'score': '9.0'}
{'Index': '95', 'name': '海洋', 'star': '主演: 雅克·贝汉,姜文,兰斯洛特·佩林', 'releasetime':
'上映时间: 2011-08-12', 'score': '9.0'}
{'Index': '96', 'name': '我爱你', 'star': '主演: 宋在浩,李顺才,尹秀晶', 'releasetime': '上映时
间: 2011-02-17(韩国)', 'score': '9.0'}
{'Index': '97', 'name': '黄金三镖客', 'star': '主演: 克林特·伊斯特伍德,李·范·克里夫,埃里·
瓦拉赫', 'releasetime': '上映时间: 1966-12-23(意大利)', 'score': '8.9'}
{'Index': '98', 'name': '迁徙的鸟', 'star': '主演: 雅克·贝汉,Philippe Labro', 'releasetime':
'上映时间: 2001-12-12(法国)', 'score': '9.1'}
{'Index': '99', 'name': '阿飞正传', 'star': '主演: 张国荣,张曼玉,刘德华', 'releasetime': '上映
时间: 2018-06-25', 'score': '8.8'}
{'Index': '100', 'name': '龙猫', 'star': '主演: 秦岚,糸井重里,岛本须美', 'releasetime': '上映
时间: 2018-12-14', 'score': '9.1'}
抓取完成
 耗时:  7.511603307548206
```

图 5-2 爬取猫眼电影排行信息

5.4 PyQuery解析库

前面介绍了BeautifulSoup的用法，它是一个非常强大的网页解析库，你是否觉得它的一些方法用起来有点不适用？有没有觉得它的CSS选择器的功能没有那么强大？

下面来介绍一个更适合的解析库——PyQuery。PyQuery库是jQuery的Python实现，能够以jQuery的语法来操作解析HTML文档，易用性和解析速度都很好，使用起来还是可以的，有些地方用起来很方便简洁。

5.4.1 使用PyQuery

如果之前没有安装PyQuery，可在命令窗口中直接使用pip install PyQuery进行安装。

1. 初始化

像BeautifulSoup一样，初始化PyQuery的时候，也需要传入HTML文本来初始化一个PyQuery对象，它的初始化方式有多种，比如直接传入字符串、传入URL、传入文件名，等等。下面详细介绍。

1）字符串初始化

首先，通过一个实例来感受一下：

```
html = """
<html lang = "en">
<head>
简单好用的
<title>PyQuery</title>
</head>
<body>
<ul id = "container">
<li class = "object - 1">Python</li>
<li class = "object - 2">爬虫</li>
<li class = "object - 3">好</li>
</ul>
</body>
</html>
"""
from pyquery import PyQuery as pq
#初始化为PyQuery对象
doc = pq(html)
print(type(doc))
print(doc)
```

运行程序，输出如下：

```
<class 'pyquery.pyquery.PyQuery'>
<html lang = "en">
<head>
简单好用的
<title>PyQuery</title>
</head>
```

```
<body>
<ul id="container">
<li class="object-1">Python</li>
<li class="object-2">爬虫</li>
<li class="object-3">好</li>
</ul>
</body>
</html>
```

这里首先引入 PyQuery 这个对象，取别名为 pq，然后声明了一个长 HTML 字符串，并将其当作参数传递给 PyQuery 类，这样就成功完成了初始化。接下来，将初始化的对象传入 CSS 选择器。在这个实例中，传入 li 节点，这样就可以选择所有的 li 节点。

2）对网址响应进行初始化

初始化的参数不仅可以以字符串的形式传递，还可以传入网页的 URL，此时只需要指定参数为 url 即可：

```
from pyquery import PyQuery as pq
#初始化为 PyQuery 对象
response = pq(url = 'https://www.baidu.com')
print(type(response))
print(response)
```

运行程序，输出如下：

```
<class 'pyquery.pyquery.PyQuery'>
<html><head><meta http-equiv="content-type" content="text/html;charset=utf-8"/>
<meta http-equiv="X-UA-Compatible" content="IE=Edge"/><meta content="always" name="refe
…
```

3）HTML 文件初始化

除了传递 URL，还可以传递本地的文件名，此时将参数指定为 filename 即可：

```
#filename 参数为 html 文件路径
test_html = pq(filename = 'test.html')
print(type(test_html))
print(test_html)
```

运行程序，输出如下：

```
<class 'pyquery.pyquery.PyQuery'><html lang="en">
<head>
<title>PyQuery 学习</title>
</head>
<body>
<ul id="container">
<li class="object-1"/>
<li class="object-2"/>
<li class="object-3"/>
</ul>
</body>
</html>
```

这里需要有一个本地 HTML 文件 test.html，其内容是待解析的 HTML 字符串。这样它会首先读取本地的文件内容，然后用文件内容以字符串的形式传递给 PyQuery 类来初始化。

以上 3 种初始化方式均可，最常用的初始化方式是以字符串形式传递。

2. CSS 选择器

首先，用一个实例来感受 PyQuery 的 CSS 选择器的用法：

```
html = """
<html lang="en">
<head>
简单好用的
<title>PyQuery</title>
</head>
<body>
<ul id="container">
<li class="object-1">Python</li>
<li class="object-2">爬虫</li>
<li class="object-3">好</li>
</ul>
</body>
</html>
"""
from pyquery import PyQuery as pq
#初始化为 PyQuery 对象
doc = pq(html)
print(doc('#container'))
print(type(doc('#container')))
```

运行程序，输出如下：

```
<ul id="container">
<li class="object-1">Python</li>
<li class="object-2">爬虫</li>
<li class="object-3">好</li>
</ul>
<class 'pyquery.pyquery.PyQuery'>
```

这里初始化 PyQuery 对象之后，传入了一个 CSS 选择器 #container.list li，它的意思为选取 id 为 container 的节点，然后再选取其内部的 class 为 list 的节点内部的所有 li 节点。然后，打印输出，可以看到，成功获取了符合条件的节点。最后，将它的类型打印输出，可以看到，它的类型依然是 PyQuery 类型。

再例如，打印 class 为 object-1 的标签：

```
print(doc('.object-1'))
```

输出如下：

```
<li class="object-1">Python</li>
```

打印标签名为 body 的标签：

```
print(doc('body'))
```

输出如下：

```
<body>
<ul id="container">
<li class="object-1">Python</li>
<li class="object-2">爬虫</li>
```

```
<li class = "object - 3">好</li>
</ul>
</body>
```

3. 查找节点

下面介绍一些常用的查询函数。

1）子节点

查找子节点时，需要用到 find()方法，此时传入的参数是 CSS 选择器。

```
html = """
<div>
<ul>
<li class = "item - 0"> first item</li>
<li class = "item - 1"><a href = "link2.html"> second item</a></li>
<li class = "item - 0 active"><a href = "link3.html"><span class = "bold"> third item</span>
</a></li>
<li class = "item - 1 active"><a href = "link4.html"> fourth item</a></li>
<li class = "item - 0"><a href = "link5.html"> fifth item</a></li>
</ul>
</div>
"""
from pyquery import PyQuery as pq
#初始化为 PyQuery 对象
doc = pq(html)
items = doc('.list')
print(type(items))
print(items)
lis = items.find('li')
print(type(lis))
print(lis)
```

运行程序，输出如下：

```
<class 'pyquery.pyquery.PyQuery'>
<ul class = "list">
<li class = "item - 0"> first item</li>
<li class = "item - 1"><a href = "link2.html"> second item</a></li>
<li class = "item - 0 active"><a href = "link3.html"><span class = "bold"> third item</span>
</a></li>
<li class = "item - 1 active"><a href = "link4.html"> fourth item</a></li>
<li class = "item - 0"><a href = "link5.html"> fifth item</a></li>
</ul>
<class 'pyquery.pyquery.PyQuery'>
<li class = "item - 0"> first item</li>
<li class = "item - 1"><a href = "link2.html"> second item</a></li>
<li class = "item - 0 active"><a href = "link3.html"><span class = "bold"> third item</span>
</a></li>
<li class = "item - 1 active"><a href = "link4.html"> fourth item</a></li>
<li class = "item - 0"><a href = "link5.html"> fifth item</a></li>
```

首先，选取 class 为 list 的节点，然后调用了 find()方法，传入 CSS 选择器，选取其内部的 li 节点，最后打印输出。可以发现，find()方法会将符合条件的所有节点选择出来，结果的类型是 PyQuery 类型。

其实 find()的查找范围是节点的所有子孙节点，而如果只想查找子节点，那么可以用 children()方法：

```
lis = items.children()
print(type(lis))
print(lis)
```

运行程序，输出如下：

```
<class 'pyquery.pyquery.PyQuery'>
<li class = "item - 0"> first item </li>
<li class = "item - 1"><a href = "link2.html"> second item </a></li>
<li class = "item - 0 active"><a href = "link3.html"><span class = "bold"> third item </span>
</a></li>
<li class = "item - 1 active"><a href = "link4.html"> fourth item </a></li>
<li class = "item - 0"><a href = "link5.html"> fifth item </a></li>
```

如果要筛选所有子节点中符合条件的节点，比如想筛选出子节点中 class 为 active 的节点，可以向 children()方法传入 CSS 选择器.active：

```
lis = items.children('.active')
print(lis)
```

运行程序，输出如下：

```
<li class = "item - 0 active"><a href = "link3.html"><span class = "bold"> third item </span>
</a></li>
<li class = "item - 1 active"><a href = "link4.html"> fourth item </a></li>
```

可以看到，输出结果已经做了筛选，留下了 class 为 active 的节点。

2）父节点

在 Python 中，可以用 parent()方法来获取某个节点的父节点，例如：

```
html = """
<div class = "wrap">
<div id = "container">
<ul class = "list">
<li class = "item - 0"> first item </li>
<li class = "item - 1"><a href = "link2.html"> second item </a></li>
<li class = "item - 0 active"><a href = "link3.html"><span class = "bold"> third item </span>
</a></li>
<li class = "item - 1 active"><a href = "link4.html"> fourth item </a></li>
<li class = "item - 0"><a href = "link5.html"> fifth item </a></li>
</ul>
</div>
</div>
"""
from pyquery import PyQuery as pq
#初始化为 PyQuery 对象
doc = pq(html)
items = doc('.list')
container = items.parent()
print(type(container))
print(container)
```

运行程序，输出如下：

```
<class 'pyquery.pyquery.PyQuery'>
```

```
<div id="container">
<ul class="list">
<li class="item-0">first item</li>
<li class="item-1"><a href="link2.html">second item</a></li>
<li class="item-0 active"><a href="link3.html"><span class="bold">third item</span>
</a></li>
<li class="item-1 active"><a href="link4.html">fourth item</a></li>
<li class="item-0"><a href="link5.html">fifth item</a></li>
</ul>
</div>
```

代码中，首先用.list选取class为list的节点，然后调用parent()方法得到其父节点，其类型依然是PyQuery。

此处的父节点是该节点的直接父节点，也就是说，它不会再去查找父节点的父节点，即祖先节点。但是如果想获取某个祖先节点，该怎么办呢？可以用parents()方法：

```
from pyquery import PyQuery as pq
#初始化为PyQuery对象
doc = pq(html)
items=doc('.list')
parents=items.parents()
print(type(parents))
print(parents)
```

运行程序，输出如下：

```
<class 'pyquery.pyquery.PyQuery'>
<div class="wrap">
<div id="container">
<ul class="list">
<li class="item-0">first item</li>
<li class="item-1"><a href="link2.html">second item</a></li>
<li class="item-0 active"><a href="link3.html"><span class="bold">third item</span>
</a></li>
<li class="item-1 active"><a href="link4.html">fourth item</a></li>
<li class="item-0"><a href="link5.html">fifth item</a></li>
</ul>
</div>
</div><div id="container">
<ul class="list">
<li class="item-0">first item</li>
<li class="item-1"><a href="link2.html">second item</a></li>
<li class="item-0 active"><a href="link3.html"><span class="bold">third item</span>
</a></li>
<li class="item-1 active"><a href="link4.html">fourth item</a></li>
<li class="item-0"><a href="link5.html">fifth item</a></li>
</ul>
</div>
```

可以看到，输出结果有两个：一个是class为wrap的节点；另一个是id为container的节点。也就是说，parents()方法会返回所有的祖先节点。

要想筛选某个祖先节点，可以向parents()方法传入CSS选择器，这样就会返回祖先节点中符合CSS选择器条件的节点：

```
from pyquery import PyQuery as pq
#初始化为 PyQuery 对象
doc = pq(html)
items = doc('.list')
parent = items.parents('.wrap')
print(parent)
```

运行程序,输出如下:

```
<div class = "wrap">
<div id = "container">
<ul class = "list">
<li class = "item - 0"> first item </li>
<li class = "item - 1"><a href = "link2.html"> second item </a></li>
<li class = "item - 0 active"><a href = "link3.html"><span class = "bold"> third item </span>
</a></li>
<li class = "item - 1 active"><a href = "link4.html"> fourth item </a></li>
<li class = "item - 0"><a href = "link5.html"> fifth item </a></li>
</ul>
</div>
</div>
```

由输出结果可以看到,输出结果少了一个节点,只保留了 class 为 wrap 的节点。

3) 兄弟节点

除了前面介绍的子节点、父节点外,还有一种节点,那就是兄弟节点。如果要获取兄弟节点,可以使用 siblings()方法。例如:

```
from pyquery import PyQuery as pq
#初始化为 PyQuery 对象
doc = pq(html)
li = doc('.list .item - 0.active')
print(li.siblings())
```

运行程序,输出如下:

```
<li class = "item - 1"><a href = "link2.html"> second item </a></li>
<li class = "item - 0"> first item </li>
<li class = "item - 1 active"><a href = "link4.html"> fourth item </a></li>
<li class = "item - 0"><a href = "link5.html"> fifth item </a></li>
```

从结果可以看到,这正是刚才所说的 4 个兄弟节点。

如果要筛选某个兄弟节点,依然可以向 siblings 方法传入 CSS 选择器,这样就会从所有兄弟节点中挑选出符合条件的节点了:

```
from pyquery import PyQuery as pq
#初始化为 PyQuery 对象
doc = pq(html)
li = doc('.list .item - 0.active')
print(li.siblings('.active'))
```

运行程序,输出如下:

```
<li class = "item - 1 active"><a href = "link4.html"> fourth item </a></li>
```

这里筛选了 class 为 active 的节点,通过刚才的结果可以观察到,class 为 active 的兄弟节点只有第四个 li 节点,所以结果应该是一个。

4. 遍历

由刚才可观察到，PyQuery 的选择结果可能是多少节点，也可能是单个节点，类型都是 PyQuery，并没有返回像 BeautifulSoup 那样的列表。

对于单个节点来说，可以直接打印输出，也可以直接转成字符串：

```
from pyquery import PyQuery as pq
#初始化为 PyQuery 对象
doc = pq(html)
li = doc('.item-0.active')
print(li)
print(str(li))
```

运行程序，输出如下：

```
<li class="item-0 active"><a href="link3.html"><span class="bold">third item</span></a></li>
<li class="item-0 active"><a href="link3.html"><span class="bold">third item</span></a></li>
```

对于多个节点的结果，就需要遍历来获取了。例如，这里把每个 li 节点进行遍历，需要调用 items()方法：

```
from pyquery import PyQuery as pq
#初始化为 PyQuery 对象
doc = pq(html)
lis = doc('li').items()
print(type(lis))
for li in lis:
 print(li,type(li))
```

运行程序，输出如下：

```
<class 'generator'>
<li class="item-0">first item</li>
<class 'pyquery.pyquery.PyQuery'>
<li class="item-1"><a href="link2.html">second item</a></li>
<class 'pyquery.pyquery.PyQuery'>
<li class="item-0 active"><a href="link3.html"><span class="bold">third item</span></a></li>
<class 'pyquery.pyquery.PyQuery'>
<li class="item-1 active"><a href="link4.html">fourth item</a></li>
<class 'pyquery.pyquery.PyQuery'>
<li class="item-0"><a href="link5.html">fifth item</a></li>
<class 'pyquery.pyquery.PyQuery'>
```

由结果可发现，调用 items()方法后，会得到一个生成器，遍历一下，就可以逐个得到 li 节点对象了，它的类型也是 PyQuery 类型。每个 li 节点还可以调用前面所说的方法进行选择，比如继续查询子节点，寻找某个祖先节点等，非常灵活。

5. 获取信息

提取到节点之后，最终目的是提取节点所包含的信息。比较重要的信息有两类：一是获取属性，二是获取文本。下面具体说明。

1) 获取属性

提取到某个 PyQuery 类型的节点后，就可以调用 attr()方法来获取属性：

```
from pyquery import PyQuery as pq
#初始化为 PyQuery 对象
doc = pq(html)
a = doc('.item-0.active a')
print(a,type(a))
print(a.attr('href'))
```

运行程序，输出如下：

```
<a href="link3.html"><span class="bold">third item</span></a><class 'pyquery.pyquery.PyQuery'>
link3.html
```

在代码中，首先选中 class 为 item-0 和 active 的 li 节点内的 a 节点，它的类型是 PyQuery。然后调用 attr()方法。在这个方法中传入属性的名称，就可以得到这个属性值了。

此外，也可以通过调用 attr 属性来获取属性，例如：

```
print(a.attr.href)
```

运行程序，输出如下：

```
link3.html
```

这两种方法的结果完全一样。如果选中的是多个元素，然后调用 attr()方法，会出现怎样的结果呢？用实例来测试一下：

```
from pyquery import PyQuery as pq
#初始化为 PyQuery 对象
doc = pq(html)
a = doc('a')
print(a,type(a))
print(a.attr('href'))
print(a.attr.href)
```

运行程序，输出如下：

```
<a href="link2.html">second item</a><a href="link3.html"><span class="bold">third item</span></a><a href="link4.html">fourth item</a><a href="link5.html">fifth item</a><class 'pyquery.pyquery.PyQuery'>
link2.html
link2.html
```

照理来说，选中的 a 节点有 4 个，打印结果也应该是 4 个，但是当调用 attr()方法时，返回结果却只是第一个。这是因为，当返回结果包含多个节点时，调用 attr()方法，只会得到第一个节点的属性。那么，遇到这种情况，如果想获取所有的 a 节点的属性，就要用到前面所说的遍历了：

```
from pyquery import PyQuery as pq
#初始化为 PyQuery 对象
doc = pq(html)
a = doc('a')
for item in a.items():
    print(item.attr('href'))
```

运行程序，输出如下：

```
link2.html
```

```
link3.html
link4.html
link5.html
```

因此，在进行属性获取时，可以观察返回节点是一个还是多个。如果是多个，则需要遍历才能依次获取每个节点的属性。

2）获取文本

获取节点之后的另一个主要操作就是获取其内部的文本了，此时可以调用 text()方法来实现：

```
from pyquery import PyQuery as pq
#初始化为 PyQuery 对象
doc = pq(html)
a = doc('.item-0.active a')
print(a)
print(a.text())
```

运行程序，输出如下：

```
<a href="link3.html"><span class="bold">third item</span></a>
third item
```

此处首先选中一个 a 节点，然后调用 text()方法，就可以获取其内部的文本信息了。此时它会忽略掉节点内部包含的所有 HTML，只返回纯文字内容。

但如果想要获取这个节点内部的 HTML 文本，就要用 html()方法了：

```
from pyquery import PyQuery as pq
#初始化为 PyQuery 对象
doc = pq(html)
li = doc('.item-0.active')
print(li)
print(li.html())
```

运行程序，输出如下：

```
<li class="item-0 active"><a href="link3.html"><span class="bold">third item</span>
</a></li>
<a href="link3.html"><span class="bold">third item</span></a>
```

在程序中选中了第三个 li 节点，然后调用了 html()方法，它返回的结果应该是 li 节点内的所有 HTML 文本。

这里同样有一个问题，如果选中的结果是多个节点，text()或 html()会返回什么内容？用实例来测试下：

```
html = """
<div class="wrap">
<div id="container">
<ul class="list">
<li class="item-1"><a href="link2.html">second item</a></li>
<li class="item-0 active"><a href="link3.html"><span class="bold">third item</span>
</a></li>
<li class="item-1 active"><a href="link4.html">fourth item</a></li>
<li class="item-0"><a href="link5.html">fifth item</a></li>
</ul>
</div>
```

```
</div>
"""
from pyquery import PyQuery as pq
#初始化为PyQuery对象
doc = pq(html)
li = doc('li')
print(li.html())
print(li.text())
print(type(li.text))
```

运行程序,输出如下:

```
<a href = "link2.html"> second item </a>
second item third item fourth item fifth item
<class 'method'>
```

结果可能比较出人意料,html()方法返回的是第一个li节点的内部HTML文本,而text()返回了所有的li节点内部的纯文本,中间用一个空格分隔开,即返回结果是一个字符串。

值得注意的是,如果得到的结果是多个节点,并且想要获取每个节点的内部HTML文本,则需要遍历每个节点;而使用text()方法不需要遍历就可以获取,它对所有节点取文本之后合并成一个字符串。

6. 节点操作

PyQuery提供了一系列方法来对节点进行动态修改,比如为某个节点添加一个class,移除某个节点等,这些操作有时会为提取信息带来极大的便利。

由于节点操作的方法太多,下面举几个典型的例子来说明它的用法。

1) addClass和removeClass

下面先体会实例演示:

```
html = """
<div class = "wrap">
<div id = "container">
<ul class = "list">
<li class = "item - 0"> first item </li>
<li class = "item - 1"><a href = "link2.html"> second item </a></li>
<li class = "item - 0 active"><a href = "link3.html"><span class = "bold"> third item </span>
</a></li>
<li class = "item - 1 active"><a href = "link4.html"> fourth item </a></li>
<li class = "item - 0"><a href = "link5.html"> fifth item </a></li>
</ul>
</div>
</div>
"""
from pyquery import PyQuery as pq
#初始化为PyQuery对象
doc = pq(html)
li = doc('.item - 0.active')
print(li)
li.removeClass('active')
print(li)
```

```
li.addClass('active')
print(li)
```

在代码中，首先选中了第三个 li 节点，然后调用 removeClass()方法，将 li 节点的 active 这个 class 移除；接着又调用 addClass()方法，将 class 添加回来。每执行一次操作，就打印输出当前 li 节点的内容。

运行程序，输出如下：

```
<li class = "item - 0 active"><a href = "link3.html"><span class = "bold"> third item </span>
</a></li>
<li class = "item - 0"><a href = "link3.html"><span class = "bold"> third item </span></a></li>
<li class = "item - 0 active"><a href = "link3.html"><span class = "bold"> third item </span>
</a></li>
```

从结果可看到，一共输出了 3 次。第二次输出时，li 节点的 active 这个 class 被移除了，第三次 class 又添加回来了。

所以，addClass()和 removeClass()这些方法可以动态改变节点的 class 属性。

2) attr、text 和 html

当然，除了操作 class 这个属性外，也可以用 attr()方法对属性进行操作。此外，还可以用 text()和 html()方法来改变节点内部的内容。例如：

```
html = """
<ul class = "list">
<li class = "item - 0 active"><a href = "link3.html"><span class = "bold"> third item </span>
</a></li>
</ul>
"""
from pyquery import PyQuery as pq
#初始化为 PyQuery 对象
doc = pq(html)
li = doc('.item - 0.active')
print(li)
li.attr('name','link')
print(li)
li.text('changed item')
print(li)
li.html('<span> changed item </span>')
print(li)
```

运行程序，输出如下：

```
<li class = "item - 0 active"><a href = "link3.html"><span class = "bold"> third item </span>
</a></li>
<li class = "item - 0 active" name = "link"><a href = "link3.html"><span class = "bold"> third
item </span></a></li>
<li class = "item - 0 active" name = "link"> changed item </li>
<li class = "item - 0 active" name = "link"><span> changed item </span></li>
```

这里首先选中 li 节点，然后调用 attr()方法来修改属性，其中该方法的第一个参数为属性名，第二个参数为属性值。接着，调用 text()和 html()方法来改变节点内部的内容。两次操作后，分别打印输出当前的 li 节点。

由结果可发现，调用 attr()方法后，li 节点多了一个原本不存在的属性 name，其值为

link。接着调用 text()方法，传入文本之后，li 节点内部的文本全部被改为传入的字符串文本了。最后，调用 html()方法传入 HTML 文本后，li 节点内部又变为传入的 HTML 文本了。

所以，如果 attr()方法只传入第一个参数的属性名，则是获取这个属性值；如果传入第二个参数，则可以用来修改属性值。text()和 html()方法如果不传参数，则是获取节点内纯文本和 HTML 文本；如果传入参数，则进行赋值。

3) remove()

remove()的方法即为移除，它有时会为信息的提取带来非常大的便利。下面有一段 HTML 文本：

```
html = """
<div class = "wrap">
Hello, World
<p> This is a paragraph.</p>
</div>
"""
from pyquery import PyQuery as pq
#初始化为 PyQuery 对象
doc = pq(html)
wrap = doc('.wrap')
print(wrap.text())
```

运行程序，输出如下：

```
Hello, World
This is a paragraph.
```

我们想提取的是“Hello, World”这个字符串，而这个结果还包含了内部的 p 节点的内容，也就是说，text()把所有的纯文本全提取出来了。如果想去掉 p 节点内部的文本，可以选择再把 p 节点内的文本提取一遍，然后从整个结果中移除这个子串，但这个做法明显比较烦琐。而 remove()方法就可以实现该功能，例如：

```
from pyquery import PyQuery as pq
#初始化为 PyQuery 对象
doc = pq(html)
wrap = doc('.wrap')
wrap.find('p').remove()
print(wrap.text())
```

运行程序，输出如下：

```
Hello, World
```

以上代码的思路是：首先选中 p 节点，然后调用 remove()方法将其移除，这时 wrap 内部就只剩下“Hello,World”了，再利用 text()方法提取即可。

7. 伪类选择器

CSS 选择器之所以强大，有一个重要的原因，那就是它支持多种多样的伪类选择器，例如，选择第一个节点、最后一个节点、奇偶数节点、包含某一文本的节点等等。实例如下：

```
html = """
<div class = "wrap">
<div id = "container">
```

```
<ul class = "list">
<li class = "item - 0"> first item </li>
<li class = "item - 1">< a href = "link2.html"> second item </a></li>
<li class = "item - 0 active">< a href = "link3.html">< span class = "bold"> third item </span>
</a></li>
<li class = "item - 1 active">< a href = "link4.html"> fourth item </a></li>
<li class = "item - 0">< a href = "link5.html"> fifth item </a></li>
</ul>
</div>
</div>
"""
from pyquery import PyQuery as pq
#初始化为 PyQuery 对象
doc = pq(html)
li = doc('li:first - child')
print(li)
li = doc('li:last - child')
print(li)
li = doc('li:nth - child(2)')
print(li)
li = doc('li:gt(2)')
print(li)
li = doc('li:nth - child(2n)')
print(li)
li = doc('li:contains(second)')
print(li)
```

运行程序,输出如下:

```
<li class = "item - 0"> first item </li>
<li class = "item - 0">< a href = "link5.html"> fifth item </a></li>
<li class = "item - 1">< a href = "link2.html"> second item </a></li>
<li class = "item - 1 active">< a href = "link4.html"> fourth item </a></li>
<li class = "item - 0">< a href = "link5.html"> fifth item </a></li>
<li class = "item - 1">< a href = "link2.html"> second item </a></li>
<li class = "item - 1 active">< a href = "link4.html"> fourth item </a></li>
<li class = "item - 1">< a href = "link2.html"> second item </a></li>
```

在代码中,使用了 CSS 的伪类选择器,依次选择了第一个 li 节点、最后一个 li 节点、第二个 li 节点、第三个 li 之后的 li 节点、偶数位置的 li 节点、包含 second 文本的 li 节点。

5.4.2 PyQuery 爬取煎蛋网商品图片

图片一般都是以链接的形式出现在 HTML 文本中,因此只需要找到图片连接即可(一般是在 img src 中),这时再把图片 url 打开,利用 content 保存成具体的文件。这里使用的 hashlib 是一个编码库,为了使得每一个图片的名字不一样,就用 md5 这个方法把图片的内容进行了编码。爬取煎蛋网加入了一定的反爬取措施,即并不是直接将图片的 url 列出来,而是利用一个.js 文件,在每一次加载图片的时候都要加载这个.js 文件,进而把图片的 url 解析出来。实现代码为:

```
import requests
from pyquery import PyQuery as pq
import hashlib
```

```
import base64
from hashlib import md5
def ty(body):
    print(type(body))
# 处理 md5 编码问题
def handle_md5(hd_object):
    return hashlib.md5(hd_object.encode('utf-8')).hexdigest()
# 处理 base64 编码问题
def handle_base64(hd_object):
    return str(base64.b64decode(hd_object))[2:-1]
# 解密图片链接
def parse(ig_hs, ct):
    count = 4
    contains = handle_md5(ct)
    ig_hs_copy = ig_hs
    p = handle_md5(contains[0:16])
    m = ig_hs[0:count]
    c = p + handle_md5(p + m)
    n = ig_hs[count:]
    l = handle_base64(n)
    k = []
    for h in range(256):
        k.append(h)
    b = []
    for h in range(256):
        b.append(ord(c[h % len(c)]))
    g = 0
    for h in range(256):
        g = (g + k[h] + b[h]) % 256
        tmp = k[h]
        k[h] = k[g]
        k[g] = tmp
    u = ''
    q = 0
    z = 0
    for h in range(len(l)):
        q = (q + 1) % 256
        z = (z + k[q]) % 256
        tmp = k[q]
        k[q] = k[z]
        k[z] = tmp
        u += chr(ord(l[h]) ^(k[(k[q] + k[g]) % 256]))
    u = u[26:]
    u = handle_base64(ig_hs_copy)
    return u
for i in range(1,10):
    url = 'http://jandan.net/ooxx/page-' + str(i) + '#comments'
    response = requests.get(url)
    doc = pq(response.text)
    links = doc('#wrapper #body #content #comments .commentlist .row .text .img-hash')
    print(links)
    arg = '5HTs9vFpTZjaGnG2M473PomLAGtI37M8'
    for link in links:
```

```
        l = link.text
        print(type(l))
        u = parse(l,arg)
        #print(u)
        u1 = 'http:' + u
        print(u1)
        r = requests.get(u1)
        with open('D:/image/' + md5(r.content).hexdigest() + '.jpg','wb') as f:
            f.write(r.content)
            f.close()
```

5.5 lxml 解析网页

lxml 是一个 HTML/XML 的解析器，主要的功能是如何解析和提取 HTML/XML 数据。lxml 和正则表达式一样，也是用 C 实现的，是一款高性能的 Python HTML/XML 解析器，可以利用之前学习的 XPath 语法，来快速定位特定元素以及节点信息。

安装 lxml 也非常简单，直接使用 pip 安装，代码为：

```
pip install lxml
```

5.5.1 使用 lxml

使用 lxml 爬取网页源代码数据也有 3 种方法，即 XPath 选择器、CSS 选择器和 Beautiful Soup 的 find()方法。与利用 Beautiful Soup 相比，lxml 还多了一种 XPath 选择器方法。

下面利用 lxml 来解析 HTML 代码：

```
from lxml import etree
html = '''
<html>
<head>
<meta name = "content - type" content = "text/html; charset = utf - 8" />
    <title>友情链接查询 - 站长工具</title>
    <! -- uRj0Ak8VLEPhjWhg3m9z4EjXJwc -->
<meta name = "Keywords" content = "友情链接查询" />
<meta name = "Description" content = "友情链接查询" />
</head>
<body>
<h1 class = "heading">Top News</h1>
<p style = "font - size: 200 %">World News only on this page</p>
Ah, and here's some more text, by the way.
<p>...     and this is a parsed fragment ...</p>
<a href = "http://www.cydf.org.cn/" rel = "nofollow" target = "_blank">青少年发展基金会</a>
<a href = "http://www.4399.com/flash/32979.htm" target = "_blank">洛克王国</a>
<a href = "http://www.4399.com/flash/35538.htm" target = "_blank">奥拉星</a>
<a href = "http://game.3533.com/game/" target = "_blank">手机游戏</a>
<a href = "http://game.3533.com/tupian/" target = "_blank">手机壁纸</a>
<a href = "http://www.4399.com/" target = "_blank">4399 小游戏</a>
```

```
<a href="http://www.91wan.com/" target="_blank">91wan 游戏</a>
</body>
</html>
'''
page = etree.HTML(html.lower().encode('utf-8'))
hrefs = page.xpath(u"//a")
for href in hrefs:
    print(href.attrib)
```

运行程序，输出如下：

```
{'href': 'http://www.cydf.org.cn/', 'rel': 'nofollow', 'target': '_blank'}
{'href': 'http://www.4399.com/flash/32979.htm', 'target': '_blank'}
{'href': 'http://www.4399.com/flash/35538.htm', 'target': '_blank'}
{'href': 'http://game.3533.com/game/', 'target': '_blank'}
{'href': 'http://game.3533.com/tupian/', 'target': '_blank'}
{'href': 'http://www.4399.com/', 'target': '_blank'}
{'href': 'http://www.91wan.com/', 'target': '_blank'}
```

提示：lxml 可以自动修正 HTML 代码。

5.5.2 文件读取

除了直接读取字符串，lxml 还支持从文件中读取内容。

新建一个 hello.HTML 文件：

```
<!-- hello.html -->
<div>
<ul>
<li class="item-0"><a href="link1.html">first item</a></li>
<li class="item-1"><a href="link2.html">second item</a></li>
<li class="item-inactive"><a href="link3.html"><span class="bold">third item</span>
</a></li>
<li class="item-1"><a href="link4.html">fourth item</a></li>
<li class="item-0"><a href="link5.html">fifth item</a></li>
</ul>
</div>
```

读取 HTML 文件中的代码为：

```
from lxml import etree
# 读取外部文件 hello.html
html = etree.parse('./hello.html')
result = etree.tostring(html, pretty_print=True)
print(result)
```

运行程序，输出如下：

```
<html><body>
<div>
<ul>
<li class="item-0"><a href="link1.html">first item</a></li>
<li class="item-1"><a href="link2.html">second item</a></li>
<li class="item-inactive"><a href="link3.html">third item</a></li>
<li class="item-1"><a href="link4.html">fourth item</a></li>
<li class="item-0"><a href="link5.html">fifth item</a></li>
```

```
</ul>
</div>
</body></html>
```

5.5.3 XPath 使用

XPath 是一门在 XML 文档中查找信息的语言。XPath 使用路径表达式来选取 XML 文档中的节点或节点数，也可以用在 HTML 获取数据中。

XPath 使用路径表达式可以在网页源代码中选取节点，它是沿着路径来选取的，如表 5-3 所示。

表 5-3 XPath 路径表达式及其描述

表达式	描述
nodename	选取此节点的所有子节点
/	从根节点选取
//	从匹配选择的当前节点选择文档中的节点，而不考虑它们的位置
.	选取当前节点
..	选取当前节点的父节点
@	选取属性

表 5-4 列出了 XPath 的一些路径表达式及结果。

表 5-4 路径表达式及结果

路径表达式	结果
bookstore	选取 bookstore 元素的所有子节点
/bookstore	选择根元素 bookstore 解释：假如路径起始于正斜杠(/)，此路径始终代表到某元素的绝对路径
bokstore/book	选取属于 bookstore 子元素的所有 book 元素
//book	选取所有 book 子元素，无论它们在文档中什么位置
bookstore//book	选择属于 bookstore 元素后代的所有 book 元素，无论它们位于 bookstore 下的什么内容
//@lang	选取名为 lang 的所有属性

下面代码为 XPath 实例测试：

```
#使用 lxml 的 etree 库
from lxml import etree
text = '''
<div>
<ul class = 'page'>
<li class = "item - 0"><a href = "link1.html"> first item</a></li>
<li class = "item - 1"><a href = "link2.html"> second item</a></li>
<li class = "item - inactive"><a href = "link3.html"> third item</a></li>
<li class = "item - 1"><a href = "link4.html"> fourth item</a></li>
<li class = "item - 0"><a href = "link5.html"> fifth item</a> # 注意，此处缺少一个</li>闭合
                                                    #标签

</ul>
</div>
```

```
'''
#利用 etree.HTML,将字符串解析为 HTML 文档
html = etree.HTML(text)
#获取所有的<li>标签
result = html.xpath('//li')
# 获取<li>标签的所有 class 属性
result = html.xpath('//li/@class')
#获取<li>标签下 hre 为 link1.html 的<a>标签,/用于获取直接子节点,//用于获取子孙节点
result = html.xpath('//li/a[@href = "link1.html"]')
#获取<li>的父节点使用..:获取 li 标签的父节点,然后获取父节点的 class 属性
result = html.xpath('//li/../@class')
# 获取<li>标签下的<a>标签里的所有 class
result = html.xpath('//li/a//@class')
#获取最后一个<li>的<a>的属性 href
result = html.xpath('//li[last()]/a/@href')
# 获取倒数第二个元素的内容
result = html.xpath('//li[last() - 1]/a/text()')
# 获取 class 值为 item - inactive 的标签名
result = html.xpath('// * [@class = "item - inactive"]')
print(result)
```

运行程序,输出如下:

```
[<Element li at 0x2d47db61308>]
```

表 5-5 总结了各种 HTML 解析器的优缺点。

表 5-5 HTML 解析器的优缺点

HTML 解析器	运行速度	易用性	提取数据方式
正则表达式	快	较难	正则表达式
BeautifulSoup	快(使用 lxml 解析)	简单	Find 方法 CSS 选择器
lxml	快	简单	XPath CSS 选择器

如果你面对的是复杂的网页代码,那么正则表达式的书写可能花费较长时间,这时选择 BeautifulSoup 和 lxml 比较简单。由于 BeautifulSoup 已经支持 lxml 解析,因此速度和 lxml 差不多,使用者可以根据熟悉程度进行选择。因为学习新的方法也需要时间,所以熟悉 XPath 的读者可以选择 lxml。假如是初学者,就需要快速掌握提取网页中的数据,推荐使用 BeautifulSoup 的 find()方法。

5.5.4 爬取 LOL 百度贴吧图片

下面一个实例演示 lxml 解析网页:爬取 LOL 百度贴吧的图片,实现代码为:

```
from lxml import etree
from urllib import request,error,parse
class Spider:
  def __init__(self):
    self.tiebaName = 'lol'
    self.beginPage = int(input('请输入开始页:'))
```

```
        self.endPage = int(input('请输入结束页:'))
        self.url = 'http://tieba.baidu.com/f'
        self.header = {"User-Agent": "Mozilla/5.0 (compatible; MSIE 9.0; Windows NT 6.1 Trident/
5.0;"}
        self.userName = 1 ## 图片编号
    def tiebaSpider(self):
        for page in range(self.beginPage, self.endPage + 1):
            pn = (page - 1) * 50
            data = {'pn':pn, 'kw':self.tiebaName}
            myUrl = self.url + '?' + parse.urlencode(data)
            # 调用页面处理函数 load_Page,获取页面所有帖子链接
            links = self.loadPage(myUrl)
    # 读取页面内容
    def loadPage(self,url):
        req = request.Request(url, headers = self.header)
        resp = request.urlopen(req).read()
        # 将 resp 解析为 html 文档
        html = etree.HTML(resp)
        # 抓取当前页面的所有帖子的 url 的后半部分,也就是帖子编号
        url_list = html.xpath('//div[@class = "threadlist_lz clearfix"]/div/a/@href')
        # url_list 类型为 etreeElementString 列表
        # 遍历列表,并且合并成一个帖子地址,调用图片处理函数 loadImage
        for row in url_list:
            row = "http://tieba.baidu.com" + row
            self.loadImages(row)
    # 下载图片
    def loadImages(self, url):
        req = request.Request(url, headers = self.header)
        resp = request.urlopen(req).read()
        # 将 resp 解析为 html 文档
        html = etree.HTML(resp)
        # 获取这个帖子里所有图片的 src 路径
        image_urls = html.xpath('//img[@class = "BDE_Image"]/@src')
        # 依次取出图片路径,下载保存
        for image in image_urls :
            self.writeImages(image)
            # 保存页面内容
    def writeImages(self, url):
        '''
    将 images 里的二进制内容存入 userName 文件中
        '''
        print(url)
        print("正在存储文件 %d ..." % self.userName)
        # 1. 打开文件,返回一个文件对象
        path = r'D:\example' + '\\' + str(self.userName) + '.png' #example 为自己新建存放获取图
                                                                  #像的文件夹

        file = open(path, 'wb')
        # 获取图片里的内容
        images = request.urlopen(url).read()
        # 调用文件对象 write() 方法,将 page_html 的内容写入文件中
        file.write(images)
        file.close()
        # 计数器自增 1
        self.userName += 1
```

```
#模拟 main 函数
if __name__ == "__main__":
 # 首先创建爬虫对象
 mySpider = Spider()
 # 调用爬虫对象的方法,开始工作
 mySpider.tiebaSpider()
```

运行程序,即可将 LOL 网页中的图片下载到新建的 example 文件夹中,共下载 261 张图片,如图 5-3 所示,输出如下:

```
请输入开始页:1
请输入结束页:1
https://imgsa. baidu. com/forum/w% 3D580/sign = 06f1b0a37ecf3bc7e800cde4e102babd/
cb9eb2fd5266d01668dcd286992bd40734fa3518.jpg
…
正在存储文件 260 ...
https://fc-feed.cdn.bcebos.com/0/pic/b509deeac5ba2fc8b259533dcb718c75.jpg
正在存储文件 261 ...
```

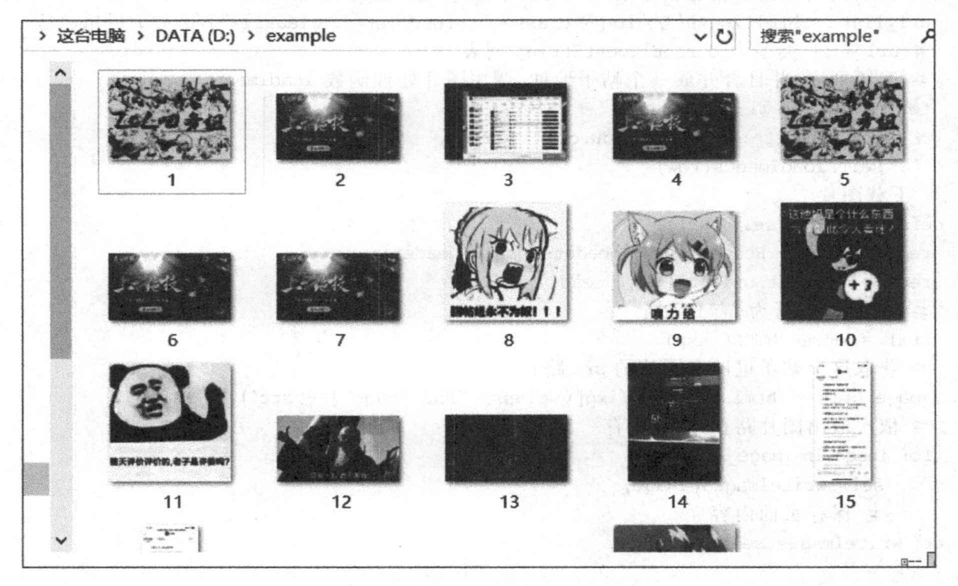

图 5-3 下载的图片

5.6 爬取二手房网站数据

本节的实践中仅获取了搜索结果的房源数据。

首先,需要分析一下要爬取郑州的二手房信息的网络结构,如图 5-4 所示。

由上可以看到网页一条条的房源信息,单击进去后就会发现房源的详细信息,如图 5-5 所示。

查看页面的源代码的效果如图 5-6 所示。

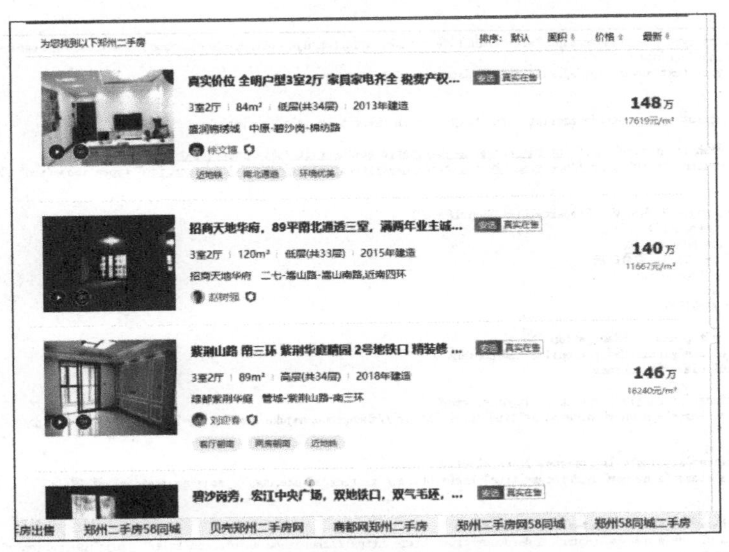

图 5-4 郑州二手房数据

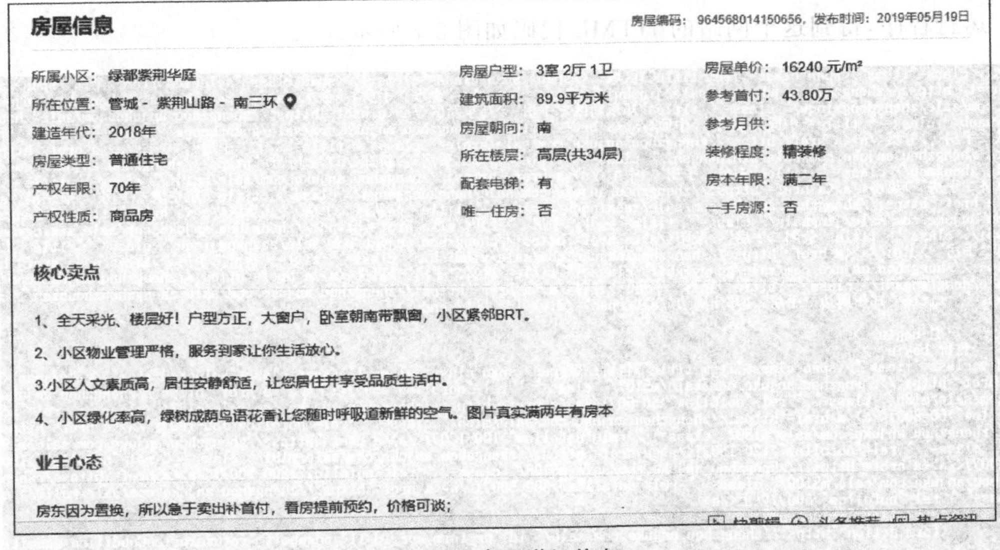

图 5-5 房子详细信息

下面采用 Python3 中的 Requests、Beautiful Soup 模块来进行爬取页面，先由 Requests 模块进行请求：

```
# 网页的请求头
header = {
'user-agent': 'Mozilla/5.0 (Windows NT 10.0; WOW64) AppleWebKit/537.36 (KHTML, like Gecko)
Chrome/60.0.3112.113 Safari/537.36'
}
# url 链接
url = 'https://zhengzhou.anjuke.com/sale/'
response = requests.get(url, headers = header)
print(response.text)
```

```
29 <!-- <script type="text/javascript" src="//include.anjukestatic.com/ujs/chat.opener/a3b653063d7ab45b7807000cb4b429573.js
   crossorigin></script> -->
30 <script type="text/javascript">J.site.init()</script>
31
32
33 <!--    <script type="text/javascript" src="https://s.anjuke.com/bb.js"></script>
34  -->
35 <link rel="shortcut icon" href="https://pages.anjukestatic.com/usersite/site/img/global/1/favicon.ico" />
36 <link rel="icon" href="https://pages.anjukestatic.com/usersite/site/img/global/1/favicon.ico" type="image/ico" />
37
38 </head>
39 <body data-page="Ershou_Web_Property_List_SearchPage">
40 <div id="container">
41     <div id="header">
42         <!-- START: 顶通广告 -->
43 <div class="top-poster">
44         </div>
45 <!-- END: 顶通广告 -->
46
47 <div class="top-nav  glbNavigation ">
48     <div class="glbListNavigation1180 nav-content">
49         <ul class="L_tabsnew">
50
51     <li class="li_single first-child li_unselected">
52         <a class="a_navnew" hidefocus="true" href="https://zhengzhou.anjuke.com/" _soj="navigation">首 页</a>
53     </li>
54
55     <li class="li_single li_itemsnew li_unselected">
56         <a class="a_navnew" hidefocus="true" href="https://zz.fang.anjuke.com/" _soj="navigation">新 房</a>
57     </li>
58
59     <li class="li_single li_itemsnew li_selected">
60         <a class="a_navnew a_curr" hidefocus="true" href="https://zhengzhou.anjuke.com/sale/" _soj="navigation">二手房</a>
```

图 5-6 房源的源代码

运行程序，得到这个网站的 HTML 代码如图 5-7 所示。

```
<div class="items"><span class="item-title">区域: </span><span class="elems-l"><span class="selected-item">全部</span><a
 href='https://zhengzhou.anjuke.com/sale/jinshui/' class='' title='金水二手房' >金水</a><a href='https://zhengzhou.anjuk
e.com/sale/zhengdongxinqu/' class='' title='郑东新区二手房' >郑东新区</a><a href='https://zhengzhou.anjuke.com/sale/zhon
gyuanb/' class='' title='中原二手房' >中原</a><a href='https://zhengzhou.anjuke.com/sale/guanchenga/' class='' title='管
城二手房' >管城</a><a href='https://zhengzhou.anjuke.com/sale/erqic/' class='' title='二七二手房' >二七</a><a href='http
s://zhengzhou.anjuke.com/sale/xinzhengshi/' class='' title='新郑二手房' >新郑</a><a href='https://zhengzhou.anjuke.com/s
ale/zhongmou/' class='' title='中牟二手房' >中牟</a><a href='https://zhengzhou.anjuke.com/sale/huiji/' class='' title='
惠济二手房' >惠济</a><a href='https://zhengzhou.anjuke.com/sale/hangkongganga/' class='' title='航空港二手房' >航空港</a
><a href='https://zhengzhou.anjuke.com/sale/gaoxinqub/' class='' title='高新区二手房' >高新区</a><a href='https://zhengz
hou.anjuke.com/sale/jingkaiz/' class='' title='经开二手房' >经开</a><a href='https://zhengzhou.anjuke.com/sale/zzxingyan
gshi/' class='' title='荥阳二手房' >荥阳</a><a href='https://zhengzhou.anjuke.com/sale/zzshangjiequ/' class='' title='上
街二手房' >上街</a><a href='https://zhengzhou.anjuke.com/sale/xinmishi/' class='' title='新密二手房' >新密</a><a href='h
ttps://zhengzhou.anjuke.com/sale/gongyishi/' class='' title='巩义二手房' >巩义</a><a href='https://zhengzhou.anjuke.com/
sale/dengfengshi/' class='' title='登封二手房' >登封</a><a href='https://zhengzhou.anjuke.com/sale/zhengzhouzhoubian/' c
lass='' title='郑州周边二手房' >郑州周边</a></span></div><!-- 区域 end-->

<!-- 户型 begin-->
<!-- 售价 begin-->
<div class="items "><span class="item-title">售价: </span><span class="elems-l"><span class="selected-item">全部</span><
a href='https://zhengzhou.anjuke.com/sale/m5107/' class=' ' rel="nofollow">50万以下</a><a href='https://zhengzhou.anjuke
.com/sale/m186/' class=' ' rel="nofollow">50-60万</a><a href='https://zhengzhou.anjuke.com/sale/m187/' class=' ' rel="no
follow">60-80万</a><a href='https://zhengzhou.anjuke.com/sale/m188/' class=' ' rel="nofollow">80-100万</a><a href='https
://zhengzhou.anjuke.com/sale/m189/' class=' ' rel="nofollow">100-120万</a><a href='https://zhengzhou.anjuke.com/sale/m19
0/' class=' ' rel="nofollow">120-150万</a><a href='https://zhengzhou.anjuke.com/sale/m191/' class=' ' rel="nofollow">150
-200万</a><a href='https://zhengzhou.anjuke.com/sale/m5108/' class=' ' rel="nofollow">200-300万</a><a href='https://zhen
gzhou.anjuke.com/sale/m5109/' class=' ' rel="nofollow">300-500万</a><a href='https://zhengzhou.anjuke.com/sale/m5110/' c
lass=' ' rel="nofollow">500万以上</a>
        <div class="pricecond">
        <form action="https://zhengzhou.anjuke.com/sale/" id="pr_form_apf_id_11" onsubmit="return priceCondition.submit(
0)">
```

图 5-7 HTML 代码

通过分析可以得到每个房源都在 class="list-item"的 li 标签中，那么就可以根据 BeautifulSoup 包进行提取：

```
from bs4 import BeautifulSoup
# 通过 BeautifulSoup 解析出每个房源详细列表并进行打印
soup = BeautifulSoup(response.text, 'html.parser')
result_li = soup.find_all('li', {'class': 'list - item'})
for i in result_li:
    print(i)
```

运行程序，效果如图 5-8 所示。

```
<i class="house-icon house-icon-anxuan" style="font-weight: normal;">安选</i>
<i class="house-icon house-icon-default border-line">
                        真实在售                    </i>
</div>
<div class="details-item">
<span>3室2厅</span><em class="spe-lines">|</em><span>89m²</span><em class="spe-lines">|</em><spa
n>高层(共30层)</span><em class="spe-lines">|</em><span>2015年建造</span>
</div>
<div class="details-item">
<span class="comm-address" title="绿都紫荆华庭    管城-紫荆山路-南三环">
                    绿都紫荆华庭
                    管城-紫荆山路-南三环                </span>
</div>
<div class="broker-item">
<span class="broker-img-wrap"><img alt="" src="http://pic1.ajkimg.com/display/anjuke/2225f0bdfc0
18640d88e18c30eb5747b/254x337x0x20/100x133.jpg"/></span>
<span class="broker-name broker-text">杨龙</span>
<span class="broker-text"></span>
                    //是否安选经纪人 显示icon
                    <span><img class="broker-ax-img" src="//pages.anjukestatic.com/usersite/touc
h/img/broker/esf_list_icon_wyjy.png"/></span> </div>
<div class="tags-bottom">
</div>
</div>
<div class="pro-price">
<span class="price-det"><strong>146</strong>万</span><span class="unit-price">16289元/m²</span>
</div>
</li>
```

图 5-8 每个房源详细列表

进一步减少代码量，继续提取：

```
# 通过 BeautifulSoup 解析出每个房源详细列表并进行打印
soup = BeautifulSoup(response.text, 'html.parser')
result_li = soup.find_all('li', {'class': 'list-item'})
# 进行循环遍历其中的房源详细列表
for i in result_li:
    # 由于 BeautifulSoup 传入的必须为字符串，所以进行转换
    page_url = str(i)
    soup = BeautifulSoup(page_url, 'html.parser')
    # 由于通过 class 解析的为一个列表，所以只需要第一个参数
    result_href = soup.find_all('a', {'class': 'houseListTitle'})[0]
    print(result_href.attrs['href'])
```

运行程序，效果如图 5-9 所示。

```
https://zhengzhou.anjuke.com/prop/view/A1629122142?from=filter-saleMetro-salesxq&spread=commsear
ch_p&position=8&kwtype=filter&now_time=1559311246
https://zhengzhou.anjuke.com/prop/view/A1689199934?from=filter&spread=commsearch_p&position=9&kw
type=filter&now_time=1559311246
https://zhengzhou.anjuke.com/prop/view/A1712263372?from=filter&spread=commsearch_p&position=10&k
wtype=filter&now_time=1559311246
https://zhengzhou.anjuke.com/prop/view/A1705651458?from=filter&spread=commsearch_p&position=11&k
wtype=filter&now_time=1559311246
https://zhengzhou.anjuke.com/prop/view/A1688583833?from=filter&spread=commsearch_p&position=12&k
wtype=filter&now_time=1559311246
https://zhengzhou.anjuke.com/prop/view/A1712256449?from=filter&spread=commsearch_p&position=13&k
wtype=filter&now_time=1559311246
https://zhengzhou.anjuke.com/prop/view/A1659057218?from=filter&spread=commsearch_p&position=14&k
wtype=filter&now_time=1559311246
https://zhengzhou.anjuke.com/prop/view/A1694914990?from=filter&spread=commsearch_p&position=15&k
wtype=filter&now_time=1559311246
https://zhengzhou.anjuke.com/prop/view/A1705035175?from=filter-saleMetro-salesxq&spread=commsear
ch_p&position=16&kwtype=filter&now_time=1559311246
https://zhengzhou.anjuke.com/prop/view/A1706723205?from=filter&spread=commsearch_p&position=17&k
wtype=filter&now_time=1559311246
https://zhengzhou.anjuke.com/prop/view/A1693890097?from=filter&spread=commsearch_p&position=18&k
wtype=filter&now_time=1559311246
```

图 5-9 打印所有 url

下一步即进入页面开始分析详细页面了，所以，就需要先分析该页面是否有下一页，在页面右击选择"审查元素"命令，效果如图 5-10 所示。

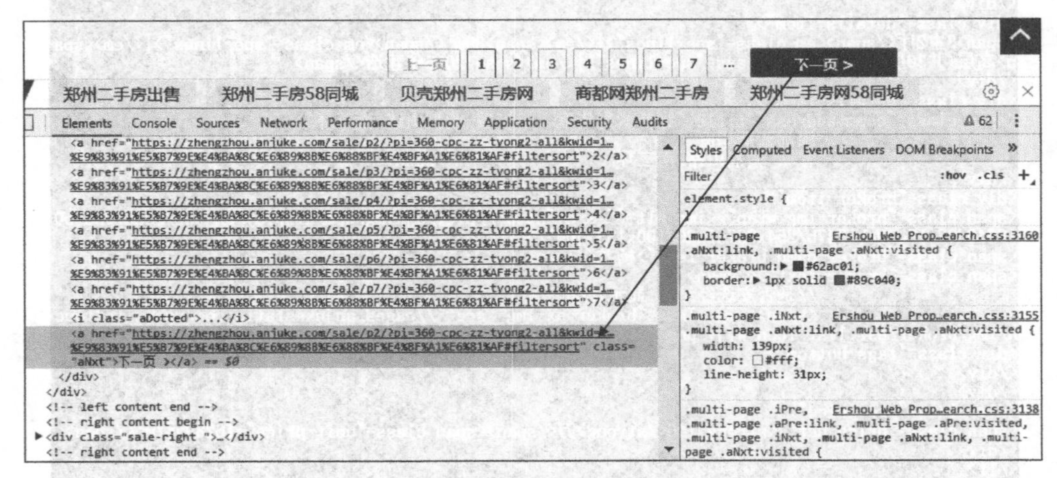

图 5-10　分析网页

其利用 Python 代码爬取的方法为：

```
# 进行下一页的爬取
result_next_page = soup.find_all('a', {'class': 'aNxt'})
if len(result_next_page) != 0:
    print(result_next_page[0].attrs['href'])
else:
    print('没有下一页了')
```

运行程序，效果如图 5-11 所示。

```
https://zhengzhou.anjuke.com/prop/view/A1696141061?from=filter&spread=commsearch_p&pos
ition=51&kwtype=filter&now_time=1559311676
https://zhengzhou.anjuke.com/prop/view/A1690660644?from=filter&spread=commsearch_p&pos
ition=52&kwtype=filter&now_time=1559311676
https://zhengzhou.anjuke.com/prop/view/A1669304375?from=filter&spread=commsearch_p&pos
ition=53&kwtype=filter&now_time=1559311676
https://zhengzhou.anjuke.com/prop/view/A1713389422?from=filter&spread=commsearch_p&pos
ition=54&kwtype=filter&now_time=1559311676
https://zhengzhou.anjuke.com/prop/view/A1711541704?from=filter&spread=commsearch_p&pos
ition=55&kwtype=filter&now_time=1559311676
https://zhengzhou.anjuke.com/prop/view/A1703937211?from=filter&spread=commsearch_p&pos
ition=56&kwtype=filter&now_time=1559311676
https://zhengzhou.anjuke.com/prop/view/A1715153195?from=filter&spread=commsearch_p&pos
ition=57&kwtype=filter&now_time=1559311676
https://zhengzhou.anjuke.com/prop/view/A1622373486?from=filter&spread=commsearch_p&pos
ition=58&kwtype=filter&now_time=1559311676
https://zhengzhou.anjuke.com/prop/view/A1709883432?from=filter&spread=commsearch_p&pos
ition=59&kwtype=filter&now_time=1559311676
https://zhengzhou.anjuke.com/prop/view/A1687459298?from=filter&spread=commsearch_p&pos
ition=60&kwtype=filter&now_time=1559311676
没有下一页了
```

图 5-11　爬取下一页信息

如果存在下一页的时候，网页中就有一个 a 标签，如果没有，就会成为 i 标签了，因此，就能完善一下，将以上这些封装为一个函数：

```
import requests
from bs4 import BeautifulSoup
# 网页的请求头
header = {
    'user-agent': 'Mozilla/5.0 (Windows NT 10.0; WOW64) AppleWebKit/537.36 (KHTML, like
Gecko) Chrome/60.0.3112.113 Safari/537.36'
}
def get_page(url):
    response = requests.get(url, headers=header)
    # 通过 BeautifulSoup 解析出每个房源详细列表并进行打印
    soup = BeautifulSoup(response.text, 'html.parser')
    result_li = soup.find_all('li', {'class': 'list-item'})
    # 进行下一页的爬取
    result_next_page = soup.find_all('a', {'class': 'aNxt'})
    if len(result_next_page) != 0:
        # 函数进行递归
        get_page(result_next_page[0].attrs['href'])
    else:
        print('没有下一页了')
    # 进行循环遍历其中的房源详细列表
    for i in result_li:
        # 由于 BeautifulSoup 传入的必须为字符串,所以进行转换
        page_url = str(i)
        soup = BeautifulSoup(page_url, 'html.parser')
        # 由于通过 class 解析的为一个列表,所以只需要第一个参数
        result_href = soup.find_all('a', {'class': 'houseListTitle'})[0]
        # 先不做分析,等一会进行详细页面函数完成后进行调用
        print(result_href.attrs['href'])
if __name__ == '__main__':
    # url 链接
    url = 'https://zhengzhou.anjuke.com/sale/'
    # 页面爬取函数调用
    get_page(url)
```

具体实现详细页面的爬取的完整代码为:

```
import requests
from bs4 import BeautifulSoup
# 网页的请求头
header = {
    'user-agent': 'Mozilla/5.0 (Windows NT 10.0; WOW64) AppleWebKit/537.36 (KHTML, like
Gecko) Chrome/60.0.3112.113 Safari/537.36'
}
def get_page(url):
    response = requests.get(url, headers=header)
    # 通过 BeautifulSoup 解析出每个房源详细列表并进行打印
    soup_idex = BeautifulSoup(response.text, 'html.parser')
    result_li = soup_idex.find_all('li', {'class': 'list-item'})
    # 进行循环遍历其中的房源详细列表
    for i in result_li:
        # 由于 BeautifulSoup 传入的必须为字符串,所以进行转换
        page_url = str(i)
        soup = BeautifulSoup(page_url, 'html.parser')
        # 由于通过 class 解析的为一个列表,所以只需要第一个参数
```

```
            result_href = soup.find_all('a', {'class': 'houseListTitle'})[0]
            # 详细页面的函数调用
            get_page_detail(result_href.attrs['href'])
        # 进行下一页的爬取
        result_next_page = soup_idex.find_all('a', {'class': 'aNxt'})
        if len(result_next_page) != 0:
            # 函数进行递归
            get_page(result_next_page[0].attrs['href'])
        else:
            print('没有下一页了')
# 进行字符串中空格,换行,Tab键的替换及字符串两边的空格删除
def my_strip(s):
    return str(s).replace(" ", "").replace("\n", "").replace("\t", "").strip()
# 由于频繁进行BeautifulSoup的使用,因此要封装一下
def my_Beautifulsoup(response):
    return BeautifulSoup(str(response), 'html.parser')
# 详细页面的爬取
def get_page_detail(url):
    response = requests.get(url, headers = header)
    if response.status_code == 200:
        soup = BeautifulSoup(response.text, 'html.parser')
        # 标题
        result_title = soup.find_all('h3', {'class': 'long-title'})[0]
        result_price = soup.find_all('span', {'class': 'light info-tag'})[0]
        result_house_1 = soup.find_all('div', {'class': 'first-col detail-col'})
        result_house_2 = soup.find_all('div', {'class': 'second-col detail-col'})
        result_house_3 = soup.find_all('div', {'class': 'third-col detail-col'})
        soup_1 = my_Beautifulsoup(result_house_1)
        soup_2 = my_Beautifulsoup(result_house_2)
        soup_3 = my_Beautifulsoup(result_house_3)
        result_house_tar_1 = soup_1.find_all('dd')
        result_house_tar_2 = soup_2.find_all('dd')
        result_house_tar_3 = soup_3.find_all('dd')
        '''
文博公寓,省实验中学,首付只需70万,大三房,诚心卖,价可谈 270万
宇泰文博公寓金水-花园路-文博东路4号 2010年普通住宅
        3室2厅2卫 140平方米南北中层(共32层)
精装修 19285元/m2 81.00万
        '''
        print(my_strip(result_title.text), my_strip(result_price.text))
        print(my_strip(result_house_tar_1[0].text),
              my_strip(my_Beautifulsoup(result_house_tar_1[1]).find_all('p')[0].text),
              my_strip(result_house_tar_1[2].text), my_strip(result_house_tar_1[3].text))
        print(my_strip(result_house_tar_2[0].text), my_strip(result_house_tar_2[1].text),
              my_strip(result_house_tar_2[2].text), my_strip(result_house_tar_2[3].text))
        print(my_strip(result_house_tar_3[0].text), my_strip(result_house_tar_3[1].text),
              my_strip(result_house_tar_3[2].text))
if __name__ == '__main__':
    # url链接
    url = 'https://zhengzhou.anjuke.com/sale/'
    # 页面爬取函数调用
    get_page(url)
```

5.7　习题

1. lxml 是一个 HTML/XML 的解析器，主要的功能是________和________数据。
2. 简述正则表达式的定义。
3. 正则表达式的大致匹配过程是怎样的？
4. Beautiful Soup 的优势有哪些？
5. 利用 PyQuery 爬取头条部分指定网页内容。

第6章 并发与Web

CHAPTER 6

Python支持的并发分为多进程并发与多线程并发。概念上来说，多进程并发即运行多个独立的程序，优势在于并发处理的任务都由操作系统管理，不足之处在于程序与各进程之间的通信和数据共享不方便；多线程并发则由程序员管理并发处理的任务，这种并发方式可以方便地在线程间共享数据(前提是不能互斥)。Python对多进程和多线程的支持都比一般编程语言更高级，最大限度地减少了需要我们完成的工作。

6.1 并发和并行、同步和异步、阻塞与非阻塞

在介绍多线程爬虫之前，首先需要熟悉并发和并行、同步和异步、阻塞与非阻塞的概念。

6.1.1 并发和并行

并发(concurrency)和并行(parallelism)是两个相似的概念。引用一个比较容易理解的说法，并发是指在一个时间段内发生若干事件的情况，并行是指在同一时刻发生若干事件的情况。

这个概念用单核CPU(见图6-1)和多核CPU(见图6-2)比较容易说明。在使用单核CPU时，多个工作任务是以并发方式运行的，因为只有一个CPU，所以各个任务会分别占用CPU的一段时间依次执行。如果在自己分得的时间段没有完成任务，就会切换到CPU的一段时间依次执行。如果在自己分得的时间段没有完成任务，就会切换到另一个任务，然后在下一次得到CPU使用权的时候再继续执行，直到完成。在这种情况下，因为各个任务

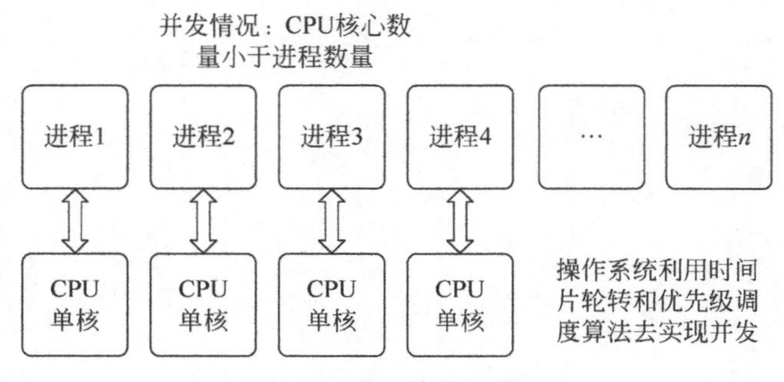

图6-1 并发情况流程图

的时间段很短、经常切换，所以给我们的感觉是“同时”进行。在使用多核 CPU 时，在各个核的任务能够同时运行，这是真正的同时运行，也就是并行。

并行情况：CPU 核心数量大于或等于进程数量。

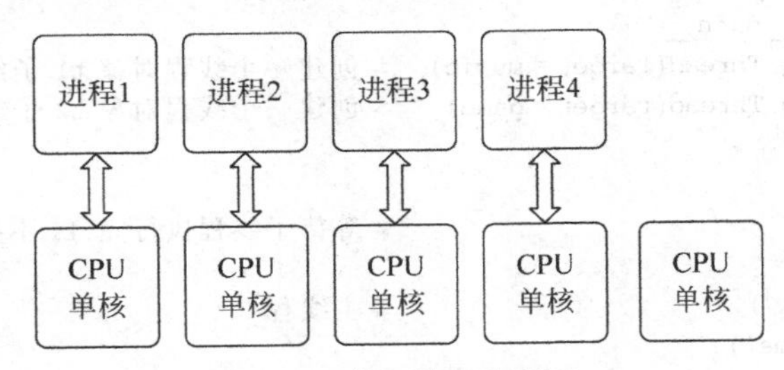

图 6-2 并行情况流程图

以吃一碗米饭和一盘菜的任务为例，“并发”就是一个人吃，这个人吃一口菜然后吃一口饭，由于切换速度比较快，让你觉得他在“同时”吃菜和吃饭；“并行”就是两个人同时吃，一个人吃饭，一个人吃菜。

下面以两个例子来进一步说明。例如：

【例 6-1】 创建两个线程，演示并发和并行效果 1。

```
import threading #线程
import time
def music():
    print('begin to listen music {}'.format(time.ctime()))
    time.sleep(3)
    print('stop to listen music {}'.format(time.ctime()))
def game():
    print('begin to play game {}'.format(time.ctime()))
    time.sleep(5)
    print('stop to play game {}'.format(time.ctime()))
if __name__ == '__main__':
    music()
    game()
    print('ending...')
```

运行程序，输出如下：

```
begin to listen music Mon Jun 3 12:47:10 2019
stop to listen music Mon Jun 3 12:47:13 2019
begin to play game Mon Jun 3 12:47:13 2019
stop to play game Mon Jun 3 12:47:18 2019
ending...
```

music 的时间为 3s，game 的时间为 5s，如果按照正常的方式执行，直接执行函数，那么将按顺序执行，整个过程为 8s。

【例 6-2】 创建两个线程，演示并发和并行效果 2。

```
import threading #线程
import time
def music():
    print('begin to listen music {}'.format(time.ctime()))
    time.sleep(3)
    print('stop to listen music {}'.format(time.ctime()))
```

```
def game():
    print('begin to play game {}'.format(time.ctime()))
    time.sleep(5)
    print('stop to play game {}'.format(time.ctime()))
if __name__ == '__main__':
    t1 = threading.Thread(target = music)    #创建一个线程对象 t1 子线程
    t2 = threading.Thread(target = game)     #创建一个线程对象 t2 子线程
    t1.start()
    t2.start()
    # t1.join()                              #等待子线程执行完,t1 不执行完,谁也不准往下走
    t2.join()
    print('ending...')                       #主线程
    print(time.ctime())
```

运行程序,输出如下:

```
begin to listen music Mon Jun 3 12:49:15 2019
begin to play game Mon Jun 3 12:49:15 2019
stop to listen music Mon Jun 3 12:49:18 2019
stop to play game Mon Jun 3 12:49:20 2019
ending...
Mon Jun 3 12:49:20 2019
```

在这个例子中,开启了两个线程,将 music 和 game 两个函数分别通过线程执行,运行结果显示两个线程同时开始,由于听音乐时间 3 秒,玩游戏时间 5 秒,所以整个过程完成时间为 5 秒。我们发现,通过开启多个线程,原本 8 秒的时间缩短为 5 秒,原本顺序执行现在看起来是不是并行执行的?看起来好像是这样,听音乐的同时在玩游戏,整个过程的时间随最长的任务时间变化。但真的是这样吗?那么下面提出一个 GIL 锁的概念。

全局解释器锁简称 GIL,即指无论你开启多少个线程,你有多少个 CPU,Python 在执行的时候会在同一时刻只允许一个线程运行。

【例 6-3】 全局解释器锁应用实例 1。

```
import time
from threading import Thread
def add():
    sum = 0
    i = 1
    while i <= 1000000:
        sum += i
        i += 1
    print('sum:',sum)
def mul():
    sum2 = 1
    i = 1
    while i <= 100000:
        sum2 = sum2 * i
        i += 1
    print('sum2:',sum2)
start = time.time()
add()
mul() #串行比多线程还快
print('cost time %s'%(time.time() - start))
```

运行程序,输出如下:

```
sum: 500000500000
sum2: 28242294079603478…00000000
cost time 7.950512170791626
```

【例 6-4】 全局解释器锁应用实例 2。

```
import time
from threading import Thread
def add():
    sum = 0
    i = 1
    while i <= 1000000:
        sum += i
        i += 1
    print('sum:',sum)
def mul():
    sum2 = 1
    i = 1
    while i <= 100000:
        sum2 = sum2 * i
        i += 1
    print('sum2:',sum2)
start = time.time()
t1 = Thread(target=add)
t2 = Thread(target=mul)
l = []
l.append(t1)
l.append(t2)
for t in l:
    t.start()
for t in l:
    t.join()
print('cost time %s' % (time.time() - start))
```

运行程序,输出如下:

```
sum: 500000500000
sum2: 282422940796034787429342…00000000000
cost time 8.386124849319458
```

由以上两例题的结果可以发现:单线程执行比多线程还快?这是不符合常理的。究其原因是:与 GIL 锁有关,同一时刻,系统只允许一个线程执行,也就是说,本质上我们之前理解的多线程的并行是不存在的,那么之前的例子为什么时间确实缩短了呢?这里涉及一个任务的类型。

得到一个结论:由于 GIL 锁,多线程不可能真正实现并行。所谓并行,也只是宏观上并行微观上并发,本质上是由于遇到 IO 操作而不断地进行 CPU 切换所造成并行的现象。由于 CPU 切换速度极快,所以看起来就像是在同时执行。

6.1.2 同步与异步

同步和异步也是两个值得比较的概念。下面在并发和并行框架的基础上理解同步和异步,同步就是并发或并行的各个任务不是独自运行的,任务之间有一定的交替顺序,可能在运行完一个任务得到结果后，另一个任务才会开始运行。就像接力赛跑一样，要拿到交接棒之后下一个选手才可以开始跑。

异步则是并发或并行的各个任务可以独立运行，一个任务的运行不受另一个任务的影响，任务之间就像比赛的各个选手在不同的赛道比赛一样，跑步的速度不受其他赛道选手的影响。

在网络爬虫中，假设你需要打开4个不同的网站，IO过程就相当于你打开网站的过程，CPU就是你单击的动作。你单击的动作很快，但是网站打开得很慢。同步IO是指你每单击一个网址，要等待该网站彻底显示才可以单击下一个网址，也就是我们之前学过的爬虫方式。异步IO是指你单击完一个网址，不用等对方服务器返回结果，马上可以用新打开的浏览器窗口打开另一个网址，以此类推，最后同时等待4个网站彻底打开。

【例6-5】 下面看一下异步的一个例子。

```
import socket
import select
"""
######## http请求本质,IO阻塞 ########
sk = socket.socket()
#1.连接
sk.connect(('www.baidu.com',80,)) #阻塞
print('连接成功了')
#2.连接成功后发送消息
sk.send(b"GET / HTTP/1.0\r\nHost: baidu.com\r\n\r\n")
#3.等待服务端响应
data = sk.recv(8096) #阻塞
print(data) #\r\n\r\n区分响应头和影响体
#关闭连接
sk.close()
"""
"""
######## http请求本质,IO非阻塞 ########
sk = socket.socket()
sk.setblocking(False)
#1.连接
try:
    sk.connect(('www.baidu.com',80,)) #非阻塞,但会报错
    print('连接成功了')
except BlockingIOError as e:
    print(e)
#2.连接成功后发送消息
sk.send(b"GET / HTTP/1.0\r\nHost: baidu.com\r\n\r\n")
#3.等待服务端响应
data = sk.recv(8096) #阻塞
print(data) #\r\n\r\n区分响应头和响应体
#关闭连接
sk.close()
"""
class HttpRequest:
    def __init__(self,sk,host,callback):
        self.socket = sk
        self.host = host
```

```
            self.callback = callback
        def fileno(self):
            return self.socket.fileno()
    class HttpResponse:
        def __init__(self,recv_data):
            self.recv_data = recv_data
            self.header_dict = {}
            self.body = None
            self.initialize()
        def initialize(self):
            headers, body = self.recv_data.split(b'\r\n\r\n', 1)
            self.body = body
            header_list = headers.split(b'\r\n')
            for h in header_list:
                h_str = str(h,encoding='utf-8')
                v = h_str.split(':',1)
                if len(v) == 2:
                    self.header_dict[v[0]] = v[1]
    class AsyncRequest:
        def __init__(self):
            self.conn = []
            self.connection = [] # 用于检测是否已经连接成功
        def add_request(self,host,callback):
            try:
                sk = socket.socket()
                sk.setblocking(0)
                sk.connect((host,80))
            except BlockingIOError as e:
                pass
            request = HttpRequest(sk,host,callback)
            self.conn.append(request)
            self.connection.append(request)
        def run(self):
            while True:
                rlist,wlist,elist = select.select(self.conn,self.connection,self.conn,0.05)
                for w in wlist:
                    print(w.host,'连接成功...')
                    # 表示socket和服务器端已经连接成功
                    tpl = "GET / HTTP/1.0\r\nHost:%s\r\n\r\n" %(w.host,)
                    w.socket.send(bytes(tpl,encoding='utf-8'))
                    self.connection.remove(w)
                for r in rlist:
                    # r,是HttpRequest
                    recv_data = bytes()
                    while True:
                        try:
                            chunck = r.socket.recv(8096)
                            recv_data += chunck
                        except Exception as e:
                            break
                    response = HttpResponse(recv_data)
                    r.callback(response)
                    r.socket.close()
```

```
                self.conn.remove(r)
            if len(self.conn) == 0:
                break
def f1(response):
    print('保存到文件',response.header_dict)
def f2(response):
    print('保存到数据库', response.header_dict)
url_list = [
    {'host':'www.youku.com','callback': f1},
    {'host':'v.qq.com','callback': f2},
    {'host':'www.cnblogs.com','callback': f2},
]
req = AsyncRequest()
for item in url_list:
    req.add_request(item['host'],item['callback'])
req.run()
```

运行程序,输出如下:

```
v.qq.com 连接成功...
www.youku.com 连接成功...
…
```

由结果可以看到,3个请求的发送顺序与返回顺序并不一样,这就体现了异步请求。即同时将请求发送出去,哪个先回来先处理哪个。也可以理解为:我打电话的时候只允许和一个人通信,和这个人通信结束之后才允许和另一个人开始,这就是同步。我们发短信的时候发完可以不去等待,去处理其他事情,当对方回复之后再去处理,这就大大解放了我们的时间,这就是异步。

体现在网页请求上面就是我请求一个网页时候等待它回复,否则不接收其他请求,这就是同步。另一种就是我发送请求之后不去等待它是否回复,而去处理其他请求,当处理完其他请求之后,某个请求也回复了,然后程序就转而去处理这个回复数据,这就是异步请求。所以,异步可以充分发挥CPU的效率。

6.1.3 阻塞与非阻塞

调用 blocking IO 会一直阻塞(block)住对应的进程直到操作完成,而 non-blocking IO 在 kernel 还在准备数据的情况下会立刻返回。

下面通过 socket 实现一个命令行功能来感受一下。

```
#服务端
from socket import *
import subprocess
import struct
ip_port = ('127.0.0.1', 8000)
buffer_size = 1024
backlog = 5
tcp_server = socket(AF_INET, SOCK_STREAM)
tcp_server.setsockopt(SOL_SOCKET,SO_REUSEADDR,1)
tcp_server.bind(ip_port)
tcp_server.listen(backlog)
while True:
```

```
        conn, addr = tcp_server.accept()
        print('新的客户端链接：', addr)
        while True:
            try:
                cmd = conn.recv(buffer_size)
                print('收到客户端命令:', cmd.decode('utf-8'))
                #执行命令 cmd,得到命令的结果 cmd_res
                res = subprocess.Popen(cmd.decode('utf-8'),shell=True,
                                       stderr=subprocess.PIPE,
                                       stdout=subprocess.PIPE,
                                       stdin=subprocess.PIPE,
                                       )
                err = res.stderr.read()
                if err:
                    cmd_res = err
                else:
                    cmd_res = res.stdout.read()
                if not cmd_res:
                    cmd_res = '执行成功'.encode('gbk')
                length = len(cmd_res)
                data_length = struct.pack('i',length)
                conn.send(data_length)
                conn.send(cmd_res)
            except Exception as e:
                print(e)
                break
        conn.close()
#客户端
from socket import *
ip_port = ('127.0.0.1',8000)
buffer_size = 1024
backlog = 5
tcp_client = socket(AF_INET,SOCK_STREAM)
tcp_client.connect(ip_port)
while True:
    cmd = input('>>:').strip()
    if not cmd:
        continue
    if cmd == 'quit':
        break
    tcp_client.send(cmd.encode('utf-8'))
    length = tcp_client.recv(4)
    length = struct.unpack('i',length)[0]
    recv_size = 0
    recv_msg = b''
    while recv_size < length:
        recv_msg += tcp_client.recv(buffer_size)
        recv_size = len(recv_msg)
    print(recv_msg.decode('gbk'))
```

运行程序时，发现服务器迟迟没有响应，这是因为当一个客户端在请求没结束时，服务器不会去处理其他客户端的请求，这时候就阻塞了。如何让服务器同时处理多个客户端请求呢？

```
#服务端
import socketserver
class Myserver(socketserver.BaseRequestHandler):
    """socketserver内置的通信方法"""
    def handle(self):
        print('conn is:',self.request) #conn
        print('addr is:',self.client_address) #addr
        while True:
            try:
                #发消息
                data = self.request.recv(1024)
                if not data:break
                print('收到的客户端消息是:',data.decode('utf-8'),self.client_address)
                #发消息
                self.request.sendall(data.upper())
            except Exception as e:
                print(e)
                break
if __name__ == '__main__':
    s = socketserver.ThreadingTCPServer(('127.0.0.1',8000), Myserver) #通信循环
    # s = socketserver.ForkingTCPServer(('127.0.0.1',8000), Myserver) #通信循环
    print(s.server_address)
    print(s.RequestHandlerClass)
    print(Myserver)
    print(s.socket)
    s.serve_forever()
#客户端
from socket import *
ip_port = ('127.0.0.1',8000)
buffer_size = 1024
backlog = 5
tcp_client = socket(AF_INET,SOCK_STREAM)
tcp_client.connect(ip_port)
while True:
    msg = input('>>:').strip()
    if not msg:continue
    if msg == 'quit':break
    tcp_client.send(msg.encode('utf-8'))
    data = tcp_client.recv(buffer_size)
    print(data.decode('utf-8'))
tcp_client.close()
```

运行程序,输出如下:

```
('127.0.0.1', 8000)
<class '__main__.Myserver'>
<class '__main__.Myserver'>
<socket.socket fd=552, family=AddressFamily.AF_INET, type=SocketKind.SOCK_STREAM, proto=0,
laddr=('127.0.0.1', 8000)>
```

这段代码通过socketserver模块实现了socket的并发。在这个过程中,当一个客户端在向服务器提出请求的时候,另一个客户端也可以正常提出请求。服务器在处理一个客户端请求的时候,另一个请求也没有被阻塞。

6.2 线程

在Python中使用线程有两种方式：函数或者用类来包装线程对象。

第一种：函数式，调用thread模块中的start_new_thread()函数来产生新线程。语法如下：

```
thread.start_new_thread(function, args[, kwargs])
```

其中，

- function：线程函数。
- args：传递给线程函数的参数，它必须是tuple类型。
- kwargs：可选参数。

【例6-6】 创建线程。

```
import _thread
import time
# 为线程定义一个函数
def print_time(threadName, delay):
    count = 0
    while count < 5:
        time.sleep(delay)
        count += 1
        print("%s: %s" % (threadName, time.ctime(time.time())))
# 创建两个线程
try:
    thread.start_new_thread(print_time, ("Thread-1", 2, ))
    thread.start_new_thread(print_time, ("Thread-2", 4, ))
except:
    print("Error: unable to start thread")
while 1:
    pass
```

运行程序，输出如下：

```
Thread-1: Thu Jan 22 15:42:17 2009
Thread-1: Thu Jan 22 15:42:19 2009
Thread-2: Thu Jan 22 15:42:19 2009
Thread-1: Thu Jan 22 15:42:21 2009
Thread-2: Thu Jan 22 15:42:23 2009
Thread-1: Thu Jan 22 15:42:23 2009
Thread-1: Thu Jan 22 15:42:25 2009
Thread-2: Thu Jan 22 15:42:27 2009
Thread-2: Thu Jan 22 15:42:31 2009
Thread-2: Thu Jan 22 15:42:35 2009
```

线程的结束一般依靠线程函数的自然结束；也可以在线程函数中调用thread.exit()，它抛出SystemExit exception，达到退出线程的目的。

6.2.1 线程模块

Python通过两个标准库thread和threading提供对线程的支持。thread提供了低级别的、原始的线程以及一个简单的锁。

threading 模块提供的其他方法主要有：

- threading. currentThread()——返回当前的线程变量。
- threading. enumerate()——返回一个包含正在运行的线程的 lis，正在运行指线程启动后、结束前，不包括启动前和终止后的线程。
- threading. activeCount()——返回正在运行的线程数量，与 len(threading. enumerate())有相同的结果。

除了使用方法外，线程模块同样提供了 Thread 类来处理线程，Thread 类提供了以下方法：

- run()——用以表示线程活动的方法。
- start()——启动线程活动。
- join([time])——等待直到线程终止，阻塞调用线程的 join()方法调用终止正常退出或者抛出未处理的异常或者是可选的超时发生。
- isAlive()——返回线程是否是活动的。
- getName()——返回线程名。
- setName()——设置线程名。

6.2.2 使用 Threading 模块创建线程

使用 Threading 模块创建线程，直接从 threading. Thread 继承，然后重写__init__方法和 run 方法。

【例 6-7】 使用 Threading 创建线程实例。

```
import threading
import time
exitFlag = 0
class myThread(threading.Thread): #继承父类 threading.Thread
    def __init__(self, threadID, name, counter):
        threading.Thread.__init__(self)
        self.threadID = threadID
        self.name = name
        self.counter = counter
    def run(self):      #将要执行的代码写到 run 函数中，线程在创建后会直接运行 run 函数
        print("Starting " + self.name)
        print_time(self.name, self.counter, 5)
        print("Exiting " + self.name)
def print_time(threadName, delay, counter):
    while counter:
        if exitFlag:
            (threading.Thread).exit()
        time.sleep(delay)
        print("%s: %s" % (threadName, time.ctime(time.time())))
        counter -= 1
#创建新线程
thread1 = myThread(1, "Thread-1", 1)
thread2 = myThread(2, "Thread-2", 2)
#开启线程
thread1.start()
thread2.start()
print("Exiting Main Thread")
```

运行程序，输出如下：

```
Starting Thread - 1
Starting Thread - 2
Exiting Main Thread
Thread - 1: Sat Jun 1 22:50:39 2019
Thread - 2: Sat Jun 1 22:50:40 2019
Thread - 1: Sat Jun 1 22:50:40 2019
Thread - 1: Sat Jun 1 22:50:41 2019
Thread - 2: Sat Jun 1 22:50:42 2019
Thread - 1: Sat Jun 1 22:50:42 2019
Thread - 1: Sat Jun 1 22:50:43 2019
Exiting Thread - 1
Thread - 2: Sat Jun 1 22:50:44 2019
Thread - 2: Sat Jun 1 22:50:46 2019
Thread - 2: Sat Jun 1 22:50:48 2019
Exiting Thread - 2
```

6.2.3 线程同步

如果多个线程共同对某个数据进行修改，则可能出现不可预料的结果。为了保证数据的正确性，需要对多个线程进行同步。

使用 Thread 对象的 Lock 和 Rlock 可以实现简单的线程同步，这两个对象都有 acquire 方法和 release 方法，对于那些每次只允许一个线程操作的数据，可以将其操作放到 acquire 和 release 方法之间。

多线程的优势在于可以同时运行多个任务(至少感觉起来是这样)。但是当线程需要共享数据时，可能存在数据不同步的问题。

考虑这样一种情况：一个列表中所有元素都是 0，线程 set 从后向前把所有元素改成 1，而线程 print 负责从前向后读取列表并打印。

那么，可能线程 set 开始改的时候，线程 print 便来打印列表了，输出就成了一半 0 一半 1，这就是数据的不同步。为了避免这种情况，引入了锁的概念。

锁有两种状态——锁定和未锁定。每当一个线程比如 set 要访问共享数据时，必须先获得锁定；如果已经有其他线程比如 print 获得锁定了，那么就让线程 set 暂停，也就是同步阻塞；等到线程 print 访问完毕，释放锁以后，再让线程 set 继续。

经过这样的处理，打印列表时要么全部输出 0，要么全部输出 1，不会再出现一半 0 一半 1 的情况。

【例 6-8】 线性同步演示实例。

```
import threading
import time
class myThread(threading.Thread):
    def __init__(self, threadID, name, counter):
        threading.Thread.__init__(self)
        self.threadID = threadID
        self.name = name
        self.counter = counter
    def run(self):
```

```
            print("Starting " + self.name)
            # 获得锁,成功获得锁定后返回 True
            # 不填可选的 timeout 参数时将一直阻塞,直到获得锁定
            # 否则超时后将返回 False
            threadLock.acquire()
            print_time(self.name, self.counter, 3)
            # 释放锁
            threadLock.release()
def print_time(threadName, delay, counter):
    while counter:
        time.sleep(delay)
        print("%s: %s" % (threadName, time.ctime(time.time())))
        counter -= 1
threadLock = threading.Lock()
threads = []
# 创建新线程
thread1 = myThread(1, "Thread-1", 1)
thread2 = myThread(2, "Thread-2", 2)
# 开启新线程
thread1.start()
thread2.start()
# 添加线程到线程列表
threads.append(thread1)
threads.append(thread2)
# 等待所有线程完成
for t in threads:
    t.join()
print("Exiting Main Thread")
```

运行程序,输出如下:

```
Starting Thread-1
Starting Thread-2
Thread-1: Wed Jul 10 17:02:38 2019
Thread-1: Wed Jul 10 17:02:39 2019
Thread-1: Wed Jul 10 17:02:40 2019
Thread-2: Wed Jul 10 17:02:42 2019
Thread-2: Wed Jul 10 17:02:44 2019
Thread-2: Wed Jul 10 17:02:46 2019
Exiting Main Thread
```

6.2.4 线程池在 Web 编程的应用

Python 有个库叫作 cherrypy,其内核使用的是 Python 线程池技术。cherrypy 通过 Python 线程安全的队列来维护线程池,具体实现为:

```
class ThreadPool(object):
    """A Request Queue for an HTTPServer which pools threads.
    ThreadPool objects must provide min, get(), put(obj), start()
    and stop(timeout) attributes.
    """
    def __init__(self, server, min=10, max=-1,
        accepted_queue_size=-1, accepted_queue_timeout=10):
        self.server = server
```

```
        self.min = min
        self.max = max
        self._threads = []
        self._queue = queue.Queue(maxsize = accepted_queue_size)
        self._queue_put_timeout = accepted_queue_timeout
        self.get = self._queue.get
    def start(self):
        """Start the pool of threads."""
        for i in range(self.min):
            self._threads.append(WorkerThread(self.server))
        for worker in self._threads:
            worker.setName('CP Server ' + worker.getName())
            worker.start()
        for worker in self._threads:
            while not worker.ready:
                time.sleep(.1)
        ...
    def put(self, obj):
        self._queue.put(obj, block = True, timeout = self._queue_put_timeout)
        if obj is _SHUTDOWNREQUEST:
            return
    def grow(self, amount):
        """Spawn new worker threads(not above self.max)."""
        if self.max > 0:
            budget = max(self.max - len(self._threads), 0)
        else:
            # self.max <= 0 indicates no maximum
            budget = float('inf')
        n_new = min(amount, budget)
        workers = [self._spawn_worker() for i in range(n_new)]
        while not all(worker.ready for worker in workers):
            time.sleep(.1)
        self._threads.extend(workers)
        ...
    def shrink(self, amount):
        """Kill off worker threads(not below self.min)."""
        [...]
    def stop(self, timeout = 5):
        # Must shut down threads here so the code that calls
        # this method can know when all threads are stopped.
        [...]
```

可以看出，cherrypy 的线程池将大小初始化为 10，每当有一个 httpconnect 进来就将其放入任务队列中，然后 WorkerThread 会不断从任务队列中取出任务执行，可以看到，这是一个非常标准的线程池模型。

6.3 队列

Queue 就是队列，它是线程安全的。举例来说，去麦当劳吃饭。饭店里面有厨师职位，前台负责把厨房准备好的食物卖给顾客，顾客则去前台领取食物。这里的前台就相当于我们的队列。厨师准备好食物通过前台传送给顾客，即为单向队列。这个模型也叫生产者-消费者模型。例如：

```
#!/usr/bin/env python
import queue
import threading
message = queue.Queue(10)
def producer(i):
    while True:
        message.put(i)
def consumer(i):
    while True:
        msg = message.get()
for i in range(12):
    t = threading.Thread(target = producer, args = (i,))
    t.start()
for i in range(10):
    t = threading.Thread(target = consumer, args = (i,))
    t.start()
```

下面通过两种方法实现：

方法一，简单地向队列中传输线程数，代码如下：

```
import threading
import time
import queue
class Threadingpool():
    def __init__(self,max_num = 10):
        self.queue = queue.Queue(max_num)
        for i in range(max_num):
            self.queue.put(threading.Thread)
    def getthreading(self):
        return self.queue.get()
    def addthreading(self):
        self.queue.put(threading.Thread)
def func(p,i):
    time.sleep(1)
    print(i)
    p.addthreading()
if __name__ == "__main__":
    p = Threadingpool()
    for i in range(20):
        thread = p.getthreading()
        t = thread(target = func, args = (p,i))
        t.start()
```

运行程序，输出如下：

```
9
8
6
5
2
1
7
4
0
```

```
3
10
12
11
13
17
15
14
16
18
19
```

方法二，向队列中无限添加任务：

```
import queue
import threading
import contextlib
import time
StopEvent = object()
class ThreadPool(object):
    def __init__(self, max_num):
        self.q = queue.Queue()
        self.max_num = max_num
        self.terminal = False
        self.generate_list = []
        self.free_list = []
    def run(self, func, args, callback = None):
        """
线程池执行一个任务
        :param func: 任务函数
        :param args: 任务函数所需参数
        :param callback: 任务执行失败或成功后执行的回调函数，回调函数有两个参数:1.任务函数执行状态; 2.任务函数返回值(默认为 None,即不执行回调函数)
        :return: 如果线程池已经终止，则返回 True;否则返回 None
        """
        if len(self.free_list) == 0 and len(self.generate_list) < self.max_num:
            self.generate_thread()
        w = (func, args, callback,)
        self.q.put(w)
    def generate_thread(self):
        """
      创建一个线程
        """
        t = threading.Thread(target = self.call)
        t.start()
    def call(self):
        """
       循环去获取任务函数并执行任务函数
        """
        current_thread = threading.currentThread
        self.generate_list.append(current_thread)
        event = self.q.get()                          # 获取线程
        while event != StopEvent:                     # 判断获取的线程数不等于全局变量
            func, arguments, callback = event         # 拆分元组，获得执行函数、参数和回调函数
```

```
            try:
                result = func( * arguments)          # 执行函数
                status = True
            except Exception as e:                    # 函数执行失败
                status = False
                result = e
            if callback is not None:
                try:
                    callback(status, result)
                except Exception as e:
                    pass
            with self.work_state():
                event = self.q.get()
        else:
            self.generate_list.remove(current_thread)
    def close(self):
        """
        关闭线程,给传输全局非元组的变量来进行关闭
        :return:
        """
        for i in range(len(self.generate_list)):
            self.q.put(StopEvent)
    def terminate(self):
        """
        突然关闭线程
        :return:
        """
        self.terminal = True
        while self.generate_list:
            self.q.put(StopEvent)
        self.q.empty()
    @contextlib.contextmanager
    def work_state(self):
        self.free_list.append(threading.currentThread)
        try:
            yield
        finally:
            self.free_list.remove(threading.currentThread)
def work(i):
    print(i)
    return i + 1                                      # 返回给回调函数
def callback(ret):
    print(ret)
pool = ThreadPool(10)
for item in range(50):
    pool.run(func = work, args = (item,),callback = callback)
pool.terminate()
```

运行程序,输出如下:

```
0
1
2
3
```

```
4
6
5
…
45
48
47
49
```

6.4 进程

6.4.1 进程与线程的历史

计算机是由硬件和软件组成的。硬件中的CPU是计算机的核心，它承担计算机的所有任务。操作系统是运行在硬件之上的软件，是计算机的管理者，它负责资源的管理和分配、任务的调度。程序是运行在系统上的具有某种功能的软件，比如浏览器、音乐播放器等。每次执行程序时，都会完成一定的功能，比如浏览器帮我们打开网页，为了保证其独立性，就需要一个专门的管理和控制执行程序的数据结构——进程控制块。进程就是一个程序在一个数据集上的一次动态执行过程。进程一般由程序、数据集、进程控制块3部分组成。我们编写的程序用来描述进程要完成哪些功能以及如何完成；数据集则是程序在执行过程中所需要使用的资源；进程控制块用来记录进程的外部特征，描述进程的执行变化过程，系统可以利用它来控制和管理进程，它是系统感知进程存在的唯一标志。

在早期的操作系统中，计算机只有一个核心，进程是执行程序的最小单位，任务调度采用时间轮转的抢占方式进行进程调度。每个进程都有各自的一块独立的内存，保证进程彼此间的内存地址空间的隔离。随着计算机技术的发展，进程出现了很多弊端，一是进程的创建、撤销和切换的开销比较大；二是由于对称多处理机(Symmetrical Multi-Processing)又叫SMP，是指在一个计算机上汇集了一组处理器(多CPU)，各CPU之间共享内存子系统以及总线结构，以满足多个运行单位的多进程并行开销。这个时候就引入了线程的概念。线程也叫轻量级进程，它是一个基本的CPU执行单元，也是程序执行过程中的最小单元，由线程ID、程序计数器、寄存器集合和堆栈共同组成。线程的引入减小了程序并发执行时的开销，提高了操作系统的并发性能。线程没有自己的系统资源，只拥有在运行时必不可少的资源。但线程可以与同属于同一进程的其他线程共享进程所拥有的资源。

6.4.2 进程与线程之间的关系

线程是属于进程的，线程运行在进程空间内，同一进程所产生的线程共享同一内存空间，当进程退出时该进程所产生的线程都会被强制退出并清除。线程可与属于同一进程的其他线程共享进程所拥有的全部资源，但是其本身基本上不拥有系统资源，只拥有一些在运行中必不可少的信息(如程序计数器、一组寄存器和栈)。

6.4.3 进程与进程池

multiprocessing 是 Python 的多进程管理包，下面对其进行介绍。

1. multiprocessing 模块

直接从侧面用 subprocesses 替换线程使用 GIL 的方式，由于这一点，multiprocessing 模块可以让程序员在给定的机器上充分地利用 CPU。在 multiprocessing 中，通过创建 Process 对象生成进程，然后调用它的 start()方法，例如：

```
from multiprocessing import Process
def func(name):
    print('hello', name)
if __name__ == "__main__":
    p = Process(target = func,args = ('Weiming',))
    p.start()
    p.join()   # 等待进程执行完毕
```

运行程序，输出如下：

```
hello Weiming
```

在使用并发设计的时候应尽可能地避免共享数据，尤其是在使用多进程的时候。如果必须共享数据，那么 multiprocessing 提供了两种方式。

1) multiprocessing，Array，Value

数据可以用 Value 或 Array 存储在一个共享内存地图里，代码如下：

```
from multiprocessing import Array,Value,Process
def func(a,b):
    a.value = 3.333333333333333
    for i in range(len(b)):
        b[i] = -b[i]
if __name__ == "__main__":
    num = Value('d',0.0)
    arr = Array('i',range(11))
    c = Process(target = func,args = (num,arr))
    d = Process(target = func,args = (num,arr))
    c.start()
    d.start()
    c.join()
    d.join()
    print(num.value)
    for i in arr:
        print(i)
```

运行程序，输出如下：

```
3.333333333333333
0
1
2
3
4
5
6
```

```
7
8
9
10
```

创建 num 和 arr 时，参数“d”和“i”由 Array 模块使用的 typecodes 创建：“d”表示一个双精度的浮点数，“i”表示一个有符号的整数，这些共享对象将被线程安全地处理。

Array('i', range(10))中的“i”参数取值：

```
'c': ctypes.c_char 'u': ctypes.c_wchar 'b': ctypes.c_byte 'B': ctypes.c_ubyte
'h': ctypes.c_short 'H': ctypes.c_ushort 'i': ctypes.c_int 'I': ctypes.c_uint
'l': ctypes.c_long, 'L': ctypes.c_ulong 'f': ctypes.c_float 'd': ctypes.c_double
```

2) multiprocessing.Manager

由 Manager()返回的 manager 提供 list、dict、Namespace、Lock、RLock、Semaphore、BoundedSemaphore、Condition、Event、Barrier、Queue、Value and Array 类型的支持。例如：

```
from multiprocessing import Process,Manager
def f(d,l):
    d["name"] = "Weiming"
    d["age"] = 18
    d["Job"] = "pythoner"
    l.reverse()
if __name__ == "__main__":
    with Manager() as man:
        d = man.dict()
        l = man.list(range(10))
        p = Process(target = f,args = (d,l))
        p.start()
        p.join()
        print(d)
        print(l)
```

运行程序，输出如下：

```
{'name': 'Weiming', 'age': 18, 'Job': 'pythoner'}
[9, 8, 7, 6, 5, 4, 3, 2, 1, 0]
```

Server process manager 比 shared memory 更灵活，因为它可以支持任意的对象类型。另外，一个单独的 manager 可以通过进程在网络上不同的计算机之间共享，不过它比 shared memory 要慢。

2. 进程池

Pool 类描述了一个工作进程池(Using a pool of workers)，它有几种不同的方法让任务卸载工作进程。

进程池内部维护一个进程序列，当使用时，则去进程池中获取一个进程，如果进程池序列中没有可供使用的进程，那么程序就会等待，直到进程池中有可用进程为止。

可以用 Pool 类创建一个进程池，展开提交的任务给进程池。例如：

```
from multiprocessing import Pool
import time
def f1(i):
```

```
        time.sleep(0.5)
        print(i)
        return i + 100
    if __name__ == "__main__":
        pool = Pool(5)
        for i in range(1,31):
            pool.apply(func = f1,args = (i,))
    def f1(i):
        time.sleep(0.5)
        print(i)
        return i + 100
    def f2(arg):
        print(arg)
    if __name__ == "__main__":
        pool = Pool(5)
        for i in range(1,31):
            pool.apply_async(func = f1,args = (i,),callback = f2)
        pool.close()
        pool.join()
```

运行程序，输出如下：

```
1
2
3
4
…
29
129
30
130
```

一个进程池对象可以控制工作进程池的哪些工作可以被提交，它支持超时和回调的异步结果，有一个类似 map 的实现。

- processes：使用的工作进程的数量，如果 processes 是 None，那么使用 os.cpu_count()返回的数量。
- initializer：如果 initializer 是 None，那么每一个工作进程在开始的时候会调用 initializer(* initargs)。
- maxtasksperchild：工作进程退出之前可以完成的任务数，完成后用一个新的工作进程来替代原进程，让闲置的资源被释放。maxtasksperchild 默认是 None，这意味着只要 Pool 存在工作进程就会一直存活。
- context：用在制定工作进程启动时的上下文，一般使用 multiprocessing.Pool() 或者一个 context 对象的 Pool()方法来创建一个池，两种方法都恰当地设置了 context。

注意：*Pool 对象的方法只可以被创建 Pool 的进程所调用。*

6.5 协程

线程和进程的操作是由程序触发系统接口，最后的执行者是系统；协程的操作则是程序员。

协程存在的意义是：对于多线程应用，CPU 通过切片的方式来切换线程间的执行，线程切换时需要耗时（保存状态，下次继续）。协程则只使用一个线程，在一个线程中规定某个代码块的执行顺序。

从句法上看，协程与生成器类似，都是定义体中包含 yield 关键字的函数。可是，在协程中，yield 通常出现在表达式的右边（例如，datum = yield），可以产出值，也可以不产出，如果 yield 关键字后面没有表达式，那么生成器产出 None。

协程可能会从调用方接收数据，不过调用方把数据提供给协程使用的是.send(datum)方法，而不是 next(…) 函数。

yield 关键字甚至还可以不接收或传出数据。不管数据如何流动，yield 都是一种流程控制工具，使用它可以实现协作式多任务：协程可以把控制器让步给中心调度程序，从而激活其他的协程。

6.5.1 协程的生成器的基本行为

一个最简单的协程代码为：

```
def simple_coroutine():
    print('-> start')
    x = yield
    print('-> recived', x)
sc = simple_coroutine()
next(sc)
sc.send('mibai')
```

其中，各语句的含义如下：

（1）协程使用生成器函数定义——定义体中有 yield 关键字。

（2）yield 在表达式中使用。如果协程只需从客户那里接收数据，那么产出的值是 None，这个值是隐式指定的，因为 yield 关键字右边没有表达式。

（3）首先要调用 next(…)方法，因为生成器还没启动，没在 yield 语句处暂停，所以一开始无法发送数据。

（4）调用 send 方法，把值传给 yield 的变量，然后协程恢复，继续执行下面的代码，直到运行到下一个 yield 表达式，或者终止。

注意：send()方法只有当协程处于 GEN_SUSPENDED 状态下时才会运作，所以使用 next()方法激活协程到 yield 表达式处停止，或者也可以使用 sc.send(None)，效果与 next(sc)一样。

6.5.2 协程的 4 个状态

协程可以处于 4 个状态之一。当前状态可以使用 inspect.getgeneratorstate(…) 函数确定，该函数会返回下述字符串之一：

（1）GEN_CREATED——等待开始执行。

（2）GEN_RUNNING——解释器正在执行。

（3）GEN_SUSPENED——在 yield 表达式处暂停。

（4）GEN_CLOSED——执行结束。

最先调用 next(sc)函数，这一步通常称为“预激”(prime)协程(即，让协程向前执行到第一个 yield 表达式，准备好作为活跃的协程使用)。

【例 6-9】 使用协程计算移动平均值。

```
import inspect
def averager():
    total = 0.0
    count = 0
    avg = None
    while True:
        num = yield avg
        total += num
        count += 1
        avg = total/count
ag = averager()
# 预激协程
print(next(ag))
print(ag.send(10))
print(ag.send(20))
```

运行程序，输出如下：

```
None
10.0
15.0
```

在以上程序中，调用 next(ag)后，协程会向前执行到 yield 表达式，产生出 average 变量的初始值——None。此时，协程在 yield 表达式处暂停。使用 send()激活协程，把发送的值赋给 num，并计算出 avg 的值，最后使用 print 打印出 yield 返回的数据。

6.5.3 终止协程和异常处理

协程中未处理的异常会向上冒泡，传给 next()方法或 send()方法的调用方(即触发协程的对象)。终止协程的一种方式是：发送某个“哨符值”，让协程退出。内置的 None 和 Ellipsis 等常量经常用作“哨符值”。

6.5.4 显式地将异常发给协程

从 Python 2.5 开始，客户代码可以在生成器对象上调用两个方法，显式地将异常发给协程。

- generator.throw(exc_type[, exc_value[, traceback]])

致使生成器在暂停的 yield 表达式处抛出指定的异常。如果生成器处理了抛出的异常，那么代码会向前执行到下一个 yield 表达式，而产出的值会成为调用 generator.throw 方法得到的返回值。如果生成器没有处理抛出的异常，那么异常会向上冒泡，传到调用方的上下文中。

- generator.close()

致使生成器在暂停的 yield 表达式处抛出 GeneratorExit 异常。如果生成器没有处理这个异常，或者抛出了 StopIteration 异常(通常是指运行到结尾)，那么调用方不会报错。

如果收到 GeneratorExit 异常，则生成器一定不能产出值，否则解释器会抛出 RuntimeError 异常。生成器抛出的其他异常会向上冒泡，传给调用方。

【例 6-10】　异常处理实例。

```
import inspect
class DemoException(Exception):
    """
自定义异常
    """
def handle_exception():
    print('-> start')
    while True:
        try:
            x = yield
        except DemoException:
            print('-> run demo exception')
        else:
            print('-> recived x:', x)
    raise RuntimeError('this line should never run')
he = handle_exception()
next(he)
he.send(10)
he.send(20)
he.throw(DemoException) # 演示运行异常
he.send(40)
he.close()
```

运行程序，输出如下：

```
-> start
-> recived x: 10
-> recived x: 20
-> run demo exception
-> recived x: 40
```

如果传入无法处理的异常，则协程会终止：

```
he.throw(DemoException) # 演示运行异常
```

6.5.5　yield from 获取协程的返回值

为了得到返回值，协程必须正常终止，然后生成器对象会抛出 StopIteration 异常，异常对象的 value 属性保存着返回的值。yield from 结构会在内部自动捕获 StopIteration 异常。对 yield from 结构来说，解释器不仅会捕获 StopIteration 异常，还会将 value 属性的值变成 yield from 表达式的值。

1. yield from 基本用法

在生成器 gen 中使用 yield from subgen()时，subgen 会获得控制权，将产出的值传给 gen 的调用方，即调用方可以直接控制 subgen。与此同时，gen 会阻塞，等待 subgen 终止。

下面两个函数的作用一样，只是使用 yield from 更加简洁：

```
import inspect
def gen():
```

```
    for c in 'AB':
        yield c
print(list(gen()))
def gen_new():
    yield from 'AB'
print(list(gen_new()))
```

运行程序,输出如下:

```
['A', 'B']
['A', 'B']
```

yield from x 表达式对 x 对象所做的第一件事是调用 iter(x),从中获取迭代器,因此,x 可以是任何可迭代的对象,这只是 yield from 最基础的用法。

2. yield from 高级用法

yield from 的主要功能是打开双向通道,将最外层的调用方与最内层的子生成器连接起来,这样二者可以直接发送和产出值,还可以直接传入异常,而不用在位于中间的协程中添加大量处理异常的样板代码。

【例 6-11】 yield from 高级用法实例。

```
import inspect
from collections import namedtuple
ResClass = namedtuple('Res', 'count average')
# 子生成器
def averager():
    total = 0.0
    count = 0
    average = None
    while True:
        term = yield
        if term is None:
            break
        total += term
        count += 1
        average = total / count
    return ResClass(count, average)
# 委派生成器
def grouper(storages, key):
    while True:
        # 获取 averager()返回的值
        storages[key] = yield from averager()
# 客户端代码
def client():
    process_data = {
        'boys_2': [39.0, 40.8, 43.2, 40.8, 43.1, 38.6, 41.4, 40.6, 36.3],
        'boys_1': [1.38, 1.5, 1.32, 1.25, 1.37, 1.48, 1.25, 1.49, 1.46]
    }
    storages = {}
    for k, v in process_data.items():
        # 获得协程
        coroutine = grouper(storages, k)
        # 预激协程
```

```
        next(coroutine)
        # 发送数据到协程
        for dt in v:
            coroutine.send(dt)
        # 终止协程
        coroutine.send(None)
    print(storages)
client()
```

运行程序,输出如下:

```
{'boys_2': Res(count = 9, average = 40.422222222222224), 'boys_1': Res(count = 9, average = 1.3888888888888888)}
```

在以上代码中,外层 for 循环每次迭代会新建一个 grouper 实例,赋值给 coroutine 变量;grouper 是委派生成器。调用 next(coroutine)预激委派生成器 grouper,此时进入 while True 循环,调用子生成器 averager 后,在 yield from 表达式处暂停。内层 for 循环调用 coroutine.send(value),直接将值传给子生成器 averager。同时,当前的 grouper 实例(coroutine)在 yield from 表达式处暂停。内层循环结束后,grouper 实例依旧在 yield from 表达式处暂停,因此,grouper 函数定义体中为 results[key]赋值的语句还没有执行。coroutine.send(None) 终止 averager 子生成器,子生成器抛出 StopIteration 异常并将返回的数据包含在异常对象的 value 中,yield from 可以直接爬取 StopItration 异常并将异常对象的 value 赋值给 results[key]。

6.5.6 协程案例分析

协程能自然地表述很多算法,例如仿真、游戏、异步 I/O,以及其他事件驱动型编程形式或协作式多任务。协程是 asyncio 包的基础构件。通过仿真系统能说明如何使用协程代替线程实现并发的活动。

在仿真领域,进程这个术语指代模型中某个实体的活动,与操作系统中的进程无关。仿真系统中的一个进程可以使用操作系统中的一个进程实现,但是通常会使用一个线程或一个协程实现。

下面通过两个案例来演示协程的应用。

【例 6-12】 出租车示例。

```
import collections
# time: 字段是事件发生时的仿真时间
# proc: 字段是出租车进程实例的编号
# action: 字段是描述活动的字符串
Event = collections.namedtuple('Event', 'time proc action')
def taxi_process(proc_num, trips_num, start_time = 0):
    """
    每次改变状态时创建事件,将控制权让给仿真器
    """
    time = yield Event(start_time, proc_num, 'leave garage')
    for i in range(trips_num):
        time = yield Event(time, proc_num, 'pick up people')
        time = yield Event(time, proc_num, 'drop off people')
    yield Event(time, proc_num, 'go home')
```

```
t1 = taxi_process(1, 1)
a = next(t1)
print(a)
b = t1.send(a.time + 6)
print(b)
c = t1.send(b.time + 12)
print(c)
d = t1.send(c.time + 1)
print(d)
```

运行程序，输出如下：

```
Event(time = 0, proc = 1, action = 'leave garage')
Event(time = 6, proc = 1, action = 'pick up people')
Event(time = 18, proc = 1, action = 'drop off people')
Event(time = 19, proc = 1, action = 'go home')
```

【例 6-13】 模拟控制台控制 3 辆出租车的协程应用实例。

```
import collections
import queue
import random
Event = collections.namedtuple('Event', 'time proc action')
def taxi_process(proc_num, trips_num, start_time = 0):
    """
   每次改变状态时创建事件，将控制权让给仿真器
    """
    time = yield Event(start_time, proc_num, 'leave garage')
    for i in range(trips_num):
        time = yield Event(time, proc_num, 'pick up people')
        time = yield Event(time, proc_num, 'drop off people')
    yield Event(time, proc_num, 'go home')
class SimulateTaxi(object):
    """
    模拟出租车控制台
    """
    def __init__(self, proc_map):
        # 保存排定事件的 PriorityQueue 对象，
        # 如果进来的是 tuple 类型，则默认使用 tuple[0]进行排序
        self.events = queue.PriorityQueue()
        # procs_map 参数是一个字典，使用 dict 构建本地副本
        self.procs = dict(proc_map)
    def run(self, end_time):
        """
      排定并显示事件，直到时间结束
        """
        for _, taxi_gen in self.procs.items():
            leave_evt = next(taxi_gen)
            self.events.put(leave_evt)
        # 仿真系统的主循环
        simulate_time = 0
        while simulate_time < end_time:
            if self.events.empty():
                print('*** end of events ***')
                break
```

```
            # 第一个事件的发生
            current_evt = self.events.get()
            simulate_time, proc_num, action = current_evt
            print('taxi:', proc_num, ', at time:', simulate_time, ', ', action)
            # 准备下一个事件的发生
            proc_gen = self.procs[proc_num]
            next_simulate_time = simulate_time + self.compute_duration()
            try:
                next_evt = proc_gen.send(next_simulate_time)
            except StopIteration:
                 self.procs[proc_num]
            else:
                self.events.put(next_evt)
        else:
            msg = '*** end of simulation time: {} events pending ***'
            print(msg.format(self.events.qsize()))
    @staticmethod
    def compute_duration():
        """
        随机产生下一个事件发生的时间
        """
        duration_time = random.randint(1, 20)
        return duration_time
# 生成3辆出租车,现在全部都没有离开
taxis = {i: taxi_process(i, (i + 1) * 2, i * 5)
         for i in range(3)}
# 模拟运行
st = SimulateTaxi(taxis)
st.run(100)
```

运行程序,输出如下:

```
taxi: 0 , at time: 0 , leave garage
taxi: 1 , at time: 5 , leave garage
taxi: 1 , at time: 7 , pick up people
taxi: 0 , at time: 8 , pick up people
taxi: 1 , at time: 8 , drop off people
taxi: 2 , at time: 10 , leave garage
taxi: 0 , at time: 12 , drop off people
taxi: 0 , at time: 21 , pick up people
taxi: 1 , at time: 28 , pick up people
taxi: 2 , at time: 28 , pick up people
taxi: 2 , at time: 33 , drop off people
taxi: 1 , at time: 36 , drop off people
taxi: 2 , at time: 37 , pick up people
taxi: 0 , at time: 40 , drop off people
taxi: 1 , at time: 41 , pick up people
taxi: 2 , at time: 45 , drop off people
taxi: 2 , at time: 47 , pick up people
taxi: 0 , at time: 55 , go home
taxi: 1 , at time: 58 , drop off people
taxi: 2 , at time: 66 , drop off people
taxi: 1 , at time: 68 , pick up people
taxi: 2 , at time: 83 , pick up people
```

```
taxi: 1 , at time: 88 , drop off people
taxi: 1 , at time: 92 , go home
taxi: 2 , at time: 95 , drop off people
taxi: 2 , at time: 98 , pick up people
taxi: 2 , at time: 118 , drop off people
 *** end of simulation time: 1 events pending ***
```

6.6 分布式进程案例分析

在 Thread 和 Process 中,应当优先选 Process,因为 Process 更稳定,而且,Process 可以分布到多台机器上,而 Thread 最多只能分布到同一台机器的多个 CPU 上。

Python 的 multiprocessing 模块不但支持多进程,其中 managers 子模块还支持将多进程分布到多台机器上。一个服务进程可以作为调度者,将任务分布到其他多个进程中。由于 managers 模块封装很好,不必了解网络通信的细节,就可以很容易地编写分布式多进程程序。举个例子:假设已经有一个通过 Queue 通信的多进程程序在同一台机器上运行,现在,由于处理任务的进程任务繁重,希望将发送任务的进程和处理任务的进程分布到两台机器上。怎么用分布式进程实现?原有的 Queue 可以继续使用,但是,通过 managers 模块将 Queue 通过网络暴露出去,就可以让其他机器的进程访问 Queue 了。分布式进程就是将这一过程进行了封装,这个过程可称为本地队列的网络化。整体过程如图 6-3 所示。

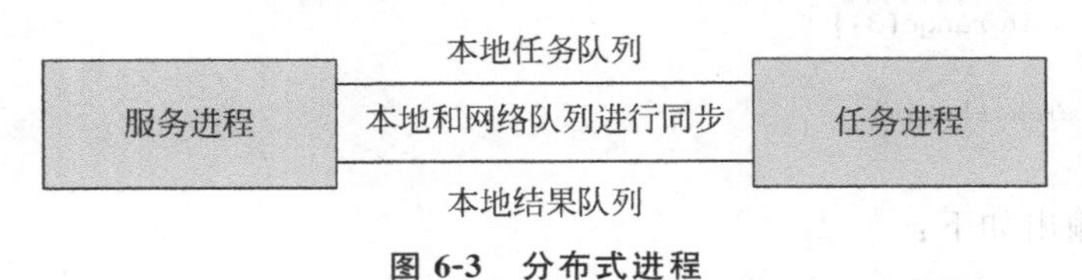

图 6-3 分布式进程

要实现上面例子的功能,创建分布式进程需要分为 6 个步骤:

- 建立队列 Queue,用来进行进程间通信。服务进程创建任务队列 task_queue 用来作为传递任务给任务进程的通道;服务进程创建结果队列 result_queue,作为任务进程完成任务后回复服务进程的通道。在分布式多进程环境下,必须由 Queuemanager 获得 Queue 接口来添加任务。
- 把第一步中建立的队列在网络上注册,暴露给其他进程(主机),注册后获得网络队列,相当于本地队列的映像。
- 建立一个对象(Queuemanager(BaseManager))实例 manager,绑定端口和验证口令。
- 启动第三步中建立的实例,即启动管理 manager,监管信息通道。
- 通过管理实例的方法获得通过网络访问的 Queue 对象,即再把网络队列实体化成可以使用的本地队列。
- 创建任务到"本地"队列中,自动上传任务到网络队列中,分配给任务进程进行处理。

接着通过程序实现上面的例子,首先编写的是服务进程(taskMananger. py),代码如下:

```
#!coding:utf-8
from multiprocessing.managers import BaseManager
from multiprocessing import freeze_support, Queue
# 任务个数
task_number = 10
# 收发队列
task_que = Queue(task_number)
result_queue = Queue(task_number)
def get_task():
    return task_que
def get_result():
    return result_queue
# 创建类似的 queueManager
class QueueManager(BaseManager):
    pass
def win_run():
    # 注册在网络上,callable 关联了 Queue 对象
    # 将 Queue 对象在网络中暴露
    # 在 Windows 下绑定调用接口不能直接使用 lambda,所以只能先定义函数再绑定
    QueueManager.register('get_task_queue', callable=get_task)
    QueueManager.register('get_result_queue', callable=get_result)
    # 绑定端口和设置验证口令
    manager = QueueManager(address=('127.0.0.1', 8001), authkey='qiye'.encode())
    # 启动管理,监听信息通道
    manager.start()
    try:
        # 通过网络获取任务队列和结果队列
        task = manager.get_task_queue()
        result = manager.get_result_queue()
        # 添加任务
        for url in ["ImageUrl_" + str(i) for i in range(10)]:
            print('url is %s' % url)
            task.put(url)
        print('try get result')
        for i in range(10):
            print('result is %s' % result.get(timeout=10))
    except:
        print('Manager error')
    finally:
        manager.shutdown()
if __name__ == '__main__':
    #在 Windows 下多进程可能有问题,添加这条语句缓解
    freeze_support()
    win_run()
```

服务进程已经编写好,接下来介绍创建任务进程(taskWorker.py)的4个步骤:

- 使用 QueueManager 注册用于获取 Queue 的方法名称,任务进程只能通过名称来网络获取 Queue。
- 连接服务器,端口和验证口令注意保持与服务器进程中完全一致。
- 从网络获取 Queue,进行本地化。
- 从 task 队列获取任务,并且把结果写入 result 队列。

程序 taskWorker.py 代码为:

```
#coding:utf-8
import time
from multiprocessing.managers import BaseManager
# 创建类似的 QueueManager:
class QueueManager(BaseManager):
    pass
# 实现第一步：使用 QueueManager 注册获取 Queue 的方法名称
QueueManager.register('get_task_queue')
QueueManager.register('get_result_queue')
# 实现第二步：连接到服务器
server_addr = '127.0.0.1'
print('Connect to server %s...' % server_addr)
# 端口和验证口令注意保持与服务进程设置的完全一致：
m = QueueManager(address=(server_addr, 6379), authkey='qiye')
# 从网络连接：
m.connect()
# 实现第三步：获取 Queue 的对象
task = m.get_task_queue()
result = m.get_result_queue()
# 实现第四步：从 task 队列取任务，并将结果写入 result 队列
while(not task.empty()):
        image_url = task.get(True,timeout=5)
        print('run task download %s...' % image_url)
        time.sleep(1)
        result.put('%s--->success' % image_url)
# 处理结束
print('worker exit.')
```

最后开始运行程序，先启动服务进程 taskManager.py，输出如下：

```
url is ImageUrl_0
url is ImageUrl_1
url is ImageUrl_2
url is ImageUrl_3
url is ImageUrl_4
url is ImageUrl_5
url is ImageUrl_6
url is ImageUrl_7
url is ImageUrl_8
url is ImageUrl_9
try get result
…
```

接着，启动任务进程 taskWorker.py，输出如下：

```
Connect to server 127.0.0.1...
run task download ImageUrl_0...
run task download ImageUrl_1...
run task download ImageUrl_2...
run task download ImageUrl_3...
run task download ImageUrl_4...
run task download ImageUrl_5...
run task download ImageUrl_6...
run task download ImageUrl_7...
run task download ImageUrl_8...
```

```
run task download ImageUrl_9...
worker exit.
```

当任务进程运行结束后，服务进程运行输出如下：

```
result is ImageUrl_0 ---> success
result is ImageUrl_1 ---> success
result is ImageUrl_2 ---> success
result is ImageUrl_3 ---> success
result is ImageUrl_4 ---> success
result is ImageUrl_5 ---> success
result is ImageUrl_6 ---> success
result is ImageUrl_7 ---> success
result is ImageUrl_8 ---> success
result is ImageUrl_9 ---> success
```

其实这就是一个简单的、真正的分布式计算，对代码稍加改造，启动多个 worker，就可以将任务分布到几台甚至几十台机器上，从而实现大规模的分布式爬虫。

6.7 网络编程

既然是做爬虫开发，必然需要了解 Python 网络编程方面的知识。计算机网络是将各个计算机连接到一起，让网络中的计算机可以互相通信。网络编程的目的就是在程序中实现两台计算机的通信。例如，当你使用浏览器访问谷歌网站时，你的计算机就和谷歌的某台服务器通过互联网建立起了连接，然后谷歌服务器会把网页内容作为数据通过互联网传输到你的计算机上。

网络编程对所有开发语言都是一样的，Python 也不例外。使用 Python 进行网络编程时，实际上是在 Python 程序本身这个进程内，连接到指定服务器进程的通信端口进行通信，所以网络通信也可以看作两个进程间的通信。

提到网络编程，必须提到的一个概念是 Socket(套接字)。Socket 是网络编程的一个抽象概念，通常用一个 Socket 表示"打开了一个网络链接"，而要打开一个 Socket，需要知道目标计算机的 IP 地址和端口号，再指定协议类型即可。Python 提供了两个基本的 Socket 模块：

- 低级别的网络服务支持基本的 Socket，它提供了标准的 BSD Sockets API，可以访问底层操作系统 Socket 接口的全部方法。
- 高级别的网络服务模块 SocketServer，它提供了服务器中心类，可以简化网络服务器的开发。

1. Socket 类型

Socket 格式为：

```
socket.socket(family[,type[,protocal]])
```

其中，各参数的含义如下：

- family——Socket 家族可以使用 AF_UNIX(单一进程通信)或者 AF_INET(服务器通信)。

- type——Socket类型可以根据是面向连接的还是非连接分为SCOKET_STREAM或SOCKET_DGRAM,如表6-1所示。
- protocol——一般不填默认为0。

表6-1 Socket类型及描述

Socket类型	描　述
socket. AF_UNIX	只能够用于单一的UNIX系统进程间通信
socket. AF_INET	服务器之间网络通信
socket. AF_INET6	IPv6
socket. SOCK_STREAM	流式Socket,用于TCP
socket. SOCK_DGRAM	数据报式Socket,用于UDP
socket. SOCK_RAW	原始Socket,普通的Socket无法处理ICMP、IGMP等网络报文,而SOCK_RAW可以;其次,SOCK_RAW也可以处理特殊的IPv4报文;此外,利用原始Socket,可以通过IP_HDRINCL Socket选项由用户构造IP头
socket. SOCK_SEQPACKET	可靠的连续数据包服务
创建TCP Socket	s=socket. socket(socket. AF_INET_socket. SOCK_STREAM)
创建UDP Socket	s=socket. socket(socket. AF_INET_socket. SOCK_DGRAM)

2. Socket函数

表6-2列举了Python网络编程常用的函数,其中包括TCP和UDP。

表6-2 Socket函数及描述

Socket函数	描　述
s. bind(address)	绑定地址(host,port)到Socket,在AF_INET下,以元组(host,port)的形式表示地址
s. listen(backlog)	开始TCP监听。backlog指定在拒绝连接之前,操作系统可以挂起的最大连接数量。该值至少为1,大部分应用程序设为5就可以了
s. accept()	被动接受TCP客户端连接,(阻塞式)等待连接的到来
	客户端Socket
a. connect(address)	主动初始化TCP服务器连接。一般address的格式为元组(hostname,port),如果连接出错,返回socket. error错误
a. connect_ex(address)	connect()函数的扩展版本,出错时返回出错码,而不是抛出异常
	公共用途的Socket函数
s. recv(bufsize[,flag])	接收TCP数据,数据以字符串形式返回,bufsize指定要接收的最大数据量。flag提供有关消息的其他信息,通常可以忽略
s. send(string[,flag])	发送TCP数据,将string中的数据发送到连接的Socket。返回值是要发送的字节数量,该数量可能小于string的字节大小
s. sendall(string[,flag])	完整发送TCP数据,完整发送TCP数据。将string中的数据发送到连接的Socket,但在返回之前会尝试发送所有数据。若成功则返回None,若失败则抛出异常
s. recvfrom(bufsize[,flag])	接收UDP数据,与recv()类似,但返回值是(data,address)。其中data是包含接收数据的字符串,address是发送数据的Socket地址

续表

Socket 函数	描　述
s. sendto(string[,flag])	发送 UDP 数据，将数据发送到 Socket，address 是形式为(ipaddr,port)的元组，指定远程地址。返回值是发送的字节数
s. close()	关闭 Socket
s. getpeername()	返回连接 Socket 的远程地址。返回值通常是元组(ipaddr,port)
s. getsockname()	返回 Socket 自己的地址。通常是一个元组(ipaddr,port)
s. setsockopt(level,optname,value)	设置给定 Socket 选项的值
s. getsockopt(level,optname[. buflen])	返回 Socket 选项的值
s. settimeout(timeout)	设置 Socket 操作的超时期，timeout 是一个浮点数，单位是秒。值为 None 表示没有超时期。一般，超时期应该在刚创建 Socket 时设置，因为它们可能用于连接的操作(如 connect())
s. gettimeout()	返回当前超时期的值，单位是秒，如果没有设置超时期，则返回 None
s. fileno()	返回 Socket 的文件描述符
s. setblocking(flag)	如果 flag 为 0，则将 Socket 设为非阻塞模式，否则将 Socket 设为阻塞模式(默认值)。非阻塞模式下，如果调用 recv()没有发现任何数据，或 send()调用无法立即发送数据，那么将引起 socket. error 异常
s. makefile()	创建一个与该 Socket 相关联的文件

下面介绍 Python 中 TCP 和 UDP 两种网络类型的编程流程。

6.7.1 TCP 编程

网络编程一般包括两部分：服务端编程和客户端编程。TCP 是一种面向连接的通信方式，主动发动连接的叫客户端，被动响应的叫服务端。先来介绍服务端，创建和运行 TCP 服务端一般需要 5 个步骤：

(1) 创建 Socket，绑定 Socket 到本地 IP 与商品。

(2) 开始监听连接。

(3) 进入循环，不断接受客户端的连接请求。

(4) 接收传来的数据，并发送给对方。

(5) 传输完毕，关闭 Socket。

下面通过一个实例来演示创建 TCP 服务端的过程，代码为：

```
#coding:utf-8
#创建 TCP 服务端
import socket
import threading
import time
def dealClient(sock, addr):
    #第四步：接收传来的数据，并发送给对方数据
    print('Accept new connection from %s:%s...' % addr)
    sock.send(b'Hello,I am server!')
    while True:
        data = sock.recv(1024)
```

```
            time.sleep(1)
            if not data or data.decode('utf-8') == 'exit':
                break
            print('-->>%s!' % data.decode('utf-8'))
            sock.send(('Loop_Msg: %s!' % data.decode('utf-8')).encode('utf-8'))
        #第五步：关闭 Socket
        sock.close()
        print('Connection from %s:%s closed.' % addr)
    if __name__ == "__main__":
        #第一步：创建一个基于 IPv4 和 TCP 协议的 Socket
        # Socket 绑定的 IP(127.0.0.1 为本机 IP)与端口
        s = socket.socket(socket.AF_INET, socket.SOCK_STREAM)
        s.bind(('127.0.0.1', 9999))
        #第二步:监听连接
        s.listen(5)
        print('Waiting for connection...')
        while True:
            # 第三步:接受一个新连接
            sock, addr = s.accept()
            # 创建新线程来处理 TCP 连接:
            t = threading.Thread(target=dealClient, args=(sock, addr))
            t.start()
```

接着编写客户端，与服务端进行交互，TCP 客户端的创建和运行需要 3 个步骤：

（1）创建 Socket，连接远端地址。

（2）连接后发送数据和接收数据。

（3）传输完毕，关闭 Socket。

TCP 客户端的创建过程代码如下：

```
#coding:utf-8
import socket
#初始化 Socket
s = socket.socket(socket.AF_INET, socket.SOCK_STREAM)
#连接目标的 IP 和端口
s.connect(('127.0.0.1', 9999))
# 接收消息
print('-->>'+s.recv(1024).decode('utf-8'))
# 发送消息
s.send(b'Hello,I am a client')
print('-->>'+s.recv(1024).decode('utf-8'))
s.send(b'exit')
#关闭 Socket
s.close()
```

运行客户端程序后，先启动服务端，再启动客户端。服务端打印信息如图 6-4 所示。

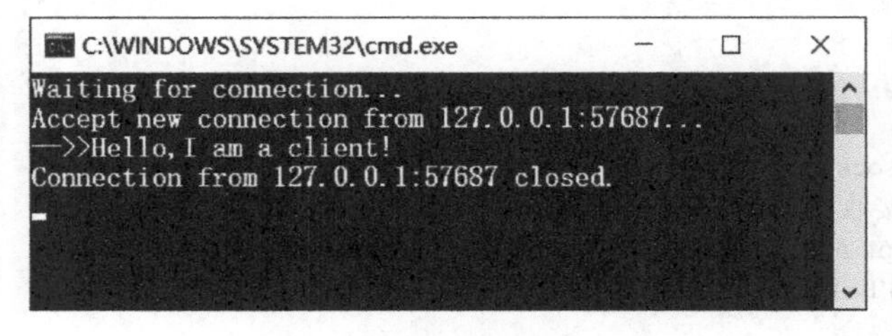

图 6-4 服务端打印信息

客户端输出信息如图 6-5 所示。

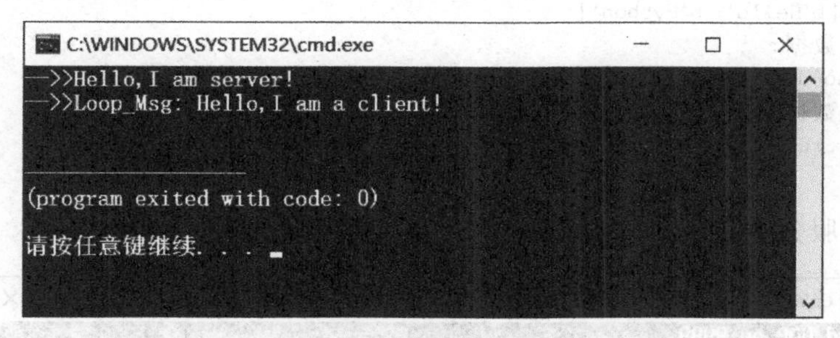

图 6-5 客户端输出信息

以上完成了 TCP 客户端与服务端的交互流程,用 TCP 进行 Socket 编程在 Python 中十分简单。对于客户端,要主动连接服务器的 IP 和指定端口;对于服务器,要首先监听指定端口,然后,对每一个新的连接,创建一个线程或进程来处理。通常,服务器程序会无限运行下去。

6.7.2 UDP 编程

TCP 通信需要一个建立可靠的连接的过程,而且通信双方以流的形式发送数据。相对于 TCP,UDP 是面向无连接的协议。使用 UDP 时,不需要建立连接,只需要知道对方的 IP 地址和端口号,就可以直接发数据包,但是不关心是否能到达目的端。虽然用 UDP 传输数据不可靠,但是由于它没有建立连接的过程,速度比 TCP 快得多,所以对于不要求可到达的数据,就可以使用 UDP。

使用 UDP,和 TCP 一样,也有服务端和客户端之分。UDP 编程相对于 TCP 编程比较简单,服务器创建和运行只需要 3 个步骤:

(1) 创建 Socket,绑定指定的 IP 和端口。

(2) 直接发送数据和接收数据。

(3) 关闭 Socket。

演示使用 UDP 编程,服务端程序代码为:

```
#coding:utf-8
import socket
#创建 Socket,绑定指定的 IP 和端口
#SOCK_DGRAM 指定了这个 Socket 的类型是 UDP。绑定端口和 TCP 一样。
s = socket.socket(socket.AF_INET, socket.SOCK_DGRAM)
s.bind(('127.0.0.1', 9999))
print('Bind UDP on 9999...')
while True:
    # 直接发送数据和接收数据
    data, addr = s.recvfrom(1024)
    print('Received from %s:%s.' % addr)
    s.sendto(b'Hello, %s!' % data, addr)
```

客户端程序代码为:

```
#coding:utf-8
import socket
```

```
s = socket.socket(socket.AF_INET, socket.SOCK_DGRAM)
for data in [b'Hello', b'Python']:
    # 发送数据:
    s.sendto(data, ('127.0.0.1', 9999))
    # 接收数据:
    print(s.recv(1024).decode('utf-8'))
s.close()
```

运行程序,服务端打印输出如图 6-6 所示。

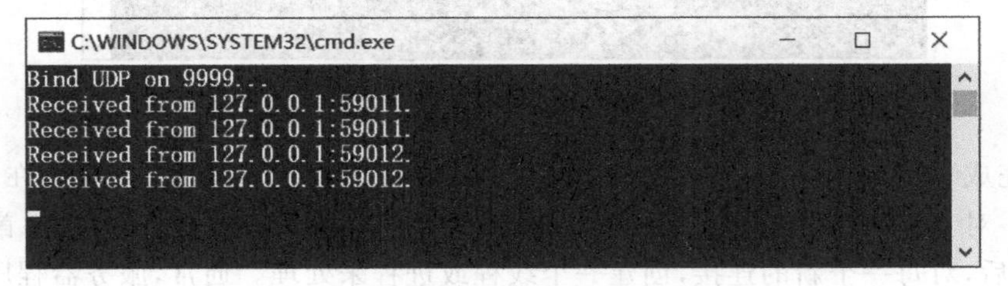

图 6-6　服务端打印输出

客户端输出信息如图 6-7 所示。

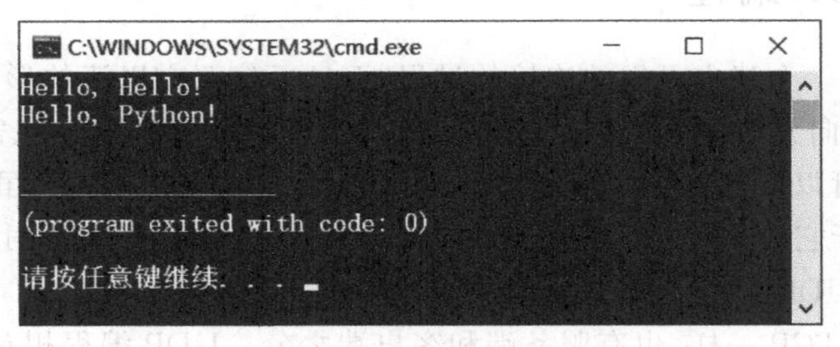

图 6-7　客户端输出信息

6.8　习题

1. 进程一般由________、________、________ 3 部分组成。
2. 多进程并发的优势是什么? 不足又是什么?
3. 同步、异步的概念是什么?
4. 协程存在的意义是什么?
5. 利用 time 函数,生成两个函数顺序调用,计算总的运行时间。
6. 用两个栈实现队列,并实现入队和出队方法。

第7章 Python数据库存储

CHAPTER 7

在Python开发中，不免会遇到数据存储的问题，下面就介绍Python与几种数据存储方式交互的方法。

7.1 几种保存方法

本节介绍4种基本保存方法，分别为Open函数保存、pandas包保存、CSV模块保存以及numpy包保存。

7.1.1 Open函数保存

在Python中，使用with open()新建对象，下面通过一个例子来说明Open函数保存。

【例7-1】 写入数据(这里使用的是爬取豆瓣读书中一本书的豆瓣短评作为例子)。

```
import requests
from lxml import etree
# 发送 Request 请求
url = 'https://book.douban.com/subject/1054917/comments/'
head = {'User - Agent':'Mozilla/5.0 (Windows NT 6.1; WOW64) AppleWebKit/537.36 (KHTML, like
Gecko) Chrome/50.0.2661.94 Safari/537.36'}
# 解析 HTML
r = requests.get(url, headers = head)
s = etree.HTML(r.text)
comments = s.xpath('//div[@class = "comment"]/p/text()')
#print(str(comments))# 在写代码的时候可以将读取的内容打印一下
# 保存数据 open 函数,使用 with open()新建对象 f
with open('D:/PythonWorkSpace/TestData/pinglun.txt','a + ',encoding = 'utf - 8') as f:
    for i in comments:
        print(i)
        # 写入数据,文件保存在上面指定的目录,加\n 为了换行更方便阅读
        f.write(i + '\n')
```

其中，"with open('D:/PythonWorkSpace/TestData/pinglun.txt','a+',encoding='utf-8') as f:"的a+为Python文件的读写模式，表示将对文件使用附加读写方式打开，如果该文件不存在，就会创建一个新文件。除了a+以外，还有其他几种打开文件的方式，如表7-1所示。

表 7-1 几种打开文件的方式

读写方式	可否读写	如果文件不存在	写入方式
W	写入	创建	覆盖写入
w+	读取+写入	创建	覆盖写入
R	读取	报错	不可写入
r+	读取+写入	报错	覆盖写入
A	写入	创建	附加写入
a+	读取+写入	创建	附加写入

根据不同的需要，可以采用不同的方式打开文件。一般在读取文件的时候可以使用R方式，如果文件不存在，就会报错，而且无法向该文件中写入数据，这样就保证了读取文件的可靠性。在写入文件的时候，可以选择a+，数据会在文件最后添加进去，不会影响原有的数据，如果该文件不存在，就会创建一个新文件。

7.1.2 pandas 包保存

pandas是基于Numpy创建的Python包，含有使数据分析工作变得更加简单的高级数据结构和操作工具。

下面介绍与pandas相关的两个数据分析工具包（注意，pandas、numpy和matplotlib都需要事先安装）：

- numpy：Numerical Python的简称，是高性能科学计算和数据分析的基础包。
- matplotlib：是一个用于创建出版质量图表的绘图包（主要是2D方面）。

导入包的方法为：

```
import pandas as pd # 导入 pandas
import numpy as np # 导入 numpy
import matplotlib.pypolt as plt # 导入 matplotlib
```

接下来就演示利用pandas保存数据到CSV和Excel：

```
# 导入包 import pandas as pd
import numpy as np
df = pd.DataFrame(np.random.randn(10,4)) # 创建随机值
# 查看数据框的尾部数据，默认不写为倒数 5 行，小于 5 行时全部显示；也可以自定义查看倒数几行
print(df.tail())
df.to_csv('D:/PythonWorkSpace/TestData/PandasNumpy.csv') # 存储到 CSV 中
# 存储到 Excel 中(需要提前导入库 pip install openpyxl)
# df.to_excel('D:/PythonWorkSpace/TestData/PandasNumpy.xlsx')
```

实例中保存豆瓣读书的短评代码如下：

```
import requests
from lxml import etree
# 发送 Request 请求
url = 'https://book.douban.com/subject/1054917/comments/'
head = {'User - Agent':'Mozilla/5.0 (Windows NT 6.1; WOW64) AppleWebKit/537.36 (KHTML, like
Gecko) Chrome/50.0.2661.94 Safari/537.36'}
# 解析 HTML
r = requests.get(url, headers = head)
```

```
s = etree.HTML(r.text)
comments = s.xpath('//div[@class = "comment"]/p/text()')
#print(str(comments))#在写代码的时候可以将读取的内容打印一下
'''
#保存数据 open 函数,使用 with open()新建对象 f
with open('D:/PythonWorkSpace/TestData/pinglun.txt','w',encoding = 'utf - 8') as f:
    for i in comments:
        print(i)
#写入数据,文件保存在上面指定的目录,加\n 是为了换行以方便阅读
        f.write(i + '\n')'''
#保存数据 pandas 函数到 CSV 和 Excel
import pandas as pd
df = pd.DataFrame(comments)
#print(df.head())#head()默认为前 5 行
df.to_csv('D:/PandasNumpyCSV.csv')
```

7.1.3 CSV 模块保存

CSV(Comma-Separated Values)是用逗号分隔值的文件格式,其文件以纯文本的形式存储表格数据(数字和文本)。CSV 文件的每一行都用换行符分隔,列与列之间用逗号分隔。

相对于 TXT 文件,CSV 文件既可以用记事本打开,又可以用 Excel 打开,表现为表格形式。由于数据用逗号已经分隔开来,因此可以十分清晰地看到数据的情况,而 TXT 文件经常遇到变量分隔的问题。此外,CSV 文件存储同样的数据占用的空间也和 TXT 文件差不多,所以在 Python 网络爬虫中经常用 CSV 文件存储数据。

CSV 的使用分为读取和写入两方面,首先介绍 CSV 的读取。

如图 7-1 所示,可以使用 Excel 创建一个文件,里面的表格是 4×4 的,之后另存为 CSV 文件,文件名为 test.csv。

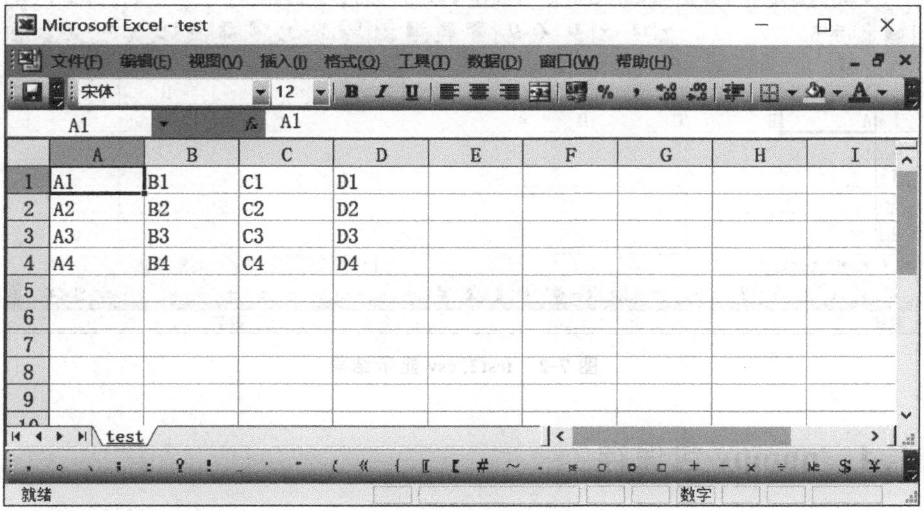

图 7-1 Excel 保存的 test.csv

下面尝试使用 Python 读取 test.csv 中的数据，代码为：

```
import csv
with open('test.csv','r',encoding = 'UTF-8') as csvfile:
 csv_read = csv.reader(csvfile)
 for row in csv_read:
     print(row)
     print(row[0])
```

运行程序，输出如下：

```
['A1', 'B1', 'C1', 'D1']
A1
['A2', 'B2', 'C2', 'D2']
A2
['A3', 'B3', 'C3', 'D3']
A3
['A4', 'B4', 'C4', 'D4']
A4
```

可见，csv_read 将每一行数据都转化成了一个列表(list)，列表中从左至右的每个元素是一个字符串。

接着来介绍把数据写入 CSV 的方法，可以将变量加入一个列表，然后使用 writerow()方法把一个列表直接写入一列中，代码为：

```
import csv
output_list = ['A','B','C','D']
with open('test2.csv','a+',encoding = 'UTF-8',newline = '') as csvfile:
 w = csv.writer(csvfile)
 w.writerow(output_list)
```

用 Excel 打开 test2.csv，效果如图 7-2 所示。

	A	B	C	D	E	F	G	H	I
1	A	B	C	D					
2									
3									
4									
5									

图 7-2 test2.csv 显示结果

7.1.4 numpy 包保存

目前，几乎所有的机器学习和深度学习算法的 Python 包都支持 numpy，比如 sklearn 和 tensorflow 等。使用 numpy 保存数据可以十分方便地被各种算法调用。

1. 保存为二进制文件(.npy/.npz)并读取

在 Python 中,利用 numpy 将数据保存为二进制文件并读取主要由 3 个函数实现,下面具体介绍。

1) numpy.save 和 numpy.load

这两个函数是将一个数组保存到一个二进制文件中,保存格式是.npy,语法格式为:

```
numpy.save(file, arr, allow_pickle = True, fix_imports = True)
```

其中,参数 file 为文件名/文件路径; arr 为要存储的数组; allow_pickle 为布尔值; 允许使用 Python pickles 保存对象数组(可选参数,默认即可); fix_imports 是为了方便在 Python2 中读取 Python3 保存的数据(可选参数,默认即可)。

【例 7-2】 numpy.save 和 numpy.load 函数演示实例。

```
>>> import numpy as np
>>> #生成数据
... x = np.arange(12)
>>> x
array([ 0, 1, 2, 3, 4, 5, 6, 7, 8, 9, 10, 11])
>>> #数据保存
... np.save('save_x.npy',x)
>>> #读取保存的数据
... np.load('save_x.npy')
array([ 0, 1, 2, 3, 4, 5, 6, 7, 8, 9, 10, 11])
```

2) numpy.savez

这个同样是将数组保存到一个二进制的文件中,但厉害的是,它可以保存多个数组到同一个文件中,保存格式是.npz,它其实就是多个前面 np.save 保存的 npy,再通过打包(未压缩)的方式把这些文件归于一个文件。为了加深理解,可以自行去解压 npz 文件,会发现里面是就是自己保存的多个 npy。

savez 函数的语法格式为:

```
numpy.savez(file, *args, **kwds)
```

其中,参数 file 为文件名/文件路径; *args 为要存储的数组,可以写多个,如果没有给数组指定 Key,那么 numpy 将默认从'arr_0','arr_1'的方式命名; kwds 为可选参数,默认即可。

【例 7-3】 numpy.savez 函数将数据保存到二进制文件中。

```
>>> import numpy as np
>>> #生成数据
>>> y = np.sin(x)
>>> y
array([ 0.        , 0.84147098, 0.90929743, 0.14112001, -0.7568025 ,
       -0.95892427, -0.2794155 , 0.6569866 , 0.98935825, 0.41211849,
       -0.54402111, -0.99999021])
#数据保存
>>> np.save('save_xy.npz',x,y)
#读取保存的数据
>>> npzfile = np.load('save_xy.npz')
>>> npzfile #是一个对象,无法读取
```

```
<numpy.lib.npyio.NpzFile object at 0x7f63ce4c8860>
#按照组数默认的key进行访问
>>> npzfile['arr_0']
array([ 0, 1, 2, 3, 4, 5, 6, 7, 8, 9, 10, 11])
>>> npzfile['arr_1']
array([ 0.        , 0.84147098, 0.90929743, 0.14112001, -0.7568025 ,
       -0.95892427, -0.2794155 , 0.6569866 , 0.98935825, 0.41211849,
       -0.54402111, -0.99999021])
```

在Python中，可以不使用numpy默认的key赋给数组，而是自己给数组赋予有意义的key，这样就可以不用去猜测加载数据是否是自己需要的。

```
#数据保存
>>> np.savez('newsave_xy.npy',x=x,y=y)
#读取保存的数据
>>> npzfile=np.load('newsave_xy.npz')
#按照保存时设定的数组key进行访问
>>> npzfile['x']
array([ 0, 1, 2, 3, 4, 5, 6, 7, 8, 9, 10, 11])
>>> npzfile['y']
array([ 0.        , 0.84147098, 0.90929743, 0.14112001, -0.7568025 ,
       -0.95892427, -0.2794155 , 0.6569866 , 0.98935825, 0.41211849,
       -0.54402111, -0.99999021])
```

在深度学习中，有时候保存了训练集、验证集、测试集，甚至包括它们的标签，用这个方式存储起来，加载非常方便，文件数量大大减少，也不需要多次修改文件名。

3）numpy.savez_compressed

这个就是在前面numpy.savez的基础上加了压缩，前面介绍时尤其注明numpy.savez是一个打包文件，并不是压缩文件。这个文件就是对文件进行打包时使用了压缩，可以理解为压缩前各npy的文件大小不变，使用该函数比前面的numpy.savez得到的npz文件更小。

2. 保存到文本

在Python中，利用numpy将数据保存文本也可以由几个函数实现，下面具体介绍。

1）numpy.savetxt

该函数用于将数组保存到文本文件上，可以直接打开查看文件中的内容。函数的语法格式为：

```
numpy.savetxt(fname, X, fmt='%.18e', delimiter='', newline='\n', header='', footer='',
comments='# ', encoding=None)
```

其中，参数name为文件名/文件路径，如果文件后缀是.gz，文件将被自动保存为.gzip格式，np.loadtxt可以识别该格式；X为要存储的1D或2D数组；fmt为控制数据存储的格式；delimiter为数据列之间的分隔符；newline为数据行之间的分隔符；header为文件头部写入的字符串；footer为文件尾部写入的字符串；comments为文件头部或者尾部字符串的开头字符，默认是'#'；encoding为使用默认参数。

【例7-4】 numpy.savetxt函数将数据保存到文本中。

```
>>> import numpy as np
>>>#生成数据
>>> x = y = z = np.ones((3,2))
```

```
>>> x
array([[1., 1.],
       [1., 1.],
       [1., 1.]])
>>>保存数据
>>> np.savetxt('test.out', x)
>>> np.savetxt('test1.out', x,fmt = '%1.4e')
>>> np.savetxt('test2.out', x, delimiter = ',')
>>> np.savetxt('test3.out', x,newline = 'a')
>>> np.savetxt('test4.out', x,delimiter = ',',newline = 'a')
>>> np.savetxt('test5.out', x,delimiter = ',',header = 'abc')
>>> np.savetxt('test6.out', x,delimiter = ',',footer = 'abc')
```

保存下来的文件都是友好的,可以直接打开看看有什么变化。

2) numpy.loadtxt

该函数根据前面定制的保存格式,对应的加载数据的函数也发生变化,文本文件中的每一行的数据量必须相同,即无缺失。其语法格式为:

```
numpy.loadtxt(fname, dtype = <class 'float'>, comments = '#', delimiter = None, converters = None, skiprows = 0, usecols = None, unpack = False, ndmin = 0, encoding = 'bytes')
```

其中,参数 fname 为文件名/文件路径,如果文件后缀是.gz 或.bz2,那么文件将被解压,然后再载入;dtype 为要读取的数据类型;comments 为文件头部或者尾部字符串的开头字符,用于识别头部,尾部字符串;delimiter 为分隔符字符串;converters 为数据行之间的分隔符;skiprows 为跳过最前面的几行,默认为 0;usecols 为选择要读取的列,例 usecols=(1,2,5),选取第 2、3 和 6 列的数据;unpack 为数组是否转置,默认是 false,不转置;ndim 为指定数组的维度,即列数,默认为 0,即不指定;encoding 为编码方式,默认为 bytes。

例如:

```
np.loadtxt('test.out')
np.loadtxt('test2.out', delimiter = ',')
```

3) numpy.genfromtxt

该函数用于从文本文件加载数据,并按指定的方式处理缺失值。其语法格式为:

```
numpy.genfromtxt(fname, dtype = <class'float'>, comments = '#', delimiter = None, skip_header = 0, skip_footer = 0, converters = None, missing_values = None, filling_values = None, usecols = None, names = None, excludelist = None, deletechars = None, replace_space = '_', autostrip = False, case_sensitive = True, defaultfmt = 'f%i', unpack = None, usemask = False, loose = True, invalid_raise = True, max_rows = None, encoding = 'bytes')
```

其中,fname 为文件名/文件路径,如果文件后缀是.gz 或.bz2,那么文件将被解压,然后再载入;dtype 为要读取的数据类型;comments 为文件头部或者尾部字符串的开头字符,用于识别头部、尾部字符串;delimiter 为分隔符字符串;skiprows 为跳过最前面的几行,默认为 0,numpy 的 1.10 版本中该参数已被移除,此时可以使用 skip_header;skip_header 同上;skip_footer 为跳过最后面的几行,默认为 0;converters 为将列数据转换为值的一组函数。转换器还可以用于为丢失的数据提供默认值,如 converters = {3: lambda s: float(s or 0)};missing:numpy 的 1.10 版本中该参数已被移除,请使用 missing_value;missing_value 为与缺失数据相对应的字符串集;filling_values 为用来填充缺失值的集合;secols 为选择要读取的列,例 usecols=(1,2,5),选取第 2、3 和 6 列的数据;后面的参数不常用,在此不列出。

【例 7-5】 利用 numpy.genfromtxt 函数从文本中加载数据。

```
>>> from io import StringIO
>>> import numpy as np
>>> s = StringIO(u"1,1.3,abcde")
>>> data = np.genfromtxt(s, dtype = [('myint','i8'),('myfloat','f8'),
... ('mystring','S5')], delimiter = ",")
>>> data
array((1, 1.3, b'abcde'),
      dtype = [('myint', '<i8'), ('myfloat', '<f8'), ('mystring', 'S5')])
```

4) numpy.fromregex

该函数从文本文件加载数据,并按指定的方式处理缺失值。函数的语法格式为:

```
numpy.fromregex(file, regexp, dtype, encoding = None)
```

其中,参数 file 为要读取的文件名;regexp 为用于解析文件的正则表达式。正则表达式中的组对应于 dtype 中的字段;dtype 为要读取的数据类型;encoding 为编码方式。

【例 7-6】 利用 fromregex 函数从文本文件加载数据。

```
>>> f = open('test.dat', 'w')
>>> f.write("1312 foo\n1534 bar\n444 qux")
28
>>> f.close()
>>> regexp = r"(\d+)\s+(...)" # match [digits, whitespace, anything]
>>> output = np.fromregex('test.dat', regexp,
... [('num', np.int64), ('key', 'S3')])
>>> output
array([(1312, b'foo'), (1534, b'bar'), ( 444, b'qux')],
      dtype = [('num', '<i8'), ('key', 'S3')])
>>> output['num']
array([1312, 1534, 444], dtype = int64)
```

7.2 JSON 文件存储

JSON 即 JavaScript 对象标记,它通过对象和数组的组合来表示数据,构造简洁但是结构化程度非常高,是一种轻量级的数据交换格式。

7.2.1 对象和数组

在 JavaScript 语言中,一切都是对象。因此,任何支持的类型都可以通过 JSON 来表示,例如字符串、数字、对象、数组等,但是对象和数组是比较特殊且常用的两种类型,这里进行说明。

对象即是指它在 JavaScript 中是使用花括号{}包围起来的内容,数据结构为{key1:value1, key2:value2, …}的键-值对结构。在面向对象的语言中,key 为对象的键名,value 为对应的值。键名可以使用整数和字符串来表示。值的类型可以是任意类型。

数组在 JavaScript 中是方括号[]包围起来的内容,数据结构为["java", "javascript", "vb", …]的索引结构。在 JavaScript 中,数组是一种比较特殊的数据类型,它也可以像对象那样使用键-值对,但还是索引用得多。同样,值的类型可以是任意类型。

所以，一个 JSON 对象可以写为如下形式：

```
[{
    "name": "Bob",
    "gender": "male",
    "birthday": "1992-10-18"
}, {
     "name": "Selina",
    "gender": "female",
    "birthday": "1995-10-18"
}]
```

由方括号包围的就相当于列表类型，列表中的每个元素可以是任意类型，这个示例中它是字典类型，由花括号包围。

JSON 可以由以上两种形式自由组合而成，可以无限次嵌套，结构清晰，是数据交换的极佳方式。

7.2.2 读取 JSON

Python 为我们提供了简单易用的库来实现 JSON 文件的读写操作，可以调用库的 loads()方法将 JSON 文本字符串转为 JSON 对象，可以通过 dumps()方法将 JSON 对象转为文本字符串。

【例 7-7】 读取 JSON 文本字符。

```
import json
str = '''
[{
    "name": "Bob",
    "gender": "male",
    "birthday": "1995-10-18"
}, {
    "name": "Selina",
    "gender": "female",
     "birthday": "1996-10-18"
}]
'''
print(type(str))
"""这里有一段 JSON 形式的字符串，它是 str 类型，用 Python 将其转换为可操作的数据结构，如列表或字典"""
# loads()方法将字符串转为 JSON 对象
data = json.loads(str)
print(data)
# 由于最外层是中括号，所以最终的类型是列表类型
print(type(data))
# 用索引来获取对应的内容
# 获取第一个元素里的 name 属性
print(data[0]['name'])
# 通过中括号加 0 索引，可以得到第一个字典元素，然后再调用其键名即可得到相应
# 的键值.获取键值时有两种方式：一种是中括号加键名；另一种是通过 get()方法传
# 入键名.这里推荐使用 get()方法，这样如果键名不存在，则不会报错，会返回 None
print(data[0].get('name'))
# 这里尝试获取年龄 age，其实在原字典中该键名不存在，此时默认会返回 None
```

```
# 如果传入第二个参数(即默认值),那么在不存在的情况下返回该默认值
print(data[0].get('age'))
# get()方法还可以传入第二个参数(即默认值)
print(data[0].get('age', 25))
```

运行程序,输出如下:

```
<class 'str'>
[{'name': 'Bob', 'gender': 'male', 'birthday': '1995-10-18'}, {'name': 'Selina', 'gender': 'female',
'birthday': '1996-10-18'}]
<class 'list'>
Bob
Bob
None
25
```

值得注意的是,JSON的数据需要用双引号来包围,不能使用单引号。例如:

```
import json
str = '''
[{
    'name': 'Bob',
    'gender': 'male',
    'birthday': '1995-10-18'
}]
'''
data = json.loads(str)
```

运行程序,输出如下:

```
Traceback (most recent call last):
  File "test.py", line 9, in <module>
    data = json.loads(str)
  File "C:\Users\ASUS\AppData\Local\Programs\Python\Python36\lib\json\__init__.py", line
354, in loads
    return _default_decoder.decode(s)
  File "C:\Users\ASUS\AppData\Local\Programs\Python\Python36\lib\json\decoder.py", line
339, in decode
    obj, end = self.raw_decode(s, idx=_w(s, 0).end())
  File "C:\Users\ASUS\AppData\Local\Programs\Python\Python36\lib\json\decoder.py", line
355, in raw_decode
    obj, end = self.scan_once(s, idx)
json.decoder.JSONDecodeError: Expecting property name enclosed in double quotes: line 3 column
5 (char 8)
```

以上结果中出现JSON解析错误提示是因为这里数据用单引号来包围。请注意,JSON字符串的表示需要用双引号,否则loads()方法会解析失败。

7.2.3 读JSON文件

在Python中除可以读取JSON文件显示其详细内容外,还可以读JSON文件,显示文件的内容。例如,有文件data.json如下:

```
[{
    "name": "Bob",
    "gender": "male",
```

```
        "birthday": "1995-10-18"
    }, {
        "name": "Selina",
        "gender": "female",
        "birthday": "1996-10-18"
    }]
```

实现读 JSON 文件的代码为：

```
import json
#从JSON文本中读取内容,例如这里有一个data.json文本文件,
#可以先将文本文件内容读出,然后再利用loads()方法转化
with open('data.json', 'r') as file:
    str = file.read()
    data = json.loads(str)
    print(data)
```

运行程序，输出如下：

```
[{'name': 'Bob', 'gender': 'male', 'birthday': '1995-10-18'}, {'name': 'Selina', 'gender': 'female',
'birthday': '1996-10-18'}]
```

7.2.4 输出 JSON

在 Python 中，还可以调用 dumps()方法将 JSON 对象转化为字符串，例如：

```
import json
data = [{
    'name': 'Bob',
    'gender': 'male',
    'birthday': '1995-10-18'
}]
with open('data1.json', 'w') as file:
    # 利用dumps()方法,可以将JSON对象转为字符串,然后再调用文件的write()方法写入文本
    file.write(json.dumps(data))
```

运行程序，打开文件，显示结果为：

```
[{"name": "Bob", "gender": "male", "birthday": "1992-10-18"}]
```

此外，还可以将文件保存为 JSON 格式，例如：

```
import json
data = [{
    'name': 'Bob',
    'gender': 'male',
    'birthday': '1995-10-18'
}]
# with open('data1.json', 'w') as file:
# 利用dumps()方法,可以将JSON对象转为字符串,然后再调用文件的write()方法写入文本
# file.write(json.dumps(data))
with open('data.json', 'w') as file:
    # 再加一个参数indent,代表缩进字符个数
    file.write(json.dumps(data, indent=2))
```

运行程序，输出如下：

```
[
  {
    "name": "Bob",
    "gender": "male",
    "birthday": "1995 - 10 - 18"
  }
]
```

此外，还可以中文输出，例如：

```
import json
data = [{
    'name': '黄明',
    'gender': '男',
    'birthday': '1995 - 10 - 18'
}]
with open('data.json', 'w') as file:
    file.write(json.dumps(data, indent = 2))
```

运行程序，打开文件，输出结果为：

```
[
  {
    "name": "\u9ec4\u660e",
    "gender": "\u7537",
    "birthday": "1995 - 10 - 18"
  }
]
```

但是，输出的是 Unicode 字符，这并不是想要的结果，因此必须对其编码。例如：

```
import json
data = [{
    'name': '黄明',
    'gender': '男',
    'birthday': '1995 - 10 - 18'
}]
# 为了输出中文,还需要指定参数 ensure_ascii 为 False,另外还要规定文件输出的编码
with open('data1.json', 'w', encoding = 'utf - 8') as file:
    file.write(json.dumps(data, indent = 2, ensure_ascii = False))
```

运行程序，打开文件输出如下：

```
[
  {
    "name": "黄明",
    "gender": "男",
    "birthday": "1995 - 10 - 18"
  }
]
```

7.3 存储到 MongoDB 数据库

在网络爬取的时候需要存储大量数据，而且有时爬取返回的数据是 JSON 格式，这时选择使用 NoSQL 数据库存储就容易多了。

NoSQL 泛指非关系型数据库。传统的 SQL 数据库把数据分配到各个表中，并用关系联系起来。但随着 Web 2.0 网站的兴起，大数据量、高并发环境下的 MySQL 扩展性差，大数据下读取、写入压力大，表结构更改困难，使得 MySQL 应用开发越来越复杂。相比之下，NoSQL 自诞生之初就容易扩展，数据之间无关系，具有非常高的读写性能。

7.3.1 MongoDB 的特点

MongoDB 是一款强大、灵活，且易于扩展的通用型数据库。

1. 易用性

MongoDB 是一个面向文档(document-oriented)的数据库，而不是关系型数据库。不采用关系型主要是为了获得更好的扩展性。当然还有一些其他好处，与关系数据库相比，面向文档的数据库不再有“行”(row)的概念，取而代之的是更为灵活的“文档”(document)模型。通过在文档中嵌入文档和数组，面向文档的方法能够仅使用一条记录来表现复杂的层级关系，这与现代的面向对象语言的开发者对数据的看法一致。

另外，不再有预定义模式(predefined schema)：文档的键(key)和值(value)不再是固定的类型和大小。由于没有固定的模式，根据需要添加或删除字段变得更容易了。通常由于开发者能够进行快速迭代，所以开发进程得以加快。而且，实验更容易进行。开发者能尝试大量的数据模型，从中选一个最好的。

2. 易扩展性

应用程序数据集的大小正在以不可思议的速度增长。随着可用带宽的增长和存储器价格的下降，即使是一个小规模的应用程序，需要存储的数据量也可能大得惊人，甚至超出了很多数据库的处理能力。过去非常罕见的 T 级数据，现在已经是司空见惯了。由于需要存储的数据量不断增长，开发者面临一个问题：应该如何扩展数据库，扩展分为纵向扩展和横向扩展，纵向扩展是最省力的做法，但缺点是大型机一般都非常贵，而且当数据量达到机器的物理极限时，花再多的钱也买不到更强的机器了，此时选择横向扩展更为合适，但横向扩展带来的另外一个问题就是需要管理的机器太多。

MongoDB 的设计采用横向扩展。面向文档的数据模型使它能很容易地在多台服务器之间进行数据分割。MongoDB 能够自动处理跨集群的数据和负载，自动重新分配文档，以及将用户的请求路由到正确的机器上。这样，开发者能够集中精力编写应用程序，而不需要考虑如何扩展的问题。如果一个集群需要更大的容量，那么只需要向集群添加新服务器，MongoDB 就会自动将现有的数据向新服务器传送。

3. 丰富的功能

MongoDB 作为一款通用型数据库，除了能够创建、读取、更新和删除数据之外，还提供了一系列不断扩展的独特功能。主要表现在如下方面。

1）索引

支持通用二级索引，允许多种快速查询方式，且提供唯一索引、复合索引、地理空间索引、全文索引。

2）聚合

支持聚合管道，用户能通过简单的片段创建复杂的集合，并通过数据库自动优化。

3）特殊的集合类型

支持存在时间有限的集合，适用于那些将在某个时刻过期的数据，如会话 session。类似地，MongoDB 也支持固定大小的集合，用于保存近期数据，如日志。

4）文件存储

支持一种非常易用的协议，用于存储大文件和文件元数据。MongoDB 并不具备一些在关系型数据库中很常见的功能，如链接 JSON 和复杂的多行事务。

4. 卓越的性能

MongoDB 的一个主要目标是提供卓越的性能，这在很大程度上决定了 MongoDB 的设计。MongoDB 把尽可能多的内存用作缓存 cache，视图为每次查询自动选择正确的索引。总之，各方面的设计都旨在保持其高性能。

虽然 MongoDB 非常强大并试图保留关系型数据库的很多特性，但它并不追求具备关系型数据库的所有功能。只要有可能，数据库服务器就会将处理逻辑交给客户端。这种精简方式的设计是 MongoDB 能够实现如此高性能的原因之一。

7.3.2 下载安装 MongoDB

MongoDB 是一款基于分布式文件存储的数据库，本身就是为了 Web 应用提供可扩展的高性能数据存储。因此，使用 MongoDB 存储网络爬虫的数据再好不过了。

下面将介绍 Windows 系统中 MongoDB 的下载和安装方式。具体步骤如下：

(1) 下载 MongoDB。进入 MongoDB 的下载页面（https://www.mongodb.com/download-center#community），下载 Windows 的 msi 版本，如图 7-3 所示。

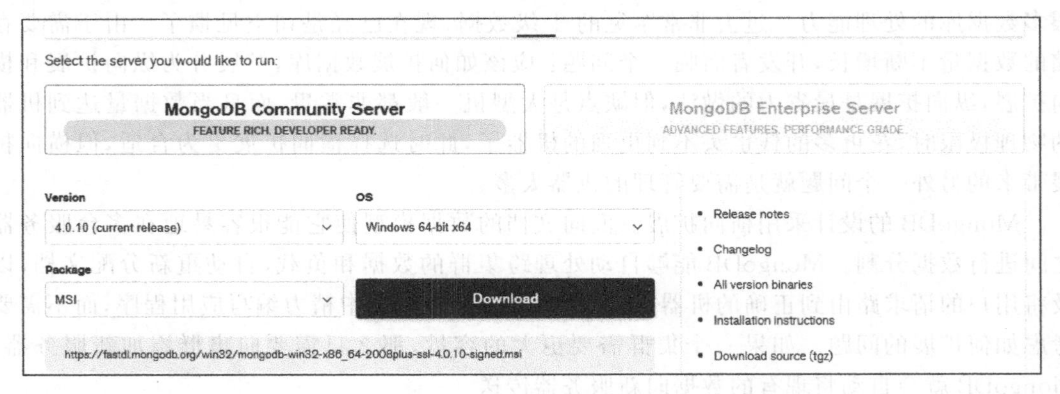

图 7-3 下载 MongoDB

(2) 安装 msi 程序。下载后双击安装程序，安装过程非常简单，可以选择 Complete 安装完整版本，也可以选择 Custom 自定义安装。在此选择自定义安装（Custom），如图 7-4 所示。

(3) 在下一步的安装界面中，不选中 Install MongoDB Compass 复选框，如图 7-5 所示，否则可能要很长时间都一直在执行安装，MongoDB Compass 是一个图形界面管理工具，可以在后面自己到官网下载安装，下载地址为 https://www.mongodb.com/download-center/compass。

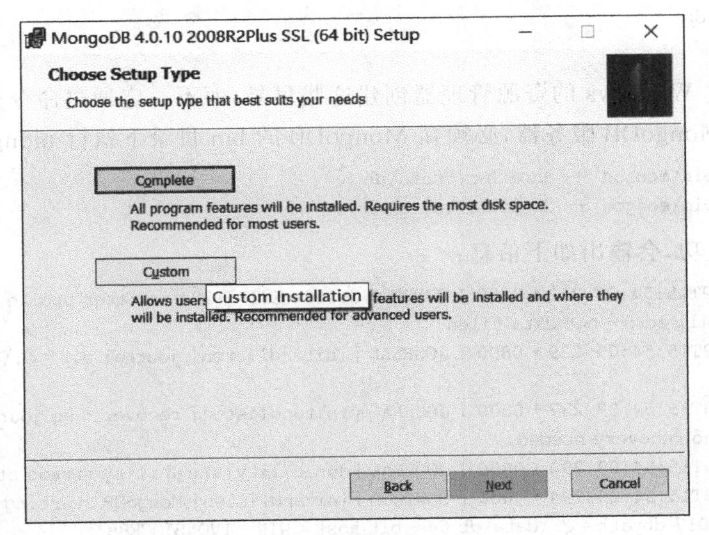

图 7-4 选择自定义安装

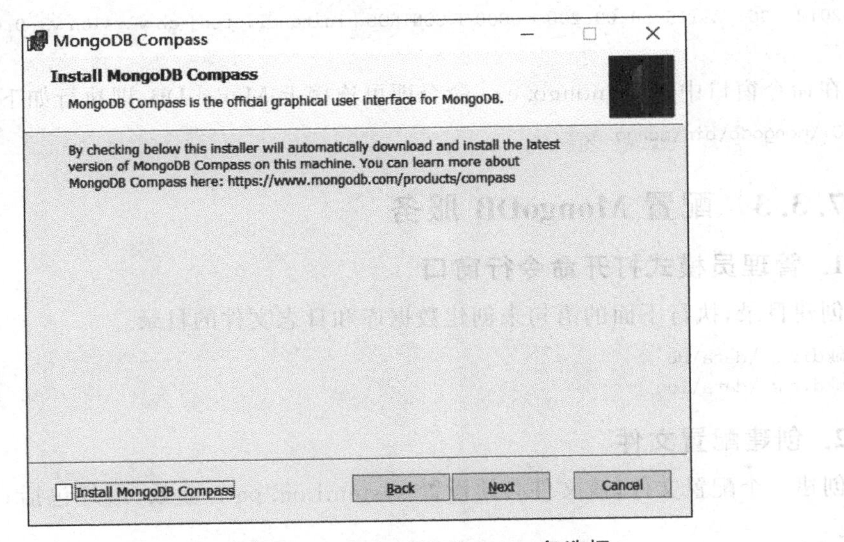

图 7-5 不选中 Install MongoDB Compass 复选框

接着，MongoDB 将数据目录存储在 db 目录下。但是这个数据目录不会自动创建，在安装完成后需要创建它。请注意，数据目录应该放在根目录下(例如，C:\或者 D:\等)。

此处，已经在 C 盘安装了 MongoDB，现在创建一个 data 目录然后在 data 目录下创建 db 目录。

```
C:\Users\ASUS > cd c:\
c:\> mkdir data
```

子目录或文件 data 已经存在。

```
c:\> cd data
c:\data > mkdir db
```

```
c:\data>cd db
c:\data\db>
```

也可以通过 Windows 的资源管理器创建这些目录，而不一定通过命令行。为了在命令提示符下运行 MongoDB 服务器，必须在 MongoDB 的 bin 目录下执行 mongod. exe 文件。

```
C:\mongodb\bin\mongod --dbpath c:\data\db
C:\mongodb\bin\mongod --dbpath c:\data\db
```

如果执行成功，会输出如下信息：

```
2019-06-29T15:54:09.212+0800 I CONTROL Hotfix KB2731284 or later update is not
installed, will zero-out data files
2019-06-29T15:54:09.229+0800 I JOURNAL [initandlisten] journal dir=c:\data\db\j
ournal
2019-06-29T15:54:09.237+0800 I JOURNAL [initandlisten] recover : no journal fil
es present, no recovery needed
2019-06-29T15:54:09.290+0800 I JOURNAL [durability] Durability thread started
2019-06-29T15:54:09.294+0800 I CONTROL [initandlisten] MongoDB starting : pid=2
488 port=27017 dbpath=c:\data\db 64-bit host=WIN-1VONBJOCE88
2019-06-29T15:54:09.296+0800 I CONTROL [initandlisten] targetMinOS: Windows 7/W
indows Server 2008 R2
2019-06-29T15:54:09.298+0800 I CONTROL [initandlisten] db version v3.0.6
…
```

在命令窗口中运行 mongo. exe 命令即可连接上 MongoDB，即执行如下命令：

```
C:\mongodb\bin\mongo.exe
```

7.3.3 配置 MongoDB 服务

1. 管理员模式打开命令行窗口

创建目录，执行下面的语句来创建数据库和日志文件的目录。

```
mkdir c:\data\db
mkdir c:\data\log
```

2. 创建配置文件

创建一个配置文件，该文件必须设置 systemLog. path 参数，最好包括一些附加的配置选项。

例如，创建一个配置文件位于 C:\mongodb\mongod. cfg，其中指定 systemLog. path 和 storage. dbPath。具体配置内容如下：

```
systemLog:
    destination: file
    path: c:\data\log\mongod.log
storage:
    dbPath: c:\data\db
```

3. 安装 MongoDB 服务

在执行 mongod. exe 时，使用--install 选项来指定安装服务，使用--config 选项来指定之前创建的配置文件。

```
C:\mongodb\bin\mongod.exe --config "C:\mongodb\mongod.cfg" --install
```

要使用备用 dbpath，可以在配置文件(例如，C:\mongodb\mongod.cfg)或命令行中通过--dbpath 选项指定。

如果需要，可以安装 mongod.exe 或 mongos.exe 的多个实例的服务。只需要使用--serviceName 和--serviceDisplayName 指定不同的实例名。只有当存在足够的系统资源时系统设计才会这么做。

4. 启动 MongoDB 服务

启动 MongoDB 服务的命令为：

```
net start MongoDB
```

5. 关闭 MongoDB 服务

关闭 MongoDB 服务的命令为：

```
net stop MongoDB
```

6. 移除 MongoDB 服务

移除 MongoDB 服务的命令为：

```
C:\mongodb\bin\mongod.exe -- remove
```

在命令行下对 MongoDB 服务器进行启动即可。

完成了 MongoDB 的安装后，接下来将把 Python 网络爬虫和 MongoDB 数据库连接起来进行介绍。

需要用 pip 安装 PyMongo 库，连接 Python 和 MongoDB。输入命令为：

```
pip install pymongo
```

安装完成后，可以尝试用 Python 操作 MongoDB，监测能否正常连接到数据库。

7.3.4 创建数据库

本节介绍创建一个数据库，其实现步骤如下：

1) 创建一个数据库

创建数据库需要使用 MongoClient 对象，并且指定连接的 URL 地址和要创建的数据库名。

在如下实例中，创建了数据库 mongodb：

```
import pymongo
myclient = pymongo.MongoClient("mongodb://localhost:27017/")
mydb = myclient["mongodb"]
```

注意：在 MongoDB 中，数据库只有在插入内容后才会创建，也就是说，创建数据库后还要创建集合(数据表)并插入一个文档(记录)，数据库才会真正创建。

2) 判断数据库是否已存在

可以读取 MongoDB 中的所有数据库，并判断指定的数据库是否存在：

```
import pymongo
myclient = pymongo.MongoClient('mongodb://localhost:27017/')
dblist = myclient.list_database_names()
# dblist = myclient.database_names()
```

```
if "mongodb" in dblist:
 print("数据库已存在!")
```

注意：database_names 在最新版本的 Python 中已被废弃，Python 3.7+之后的版本改为了 list_database_names()。

3）创建集合

MongoDB 使用数据库对象来创建集合，实例如下：

```
import pymongo
myclient = pymongo.MongoClient("mongodb://localhost:27017/")
mydb = myclient["mongodb"]
mycol = mydb["sites"]
```

注意：在 MongoDB 中，集合只有在插入内容后才会创建，也就是说，创建集合（数据表）后还要再插入一个文档（记录），集合才会真正创建。

4）判断集合是否已存在

可以读取 MongoDB 数据库中的所有集合，并判断指定的集合是否存在：

```
import pymongo
myclient = pymongo.MongoClient('mongodb://localhost:27017/')
mydb = myclient['mongodb']
collist = mydb. list_collection_names()
 # collist = mydb.collection_names()
if "sites" in collist: #判断 sites 集合是否存在
 print("集合已存在!")
```

下面介绍 MongoDB 的更多操作，比如增、删、改、查等。

1. 添加数据

1）插入集合

在 Python 中，集合中插入文档使用 insert_one()方法，该方法的第一参数是字典 name-value 对。

以下实例向 sites 集合中插入文档：

```
import pymongo
myclient = pymongo.MongoClient("mongodb://localhost:27017/")
mydb = myclient["mongodb"]
mycol = mydb["sites"]
mydict = { "name": "BAIDU", "alexa": "10000", "url": "https://www.baidu.com" }
x = mycol.insert_one(mydict)
print(x)
print(x)
```

运行程序，输出如下：

```
<pymongo.results.InsertOneResult object at 0x000002B169A24E88>
<pymongo.results.InsertOneResult object at 0x000002B169A24E88>
```

2）返回_id 字段

用 insert_one()方法返回 InsertOneResult 对象，该对象包含 inserted_id 属性，它是插入文档的 id 值。例如：

```
import pymongo
myclient = pymongo.MongoClient('mongodb://localhost:27017/')
```

```
mydb = myclient['mongodb']
mycol = mydb["sites"]
mydict = { "name": "Google", "alexa": "1", "url": "https://www.google.com" }
x = mycol.insert_one(mydict)
print(x.inserted_id)
```

运行程序，输出如下：

```
5cfc804f5278f1c2195457e7
```

如果在插入文档时没有指定_id，那么 MongoDB 会为每个文档添加一个唯一的 id。

3）插入多个文档

在集合中插入多个文档可使用 insert_many()方法，该方法的第一参数是字典列表。例如：

```
import pymongo
myclient = pymongo.MongoClient("mongodb://localhost:27017/")
mydb = myclient["mongodb"]
mycol = mydb["sites"]
mylist = [
  { "name": "Taobao", "alexa": "100", "url": "https://www.taobao.com" },
  { "name": "QQ", "alexa": "101", "url": "https://www.qq.com" },
  { "name": "Facebook", "alexa": "10", "url": "https://www.facebook.com" },
  { "name": "知乎", "alexa": "103", "url": "https://www.zhihu.com" },
  { "name": "Github", "alexa": "109", "url": "https://www.github.com" }
]
x = mycol.insert_many(mylist)
# 输出插入的所有文档对应的_id 值
print(x.inserted_ids)
```

运行程序，输出如下：

```
[ObjectId('5cfc809b98a8e6d893b50632'), ObjectId('5cfc809b98a8e6d893b50633'), ObjectId
('5cfc809b98a8e6d893b50634'), ObjectId('5cfc809b98a8e6d893b50635'), ObjectId('5cfc809b98a8
e6d893b50636')]
```

insert_many()方法返回 InsertManyResult 对象，该对象包含 inserted_ids 属性，该属性保存着所有插入文档的_id 值。

执行完以上查找操作，可以在命令终端，查看数据是否已插入。

4）插入指定_id 的多个文档

也可以自己指定_id，插入，以下实例在 site2 集合中插入数据，_id 为我们指定的：

```
import pymongo
myclient = pymongo.MongoClient("mongodb://localhost:27017/")
mydb = myclient["mongodb"]
mycol = mydb["site2"]
mylist = [
  { "_id": 1, "name": "BAIDU", "cn_name": "百度"},
  { "_id": 2, "name": "Google", "address": "Google 搜索"},
  { "_id": 3, "name": "Facebook", "address": "脸书"},
  { "_id": 4, "name": "Taobao", "address": "淘宝"},
  { "_id": 5, "name": "Zhihu", "address": "知乎"}
]
x = mycol.insert_many(mylist)
```

```
#输出插入的所有文档对应的_id值
print(x.inserted_ids)
```

运行程序,输出如下:

```
[1, 2, 3, 4, 5]
```

2. 查询数据

1) 查询一条数据

在 Python 中,可以使用 find_one()方法来查询集合中的一条数据。

例如,查询 sites 集合中的第一条数据:

```
import pymongo
myclient = pymongo.MongoClient("mongodb://localhost:27017/")
mydb = myclient["mongodb"]
mycol = mydb["sites"]
x = mycol.find_one()
print(x)
```

运行程序,输出如下:

```
{'_id': ObjectId('5cfc7fea67bdd7b83245a4d5'), 'name': 'RUNOOB', 'alexa': '10000', 'url':
'https://www.runoob.com'}
```

也可以用 find_one()来获取单个文档,此方法返回与查询条件匹配的单个文档(如果没有匹配的,则返回 None)。当知道只有一个匹配的文档,或只对第一个匹配感兴趣时可考虑使用 find_one()方法。下面示例中使用 find_one()从帖子(posts)集中获取第一个文档:

```
import datetime
import pprint
from pymongo import MongoClient
client = MongoClient()
db = client.pythondb
'''
post = {"author": "Maxsu",
        "text": "My first blog post!",
        "tags": ["mongodb", "python", "pymongo"],
        "date": datetime.datetime.utcnow()}
'''
posts = db.posts
#post_id = posts.insert_one(post).inserted_id
#print("post id is ", post_id)
pprint.pprint(posts.find_one())
```

运行程序,输出如下:

```
{'_id': 100,
'author': 'Kuber',
'date': datetime.datetime(2019, 6, 9, 5, 10, 24, 215000),
'tags': ['Docker', 'Shell', 'pymongo'],
'text': 'This is is my first post!'}
```

结果是匹配之前插入的字典格式(JSON)。注意,返回的文档包含一个_id,它是在插入时自动添加的。

find_one()方法还支持查询结果文档必须匹配的特定元素。例如,要查询作者是

Maxsu 的文档,可以指定查询的条件,如下所示:

```
import datetime
import pprint
from pymongo import MongoClient
client = MongoClient()
db = client.pythondb
post = {"author": "Minsu",
         "text": "This blog post belong to Minsu!",
         "tags": ["MySQL", "Oracle", "pymongo"],
         "date": datetime.datetime.utcnow()}
posts = db.posts
post_id = posts.insert_one(post).inserted_id
post = posts.find_one({"author": "Maxsu"})
pprint.pprint(post)
```

运行程序,输出如下:

```
{'_id': ObjectId('595965fe4959eb09c4451091'),
'author': 'Maxsu',
'date': datetime.datetime(2019, 6, 9, 5, 10, 24, 215000),
'tags': ['mongodb', 'python', 'pymongo'],
'text': 'My first blog post!'}
```

2) 查询集合中的所有数据

Mongo 中的 find()方法可以查询集合中的所有数据。例如,以下代码查找 sites 集合中的所有数据:

```
import pymongo
myclient = pymongo.MongoClient("mongodb://localhost:27017/")
mydb = myclient["mongodb"]
mycol = mydb["sites"]
for x in mycol.find():
print(x)
```

运行程序,输出如下:

```
{'name': 'RUNOOB', 'alexa': '10000', 'url': 'https://www.runoob.com'}
{ 'name': 'BAIDU', 'alexa': '10000', 'url': 'https://www.baidu.com'}
{'name': 'Google', 'alexa': '1', 'url': 'https://www.google.com'}
{ 'name': 'Taobao', 'alexa': '100', 'url': 'https://www.taobao.com'}
{'name': 'QQ', 'alexa': '101', 'url': 'https://www.qq.com'}
{'name': 'Facebook', 'alexa': '10', 'url': 'https://www.facebook.com'}
{ 'name': '知乎', 'alexa': '103', 'url': 'https://www.zhihu.com'}
{'name': 'Github', 'alexa': '109', 'url': 'https://www.github.com'}
```

3) 查询指定字段的数据

此外,还可以使用 find()方法来查询指定字段的数据,将要返回的字段对应值设置为 1。例如:

```
import pymongo
myclient = pymongo.MongoClient("mongodb://localhost:27017/")
mydb = myclient["mongodb"]
mycol = mydb["sites"]
for x in mycol.find({},{ "_id": 0, "name": 1, "alexa": 1 }):
 print(x)
```

运行程序，输出如下：

```
{'name': 'RUNOOB', 'alexa': '10000'}
{'name': 'BAIDU', 'alexa': '10000'}
{'name': 'Google', 'alexa': '1'}
{'name': 'Taobao', 'alexa': '100'}
{'name': 'QQ', 'alexa': '101'}
{'name': 'Facebook', 'alexa': '10'}
{'name': '知乎', 'alexa': '103'}
{'name': 'Github', 'alexa': '109'}
```

除了_id外，不能在一个对象中同时指定0和1。假如设置了一个字段为0，那么其他都为0，反之亦然。

在以下实例中，除了alexa字段外，其他都会返回数据：

```
import pymongo
myclient = pymongo.MongoClient("mongodb://localhost:27017/")
mydb = myclient["mongodb"]
mycol = mydb["sites"]
for x in mycol.find({},{ "alexa": 0 }):
print(x)
```

运行程序，输出如下：

```
{ 'name': 'RUNOOB', 'url': 'https://www.runoob.com'}
{'name': 'BAIDU', 'url': 'https://www.baidu.com'}
{'name': 'Google', 'url': 'https://www.google.com'}
{'name': 'Taobao', 'url': 'https://www.taobao.com'}
{'name': 'QQ', 'url': 'https://www.qq.com'}
{'name': 'Facebook', 'url': 'https://www.facebook.com'}
{'name': '知乎', 'url': 'https://www.zhihu.com'}
{'name': 'Github', 'url': 'https://www.github.com'}
```

以下代码同时指定了0和1，因此会报错：

```
import pymongo
myclient = pymongo.MongoClient("mongodb://localhost:27017/")
mydb = myclient["mongodb"]
mycol = mydb["sites"]
for x in mycol.find({},{ "name": 1, "alexa": 0 }):
print(x)
```

报错内容大概为：

```
…
  File "C:\Users\ASUS\AppData\Local\Programs\Python\Python36\lib\site-packages\pymongo\
helpers.py", line 155, in _check_command_response
…
```

4）根据指定条件查询

可以在find()中设置参数来过滤数据。以下实例查找address字段为“Park Lane 38”的数据：

```
import pymongo
myclient = pymongo.MongoClient("mongodb://localhost:27017/")
mydb = myclient["mongodb"]
mycol = mydb["sites"]
myquery = { "name": "RUNOOB" }
```

```
mydoc = mycol.find(myquery)
for x in mydoc:
print(x)
```

运行程序,输出如下:

```
{'_id': ObjectId('5cfc7fea67bdd7b83245a4d5'), 'name': 'RUNOOB', 'alexa': '10000', 'url':
'https://www.runoob.com'}
```

5) 高级查询

在查询的条件语句中,还可以使用修饰符。例如,以下实例用于读取 name 字段中第一个字母 ASCII 值大于“H”的数据,大于“H”的修饰符条件为{"$gt": "H"}:

```
import pymongo
myclient = pymongo.MongoClient("mongodb://localhost:27017/")
mydb = myclient["mongodb"]
mycol = mydb["sites"]
myquery = { "name": { "$gt": "H" } }
mydoc = mycol.find(myquery)
for x in mydoc:
print(x)
```

运行程序,输出如下:

```
{'_id': ObjectId('5cfc7fea67bdd7b83245a4d5'), 'name': 'RUNOOB', 'alexa': '10000', 'url':
'https://www.runoob.com'}
{'_id': ObjectId('5cfc809b98a8e6d893b50632'), 'name': 'Taobao', 'alexa': '100', 'url': 'https://
www.taobao.com'}
{'_id': ObjectId('5cfc809b98a8e6d893b50633'), 'name': 'QQ', 'alexa': '101', 'url': 'https://www.
qq.com'}
{'_id': ObjectId('5cfc809b98a8e6d893b50635'), 'name': '知乎', 'alexa': '103', 'url': 'https://
www.zhihu.com'}
```

6) 使用正则表达式查询

此外,还可以使用正则表达式作为修饰符。正则表达式修饰符只用于搜索字符串的字段。

以下实例用于读取 name 字段中第一个字母为“R”的数据,正则表达式修饰符条件为{"$regex": "^R"}:

```
import pymongo
myclient = pymongo.MongoClient("mongodb://localhost:27017/")
mydb = myclient["mongodb"]
mycol = mydb["sites"]
myquery = { "name": { "$regex": "^R" } }
mydoc = mycol.find(myquery)
for x in mydoc:
print(x)
```

运行程序,输出如下:

```
{'_id': ObjectId('5cfc7fea67bdd7b83245a4d5'), 'name': 'RUNOOB', 'alexa': '10000', 'url':
'https://www.runoob.com'}
```

7) 返回指定条数的记录

如果要对查询结果设置指定条数的记录可以使用 limit()方法,该方法只接受一个数字参数。

以下实例返回 3 条文档记录：

```
import pymongo
myclient = pymongo.MongoClient("mongodb://localhost:27017/")
mydb = myclient["mongodb"]
mycol = mydb["sites"]
myresult = mycol.find().limit(3)
# 输出结果
for x in myresult:
print(x)
```

运行程序，输出如下：

```
{'_id': ObjectId('5cfc7fea67bdd7b83245a4d5'), 'name': 'RUNOOB', 'alexa': '10000', 'url':
'https://www.runoob.com'}
{'_id': ObjectId('5cfc80027c19afaaf2f60429'), 'name': 'BAIDU', 'alexa': '10000', 'url': 'https://
www.baidu.com'}
{'_id': ObjectId('5cfc804f5278f1c2195457e7'), 'name': 'Google', 'alexa': '1', 'url': 'https://
www.google.com'}
```

3. 修改数据

可以在 MongoDB 中使用 update_one()方法修改文档中的记录。该方法的第一个参数为查询的条件，第二个参数为要修改的字段。如果查找到的匹配数据多于一条，则只会修改第一条。

以下实例将 alexa 字段的值 10000 改为 12345：

```
import pymongo
myclient = pymongo.MongoClient("mongodb://localhost:27017/")
mydb = myclient["mongodb"]
mycol = mydb["sites"]
myquery = { "alexa": "10000" }
newvalues = { "$set": { "alexa": "12345" } }
mycol.update_one(myquery, newvalues)
# 输出修改后的 "sites" 集合
for x in mycol.find():
print(x)
```

运行程序，输出如下：

```
{ 'name': 'RUNOOB', 'alexa': '12345', 'url': 'https://www.runoob.com'}
{ 'name': 'BAIDU', 'alexa': '10000', 'url': 'https://www.baidu.com'}
{'name': 'Google', 'alexa': '1', 'url': 'https://www.google.com'}
{'name': 'Taobao', 'alexa': '100', 'url': 'https://www.taobao.com'}
{'name': 'QQ', 'alexa': '101', 'url': 'https://www.qq.com'}
{'name': 'Facebook', 'alexa': '10', 'url': 'https://www.facebook.com'}
{'name': '知乎', 'alexa': '103', 'url': 'https://www.zhihu.com'}
{'name': 'Github', 'alexa': '109', 'url': 'https://www.github.com'}
```

update_one()方法只能修匹配到的第一条记录，如果要修改所有匹配到的记录，那么可以使用 update_many()。

以下实例将查找所有以"F"开头的 name 字段，并将匹配到所有记录的 alexa 字段修改为 123：

```
import pymongo
myclient = pymongo.MongoClient("mongodb://localhost:27017/")
```

```
mydb = myclient["mongodb"]
mycol = mydb["sites"]
myquery = { "name": { "$regex": "^F" } }
newvalues = { "$set": { "alexa": "123" } }
x = mycol.update_many(myquery, newvalues)
print(x.modified_count, "文档已修改")
for x in mycol.find():
print(x)
```

运行程序，输出如下：

```
0 文档已修改
{ 'name': 'RUNOOB', 'alexa': '12345', 'url': 'https://www.runoob.com'}
{'name': 'BAIDU', 'alexa': '10000', 'url': 'https://www.baidu.com'}
{'name': 'Google', 'alexa': '1', 'url': 'https://www.google.com'}
{'name': 'Taobao', 'alexa': '100', 'url': 'https://www.taobao.com'}
{'name': 'QQ', 'alexa': '101', 'url': 'https://www.qq.com'}
{'name': 'Facebook', 'alexa': '123', 'url': 'https://www.facebook.com'}
{'name': '知乎', 'alexa': '103', 'url': 'https://www.zhihu.com'}
{'name': 'Github', 'alexa': '109', 'url': 'https://www.github.com'}
```

4. 数据排序

在 MongoDB 中，sort()方法可以指定升序或降序排序。sort()方法第一个参数为要排序的字段；第二个参数指定排序规则，1 为升序，-1 为降序；若缺省，则为升序。

例如，对字段 alexa 按升序排序：

```
import pymongo
myclient = pymongo.MongoClient("mongodb://localhost:27017/")
mydb = myclient["mongodb"]
mycol = mydb["sites"]
mydoc = mycol.find().sort("alexa")
for x in mydoc:
print(x)
```

运行程序，输出如下：

```
{'name': 'Google', 'alexa': '1', 'url': 'https://www.google.com'}
{'name': 'Taobao', 'alexa': '100', 'url': 'https://www.taobao.com'}
{'name': 'BAIDU', 'alexa': '10000', 'url': 'https://www.baidu.com'}
{'name': 'QQ', 'alexa': '101', 'url': 'https://www.qq.com'}
{'name': '知乎', 'alexa': '103', 'url': 'https://www.zhihu.com'}
{'name': 'Github', 'alexa': '109', 'url': 'https://www.github.com'}
{'name': 'Facebook', 'alexa': '123', 'url': 'https://www.facebook.com'}
{'name': 'RUNOOB', 'alexa': '12345', 'url': 'https://www.runoob.com'}
```

而对字段 alexa 按降序排序的代码为：

```
import pymongo
myclient = pymongo.MongoClient("mongodb://localhost:27017/")
mydb = myclient["mongodb"]
mycol = mydb["sites"]
mydoc = mycol.find().sort("alexa", -1)
for x in mydoc:
print(x)
```

运行程序，输出如下：

```
{'name': 'RUNOOB', 'alexa': '12345', 'url': 'https://www.runoob.com'}
{'_id': ObjectId('5cfc809b98a8e6d893b50634'), 'name': 'Facebook', 'alexa': '123', 'url':
'https://www.facebook.com'}
{ 'name': 'Github', 'alexa': '109', 'url': 'https://www.github.com'}
{'name': '知乎', 'alexa': '103', 'url': 'https://www.zhihu.com'}
{'name': 'QQ', 'alexa': '101', 'url': 'https://www.qq.com'}
{'name': 'BAIDU', 'alexa': '10000', 'url': 'https://www.baidu.com'}
{'name': 'Taobao', 'alexa': '100', 'url': 'https://www.taobao.com'}
{'name': 'Google', 'alexa': '1', 'url': 'https://www.google.com'}
```

5. 删除数据

在 MongoDB 中,可以使用 delete_one()方法来删除一个文档,该方法的第一个参数为查询对象,指定要删除哪些数据。

以下实例删除 name 字段值为"Taobao"的文档:

```
import pymongo
myclient = pymongo.MongoClient("mongodb://localhost:27017/")
mydb = myclient["mongodb"]
mycol = mydb["sites"]
myquery = { "name": "Taobao" }
mycol.delete_one(myquery)
# 删除后输出
for x in mycol.find():
print(x)
```

运行程序,输出如下:

```
{'name': 'RUNOOB', 'alexa': '12345', 'url': 'https://www.runoob.com'}
{'name': 'BAIDU', 'alexa': '10000', 'url': 'https://www.baidu.com'}
{'name': 'Google', 'alexa': '1', 'url': 'https://www.google.com'}
{'name': 'QQ', 'alexa': '101', 'url': 'https://www.qq.com'}
{'name': 'Facebook', 'alexa': '123', 'url': 'https://www.facebook.com'}
{'name': '知乎', 'alexa': '103', 'url': 'https://www.zhihu.com'}
{'name': 'Github', 'alexa': '109', 'url': 'https://www.github.com'}
```

1) 删除多个文档

可以使用 delete_many()方法来删除多个文档,该方法的第一个参数为查询对象,指定要删除哪些数据。

删除所有 name 字段中以"F"开头的文档:

```
import pymongo
myclient = pymongo.MongoClient("mongodb://localhost:27017/")
mydb = myclient["mongodb"]
mycol = mydb["sites"]
myquery = { "name": {"$regex": "^F"} }
x = mycol.delete_many(myquery)
print(x.deleted_count, "个文档已删除")
for x in mycol.find():
print(x)
```

运行程序,输出如下:

```
1 个文档已删除
{'name': 'RUNOOB', 'alexa': '12345', 'url': 'https://www.runoob.com'}
```

```
{'name': 'BAIDU', 'alexa': '10000', 'url': 'https://www.baidu.com'}
{'name': 'Google', 'alexa': '1', 'url': 'https://www.google.com'}
{'name': 'QQ', 'alexa': '101', 'url': 'https://www.qq.com'}
{'name': '知乎', 'alexa': '103', 'url': 'https://www.zhihu.com'}
{'name': 'Github', 'alexa': '109', 'url': 'https://www.github.com'}
```

2）删除集合中的所有文档

在MongoDB中，delete_many()方法如果传入的是一个空的查询对象，则会删除集合中的所有文档：

```
import pymongo
myclient = pymongo.MongoClient("mongodb://localhost:27017/")
mydb = myclient["mongodb"]
mycol = mydb["sites"]
x = mycol.delete_many({})
print(x.deleted_count, "个文档已删除")
```

运行程序，输出如下：

```
6 个文档已删除
```

3）删除集合

同样，可以使用drop()方法来删除一个集合。以下实例删除了customers集合：

```
import pymongo
myclient = pymongo.MongoClient("mongodb://localhost:27017/")
mydb = myclient["mongodb"]
mycol = mydb["sites"]
mycol.drop()
```

如果删除成功drop()，则返回true；如果删除失败(集合不存在)，则返回false。

6. 计数统计

如果只想知道有多少文档匹配查询，则可以执行count()方法操作，而不是一个完整的查询。可以得到一个集合中的所有文档的计数：

```
import datetime
import pprint
from pymongo import MongoClient
client = MongoClient()
db = client.pythondb
posts = db.posts
print("posts count is = ", posts.count())
print("posts's author is Maxsu count is =", posts.find({"author": "Maxsu"}).count())
```

运行程序，输出如下：

```
posts count is = 3
posts's author is Maxsu count is = 0
```

7.4 爬取虎扑论坛帖子

本节主要通过对虎扑某一版的帖子进行统一收集，并总结这些帖子的相关信息。此处主要针对NBA版块进行信息的批量收集，https://bbs.hupu.com/all-nba 这是该版块的网址，如图 7-6 所示。

图 7-6 NBA 版块

进入上述论坛页面，按 F12 键，单击标题对应的源代码，如图 7-7 所示。

图 7-7 标题代码

根据图 7-7 可以定义标题匹配规则，pattern3 = '< a href = ". * ?" target = "_blank" title = "(. * ?)">'。

```
url 匹配规则: pattern1 = '<a href = "/(.*?)" target = "_blank" title = ".*?">'
```

由图 7-8 可以获得该帖子的来源，匹配规则可以定义为：

```
pattern2 = '<a href = "/.+?" target = "_blank">(.*?)</a>'
```

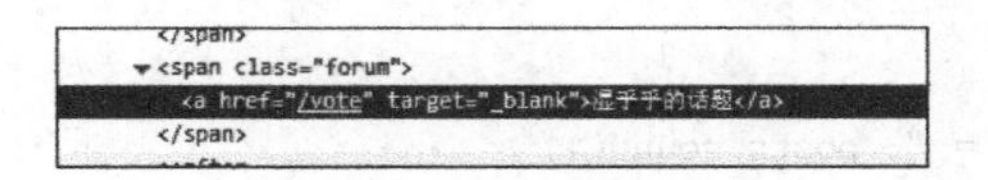

图 7-8 帖子来源

根据图 7-9 可获得匹配规则：

```
pattern = '<a class = "u" target = "_blank" href = ".*?">(.*?)</a>'
```

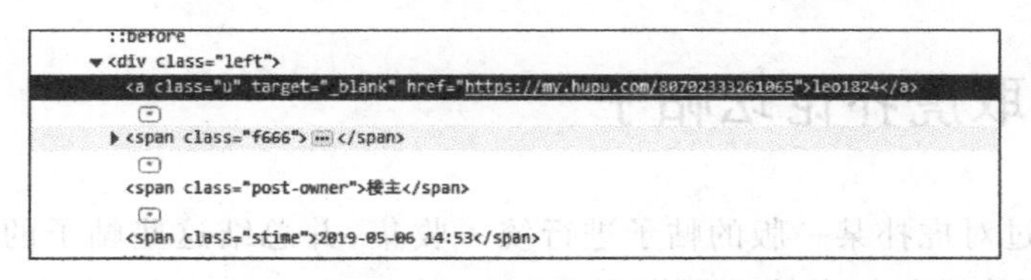

图 7-9 匹配规则

编写帖子的时间定义为：

```
pattern4 = '<span class = "stime">(.*?)</span>'
```

因此爬虫工作步骤如下：

(1) 打开 https://bbs.hupu.com/all-nba 页面，根据上面定义的标题、URL、来源 3 个规则分别筛选出标题、URL、来源集合。

(2) 根据筛选的 URL 集合，遍历集合，构造完整的 URL，访问 URL 对应的页面，根据作者和时间的规则获取作者和时间信息，分别构造两个集合。

(3) 将 5 个集合信息一一对应进行整理。

具体的实现代码为：

```
import re
import urllib.request
def getcontent(url):
    req = urllib.request.Request(url)
    req.add_header('User-Agent', 'Mozilla/5.0(Windows NT 10.0;Win64;x64;rv:66.0)Gecko/
20100101 Firefox/66.0')
    data = urllib.request.urlopen(req).read().decode('utf-8')
    pattern1 = '<a href = "/(.*?)" target = "_blank" title = ".*?">'
    urlList = re.compile(pattern1).findall(data)
    pattern2 = '<a href = "/.+?" target = "_blank">(.*?)</a>'
    pattern3 = '<a href = ".*?" target = "_blank" title = "(.*?)">'
    sourceList = re.compile(pattern2).findall(data)
    titleList = re.compile(pattern3).findall(data)
    authorList = []
    totalUrlList = []
    timeList = []
    info = []
    for url in urlList:
        url = "https://bbs.hupu.com/" + url
        totalUrlList.append(url)
        html = urllib.request.urlopen(url).read().decode('utf-8')
        pattern = '<a class = "u" target = "_blank" href = ".*?">(.*?)</a>'
        pattern4 = '<span class = "stime">(.*?)</span>'
        aulist = re.compile(pattern).findall(html)
        tiList = re.compile(pattern4).findall(html)
        authorList.append(aulist[0])
        timeList.append(tiList[0])
    info.append(totalUrlList)
    info.append(sourceList)
    info.append(titleList)
    info.append(authorList)
    info.append(timeList)
    return info
if __name__ == '__main__':
    url = "https://bbs.hupu.com/all-nba"
    info = getcontent(url)
    totalurlList = info[0]
    sourceList = info[1]
    titleList = info[2]
    authorList = info[3]
    timeList = info[4]
```

```
    length = len(totalurlList)
    for i in range(length):
        str = "标题: " + titleList[i] + " " + "作者: " + authorList[i] + " " + "URL: " +
totalurlList[i] + " " + "发布时间: " + timeList[i] + " " + "帖子来源: " + sourceList[i]
        print(str)
```

运行程序,输出如下:

```
标题: 如果今年伦纳德带队夺冠,能否一冠封神?作者: 猹某人 URL: https://bbs.hupu.com/
27847252.html 发布时间: 2019-06-09 12:12 帖子来源: 湿乎乎的话题
标题: 76 人是有多强,逼出最强小卡场均 38 分命中率 61.8%还能五五开作者: 夏海里伽子 URL:
https://bbs.hupu.com/27848266.html 发布时间: 2019-06-09 13:17 帖子来源: 湿乎乎的话题
…
标题: 如何破解大个子 PG(难民适用)作者: 柯立普的篮球 URL: https://bbs.hupu.com/27843255.
html 发布时间: 2019-06-09 04:47 帖子来源: NBA2KOL2
标题: 大神们帮小弟看看阵容作者: 轻狂佳轩 URL: https://bbs.hupu.com/27847957.html 发布时
间: 2019-06-09 12:57 帖子来源: NBA2KOL2
```

7.5 习题

1. CSV 文件的每一行都用________分隔,列与列之间用________分隔。
2. 在 Python 中有几种保存文件的方法?
3. MongoDB 有哪些特点?
4. 利用 pandas 对下面两种列表用两种形式进行保存。

```
[3,2,7],[0,5,-6],[11,4,9]          #一次性存储
["henan","jinan","hunan","guangzhou","hangzhou","zhengzhou"]  #循环存储
```

5. 将以下列表中的多个字典信息转为 JSON 数据,保存到文件。

```
[{'k1':'2001','k2':'2002','k3':'2003'},{'k11':'2011','k22':'2022','k33':'2033'}]
```

第8章 Python反爬虫

CHAPTER 8

爬虫、反爬虫和反反爬虫是网络爬虫工作过程中一直伴随的问题。

在现实生活中，网络爬虫的程序并不像之前介绍的爬取博客那么简单，运行效果不如意者十有八九。首先需要理解一下"反爬虫"这个概念，其实就是"反对爬虫"。根据网络上的定义，网络爬虫为使用任何技术手段批量获取网站信息的一种方式。"反爬虫"就是使用任何技术手段阻止批量获取网站信息的一种方式。

8.1 为什么会被反爬虫

对于一个经常使用爬虫程序获取网页数据的人来说，遇到网站的"反爬虫"是司空见惯的。

那么，网站为什么要"反爬虫"呢？

第一，网络爬虫浪费网站的流量，也就是浪费钱。爬虫对于一个网站来说并不算是真正用户的流量，而且往往能够不知疲倦地爬取网站，更有甚者，使用分布式的多台机器爬虫，造成网站浏览量增高，浪费网站流量。

第二，数据是每家公司非常宝贵的资源。在大数据时代，数据的价值越来越突出，很多公司都把它作为自己的战略资源。由于数据都是公开在互联网上的，如果竞争对手能够轻易获取数据，并使用这些数据采取针对性的策略，长此以往，就会导致公司竞争力的下降。

因此，有实力的大公司便开始利用技术进行反爬虫。反爬虫是指使用任何技术手段阻止别人批量获取自己网站信息的一种方式。

需要注意的是，大家在获取数据时一定要注意遵守相关法律、法规。本书中的爬虫学习仅用于学习、研究用途。

8.2 反爬虫的方式有哪些

在网站"反爬虫"的过程中，由于技术能力的差别，因此不同网站对于网络爬虫的限制也是不一样的。在实际的爬虫过程中会遇到各种问题，可以大致将其分成以下3类。

(1) 不返回网页，如不返回内容和延迟网页返回时间。

(2) 返回数据非目标网页，如返回错误页、返回空白页和爬取多页时均返回同一页。

(3) 增加获取数据的难度，如登录才可查看和登录时设置验证码。

8.2.1 不返回网页

不返回网页是比较传统的反爬虫手段，也就是在爬虫发送请求给相应网站地址后，网站返回 404 页面，表示服务器无法正常提供信息或服务器无法回应；网站也可能长时间不返回数据，这代表对爬虫已经进行了封杀。

首先，网站会通过 IP 访问量反爬虫。因为正常人使用浏览器访问网站的速度是很慢的，不太可能一分钟访问 100 个网页，所以通常网站会对访问进行统计，如果单个 IP 的访问量超过了某个阈值，就会进行封杀或要求输入验证码。

其次，网站会通过 session 访问量反爬虫。session 的意思“会话控制”，session 对象存储特定用户会话所需的属性和配置信息。这样，当用户在应用程序的 Web 页之间跳转时，存储在 session 对象中的变量将不会丢失，而是在整个用户会话中一直存在下去。如果一个 session 的访问量过大，就会进行封杀或要求输入验证码。

此外，网站也会通过 User-Agent 反爬虫。User-Agent 表示浏览器在发送请求时，附带将当前浏览器和当前系统环境的参数发送给服务器，可以在 Chrome 浏览器的审查元素中找到这些参数。图 8-1 为 Windows 系统使用 Firefox 访问百度首页的请求头。

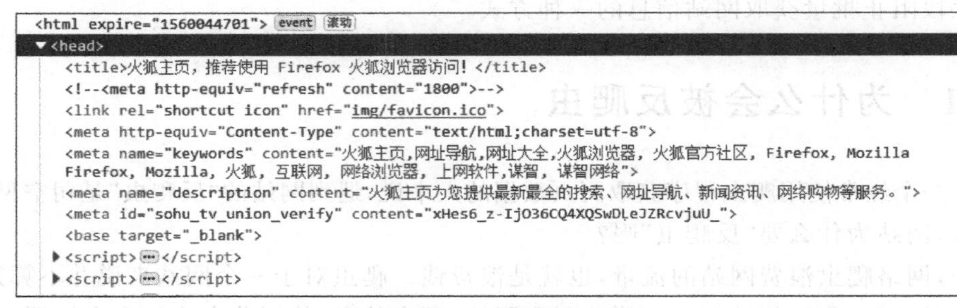

图 8-1 百度首页请求头

8.2.2 返回数据非目标网页

除了不返回网页外，还有爬虫返回非目标网页，也就是网站会返回假数据，如返回空白页或爬取多页的时候返回同一页。当你的爬虫顺利地运行起来，但不久后，如果你发现爬取的每一页的结果都一样，那么这就是获取了假的网站。

8.2.3 获取数据变难

网站也会通过增加获取数据的难度反爬虫，一般要登录才可以查看数据，而且会设置验证码。为了限制爬虫，无论是否是真正的用户，网站都可能会要求你登录并输入验证码才能访问。例如，12306 为了限制自动抢票就采用了严格的验证码功能，需要用户在 8 张图片中选择正确的选项。

8.3 怎样“反反爬虫”

网站利用“反爬虫”阻止别人批量获取自己的网站信息。但是“道高一尺，魔高一丈”，负责写网站爬虫程序的人又针对网站的“反爬虫”进行了“反反爬虫”，也就是突破网站的“反爬虫”限制，让爬虫程序能够运行下去。

对于如何让爬虫顺利运行，其中心思想是让爬虫程序看起来更像正常用户的浏览行为。正常用户是使用一台计算机的一个浏览器浏览，而且速度比较慢，不会在短时间浏览过多的页面。对于一个爬虫程序而言，就需要让爬虫运行得像正常用户一样。

常见的反爬虫的原理有：检查User-Agent；检验访问频率次数，封掉异常IP；设置验证码；Ajax异步加载等。下面介绍相应的对策。

8.3.1 修改请求头

为了被反爬虫，可以修改请求头，从而实现顺序获取网页的目的。

如果不修改请求头，header就会是python-requests，例如：

```
import requests
r = requests.get('http://www.baidu.com')
print(r.request.headers)
```

运行程序，输出如下：

```
{'User-Agent': 'python-requests/2.19.1', 'Accept-Encoding': 'gzip, deflate', 'Accept': '*/*',
'Connection': 'keep-alive'}
```

最简单的方法是将请求头改成真正浏览器的格式，例如：

```
import requests
link = "http://www.baidu.com"
headers = {'User-Agent':'Mozilla/5.0(Windows;U;Windows NT6.1;en-US;rv:1.9.1.6)Gecko/
20091201 Firfox/3.5.6'}
r = requests.get(link,headers = headers)
print(r.request.headers)
```

运行程序，输出如下：

```
{'User-Agent': 'Mozilla/5.0(Windows;U;Windows NT6.1;en-US;rv:1.9.1.6)Gecko/20091201
Firfox/3.5.6', 'Accept-Encoding': 'gzip, deflate', 'Accept': '*/*', 'Connection': 'keep-
alive'}
```

由结果可以看到，header已经变成使用浏览器的header。

此外，也可以做一个User-Agent的池，并且随机切换User-Agent。但是，在实际爬虫中，针对某个User-Agent的访问量进行封锁的网站比较少，所以只将User-Agent设置为正常的浏览器User-Agent就可以了。

除了User-Agent，还需要在header中写上Host和Referer。

8.3.2 修改爬虫访问周期

爬虫访问太密集，一方面对网站的浏览极不友好；另一方面十分容易招致网站的反爬虫。因此，当访问程序时应有适当间隔；爬虫访问间隔相同也会被识别，应该具有随机性。

```
import time
t1 = time.time()
time.sleep(3)
t2 = time.time()
total_time = t2 - t1
print(total_time)
```

运行程序，输出如下：

```
3.0006399154663086
```

你的结果可能和这个不一样，但是应该约等于3秒。也就是说，可以使用time.sleep(3)让程序休息3秒，括号中间的数字代表秒数。

如果使用一个固定的数字作为时间间隔，就可能使爬虫不太像正常用户的行为，因为真正的用户访问不太可能出现如此精准的秒数间隔。所以还可以用Python的random库进行随机数设置，代码为：

```
import time
import random
sleep_time = random.randint(1, 5) + random.random()
print(sleep_time)
total = time.sleep(sleep_time)
```

运行程序，输出如下：

```
3.361699347950341
```

你的结果可能和这个不一样，但是应该在0～5秒。这里random.randint(0,5)的结果是0、1、2、3、4或5，而random.random()是一个0～1的随机数。这样获得的时间非常随机，更像真正用户的行为。

8.3.3 使用代理

代理(Proxy)是一种网络服务，允许一个网络终端(客户端)与另一个网络终端(服务器)间接连接。形象地说，代理就是网络信息的中转站。代理服务器就像一个大的缓冲，这样能够显著提高浏览速度和效率。

可以维护一个代理的IP池，从而让爬虫隐藏自己真实的IP。虽然有很多代理，但良莠不齐，需要筛选。维护代理IP池比较麻烦，而且十分不稳定。以下是使用代理IP获取网页的方法：

```
import requests
link = 'http://santostang.com'
proxies = { 'http': 'http://xxx.xxx.xxx.xxx' }
resp = requests.get(link, proxies = proxies)
```

由于代理IP很不稳定，这里就不放出代理IP的地址了。其实不推荐使用代理IP方法，一方面，虽然网络上有很多免费的代理IP，但是都很不稳定，可能一两分钟就失效了；另一方面，通过代理IP的服务器请求爬取速度很慢。

8.4 习题

1. 简述反爬虫的定义。
2. 网站为什么要“反爬虫”？
3. 实际的爬虫过程中会遇到哪些问题？
4. 反反爬虫有哪些方法？

第 9 章 Python 中文乱码问题

CHAPTER 9

在学习和使用 Python 时，经常被 Python 的中文编码/中文乱码问题困扰，中文乱码问题经常难以解决，或者治标不治本。本章就来解决这一难题。

9.1 什么是字符编码

字符串是一种数据类型，但是，字符串比较特殊的是还有一个编码问题。因为计算机只能处理数字，如果要处理文本，就必须先把文本转换为数字。最早的计算机在设计时采用 8 个比特(bit)作为一字节(byte)，所以，一字节能表示的最大的整数就是 255(二进制 11111111=十进制 255)。如果要表示更大的整数，就必须用更多的字节。比如两字节可以表示的最大整数是 65 535，4 字节可以表示的最大整数是 4 294 967 295。

由于计算机是美国人发明的，因此，最早只有 127 个字母被编码到计算机里，也就是大小写英文字母、数字和一些符号，这个编码表被称为 ASCII 编码，比如大写字母 A 的编码是 65，小写字母 z 的编码是 122。

1. ASCII

现在面临了第一个问题：如何让人类语言，比如英文被计算机理解。以英文为例，英文中有英文字母(大小写)、标点符号、特殊符号。如果对这些字母与符号赋予固定的编号，然后将这些编号转变为二进制，那么计算机就能够正确读取这些符号，同时通过这些编号，计算机也能够将二进制转化为编号对应的字符再显示给人去阅读。由此产生了最熟知的 ASCII 码。ASCII 码使用指定的 7 位或 8 位二进制数组合来表示 128 或 256 种可能的字符。这样在大部分情况下，英文与二进制的转换就变得容易多了。

2. Unicode

现在英文和中文问题被解决了，但新的问题又出现了。全球有那么多的国家不仅有英文、中文，还有阿拉伯语、西班牙语、日语、韩语等。难不成每种语言都做一种编码？基于这种情况一种新的编码诞生了——Unicode。Unicode 又被称为统一码、万国码；它为每种语言中的每个字符设定了统一并且唯一的二进制编码，以满足跨语言、跨平台进行文本转换、处理的要求。Unicode 支持欧洲、非洲、中东、亚洲(包括统一标准的东亚象形文字和韩国表音文字)。这样不管你使用的是英文、中文，还是日语、韩语，在 Unicode 编码中都有收录，且对应唯一的二进制编码。这样，只要大家都用 Unicode 编码，就不存在转码问题了，什么样的字符都能够解析。

3. UTF-8

但是，由于 Unicode 收录了更多的字符，可想而知它的解析效率相比 ASCII 码和 GB 2312 的速度要大大降低，而且由于 Unicode 通过增加一个高字节对 ISO Latin-1 字符集进行扩展，当这些高字节位为 0 时，低字节就是 ISO Latin-1 字符。对可以用 ASCII 表示的字符使用 Unicode 并不高效，因为 Unicode 比 ASCII 占用大一倍的空间，而对 ASCII 来说高字节的 0 对它毫无用处。为了解决这个问题，就出现了一些中间格式的字符集，它们被称为通用转换格式(Unicode Transformation Format，UTF)。而最常用的 UTF-8 就是这些转换格式中的一种。这里不去研究 UTF-8 到底是如何提高效率的，只需要知道它们之间的关系即可。

4. 字符编码工作方式

表 9-1 列出了上述 3 种字符类型的区别。

表 9-1　3 种字符类型

字符	ASCII	Unicode	UTF-8
A	01000001	00000000 01000001	01000001
中	x	01001110 00101101	11100100 10111000 10101101

由表 9-1 可以发现，UTF-8 编码有一个额外的好处，就是 ASCII 编码实际上可以被看成是 UTF-8 编码的一部分，所以，大量只支持 ASCII 编码的历史遗留软件可以在 UTF-8 编码下继续工作。

在计算机内存中，统一使用 Unicode 编码，当需要保存到硬盘或者需要传输的时候，就转换为 UTF-8 编码。

用记事本编辑的时候，从文件读取的 UTF-8 字符被转换为 Unicode 字符并保存到内存中，编辑完成后，保存的时候再把 Unicode 转换为 UTF-8 保存到文件中，过程如图 9-1 所示。

浏览网页的时候，服务器会把动态生成的 Unicode 内容转换为 UTF-8 再传输到浏览器，流程如图 9-2 所示。

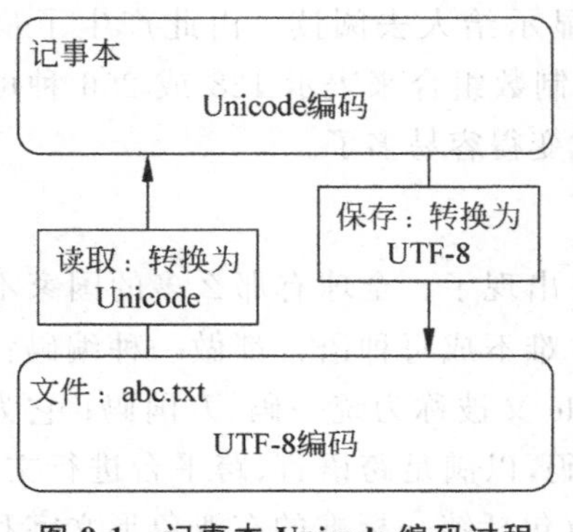

图 9-1　记事本 Unicode 编码过程

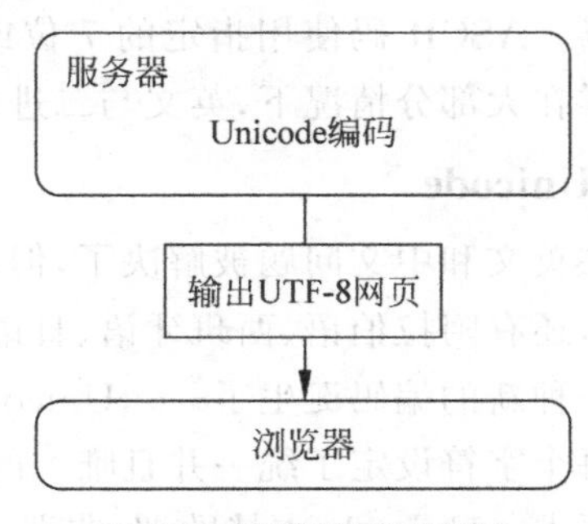

图 9-2　浏览网页流程图

所以你看到很多网页的源码中会有与< meta charset="UTF-8" />类似的信息，表示该网页正是用的UTF-8编码。

9.2　Python的字符编码

Python3使用的是Unicode编码方式，这就意味着，Python3字符串支持多语言。虽然Python3字符串类型在内存中以Unicode表示，但是在网络上传输或者保存到磁盘的时候，需要把str变为以字节为单位的bytes。

1. encode()方法

encode()方法以指定的编码格式编码字符串。返回编码后的字符串，是一个bytes对象。其语法格式为：

```
str.encode(encoding = 'UTF - 8',errors = 'strict')
```

其中，参数encoding为需要使用的编码，如UTF-8、GBK；errors为可选参数，默认为strict，表示如果发生编码错误，返回一个UnicodeError。

【例9-1】　通过encode()方法可以编码为指定的bytes。

```
>>> 'ABC'.encode('ascii')
b'ABC'
>>> '中文'.encode('utf - 8')
b'\xe4\xb8\xad\xe6\x96\x87'
>>> '中文'.encode('ascii')
Traceback(most recent call last):
  File "<stdin>", line 1, in <module>
UnicodeEncodeError: 'ascii' codec can't encode characters in position 0 - 1: ordinal not in range
(128)
```

纯英文的str可以用ASCII编码为bytes，内容是一样的，含有中文的str可以用UTF-8编码为bytes。含有中文的str无法用ASCII编码，因为中文编码的范围超过了ASCII编码的范围，Python会报错。在bytes中，无法显示为ASCII字符的字节，用\x##显示。

2. decode()方法

decode()方法以指定的编码格式解码bytes对象，默认为UTF-8编码，该方法返回解码后的字符串。其语法格式为：

```
bytes.decode(encoding = 'UTF - 8',errors = 'strict')
```

其中，参数encoding为要使用的编码UTF-8及GBK；error为可选参数，了解即可，默认为strict，可不写。

【例9-2】　encode()方法与decode()方法实例演示。

```
str = '阿狸 python'
str_utf8 = str.encode('UTF - 8')
str_gbk = str.encode('GBK')
print(str)
print('str 对象类型: ', type(str))
print('\r')
print('UTF - 8 编码: ', str_utf8)
print('str_utf - 8 对象类型: ', type(str_utf8))
```

```
print('\r')
print('GBK 编码：', str_gbk)
print('str_gbk 对象类型：', type(str_gbk))
print('\r')
print('UTF-8 解码：', str_utf8.decode('UTF-8', 'strict'))
print('GBK 解码：', str_gbk.decode('GBK', 'strict'))
```

运行程序，输出如下：

```
阿狸 python
str 对象类型：<class 'str'>
UTF-8 编码：b'\xe9\x98\xbf\xe7\x8b\xb8python'
str_utf-8 对象类型：<class 'bytes'>
GBK 编码：b'\xb0\xa2\xc0\xeapython'
str_gbk 对象类型：<class 'bytes'>
UTF-8 解码：阿狸 python
GBK 解码：阿狸 python
```

有些读者认为这些乱码看起来很熟悉，所以下次看到的时候，就知道这些不是乱码，而是 UTF-8 和 GBK 编码的 bytes 对象。

3. len()方法

要计算 str 包含多少个字符，可以用 len()方法，例如：

```
>>> len('ABC')
3
>>> len('中文')
2
```

len()方法计算的是 str 的字符数，如果换成 bytes，那么 len()方法就计算字节数，例如：

```
>>> len(b'ABC')
3
>>> len(b'\xe4\xb8\xad\xe6\x96\x87')
6
>>> len('中文'.encode('utf-8'))
6
```

1 个中文字符经过 UTF-8 编码后通常会占用 3 字节，而 1 个英文字符只占用 1 字节。

在操作字符串时，经常遇到 str 和 bytes 的互相转换。为了避免乱码问题，应当始终坚持使用 UTF-8 编码对 str 和 bytes 进行转换。

Python 源代码也是一个文本文件，所以，若源代码中包含中文，那么在保存源代码时，就需要务必指定保存为 UTF-8 编码。当 Python 解释器读取源代码时，为了让它按 UTF-8 编码读取，通常在文件开头写上这两行：

```
#!/usr/bin/env python3
# -*- coding: utf-8 -*-
```

第二行注释是为了告诉 Python 解释器，按照 UTF-8 编码读取源代码，否则，在源代码中写的中文输出可能会有乱码。

4. isinstance()方法

判断字符串是否是 Unicode 编码的方法，Python2 和 Python3 略有不同，但是使用的都是 isinstance()方法。例如：

```
# python2
isinstance(str, unicode)
# python3
isinstance(str, str)
```

另外补充一个获取系统默认编码的方法：

```
>>> import sys
>>> print(sys.getdefaultencoding())
utf-8
```

5. 格式化

在Python中，采用的格式化和C语言是一致的，用%实现，格式为：format % (…params)，例如：

```
>>> 'Hello, %s' % 'Python'
'Hello, Python'
>>> 'Hi, %s, you have $%d.' % ('Michael', 1000000)
'Hi, Michael, you have $1000000.'
```

%运算符就是用来格式化字符串的。在字符串内部，%s表示用字符串替换，%d表示用整数替换，%x表示十六进制整数。有几个%?占位符，后面就跟几个变量或者值，顺序要对应好。如果只有一个%?，括号可以省略。

格式化整数和浮点数还可以指定是否补0以及整数与小数的位数：

```
>>> '%2d-%02d' % (2, 1)
' 2-01'
>>> '%.2f' % 3.1415926
'3.14'
```

有时，字符串中的%是一个普通字符怎么办？这时就需要转义，用%%来表示一个%：

```
>>> 'growth rate: %d %%' % 6
'growth rate: 6 %'
```

9.3 解决中文编码问题

在理解了Python的编码后，出现的问题就很容易解决了。在使用Python进行网络爬虫的时候，对于中文出现的乱码的情况可以用以下方法处理。

(1) #coding:utf-8. py文件是什么编码就需要告诉Python用什么编码去读取这个.py文件。

(2) sys.stdout.encoding，默认是locale的编码，print会用sys.stdout.encoding生成字节流，交给terminal显示。所以locale需要与terminal一致，才能正确打印出中文。

(3) sys.setdefaultencoding('utf8')用于指定str.encode() str.decode()的默认编码，默认是ASCII。

- 对编码字符串a，代码中可以直接写a.encode("gbk")，但事实上内部自动先通过defaultencoding去解码成unicode之后再进行编码。

【例9-3】 在Python中，字节流可以通过Unicode编码得到，Unicode可以从UTF-8/GBK等编码的字节流解码得到。

分析下面这段代码，终端/locale 分别为不同编码的情况：

```
#coding:utf-8                    #由于.py文件是 UTF-8 的，所以必须有这一句
import sys
import importlib
import locale
import os
import codecs
importlib.reload(sys)
print(sys.getdefaultencoding() + "   - sys.getdefaultencoding()")
print(sys.getdefaultencoding() + "   - sys.getdefaultencoding()")
print(sys.stdout.encoding + " - sys.stdout.encoding:")
#sys.stdout = codecs.getwriter('utf8')(sys.stdout) #影响 print
print(sys.stdout.encoding + " - sys.stdout.encoding:")
u = u'中国'
print(u + " - u")
a = '中国'
print(a + " - a")
print (a+ " - a.decode('utf-8')")
print((sys.stdout.encoding) + " - (sys.stdout.encoding)")
print (sys.stdout.isatty())
print (locale.getpreferredencoding())
print (sys.getfilesystemencoding())
```

(1) 终端为 UTF-8，locale 为 zh_CN.GBK，代码输出如下：

```
utf-8 - sys.getdefaultencoding()
utf-8 - sys.getdefaultencoding()
utf-8 - sys.stdout.encoding:
utf-8 - sys.stdout.encoding:
�й� - u
中国 - a
�й� - a.decode('utf-8')
�й� - a.decode('utf-8').encode('gbk')
中国 - a
中国 - a.decode('utf-8')
utf-8 - (sys.stdout.encoding)
True
cp936
utf-8
```

(2) 终端为 UTF-8，locale 为 zh_CN.UTF-8，代码输出如下：

```
utf-8 - sys.getdefaultencoding()
utf-8 - sys.getdefaultencoding()
utf-8 - sys.stdout.encoding:
utf-8 - sys.stdout.encoding:
中国 - u
中国 - a
中国 - a.decode('utf-8')
�й� - a.decode('utf-8').encode('gbk')
中国 - a
中国 - a.decode('utf-8')
utf-8 - (sys.stdout.encoding)
True
```

```
cp936
utf-8
```

(3) 终端为 GBK,locale 为 zh_CN. GBK,代码输出如下:

```
ascii - sys.getdefaultencoding()
utf8 - sys.getdefaultencoding()
GBK - sys.stdout.encoding:
GBK - sys.stdout.encoding:
中国 - u
涓???? - a
中国 - a.decode('utf-8')
中国 - a.decode('utf-8').encode('gbk')
涓???? - a.decode('utf-8').encode('utf-8')
涓???? - a.decode('utf-8').encode()
GBK - (sys.stdout.encoding)
True
GBK
utf-8
```

(4) 终端为 GBK,locale 为 zh_CN. UTF-8,代码输出如下:

```
ascii - sys.getdefaultencoding()
utf8 - sys.getdefaultencoding()
UTF-8 - sys.stdout.encoding:
UTF-8 - sys.stdout.encoding:
涓???? - u
涓???? - a
涓???? - a.decode('utf-8')
中国 - a.decode('utf-8').encode('gbk')
涓???? - a.decode('utf-8').encode('utf-8')
涓???? - a.decode('utf-8').encode()
UTF-8 - (sys.stdout.encoding)
True
UTF-8
utf-8
```

由结果可总结出,对 print 而言:

(1) Unicode 的数据如果要显示正常,终端必须与 locale 一致。sys. stdout. encoding 这个值应该来自 locale,print 会以 sys. stdout. encoding 去编码并输出到字节流。

(2) 编码为终端编码的字节流就能显示正常,最终是终端通过终端配置的编码规则去解码成对应的字符并显示出来。

【例 9-4】 关于 sys. setdefaultencoding('utf8')的例子。

```
#coding:utf-8
import sys
import importlib
import locale
import os
import codecs
importlib.reload(sys)
print(sys.getdefaultencoding() + " - sys.getdefaultencoding()")
a = '中国'
print(a + " - a")
```

```
#并不是直接从 UTF-8 的字节流转化为 GBK 的,而是通过 defaultencoding 解码之后才转的
print(a.encode("gbk"))
print(a.encode()) #使用默认的 defaultencoding
print(a.encode()) #使用默认的 defaultencoding
```

运行程序,输出如下：

```
utf-8 - sys.getdefaultencoding()
中国 - a
b'\xd6\xd0\xb9\xfa'
b'\xe4\xb8\xad\xe5\x9b\xbd'
b'\xe4\xb8\xad\xe5\x9b\xbd'
```

str()是对各种类型转化成 str,如果本来是解码后的字符串,则不变;如果为 Unicode,则为 encode()。repr()是将字节流的二进制的值从十六进制转化为可见字符。

【例 9-5】 测试环境 locale 为 GBK。

```
#coding:utf-8
import sys
import importlib
import locale
import os
import codecs
importlib.reload(sys)
a = u'中国'
print(a)
print(str(a))
print(repr(a))
print(repr(a.encode("utf-8")))
print(repr(a.encode("gbk")))
```

运行程序,输出如下：

```
中国
中国
'中国'
b'\xe4\xb8\xad\xe5\x9b\xbd'
b'\xd6\xd0\xb9\xfa'
```

9.4 网页使用 gzip 压缩

当使用 Requests 获取百度网首页的时候,要通过网页源代码先了解编码,可以发现使用的是 UTF-8 编码。下面使用前面介绍的方法来获取内容,代码为：

```
import requests
url = 'http://www.baidu.com.cn'
r = requests.get(url)
print(r.text)
```

运行程序,部分输出结果如图 9-3 所示。

中文部分全为乱码。这里已经使用了默认的 Charset 编码方式,为什么还会出现乱码呢?这是因为百度网使用 gzip 将网页压缩了,必须先将其解码才行。幸运的是,使用 r.content 会自动解码 gzip 和 deflate 传输编码的相应数据。代码为：

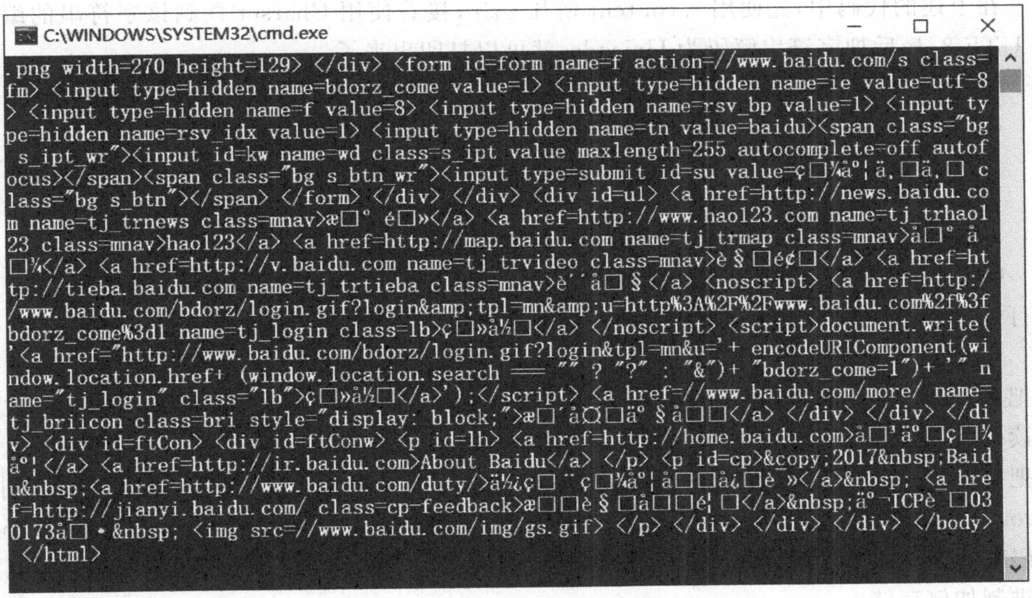

```
C:\WINDOWS\SYSTEM32\cmd.exe
.png width=270 height=129> </div> <form id=form name=f action=//www.baidu.com/s class=
fm> <input type=hidden name=bdorz_come value=1> <input type=hidden name=ie value=utf-8
> <input type=hidden name=f value=8> <input type=hidden name=rsv_bp value=1> <input ty
pe=hidden name=rsv_idx value=1> <input type=hidden name=tn value=baidu><span class="bg
 s_ipt_wr"><input id=kw name=wd class=s_ipt value maxlength=255 autocomplete=off autof
ocus></span><span class="bg s_btn_wr"><input type=submit id=su value=ç□¾åº¦ä¸□ä¸□ c
lass="bg s_btn"></span> </form> </div> </div> <div id=u1> <a href=http://news.baidu.co
m name=tj_trnews class=mnav>æ□° é□»</a> <a href=http://www.hao123.com name=tj_trhaol
23 class=mnav>hao123</a> <a href=http://map.baidu.com name=tj_trmap class=mnav>å□° å
□¾</a> <a href=http://v.baidu.com name=tj_trvideo class=mnav>è§□é¢□</a> <a href=ht
tp://tieba.baidu.com name=tj_trtieba class=mnav>è´´å□§</a> <noscript> <a href=http:/
/www.baidu.com/bdorz/login.gif?login&amp;tpl=mn&amp;u=http%3A%2F%2Fwww.baidu.com%2f%3f
bdorz_come%3d1 name=tj_login class=lb>ç□»å½□</a> </noscript> <script>document.write(
'<a href="http://www.baidu.com/bdorz/login.gif?login&tpl=mn&u='+ encodeURIComponent(wi
ndow.location.href+ (window.location.search === "" ? "?" : "&")+ "bdorz_come=1")+ '" n
ame="tj_login" class="lb">ç□»å½□</a>');</script> <a href=//www.baidu.com/more/ name=
tj_briicon class=bri style="display: block;">æ□´å¤□äº§å□□</a> </div> </div> </di
v> <div id=ftCon> <div id=ftConw> <p id=lh> <a href=http://home.baidu.com>å□³äº□ç□¾
åº¦</a> <a href=http://ir.baidu.com>About Baidu</a> </p> <p id=cp>&copy;2017 Baid
u <a href=http://www.baidu.com/duty/>ä½¿ç□¨ç□¾åº¦å□□å¿□è¯»</a>  <a hre
f=http://jianyi.baidu.com/ class=cp-feedback>æ□□è§□å□□é¦□</a> äº¬ICPè¯□03
0173å□·  <img src=//www.baidu.com/img/gs.gif> </p> </div> </div> </div> </body>
 </html>
```

图 9-3 中文显示为乱码

```
import requests
import chardet
url = 'http://www.baidu.com.cn'
r = requests.get(url)
after_gzip = r.content
print('解压后字符串的编码为',chardet.detect(after_gzip))
print(after_gzip.decode('UTF-8'))
```

运行程序,部分输出结果如图 9-4 所示。

```
C:\WINDOWS\SYSTEM32\cmd.exe
解压后字符串的编码为 {'encoding': 'utf-8', 'confidence': 0.99, 'language': ''}
<!DOCTYPE html>
<!--STATUS OK--><html> <head><meta http-equiv=content-type content=text/html;charset=utf-8><meta htt
p-equiv=X-UA-Compatible content=IE=Edge><meta content=always name=referrer><link rel=stylesheet type
=text/css href=http://s1.bdstatic.com/r/www/cache/bdorz/baidu.min.css><title>百度一下，你就知道</tit
le></head> <body link=#0000cc> <div id=wrapper> <div id=head> <div class=head_wrapper> <div class=s_
form> <div class=s_form_wrapper> <div id=lg> <img hidefocus=true src=//www.baidu.com/img/bd_logo1.pn
g width=270 height=129> </div> <form id=form name=f action=//www.baidu.com/s class=fm> <input type=h
idden name=bdorz_come value=1> <input type=hidden name=ie value=utf-8> <input type=hidden name=f val
ue=8> <input type=hidden name=rsv_bp value=1> <input type=hidden name=rsv_idx value=1> <input type=h
idden name=tn value=baidu><span class="bg s_ipt_wr"><input id=kw name=wd class=s_ipt value maxlength
=255 autocomplete=off autofocus></span><span class="bg s_btn_wr"><input type=submit id=su value=百度
一下 class="bg s_btn"></span> </form> </div> </div> <div id=u1> <a href=http://news.baidu.com name=t
j_trnews class=mnav>新闻</a> <a href=http://www.hao123.com name=tj_trhao123 class=mnav>hao123</a> <a
 href=http://map.baidu.com name=tj_trmap class=mnav>地图</a> <a href=http://v.baidu.com name=tj_trvi
deo class=mnav>视频</a> <a href=http://tieba.baidu.com name=tj_trtieba class=mnav>贴吧</a> <noscript
> <a href=http://www.baidu.com/bdorz/login.gif?login&amp;tpl=mn&amp;u=http%3A%2F%2Fwww.baidu.com%2f%
3fbdorz_come%3d1 name=tj_login class=lb>登录</a> </noscript> <script>document.write('<a href="http:/
/www.baidu.com/bdorz/login.gif?login&tpl=mn&u='+ encodeURIComponent(window.location.href+ (window.lo
cation.search === "" ? "?" : "&")+ "bdorz_come=1")+ '" name="tj_login" class="lb">登录</a>');</scrip
t> <a href=//www.baidu.com/more/ name=tj_briicon class=bri style="display: block;">更多产品</a> </di
v> </div> </div> <div id=ftCon> <div id=ftConw> <p id=lh> <a href=http://home.baidu.com>关于百度</a>
 <a href=http://ir.baidu.com>About Baidu</a> </p> <p id=cp>&copy;2017 Baidu <a href=http:/
/www.baidu.com/duty/>使用百度前必读</a>  <a href=http://jianyi.baidu.com/ class=cp-feedback>意
见反馈</a> 京ICP证030173号  <img src=//www.baidu.com/img/gs.gif> </p> </div> </div> </div>
 </body> </html>
```

图 9-4 显示正确结果

在上述的代码中，先使用 r.content 解压 gzip，接着使用 Charset 找到该字符串的编码为 UTF-8，最后把字符串解码为 Unicode，就可以打印出来了。

9.5 Python 读写文件中出现乱码

1. 读写 CSV 时中文为乱码

CSV 文档的内容是由“,”分隔的一列列的数据构成的，可以使用 Excel 和文本编辑器等打开。

当从 CSV 读取数据(data)到数据库的时候，需要把 GB2312 转换为 Unicode 编码，然后再把 Unicode 编码转换为 UTF-8 编码：datadecode('GB2312').encode('utf-8')。当从数据库读取数据(data)存到 CSV 文件的时候，需要先把 UTF-8 编码转换为 Unicode 编码，然后再把 Unicode 编码转换为 GB2313 编码：data.decode('utf-8').encode('GB2312')。其中，decode('utf-8')表示把 UTF-8 编码转换为 Unicode 编码；encode('utf-8')表示把 Unicode 编码转换为 utf-8。而 Unicode 只是一个符号集，它规定了符号的二进制代码，却没有规定二进制如何存储。

【例 9-6】 使用 Python 的编码转换模块 codecs。

```
import requests
import chardet
import codecs
#这里表示把 intimate.txt 文件从 UTF-8 编码转换为 Unicode,就可以对其进行 Unicode 读写了
f = codecs.open('data.txt','a','utf - 8')
f.write(u'中文')#直接写入 Unicode
s = '中文'
f.write(s.decode('UTF-8'))#先把 GBK 的 s 解码成 Unicode,然后写入文件
f.close()
f = codecs.open('data.txt','r','utf - 8')
s = f.readlines()
f.close()
for line in s:
 print(line.encode('gbk'))
```

2. 读写.txt 文件时中文出现乱码

在使用 Python 读取和保存文件的时候，一定要注意编码方式。例如，创建一个.txt 文件，命名为 test_TXT.txt，里面保存有文本内容“Python 中文”。首先使用记事本默认的 ANSI 编码保存文件，如图 9-5 所示。

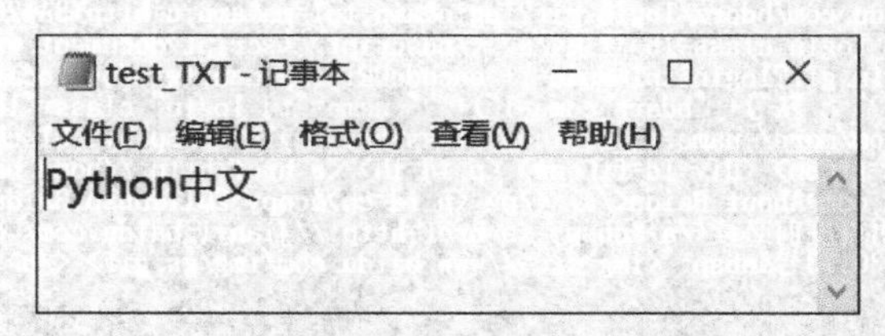

图 9-5 创建 test_TXT.txt 文本

然后创建另一个.txt 文件，命名为 test_UTF8.txt，里面保存有文本内容“Python 中文”，转为 UTF-8 编码的格式保存，如图 9-6 所示。

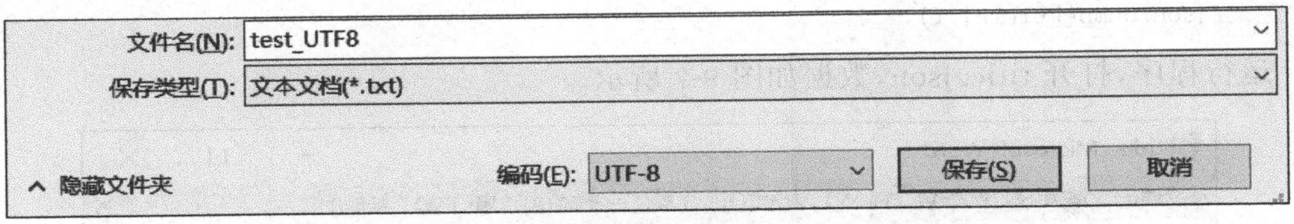

图 9-6 创建 UTF-8 格式的文本文件

下面尝试用 Python 来读取这两个文件。

```
r = open('test_TXT.txt','r').read()   % TXT 格式
print(r)
```

输出为：

```
Python 中文

r = open('test_UTF8.txt','r').read()  % UTF - 8 格式
print(r)
```

输出为：

```
File "test.py", line 1, in <module>
  r = open('test_UTF8.txt','r').read()
UnicodeDecodeError: 'gbk' codec can't decode byte 0xad in position 11: illegal multibyte sequence
```

由以上结果可以看出，test_TXT.txt 能够正确读取，而 test_UTF8.txt 出现了异常。这是因为计算机的 Windows 系统安装的是简体中文版，默认的编码方式为 GBK（也就是这里的 ANSI），所以 test_TXT.txt 能正确读取，而 test_UTF8.txt 不能。

因此，必须在读取文件的时候声明编码方式：

```
r_UTF8 = open('test_UTF8.txt','r',encoding = 'UTF - 8').read()
print(r_UTF8)
```

输出为：

```
Python 中文

r_UTF8 = open('test_UTF8.txt','r',encoding = 'UTF - 8').read()
print(r_UTF8)
```

输出为：

```
Python 中文
```

同理，当保存文件的时候，也一定要注明文件的编码，例如：

```
titl = 'Python 中文'
with open('test_TXT.txt','a + ',encoding = 'UTF - 8').as f:
  f.write(title)
  f.close()
```

以上是对于 TXT 文件和 CSV 文件的处理方法。对 JSON 文件来说，当把带有中文的数据保存至 JSON 文件时，默认会以 Unicode 编码处理，例如：

```
import json
title = '我们喜欢 Python'
with open('title.json','w',encoding = 'UTF - 8')as f:
    json.dump([title],f)
```

运行程序,打开 title.json,数据如图 9-7 所示。

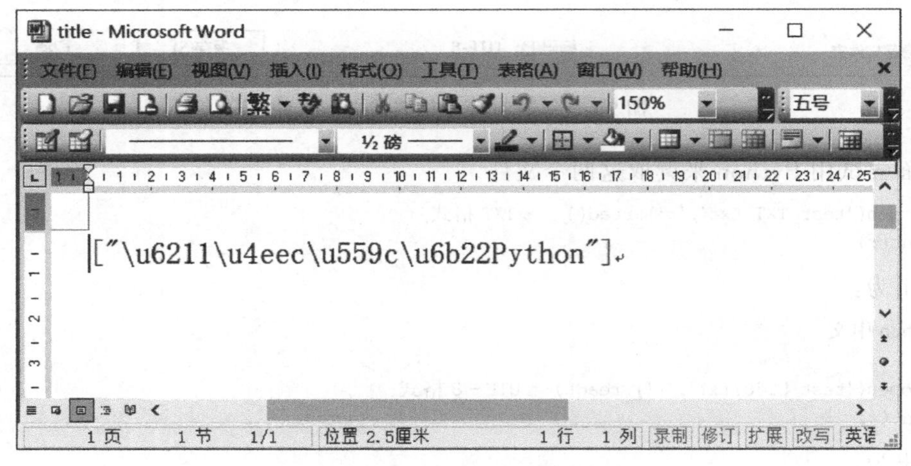

图 9-7 title.json 文件

如果希望能够显示出中文,那么可以把 title.json 文件改为如图 9-8 所示内容。

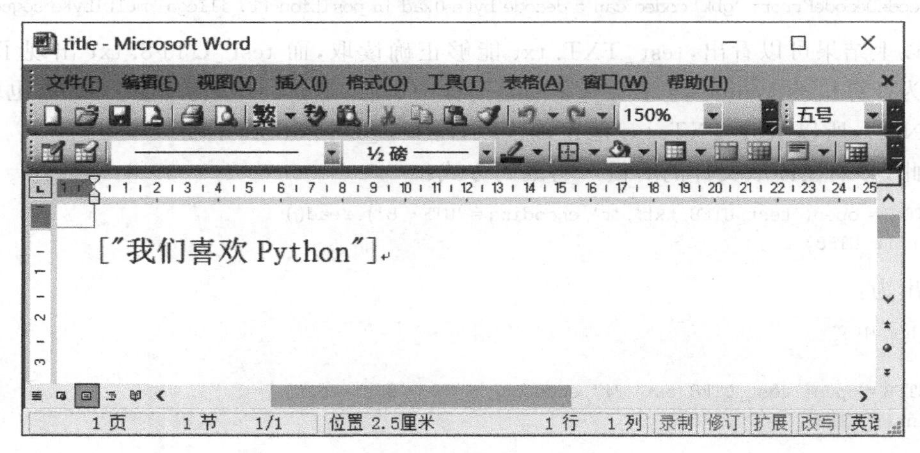

图 9-8 显示正确结果

9.6 Matplotlib 中文乱码问题

Matplotlib 是 Python 的一个很好的绘图包,但是其本身并不支持中文,所以如果绘图中出现了中文,就会出现乱码。

例如,Matplotlib 绘制图像有中文标注时会有乱码问题,代码为:

```
import matplotlib
import matplotlib.pyplot as plt
```

```
#定义文本框和箭头格式
decisionNode = dict(boxstyle = "sawtooth",fc = "0.8")
leafNode = dict(boxstyle = "round4",fc = "0.8")
arrow_args = dict(arrowstyle = "<- ")
#绘制带箭头的注解
def plotNode(nodeTxt,centerPt,parentPt,nodeType):
    createPlot.axl.annotate(nodeTxt,xy = parentPt,xycoords = 'axes fraction',xytext = centerPt,
textcoords = 'axes fraction',va = "center",ha = "center",bbox = nodeType,arrowprops = arrow_
args)
def createPlot():
    fig = plt.figure(1,facecolor = 'white')
    fig.clf()
    createPlot.axl = plt.subplot(111,frameon = False)
    plotNode(U'决策点',(0.5,0.1),(0.1,0.5),decisionNode)
    plotNode(U'叶节点',(0.8,0.1),(0.3,0.8),leafNode)
    plt.show()
if __name__ == '__main__':
    createPlot()
```

运行程序,效果如图 9-9 所示。

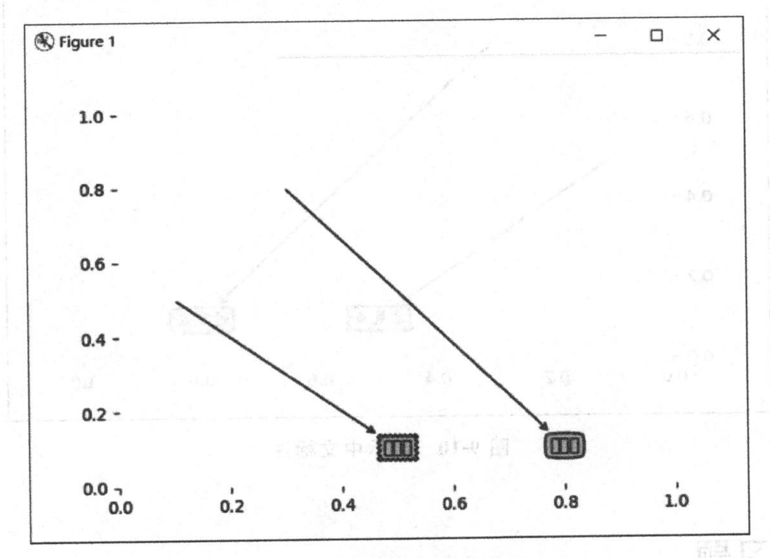

图 9-9 标注出现乱码

其对应的解决办法是在代码中引入字体,例如:

```
import matplotlib.pyplot as plt
import matplotlib
#定义自定义字体,文件名是系统中文字体
myfont = matplotlib.font_manager.FontProperties(fname = 'C:/Windows/Fonts/simkai.ttf')
#解决负号'-'显示为方块的问题
matplotlib.rcParams['axes.unicode_minus'] = False
decisionNode = dict(boxstyle = "sawtooth",fc = "0.8")
leafNode = dict(boxstyle = "round4",fc = "0.8")
arrow_args = dict(arrowstyle = "<- ")
```

```
def plotNode(nodeTxt,centerPt,parentPt,nodeType):
  createPlot.axl.annotate(nodeTxt,xy = parentPt,xycoords = 'axes fraction',xytext = centerPt,
textcoords = 'axes fraction',va = "center",ha = "center",bbox = nodeType,arrowprops = arrow_
args,fontproperties = myfont)
def createPlot():
  fig = plt.figure(1,facecolor = 'white')
  fig.clf()
  createPlot.axl = plt.subplot(111,frameon = False)
  plotNode(U'决策点',(0.5,0.1),(0.1,0.5),decisionNode)
  plotNode(U'叶节点',(0.8,0.1),(0.3,0.8),leafNode)
  plt.show()
if __name__ == '__main__':
 createPlot()
```

运行程序,效果如图 9-10 所示。

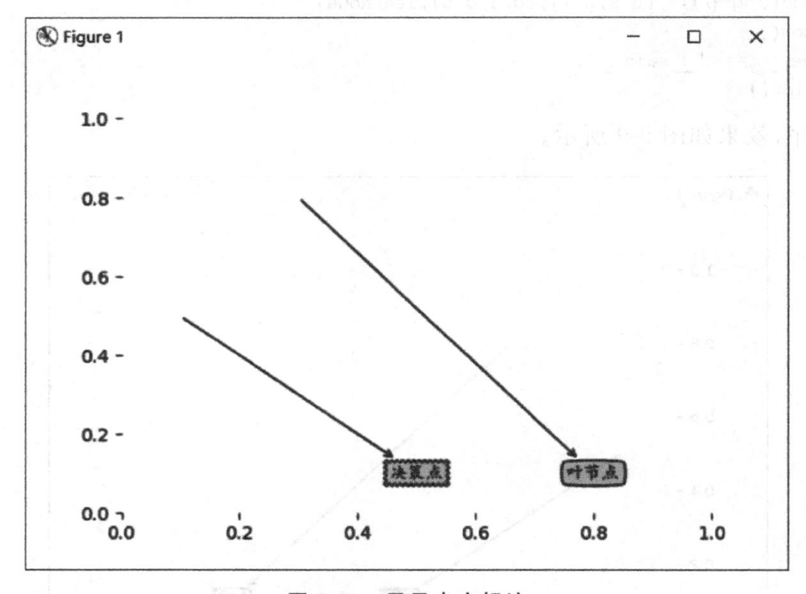

图 9-10 显示中文标注

9.7 习题

1. CSV 文档的内容是由________分隔的一列列的数据构成的,可以使用________和________等打开。

2. ASCII 码使用指定的 7 位或 8 位________数组合来表示 128 或 256 种可能的________。

3. 对于中文出现的乱码会有哪几种情况?

4. 在计算机内存中,使用什么编码?保存到硬盘或传输时,应为什么编码?

5. 假设笔记本电脑行业有 ABCD 4 家公司,它们在 2017 年的国内市场份额分别为 45%、25%、15%、5%,其他公司为 10%。现在这几家公司同时也在做 PC 市场,市场份额分别是 35%、35%、8%、7%,其他公司占有的份额是 15%,用内嵌环形饼图展示并实现中文标注。

第 10 章 Python 登录与验证码

CHAPTER 10

前面说过反爬虫会增加获取数据的难度，如登录后才能查看，登录时设置验证码等。这些问题都可以利用 Python 登录网页上的表单，通过程序识别图片中的内容，以实现验证码的处理等操作进行解决。

10.1 登录表单

随着 Web 的发展，大量数据都由用户产生，如更新 QQ 空间或发送一条微博，这就需要用到页面交互。因此，处理表单和登录成为进行网络爬虫不可或缺的一部分。获取网页和提交表单相比，获取网页是从网页爬取数据，而提交表单是向网页上传数据。

在客户端（浏览器）向服务器提交 HTTP 请求的时候，两种最常用到的方法是 GET 和 POST。使用 GET 方法的时候，查询字符串（键-值对）是在 GET 请求的 URL 中发送的：

```
http://httpbin.org/get?key1 = value1&key2 = value2
```

因为浏览器对 URL 有长度限制，所以 GET 请求提交的数据会有限制。这里数据都清楚地出现在 URL 中，所以 GET 请求不应在处理敏感数据（如密码）时使用。

按照规定，GET 请求只应用于获取数据，因此前面介绍的都是使用 requests 库的 get() 方法爬取数据。

相对于 GET 请求，POST 请求则用于提交数据。因为查询字符串（键-值对）在 POST 请求的 HTTP 消息主体中，所以敏感数据不会出现在 URL 中，参数也不会被保存在浏览器历史或 Web 服务器日志中，例如：

```
POST/test/demo_form.asp HTTP/1.1
Host:w3schools.com
name1 = value1&name2 = value2
```

因此，表单的提交基本上都要用到 POST 请求。

10.1.1 处理登录表单

大多数网站都会在网站上注明禁止爬虫登录表单，为了在法律和道德两个方面做到合规，作者在个人博客上开通了一个测试账号，以下所有操作都是在测试账号中进行的。

处理表单分为两步：

(1) 研究网站登录表单,构建 POST 请求的参数字典。

(2) 提交 POST 请求。

以下是构建 POST 请求的参数字典的几个步骤。

(1) 打开网页并使用"检查"功能。使用 Chrome 打开博客主页 http://www.zjblog.com/user_index.asp,右击页面任意位置,在弹出的快捷菜单中选择"检查"命令。在弹出的页面中找到 body 下的 form name 区域,即可定位到登录框的位置,如图 10-1 所示。

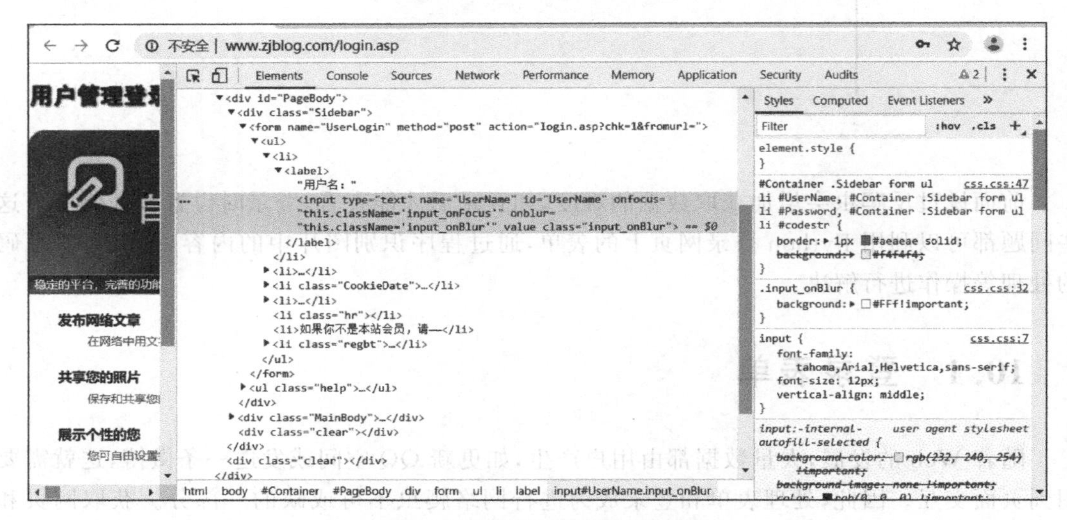

图 10-1 定位到登录框的位置

(2) 查看各个输入框的代码。在用户名输入框中,name 属性的值为 UserName,对应的是表单的 key 值,它的 value 则是要输入的用户名,如图 10-2 所示。

```
<label>用户名: </label>
<input type="text" name="UserName" id="UserName" onfocus=
"this.className='input_onFocus'" onblur="this.className='input_onBlur'"
value class="input_onBlur"> == $0
</li>
```

图 10-2 用户名输入框的代码

同理,在"审查元素"页面中单击密码框,可以找到密码的 key 值,即 name 属性的值 Password,如图 10-3 所示。因此,Password 将是之后登录表单的 key 值,它的 value 则是输入的密码。

```
"密  码: "
<input type="password" name="Password" id="Password" onfocus=
"this.className='input_onFocus'" onblur=
"this.className='input_onBlur'" class="input_onBlur">
</label>
```

图 10-3 密码输入框的代码

在页面中单击"保存我的登录信息",可以找到对应的 key 值。如图 10-4 所示,key 值是 name 属性的值 CookieDate,value 则是里面的 3。

这个 POST 请求是不是像平常登录一样,提交"用户名""密码"和"保存我的登录信息"

```
▼<label for="CookieDate">
    <input type="checkbox" name="CookieDate" id="CookieDate"
    value="3"> == $0
    "保存我的登录信息"
  </label>
```

图 10-4　显示"保存我的登录信息"对应的 key 值

这 3 个参数就可以直接登录了呢？其实并不是那么简单。在登录表单中，有些 key 值在浏览器中设置了隐藏（hidden）值，是不会显示出来的，这时可以在审查元素中将其找出来，如图 10-5 所示。

```
▼<li>
    <input type="hidden" name="fromurl" value>
    <input name="Submit" id="Submit" type="submit" value="登　录">
    <a href="lostpassword.asp">忘记密码？</a>
  </li>
  <li class="hr"></li>
  <li>如果你不是本站会员，请—</li>
```

图 10-5　查找隐藏值

在图 10-5 中可以看到，input type 的属性值为 hidden 的语句。其 name 属性值为 fromurl，value 的属性值为"空"。

这里可以构建 POST 请求的参数字典 dict，代码为：

```
post_data = {
    'log':'abc123',
    'pwd':'weiming',
    'rememberme':'forever',
    'redirect_to':'http://www.zjblog.com/user_index.asp/',
    'testcookie':'1'
};
```

接着，就可以提交 POST 请求来登录网站了。

（3）提交参数字典。提交 POST 请求后，就可以登录网站了。首先需要导入 requests 库，并创建一个 session 对象。用户浏览某个网站时，在从进入网站到关闭浏览器所经过的这个过程中，session 对象会存储特定用户会话所需要的属性和配置信息，session 对保存和操作 Cookie 非常重要。

```
#encoding:utf-8
import requests
post_link = 'http://www.zjblog.com/user_index.asp'#登录页面 url
agent = 'Mozilla/5.0 (Windows NT 10.0; WOW64) AppleWebKit/537.36 (KHTML, like Gecko) Chrome/
55.0.2883.87 Safari/537.36'
host = 'www.zjblog.com'
oringin = 'http://www.zjblog.com'
cookied = 'wordpress_test_cookie = WP + Cookie + check'
headers = {'User-Agent':agent, 'Host':host, 'Origin':oringin, 'Referer':post_link, 'Cookie':
cookied}#提交者
post_data = {
    'log':'weiming',
    'pwd':'abc123',
    'wp-submit':'登录',
```

```
    'redirect_to':'http://www.zjblog.com/user_index.asp/',
    'testcookie':'1'
}
login_page = requests.post(post_link, data = post_data, headers = headers, allow_redirects =
False)
profile_page = login_page.headers['location']
print (login_page.status_code)
print (login_page.headers['location'])
```

在上述代码中，先建立了各个参数，包括 post、postdata 和 headers。然后使用 login_page＝session.post(post_rul,data＝postdata,headers＝headers)的 session.post 方法，参数的 url 是 post_url,data 用的是 postdata 字典，发送 POST 请求。

运行以上代码，如果最后输出的结果为 200，即代表响应的状态为请求成功，可以成功登录表单。如果为其他代码，则对应的信息如下：

303：重定向。

404：请求错误。

401：未授权。

403：禁止访问。

404：文件未找到。

500：服务器错误。

10.1.2 处理 Cookie

在 10.1.1 节中，已经登录成功了。这也意味着每次重新运行代码都要登录一次，之后才能在 session 中爬取数据。

那么有没有一种方法能够把登录状态记录下来，再次运行代码的时候可以直接获取之前的登录状态，从而不用重新登录呢？

的确有的，使用 Cookie 即可。当用户浏览以前访问过的网站时，即使没有登录过该网站，网页中也可能出现“您好，×××，欢迎再次访问网站”的信息。这会让用户感到非常亲切。

为什么网站知道用户曾经浏览过呢？因为网站为了辨别用户身份，使用 session 跟踪并将数据存储在用户本地终端上。当你重新访问该网站时，便会从 Cookie 中找回之前浏览的信息。

因此，也可以利用 Cookie 保存之前登录的信息，这样在下次访问网站的时候，调用 Cookie 就会处于登录的状态了。

登录完成后，可以在代码的最后加入以下代码，保存此次登录的 Cookie：

```
session.cookies.save()
```

有了保存下来的 Cookie 后，便可以通过加载 Cookie 实现登录了。

(1) 导入 Cookiejar 库。如果没有安装这个库，那么可以使用 pip 命令安装。在 cmd 中输入 pip install Cookiejar，回车即可进行安装。

```
import requests
import http.cookiejar as cookielib
```

导入库后，需要加载在计算机上保存的Cookie。

```
session = requests.session()
session.cookies = cookielib.LWPCookieJar(filename = 'cookies')
try:
 session.cookies.load(ignore_discard = True)
 except:
 print('Cookie 未能加载')
```

如果没有出现“Cookie未能加载”的提示，就表示Cookie已经加载成功了。这时，可以创建一个isLogin()的函数，用来检测是否已经登录。

```
def isLogin():
url = "http://www.zjblog.com/user_index.asp/"
 login_code = session.get(url,beaders = headers,allow_redirects = False).status_code
 if login_code == 200:
     return True
 else:
     reutrn False
```

如果用户个人信息的页面能够成功返回200，就表示已经成功登录了。这时可以调用如下代码：

```
def isLogin():
url = "http://www.zjblog.com/user_index.asp/"
 login_code = session.get(url,beaders = headers,allow_redirects = False).status_code
 if login_code == 200:
     return True
 else:
     reutrn False
if _name_ = '_main_':
 agent = 'Mozilla/5.0(Macintosh;Intel Mac OS X 10_12_3) AppleWebKit/537.36(KHTML,like Gecko)
Chrome/56.0.0.2924.87 Safari/537.36'
headers = {"Host":"WWW.zjblog.com","Origin":"zjblog.com","Referer":"http://www.zjblog.com/
user_index.asp",'User - Agent':agent}
 if isLogin():
     print('您已经登录')
```

10.1.3 完整的登录代码

前面已经说明了如何登录表单和使用加载Cookie的方法免账号、密码登录。如果想要一劳永逸，在没有Cookie的时候输入账号、密码登录，在有Cookie的时候加载Cookie登录，就可以把这两部分内容结合起来，组合成如下代码：

```
import requests
import http.cookiejar as cookielib
session = requests.session()
session.cookies = cookielib.LWPCookieJar(filename = 'cookies')
try:
    session.cookies.load(ignore_discard = True)
except:
    print("Cookie 未能加载")
def isLogin():
    # 通过查看用户个人信息来判断是否已经登录
    url = "http://www.zjblog.com/user_index.asp"
```

```
        login_code = session.get(url, headers = headers, allow_redirects = False).status_code
        if login_code == 200:
            return True
        else:
            return False
    def login(secret, account):
        post_url = 'http://www.zjblog.com/user_index.asp'
        postdata = {
            'pwd': secret,
            'log': account,
            'rememberme': 'true',
            'redirect_to': 'http://www.zjblog.com/wp-admin/',
            'testcookie': 1,
        }
        try:
            # 不需要验证码直接登录成功
            login_page = session.post(post_url, data = postdata, headers = headers)
            login_code = login_page.text
            print(login_page.status_code)
            #print(login_code)
        except:
            pass
        session.cookies.save()
    if __name__ == '__main__':
        agent = 'Mozilla/5.0 (Macintosh; Intel Mac OS X 10_12_3) AppleWebKit/537.36 (KHTML, like
    Gecko) Chrome/56.0.2924.87 Safari/537.36'
        headers = {
            "Host": "www.zjblog.com",
            "Origin":"http://www.zjblog.com/",
            "Referer":"http://www.zjblog.com/user_index.asp",
            'User-Agent': agent
        }
        if isLogin():
            print('您已经登录')
        else:
            login('abc123', 'weiming)
```

在上面的代码中，首先创建一个 session，在 session 中尝试加载过去可能保存的 Cookie，然后用 isLogin()访问该账户的个人信息页面，以判断是否登录过。如果登录过，就可以直接用这个 session 访问其他网页获取数据。

如果尚未登录过，就调用 login()函数登录网页，并保存 Cookie，使得下次可以方便地使用。

10.2 验证码处理

现在有很多网站登录时，除了要输入用户名和密码外，还要输入验证码，如订购车票、登录表单等。

验证码(CAPTCHA)是“Completely Automated Public Turing test to tell Computers and Humans Apart”(全自动区分计算机和人类的图灵测试)的缩写，是一种区分用户是计算机还是人的公共全自动程序，可以防止恶意破解密码、刷票，以及黑客用特定程序暴力破解密码的方式进行不断的登录尝试。

验证码是由计算机生成的，用于评判一个问题，必须由人类才能解答，所以能够用验证码来区分人类和计算机。本节将以“登录凡科博客”为例来介绍网络爬虫对验证码的处理。注册页面的网址是 https://ajz.fkw.com/reg.html，如图 10-6 所示。

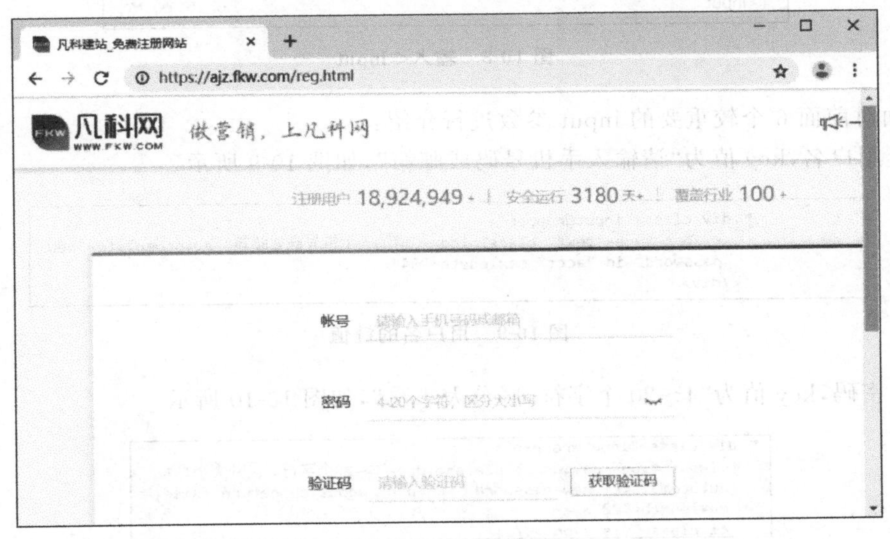

图 10-6 注册页面

在网络爬虫中，处理验证码主要有以下两种方式：

（1）手动输入处理。

（2）OCR 识别处理。

10.2.1 如何使用验证码验证

打开网页后，可以用 Chrome 浏览器的“检查”功能找到 form 表单需要的 input 参数，如图 10-7 所示。

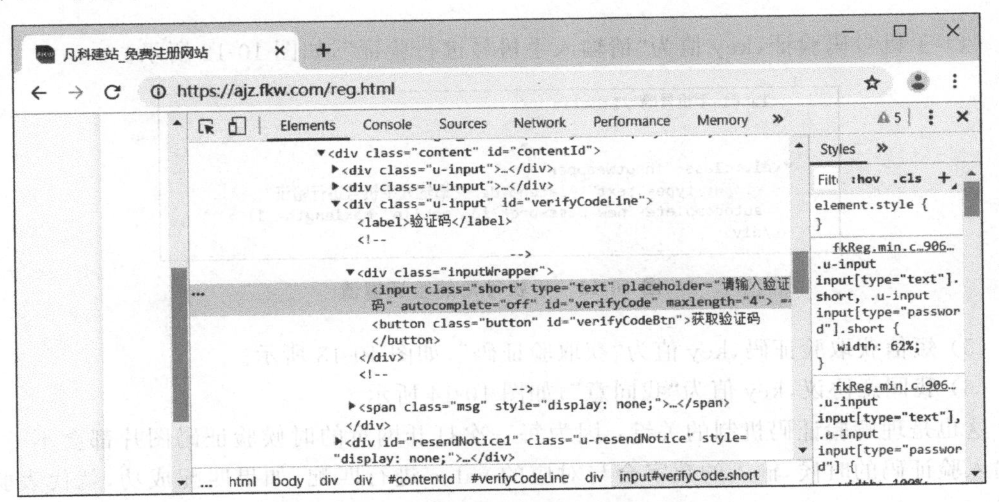

图 10-7 form 表单需要的 input 参数

按照10.1.1节提到的方法找到该表单中所有的input参数。可以使用Ctrl+F快捷键的查找功能逐个查找input。如图10-8所示，输入<input，找到10个需要输入的参数。

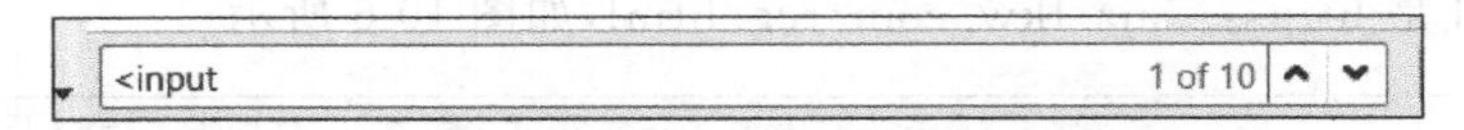

图10-8 输入<input

下面对前面6个较重要的input参数进行介绍：

(1) 用户名，key值为"请输入手机号码或邮箱"，如图10-9所示。

```
▼<div class="inputWrapper">
   <input type="text" placeholder="请输入手机号码或邮箱" autocomplete="new-
   password" id="acct" maxlength="34">
 </div>
```

图10-9 用户名的键值

(2) 密码，key值为"4～20个字符，区分大小写"，如图10-10所示。

```
▼<div class="inputWrapper">
   <input type="password" placeholder="4~20个字符，区分大小写"
   autocomplete="new-password" id="pwd" onpaste="return false;"
   maxlength="20"> == $0
   <i class="vis z-on"></i>
```

图10-10 密码的键值

(3) 验证码(数字形式)，key值为"获取验证码"，如图10-11所示。

```
  <label>验证码</label>
  <!--
                 -->
▼<div class="inputWrapper">
   <input class="short" type="text" placeholder="请输入验证码"
   autocomplete="off" id="verifyCode" maxlength="4">
   <button class="button" id="verifyCodeBtn">获取验证码</button>
 </div>
```

图10-11 获取验证码

(4) 手机号码验证，key值为"请输入手机号进行验证"，如图10-12所示。

```
  <label>手机号码</label>
  <!--
                 -->
▼<div class="inputWrapper">
   <input type="text" placeholder="请输入手机号进行验证"
   autocomplete="new-password" id="mobile" maxlength="11">
 </div>
```

图10-12 手机号码的验证键值

(5) 短信获取验证码，key值为"获取验证码"，如图10-13所示。

(6) 我同意协议，key值为"我同意"，如图10-14所示。

这也是理解验证码机制的关键：因为每一次打开网页的时候验证码图片都会不一样，当输入验证码的时候，输入的数字会与对应的value进行匹配，如果匹配成功，就代表验证通过。

```
<label>验证码</label>
<!--
                          -->
▼<div class="inputWrapper">
   <input class="short" type="text" placeholder="请输入短信验证码"
   autocomplete="off" id="mobileCode" maxlength="4">
   <button class="button" id="mobileCodeBtn">获取验证码</button>
 </div>
 <!--
```

图 10-13 短信验证码

```
▼<div class="regService">
  ▼<label>
    ▼<label class="u-checkBox">
       <input type="checkbox" id="agree">
       <i></i>
     </label>
     "
                          我同意"
     <a href="http://www.fkw.com/contract.html" target="_blank" rel=
     "nofollow">《凡科网平台注册协议》</a>
```

图 10-14 同意协议

10.2.2 人工方法处理验证码

人工方法处理就是在爬虫程序运行的时候弹出一个验证码输入框，需要手动输入验证码。这里需要确保计算机输入验证码的准确性。

下面介绍人工方法处理验证码的步骤。

(1) 获取验证码动态匹配码。首先可以定义一个 get_code()函数，完全进入注册页面，从 HTML 代码中用 re.search 方法获取 code_reg 的值，最后返回这个值。代码为：

```
def get_code():
  #code是一个动态变化的参数
index_url = 'http://www.zjblog.com/user_index.asp'
  #获取注册时需要用到的code
  index_page = session.get(index_url,headers = headers)
  html = index_page.text
  pattern = r'name = "code_reg" type = "hidden" value = "(.*?)"'
  #这里用re.search方法找到code
  code = re.search(pattern,html).group(1)
  return code
```

(2) 输入相应的匹配码。定义了 get_capthch()函数，它会使用 get 方法获取那张 code()的验证码图片，并存储到源代码所在的地址。在这之后，如果安装了 Pillow 库，就会使用 open()将验证码图片打开；如果没有安装 Pillow 库，就需要手动找到并打开这张图片，之后输入图片中的验证码。

Pillow 可以使用 pip 命令安装：pip install pillow。

```
def get_captcha(code):
captcha_url = "http://www.zjblog.com/user_index.asp" + code
  r = session.get(captcha_url,headers = headers)
  with open('captcha.jpg','wb') as f:
      f.write(r.content)
```

```
        f.close()
        try:
            im = Image.open('captcha.jpg')
            im.show()
            im.close()
        except:
            print(u'请到 %s 目录找到 captcha.jpg 手动输入' % os.path.abspath('captcha.jpg'))
        captcha = input("please input the captcha\\n>")
        return captcha
```

(3) 注册上交表单。使用 register 函数将表单中的数据准备好，加上验证码一起，提交 POST 请求，并进行注册。如果输出打印结果为 200，则表示注册成功。

```
def register(account,email,code):
post_url = "http://www.zjblog.com/user_index.asp"
 potdata = {'user = login':account,'user_email':email,"code_reg":code,'redirect_to':'',}
 #调用 get_captcha 函数获取验证码数字
 postdata = ["captcha"] = get_captcha(code)
 #提交 POST 请求，进行注册
 register_page = session.post(post_url,data = postdata,headers = headers)
 #如果输出打印结果为 200，则表示注册成功
 print(register_page.status_code)
```

(4) 输入用户和邮箱，调用前面 3 个步骤写好函数来执行程序，代码为：

```
import request
import re
import os
from PIL import Image
if __name__ == '__main__':
 agent = 'Mozilla/5.0 (Macintosh; Intel Mac OS X 10_12_3) AppleWebKit/537.36 (KHTML, like
Gecko) Chrome/56.0.2924.87 Safari/537.36'
 headers = {
     "Host": "www.zjblog.com"
     "Origin":"http://www.santostang.com"
     "Referer":"http://www.santostang.com/wp - login.php"
     'User - Agent': agent
 }
 session = requests.session()
 #获取需要的验证码匹配码
 code = get_code()
 # 调用注册函数进行注册
 account = '18341432113'
 email = 'a12345@qq.com'
 register(account, email, code)
```

10.2.3 OCR 处理验证码

本节将介绍使用图像识别技术输入验证码的方法。这种方法称为 OCR(Optical Character Recognition，光学字符识别)，也就是使用字符识别方法将形状翻译成计算机文字的过程。为了使用 Python 将图像识别为字母和数字，需要用到 Tesseract 库，它是 Google 支持的开源 ocr 项目。使用 pip 命令安装 Tesseract：pip install pytesseract。假设获取的验

证码图片如图 10-15 所示，接着需要识别出其中的数字和字母。

识别图片中数字和字母的步骤如下：

(1) 把彩色图像转化为灰度图像。通过灰度处理可以把色彩空间由 RGB 转化为灰度图像。代码为：

```
from PIL import Image
image = Image.open('Code.jpg')
#将图片转化为灰度图像
image=image.convert('L')
image.show()
```

效果如图 10-16 所示。

图 10-15 验证码图片

图 10-16 灰度图像

(2) 二值化处理。可以看到，验证码中文本的部分颜色都比较深，因此可以把大于某个临界灰度值的像素灰度设为灰度极大值，把小于这个值的像素灰度设为灰度极小值，从而实现二值化(一般设置为 0～1)。

```
threshold =127   #阈值
table = []
for n in range(256):
 if n < threshold:
     table.append(0)
 else:
     table.append(1)
image = image.point(table , '1')
image.show()
image.save("captcha_thresholded.jpg")
```

上述两步都是为图片降噪，也就是把不需要的信息全部去掉，比如背景、干扰线、干扰像素等，只剩下需要识别的文字。得到的结果如图 10-17 所示。

图 10-17 图片降噪

至此，就可以识别出来了，但是有时识别出来还有误差，那就需要修改一下：

```
threshold =127
```

127 这个值需要修改，直到修改为能识别的合适的值为止。

在需要验证的验证码比较简单、文字和背景比较容易区分、没有扰乱的曲线或字符之间分割得比较好时，Tesseract 的解析效果是非常好的，所以这时应用 OCR 方法非常方便。

10.3 极验滑动验证码的识别案例

近几年出现了一些新型验证码，其中比较有代表性的就是极验验证码，它需要拖动拼合滑块才可以完成验证，相对图形验证码来说识别难度上升了几个等级。本节对极验验证码的识别过程进行讲解。

(1) 目标。

本节的目标是用程序来识别并通过极验验证码的验证，包括分析识别思路，识别缺口位置，生成滑块拖动路径，模拟实现滑块并合通过验证等步骤。

(2) 准备工作。

本次使用的 Python 库是 Selenium，浏览器为 Chrome。

(3) 了解极验验证码。

极验验证码官网为 http://www.geetest.com/。它是一个专注于提供验证安全的系统，主要验证方式是拖动滑块并合图像。如果图像完全拼合，即表单成功提交，否则需要重新验证，如图 10-18 所示。

图 10-18　验证码示例

极验验证码广泛应用于直播视频、金融服务、电子商务、游戏娱乐、政府、企业等各大类型网站。下面给出了斗鱼、魅族的登录页面，它们都对接了极验验证码，如图 10-19 和图 10-20 所示。

图 10-19　斗鱼登录页面

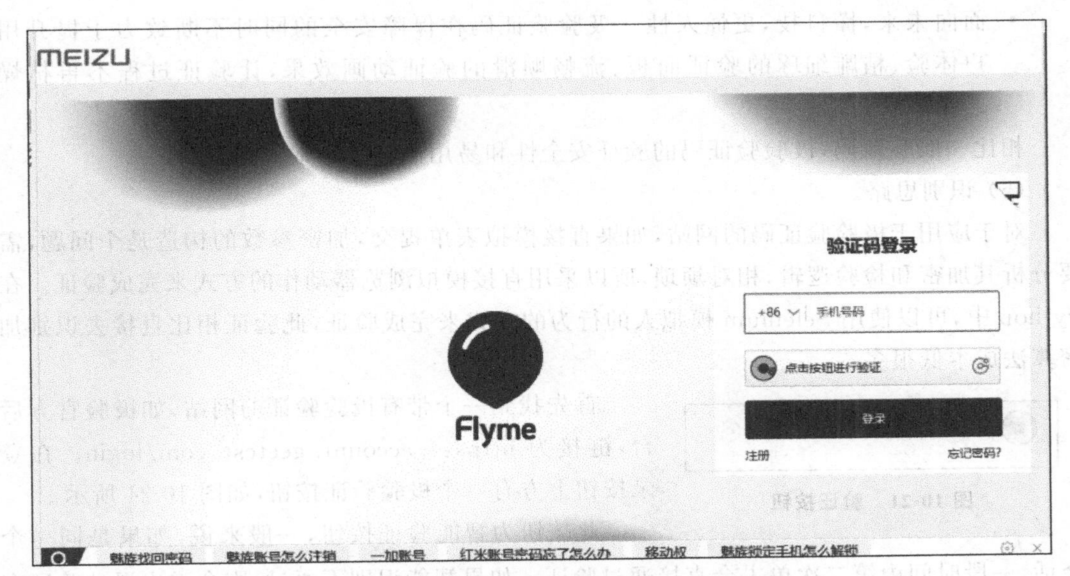

图 10-20 魅族登录页面

(4) 极验验证码的特点。

极验验证码相较于图形验证码来说识别难度更大。对于极验验证码,首先单击按钮进行智能验证。如果验证不通过,则会弹出滑动验证的窗口,拖动滑块拼合图像进行验证。之后 3 个加密参数会生成,通过表单提交到后台,后台还会进行一次验证。

极验验证码还增加了机器学习的方法来识别拖动轨迹。官方网站的安全防护有如下几点说明。

- 三角防护之防模拟。恶意程序模仿人类行为轨迹对验证码进行识别。针对模拟,极验验证码拥有超过 4000 万人机行为样本的海量数据。利用机器学习和神经网络,构建线上线下的多重静态、动态防御模型。识别模拟轨迹,界定人机边界。
- 三角防护之防伪造。恶意程序通过伪造设备浏览器环境对验证码进行识别。针对伪造,极验验证码利用设备基因技术,深度分析浏览器的实际性能来辨识伪造信息。同时根据伪造事件不断更新黑名单,大幅提高防伪造能力。
- 三角防护之防暴力。恶意程序短时间内进行密集的攻击,对验证码进行暴力识别。针对暴力,极验验证码拥有多种验证形态,每一种验证形态都有利用神经网络生成的海量图库储备,每张图片都是独一无二的,且图库不断更新,极大程度地提高了暴力识别的成本。

另外,极验验证码的验证相对于普通验证方式更加方便,体验更加友好,原因如下。

- 单击一下,验证只需要 0.4 秒。极验验证码始终专注于去验证化实践,让验证环节不再打断产品本身的交互流程,最终达到优化用户体验和提高用户转化率的效果。
- 全平台兼容,适用各种交互场景。极验验证码兼容所有主流浏览器甚至古老的 IE 6,也可以轻松应用在 iOS 和 Android 移动端平台,满足各种业务需求,保护网站资源不被滥用和盗取。

- 面向未来，懂科技，更懂人性。极验验证码在保障安全的同时不断致力于提升用户体验、精雕细琢的验证面板、流畅顺滑的验证动画效果，让验证过程不再枯燥乏味。

相比一般验证码，极验验证码的验证安全性和易用性有了非常大的提高。

(5) 识别思路。

对于应用于极验验证码的网站，如果直接模拟表单提交，加密参数的构造是个问题，需要分析其加密和检验逻辑，相对烦琐，所以采用直接模拟浏览器动作的方式来完成验证。在Python中，可以使用Selenium模拟人的行为的方式来完成验证，此验证相比直接去识别加密算法成本低很多。

图 10-21　验证按钮

首先找到一个带有极验验证的网站，如极验官方后台，链接为 https://account.geetest.com/login。在登录按钮上方有一个极验验证按钮，如图 10-21 所示。

此按钮为智能验证按钮，一般来说，如果是同一个会话，一段时间内第二次单击会直接通过验证。如果智能识别不通过，则会弹出滑动验证窗口，要拖动滑块拼合图像完成第二步验证，如图 10-22 所示。

验证成功后，验证按钮变成如图 10-23 所示。

图 10-22　拖动示例

图 10-23　验证成功结果

接着，便可以提交表单了。

所以，识别验证需要完成如下 3 步。

① 模拟单击验证按钮。

② 识别滑动缺口的位置。

③ 模拟拖动滑块。

第①步操作最简单，可以直接用 selenium 模拟单击按钮。

第②步操作识别缺口的位置比较关键，这里需要用到图像的相关处理方法。首先观察缺口的样子，如图 10-24 和图 10-25 所示。

缺口的四周边缘有明显的断裂边缘，边缘和边缘周围有明显的区别。可以实现一个边缘检测算法来找出缺口的位置。对于极验验证码来说，可以利用和原图对比检测的方式来识别缺口的位置，因为在没有滑动滑块之前，缺口并没有呈现。

图 10-24 缺口示例 1

图 10-25 缺口示例 2

可以同时获取两张图片。设定一个对比阈值，然后遍历两张图片，找出相同位置像素的RGB与此阈值像素点的差距，那么此像素点的位置就是缺口的位置。

第③步操作看似简单，但其中需要注意的问题比较多。极验验证码增加了机器轨迹识别，匀速移动、随机速度移动等方法都不能通过验证，只有完全模拟人的移动轨迹才可以通过验证。人的移动轨迹一般是先加速后减速，需要模拟这个过程才能成功。

(6) 初始化。

这次选定的链接为 https://account.geetest.com/login，也就是极验的管理后台登录页面。在这里首先初始化一些配置，如 Selenium 对象的初始化及一些参数的配置，代码如下：

```
EMAIL = 'geetest123.com'
PASSWORD = 'abc123'
BORDER = 6
INIT_LEFT = 60
class CrackGeetest():
    def __init__(self):
        self.url = 'https://account.geetest.com/login'
        self.browser = webdriver.Chrome()
        self.wait = WebDriverWait(self.browser, 20)
        self.email = EMAIL
        self.password = PASSWORD
```

其中，EMAIL 和 PASSWORD 就是登录极验需要的用户名和密码(如果没有需先注册)。

(7) 模拟单击。

实现第一步的操作，也就是模拟单击初始的验证按钮。定义一个方法来获取这个按钮，利用显式等待的方法来实现，代码如下：

```
def get_geetest_button(self):
    """
    获取初始验证按钮
    :return:
    """
    button = self.wait.until(EC.element_to_be_clickable((By.CLASS_NAME, 'geetest_radar_tip')))
    return button
```

获取一个 WebElement 对象，调用它的 click()方法即可模拟单击，代码如下：

```
#单击验证按钮
button = self.get_geetest_button()
button.click()
```

第一步的工作就完成了。

(8) 识别缺口。

接着来识别缺口的位置。首先获取前后两张比对图片，二者不一致的地方即为缺口。获取不带缺口的图片，利用 Selenium 选取图片元素，得到其所在位置和宽高，然后获取整个网页的截图，将图片裁切出来即可，实现代码为：

```
def get_screenshot(self):
    """
    获取网页截图
    :return: 截图对象
    """
    screenshot = self.browser.get_screenshot_as_png()
    screenshot = Image.open(BytesIO(screenshot))
    return screenshot
def get_geetest_image(self, name = 'captcha.png'):
    """
    获取验证码图片
    :return: 图片对象
    """
    top, bottom, left, right = self.get_position()
    print('验证码位置', top, bottom, left, right)
    screenshot = self.get_screenshot()
    captcha = screenshot.crop((left, top, right, bottom))
    captcha.save(name)
    return captcha
```

这里 get_position()函数首先获取图片对象，获取它的位置和宽高，随后返回其左上角和右下角的坐标。get_geetest_image()方法获取网页截图，调用了 crop()方法将图片裁切出来，返回的是 Image 对象。

接着需要获取第二张图片，也就是带缺口的图片。要使得图片出现缺口，只需要单击下方的滑块即可。这个动作触发之后，图片中的缺口就会呈现，实现代码为：

```
def get_slider(self):
    """
    获取滑块
    :return: 滑块对象
    """
    slider = self.wait.until(EC.element_to_be_clickable((By.CLASS_NAME, 'geetest_slider_
button')))
    return slider
```

此处利用 get_slider()方法获取滑块对象，调用 click()方法即可触发单击，缺口图片即可呈现，实现代码为：

```
#单击呼出缺口
slider = self.get_slider()
slider.click()
```

调用 get_geetest_image()方法将第二张图片获取下来即可。

现在已经得到两张图片对象，分别赋值给变量 image1 和 image2。接着对比图片获取缺口。在此处遍历图片的每个坐标点，获取两张图片对应像素点的 RGB 数据。如果二者的 RGB 数据差距在一定范围内，即代表两个像素相同，则继续对比下一个像素点。如果差距超过一定范围，则代表像素点不同，当前位置即为缺口位置，实现代码为：

```
def get_gap(self, image1, image2):
    """
    获取缺口偏移量
    :param image1: 不带缺口图片
    :param image2: 带缺口图片
    :return:
    """
    left = 60
    for i in range(left, image1.size[0]):
        for j in range(image1.size[1]):
            if not self.is_pixel_equal(image1, image2, i, j):
                left = i
                return left
    return left
def is_pixel_equal(self, image1, image2, x, y):
    """
    判断两个像素是否相同
    :param image1: 图片 1
    :param image2: 图片 2
    :param x: 位置 x
    :param y: 位置 y
    :return: 像素是否相同
    """
    # 取两个图片的像素点
    pixel1 = image1.load()[x, y]
    pixel2 = image2.load()[x, y]
    threshold = 60
    if abs(pixel1[0] - pixel2[0]) < threshold and abs(pixel1[1] - pixel2[1]) < threshold and abs(
            pixel1[2] - pixel2[2]) < threshold:
        return True
    else:
        return False
```

get_gap()方法即获取缺口位置的方法。此方法的参数是两张图片，一张为带缺口图片，另一张为不带缺口图片。这里遍历两张图片的每个像素，利用 is_pixel_equal()方法判断两张图片同一位置的像素是否相同。比较两张 RGB 的绝对值是否均小于定义的阈值 threshold。如果绝对值均在阈值之内，则代表像素点相同，继续遍历；否则代表不相同的像素点，即缺口的位置。

实现了缺口的位置后，最后一步实现模拟拖动。

(9) 模拟拖动。

模拟拖动过程不复杂，但其中需要注意的问题比较多。现在只需要调用拖动的相关函数将滑块拖动到对应位置，是吗？如果是匀速拖动，极验必然会识别出它是程序的操作，因为人无法做到完全匀速拖动。极验验证码利用机器学习模型，筛选此类数据为机器操作，验证码识别失败。

尝试分段模拟，将拖动过程划分几段，每段设置一个平均速度，速度围绕该平均速度小幅度随机抖动，这样也无法完成验证。

最后，完全模拟加速减速的过程通过了验证。前段滑块做匀速运动，后段滑块做匀减速运动，利用物理学的加速度公式即可完成验证。

滑块滑动的加速度用 a 表示，当前速度用 v 表示，初速度用 v0 表示，位移用 x 表示，所需时间用 t 表示，它们之间满足如下关系：

```
x = v0 * t + 0.5 * a * t * t
v = v0 + a * t
```

利用这两个公式可以构造轨迹移动算法，计算出先加速后减速的运动轨迹，实现代码为：

```
def get_track(self, distance):
    """
    根据偏移量获取移动轨迹
    :param distance: 偏移量
    :return: 移动轨迹
    """
    # 移动轨迹
    track = []
    # 当前位移
    current = 0
    # 减速阈值
    mid = distance * 4 / 5
    # 计算间隔
    t = 0.2
    # 初速度
    v = 0
    while current < distance:
        if current < mid:
            # 加速度为正 2
            a = 2
        else:
            # 加速度为负 3
            a = -3
        # 初速度 v0
        v0 = v
        # 当前速度 v = v0 + at
        v = v0 + a * t
        # 移动距离 x = v0t + 1/2 * a * t^2
        move = v0 * t + 1 / 2 * a * t * t
        # 当前位移
        current += move
        # 加入轨迹
        track.append(round(move))
    return track
```

这里定义了 get_track()方法，传入的参数为移动的总距离，返回的是运动轨迹。运动轨迹用 track 表示，它是一个列表，列表的每个元素代表每次移动多少距离。

首先定义变量 mid，即减速的阈值，也就是加速到什么位置开始减速。在这里 mid 值为 4/5，即模拟前 4/5 路径是加速过程，后 1/5 路径是减速过程。

接着定义当前位移的距离变量 current，初始为 0，然后进入 while 循环，循环的条件是当前位移小于总距离。在循环中分段定义了加速度，其中加速过程的加速度定义为 2，减速过程的加速度定义为 −3。之后套用位移公式计算出某个时间段内的位移，将当前位移更新并记录到轨迹中即可。

直到运动轨迹达到总距离时，循环终止。最后得到的 track 记录了每个时间间隔移动了多少位移，这样就得到了滑块的运动轨迹。

最后按照该运动轨迹拖动滑块即可，实现代码如下：

```
def move_to_gap(self, slider, track):
    """
    拖动滑块到缺口处
    :param slider: 滑块
    :param track: 轨迹
    :return:
    """
    ActionChains(self.browser).click_and_hold(slider).perform()
    for x in track:
        ActionChains(self.browser).move_by_offset(xoffset = x, yoffset = 0).perform()
    time.sleep(0.5)
    ActionChains(self.browser).release().perform()
```

这里传入的参数为滑块对象和运动轨迹。首先调用 ActionChains 的 click_and_hold() 方法按住拖动底部滑块，遍历运动轨迹获取每小段位移距离，调用 move_by_offset()方法移动此位移，最后调用 release()方法松开鼠标即可。

最后，完善表单，模拟单击登录按钮，成功登录后即跳转到后台。

10.4 点触验证码的识别案例

除了极验验证码，还有另一种常见且应用广泛的验证码，即点触验证码。可能我们对这个名字比较陌生，但是肯定见过类似的验证码，比如 12306 使用的就是典型的点触验证码，如图 10-25 所示。

直接单击图中符合要求的图，所有答案均正确，验证才会成功，如果有一个答案错误，验证就会失败，这种验证码就称为点触验证码。

还有一个专门提供点触验证码服务的站点 TouClick，其官方网站为 https://www.touclick.com/。本节就以 TouClick 为例讲解此类验证码的识别过程。

(1) 目标。

我们的目标是用程序来识别并通过点触验证码的验证，如图 10-26 所示。

(2) TouClick 官方网站的验证样式如图 10-27 所示。

与 12306 站点相似，不过这次是单击图片中的文字而非图片。点触验证码有很多种，它们的交互形式略有不同，但基本原理都是类似的。

接着，统一实现类似点触验证码的识别过程。

(3) 如果依靠图像识别点触验证码，则识别难度非常大。例如，12306 的识别难点有两点：第一点是文字识别，如图 10-26 所示。

图 10-26　12306 验证码

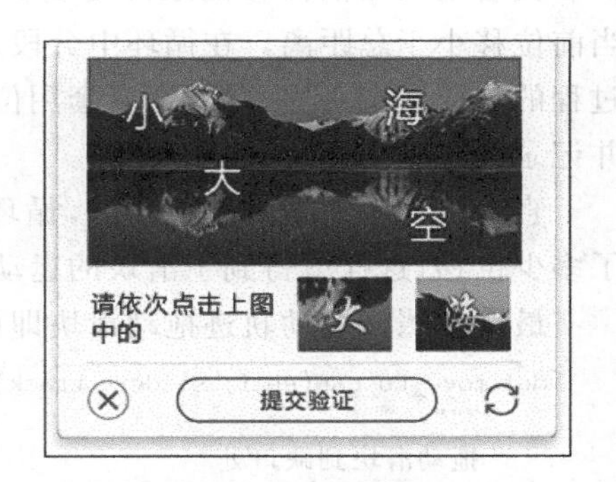

图 10-27　验证码样式

单击图中所有航母,"航母"二字经过变形、缩放、模糊处理,如果要借助前面的 OCR 技术来识别,识别精准度会大打折扣,甚至得不到任何结果。

第二点是图像的识别。需要将图像重新转化文字,可以借助各种识图接口,但识别的准确率非常低,经常会出现匹配不正确或无法匹配的情况。而且图片清晰度不够,识别难度会更大,更何况需要同时正确识别 8 张图片,验证才能通过。

综上所述,此种方法基本上是不可行的。

再以 TouClick 为例,如图 10-27 所示。需要从这幅图片中识别出"大海"二字,但是图片有干扰,导致 OCR 几乎不会识别出结果。

那么类似的验证码该如何识别呢?互联网上有很多验证码服务平台,平台 7×24 小时提供验证码识别服务,一张图片几秒就会获得识别结果,准确率可达 90%以上。本节推荐使用超级鹰平台,官网为 https://www.chaojiying.com/。其提供的服务种类非常广泛,可识别的验证码类型非常多,其中就包括点触验证码。

超级鹰平台同样支持简单的图形验证码识别。如果 OCR 识别有难度,同样可以用本节介绍的方法借助平台来识别。超级鹰平台提供了如下服务。

- 英文数字:提供最多 20 位英文、数字的混合识别。
- 中文汉字:提供最多 7 个汉字的识别。
- 纯英文:提供最多 12 位英文的识别。
- 纯数字:提供最多 11 位数字的识别。
- 任意特殊字符:提供不定长汉字、英文、数字、拼音首字母、计算题、成语混合、集装箱号等字符的识别。
- 坐标选择识别:如复杂计算题、选择题四选一、问答题,单击相同的字、物品、动物等返回多个坐标的识别。

这里需要处理的就是坐标多选识别的情况。先将验证码图片提交给平台,平台会返回识别结果在图片中的坐标位置,然后再解析坐标模拟单击。

(4) 注册账号。

先注册超级鹰账号并申请软件 ID,注册页面链接为 https://www.chaojiying.com/user/reg/。在后台开发商中心添加软件 ID。

(5) 获取 API。

在官方网站下载对应的 Python API,链接为 https://www.chaojiying.com/api-14.html。此 API 是用 requests 库来实现的。

```
import requests
from hashlib import md5
class Chaojiying(object):
    def __init__(self, username, password, soft_id):
        self.username = username
        self.password = md5(password.encode('utf-8')).hexdigest()
        self.soft_id = soft_id
        self.base_params = {
            'user': self.username,
            'pass2': self.password,
            'softid': self.soft_id,
        }
        self.headers = {
            'Connection': 'Keep-Alive',
            'User-Agent': 'Mozilla/4.0 (compatible; MSIE 8.0; Windows NT 5.1; Trident/4.0)',
        }
    def post_pic(self, im, codetype):
        """
        im: 图片字节
        codetype: 题目类型参考 http://www.chaojiying.com/price.html
        """
        params = {
            'codetype': codetype,
        }
        params.update(self.base_params)
        files = {'userfile': ('ccc.jpg', im)}
        r = requests.post('http://upload.chaojiying.net/Upload/Processing.php', data =
params, files=files, headers=self.headers)
        return r.json()
    def report_error(self, im_id):
        """
        im_id:报错题目的图片 ID
        """
        params = {
            'id': im_id,
        }
        params.update(self.base_params)
        r = requests.post('http://upload.chaojiying.net/Upload/ReportError.php', data =
params, headers=self.headers)
        return r.json()
```

这里定义了一个 chaojiying 类,其构造函数接受 3 个参数,分别是超级鹰的用户名、密码以及软件 ID,保存以备使用。最重要的一个方法叫称 post_pic(),它需要传入图片对象和验证码的代号。该方法会将图片对象和相关信息发给超级鹰的后台进行识别,然后将识别成功的 JSON 返回。

另一个方法称作 report_error(),它是发生错误的时候的回调。如果验证码识别错误,那么调用此方法会返回相应的错误说明。接下来,以 TouClick 的官网为例,来演示点触验证码的识别过程,链接为 http://admin.touclick.com/。

(6) 初始化。

首先初始化一些变量，如 WebDriver、Ghaojiying 对象等，实现代码为：

```
EMAIL = 'touclick123.com'
PASSWORD = ''
#超级鹰用户名、密码、软件 ID、验证码类型
CHAOJIYING_USERNAME = 'Germey'
CHAOJIYING_PASSWORD = ''
CHAOJIYING_SOFT_ID = 893590
CHAOJIYING_KIND = 9102
class CrackTouClick():
    def __init__(self):
        self.url = 'http://admin.touclick.com/login.html'
        self.browser = webdriver.Chrome()
        self.wait = WebDriverWait(self.browser, 20)
        self.email = EMAIL
        self.password = PASSWORD
        self.chaojiying = Chaojiying(CHAOJIYING_USERNAME, CHAOJIYING_PASSWORD, CHAOJIYING_
SOFT_ID)
```

这里的账号和密码可自行修改。

(7) 获取验证码。

接着的第一步就是完善相关表单，模拟单击相应验证码，实现代码为：

```
def open(self):
    """
    打开网页输入用户名密码
    :return: None
    """
    self.browser.get(self.url)
    email = self.wait.until(EC.presence_of_element_located((By.ID, 'email')))
    password = self.wait.until(EC.presence_of_element_located((By.ID, 'password')))
    email.send_keys(self.email)
    password.send_keys(self.password)
def get_touclick_button(self):
    """
    获取初始验证按钮
    :return:
    """
    button = self.wait.until(EC.element_to_be_clickable((By.CLASS_NAME, 'touclick - hod -
wrap')))
    return button
```

open()方法负责填写表单，get_touclick_button()方法获取验证码按钮，之后触发单击即可。

接下来，类似极难验证码图像获取一样，获取验证码图片的位置和大小，从网页截图里截取相应的验证码图片，实现代码为：

```
def get_touclick_element(self):
    """
    获取验证图片对象
    :return: 图片对象
    """
```

```
        element = self.wait.until(EC.presence_of_element_located((By.CLASS_NAME, 'touclick-pub-content')))
        return element
    def get_position(self):
        """
        获取验证码位置
        :return: 验证码位置元组
        """
        element = self.get_touclick_element()
        time.sleep(2)
        location = element.location
        size = element.size
        top, bottom, left, right = location['y'], location['y'] + size['height'], location['x'], location['x'] + size['width']
        return (top, bottom, left, right)
    def get_screenshot(self):
        """
        获取网页截图
        :return: 截图对象
        """
        screenshot = self.browser.get_screenshot_as_png()
        screenshot = Image.open(BytesIO(screenshot))
        return screenshot
    def get_touclick_image(self, name = 'captcha.png'):
        """
        获取验证码图片
        :return: 图片对象
        """
        top, bottom, left, right = self.get_position()
        print('验证码位置', top, bottom, left, right)
        screenshot = self.get_screenshot()
        captcha = screenshot.crop((left, top, right, bottom))
        captcha.save(name)
        return captcha
```

get_touclick_image()方法即为从网页截图中截取对应的验证码图片，其中验证码图片的相对位置坐标由 get_position()方法返回得到。最后得到的是 Image 对象。

(8) 识别验证码。

调用 Chaojiying 对象的 post_pic()方法，即可把图片发送给超级鹰后台，这里发送的图像是字节流格式，实现代码如下：

```
# 获取验证码图片
image = self.get_touclick_image()
bytes_array = BytesIO()
image.save(bytes_array, format = 'PNG')
# 识别验证码
result = self.chaojiying.post_pic(bytes_array.getvalue(), CHAOJIYING_KIND)
print(result)
```

运行之后，result 变量就是超级鹰后台的识别结果。返回的结果是一个 JSON，如果识别成功，那么典型的返回结果如下：

```
{'err_no':0,'err_str':'OK','pic_id':'6002001380949200001','pic_str':'132,127|56,77','md5':'1f8e1d4bef8b11484cb1f1f34299865b'}
```

其中，pic_str 就是识别的文字的坐标，是以字符串形式返回的，每个坐标都以|分隔。接下

来只需要将其解析，然后模拟单击，实现代码为：

```
def get_points(self, captcha_result):
    """
    解析识别结果
    :param captcha_result: 识别结果
    :return: 转化后的结果
    """
    groups = captcha_result.get('pic_str').split('|')
    locations = [[int(number) for number in group.split(',')] for group in groups]
    return locations
def touch_click_words(self, locations):
    """
    单击验证图片
    :param locations: 单击位置
    :return: None
    """
    for location in locations:
        print(location)
        ActionChains(self.browser).move_to_element_with_offset(self.get_touclick_element(),
location[0],location[1]).click().perform()
        time.sleep(1)
```

这里用 get_points()方法将识别结果变成列表的形式。touch_click_words()方法则通过调用 move_to_element_with_offset()方法依次传入解析后的坐标，单击即可。

最后单击提交验证的按钮，等待验证通过，再单击登录按钮即可成功登录。这样就借助在线验证码平台完成了点触验证码的识别。此方法是一种通用方法，也可以用此方法来识别 12306 等验证码。

10.5 习题

1. 验证码是由________生成的，用于评判一个问题，必须由________才能解答，所以能够用验证码来区分________和________。

2. 在客户端向服务器提交 HTTP 请求有几种方法？

3. 构建 POST 请求的参数字典有几个步骤？

4. 识别验证需要完成哪 3 步？

5. 使用 Python 如何生成 300 个激活码(或者优惠券)。

6. 利用代码来爬取网站中 60 张不同类型的图形验证码，并保存到 D 盘的文件夹 image 中。

第 11 章 Python 采集服务器

CHAPTER 11

本章介绍一种方法，能够解放你的计算机，让爬虫程序运行在云上，也能够让你随意改变自己的 IP 地址，进而走出爬虫被封 IP 的困境。

11.1 使用服务器采集原因

经过前面的学习，我们都习惯在本机的 Jupyter 上写爬虫程序了。如果是小规模的爬虫或测试爬虫程序，这已经绰绰有余，但当编写大规模的爬虫程序时，在服务器上部署爬虫就不可避免了。使用服务器采集有两大原因：

(1) 大规模爬虫的需要。

(2) 防止 IP 地址被封杀。

11.1.1 大规模爬虫的需要

我们知道世界上最大的网络爬虫是搜索引擎。

根据谷歌官方网站的统计数字，谷歌搜索引擎已经收录了超过 130 万亿个网页，而且还在持续而迅速地增长中，这占用了超过 100PB(等于 100 000TB)的存储空间。

前面学习过的爬虫程序在谷歌搜索引擎前面就像是地球上的一个蚂蚁。也许我们的爬虫永远不会有谷歌的体量，但当有一天需要爬取的不再是测试数据，而是要从多个网站收集数据的时候，就需要大规模的爬虫。

当需要爬取大量数据的时候，爬虫程序可能需要运行几天几夜。如果程序还运行在个人计算机上，一方面会影响你的正常使用，如玩游戏、浏览网页等；另一方面计算机要一直处于开机状态，一旦关机，爬虫就会停止运行。使用服务器可以解放个人计算机，而且买一台服务器并不贵。

另外，当爬取大量数据的时候，一台计算机的计算能力可能不够。就像搬运粮食，一个人搬可能要十天八天，但是如果召集上百人一起搬，可能只需要不到半天的时间。所以，这时需要用到分布式爬虫，调集多台机器完成一个爬虫任务，并且可以把所有的数据都存储在一个数据库中。

11.1.2 防止 IP 地址被封杀

在前面学习过，如何让爬虫模拟人类正常的访问行为，即调整间隔时间和 header。但是爬虫程序的目的是大量获取网站中的数据，免不了非正常地多次访问某个网站。这时网站可以通过多次访问进而封杀 IP，如果爬虫只是在单机上运行，一旦被封杀了 IP，爬虫就会变得举步维艰。

当然，在个人计算机上运行爬虫也有应对的方法，可以维护一个代理 IP 池。但是网上的免费代理大多失效很快，而且运行速度缓慢，就算是收费的代理 IP 也十分不稳定，这样的代理池维护起来十分不方便。

使用动态 IP 拨号服务器的 ADSL 拨号方法和 Tor 进行代理访问的方法可以成功修改访问网站的 IP，效果非常好。下面进行介绍。

11.2 动态 IP 拨号服务器

动态 IP 拨号服务器的 IP 地址是可以动态修改的。动态 IP 拨号服务器属于配置非常低的一种，我们看中的不是它的计算能力，而是它迅速改变 IP 地址的能力。

拨号上网有一个特点，就是每次拨号都会换一个新 IP 地址。家庭中的上网方式多数是用 ADSL 拨号，也就是断开网络后再拨号一次，外网 IP 就会换成另一个。

一般来说，这个 IP 池很大，可能有多个 AB 段，IP 数量基本上用不完。对于爬虫来说，它能够轻松突破封杀 IP 的限制。

11.2.1 购买拨号服务器

购买动态 IP 拨号服务器可以在网页上搜索“ADSL 服务器”或“动态 IP 服务器”，在搜索结果中可以看到很多供应商，选择一个包月的 ADSL 拨号服务器即可。有些供应商还提供 1 元钱测试 24 小时的服务。

这里选择 Windows 7 系统的动态 IP 拨号服务器作为爬虫的服务器。

11.2.2 登录服务器

购买动态 IP 拨号服务器之后会获得服务器地址、用户名和密码，还会获得拨号上网的用户名和密码，比如，

服务器地址：19.168.151.10。

服务器用户名：administrator。

服务器密码：111111。

拨号上网用户名：0794123。

拨号上网密码：123456。

接着讲解动态 IP 拨号和登录服务器的步骤。

(1) 在“开始”菜单中搜索 mstsc，如图 11-1 所示，回车进入远程连接界面。

(2) 在弹出的“远程桌面连接”对话框中填写登录的服务器 IP 地址。如果有商品，就把

端口号写上，如图 11-2 所示。

图 11-1 搜索 mstsc

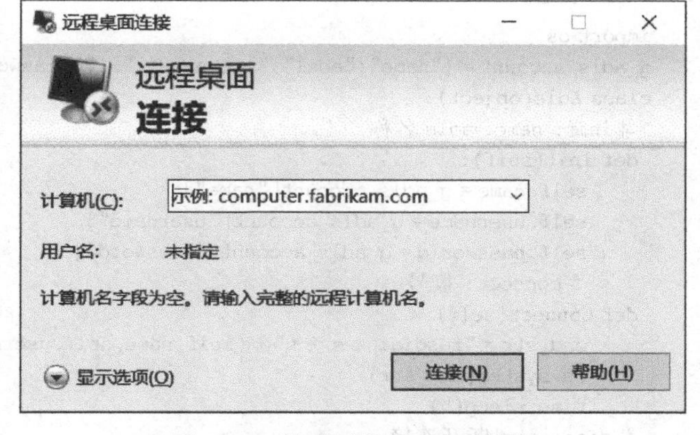

图 11-2 "远程桌面连接"对话框

（3）在弹出的"登录到 Windows"对话框中输入用户名和密码登录后，单击"连接"按钮可实现登录。

11.2.3 Python 更换 IP

进入服务器后，上网连接界面，发现计算机已经联网，如图 11-3 所示。如果需要换一次 IP，就要断开重新连接。

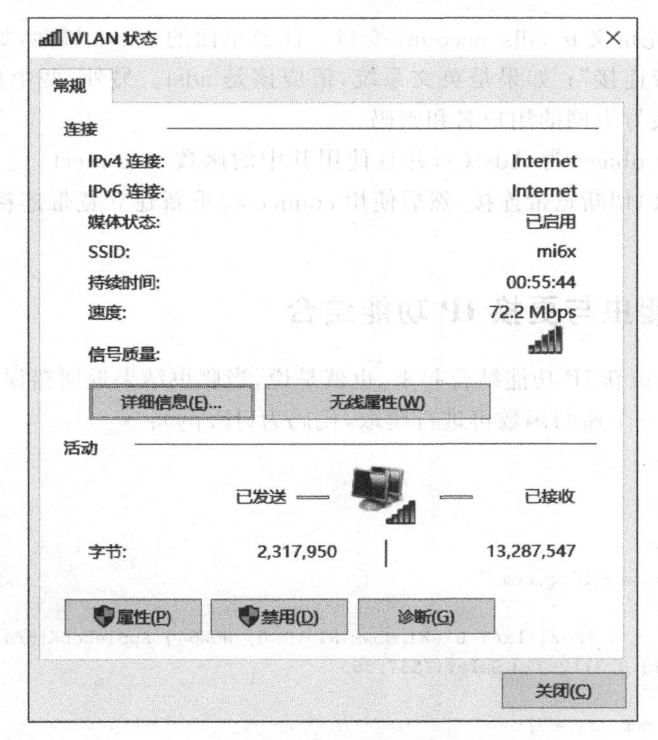

图 11-3 已连接上网

此处可以使用 Python 控制 OS，从而实现断开连接、重新连接的功能，代码为（文件名为 changeip. py）：

```
import os
g_adls_account = {"name":"adsl","username":"...","pasword":"..."}
class Adls(object):
 #init: name: adls 名称
 def init(self):
     self.name = g_adls_account["name"]
     self.username = g_adls_account["username"]
     self.passworld = g_adls_account["password"]
     #connect: 拨号
 def connect(self):
     cmd_str = "rasdial %s %s" % (self.name,self.username,self.password)
     os.system(cmd_str)
     time.sleep(5)
 #disconnec:断开连接
 def disconnect(self):
     cmd_str = "rasdial %s/disconnect" %self.name
     os.system(cmd_str)
     self.sleep(5)
 #reconnect:重新进行拨号
 def reconnect(self):
     self.disconnect()
     self.connect()
if __name__ == "__main__":
 A = Adls()
 A.reconnect()
```

在代码中，首先定义 g_adls_account 变量。注意里面的 name 属性，如果是简体中文系统，值应该为“宽带连接”；如果是英文系统，值应该是 adsl。另外，两个属性 username 和 password 应该填拨号上网的用户名和密码。

需要定义一个 object 为 Adsl()，并且使用其中的函数 reconnect()。reconnect()首先会使用 disconnect()切断宽带连接，然后使用 connect()重新建立宽带连接，这样 IP 应该可以更换成功。

11.2.4 爬虫与更换 IP 功能结合

可以将爬虫和更新 IP 功能结合起来，也就是说，当爬虫结果返回错误的时候，可以更换一个 IP，然后使用一个递归函数再进行爬取，代码为（IP. py）：

```
import requests
import time
import random
import changeip
link = "http://www.zjblog.com/"
headers = {
    'user - agent': 'Mozilla/5.0 (Windows NT 10.0; WOW64) AppleWebKit/537.36 (KHTML, like
Gecko) Chrome/60.0.3112.113 Safari/537.36'
}
def scrapy(url,num_try = 3):
```

```
try:
    r = requests.get(url,headers = headers)
    html = r.text
    time.sleep(random.randint(0,2) + random.random())
except Exception as e:
    print(e)
    html = None
    if num_try > 0:
        x = changeip.adls()
        x.reconnect()
        html = crapy(url,num_try - 1)
return html
result = scrapy(link)
```

将上面的爬虫程序和 changeip.py 放在同一个文件夹中,才能使用 import changeip 将更换 IP 的 class 导入。

在以上代码中定义了一个负责爬虫的函数 scrapy(),最大的尝试次数为 3。如果爬虫过程报错,并且尝试次数大于 0,就会调用 changeip 重新拨号上网,以达到更换 IP 的目的。更换 IP 后,再使用递归函数执行一次 scrapy()函数,就能把结果爬取下来。

11.3 Tor 代理服务器

Tor(The Onion Router,洋葱路由)是一种路由解决方案,简单来说,Tor 就像一个洋葱一样把你对互联网的访问进行加密,如果别人想找到你只有一层一层地把洋葱皮给剥开,而实际上你被洋葱皮包裹得严严实实了。通过 Tor 可以实现匿名的 TCP 传输,所以 Tor 的用途就可以随意发挥了,你可以匿名聊 QQ(如果你好友用了显 IP 外挂,他看到的你的位置就不是准确位置),总之因为它可能实现 TCP 或者 HTTP 协议的传输,所以你可以做很多事情,其加密技术结构如图 11-4 所示。

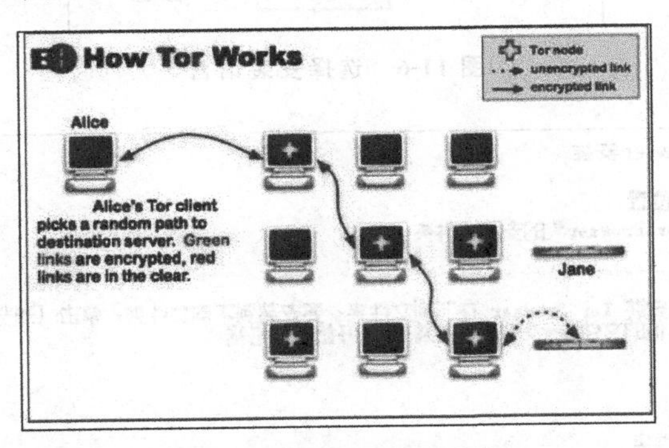

图 11-4 Tor 的加密技术

可以利用 Tor 技术改变请求的 IP 地址,作为一种终极的防止 IP 封锁的爬虫方案。

11.3.1 安装 Tor

对于不同的操作系统,Tor 的安装方法有所不同。在 Windows 下使用 Tor 较复杂。下面介绍在 Windows 系统下 Tor 的安装步骤。

在 Windows 系统下,选择 Tor 浏览器,有了程序化的安装界面,其安装过程就更加简单快捷。

(1) 下载 Tor 浏览器。进入 Tor 官方网站下载 Tor 浏览器,地址为 http://mydown.yesky.com/pcsoft/107253012.html#mazsy,如图 11-5 所示。

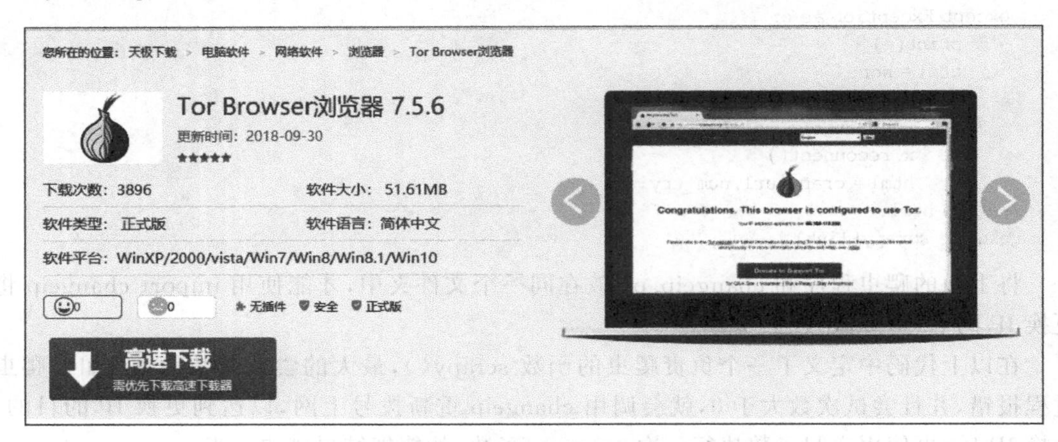

图 11-5 下载 Tor 浏览器

(2) 选择安装语言。安装的时候,选择语言 Chinese(Simplified)(即中文简体),如图 11-6 所示。默认安装路径为 C 盘,可更改路径,如图 11-7 所示。安装时会要求创建桌面快捷方式,允许即可。

图 11-6 选择安装语言

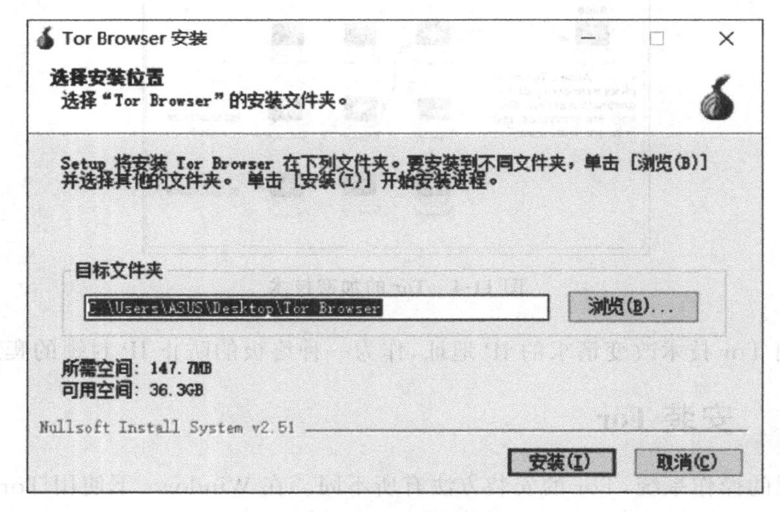

图 11-7 安装路径

(3) 设置好安装语言与路径后，单击图 11-7 中的“安装”按钮，即可进行安装，安装完成界面如图 11-8 所示。

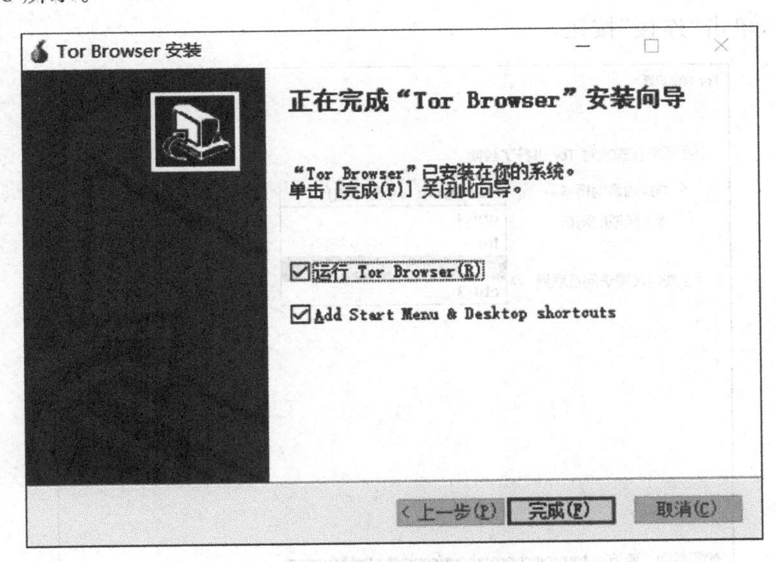

图 11-8 安装完成界面

(4) 连接 Tor 网络。连接 Tor 网络有两种方式，分别为“连接”与“配置”，如图 11-9 所示。如果单击“连接”按钮就是直接连接 Tor 服务器，因为在“墙内”，所以不能直接连接到 Tor 网络，在“墙外”的海外用户可以用这种方法来实现匿名访问。因此在此通过单击“配置”来进行设置。

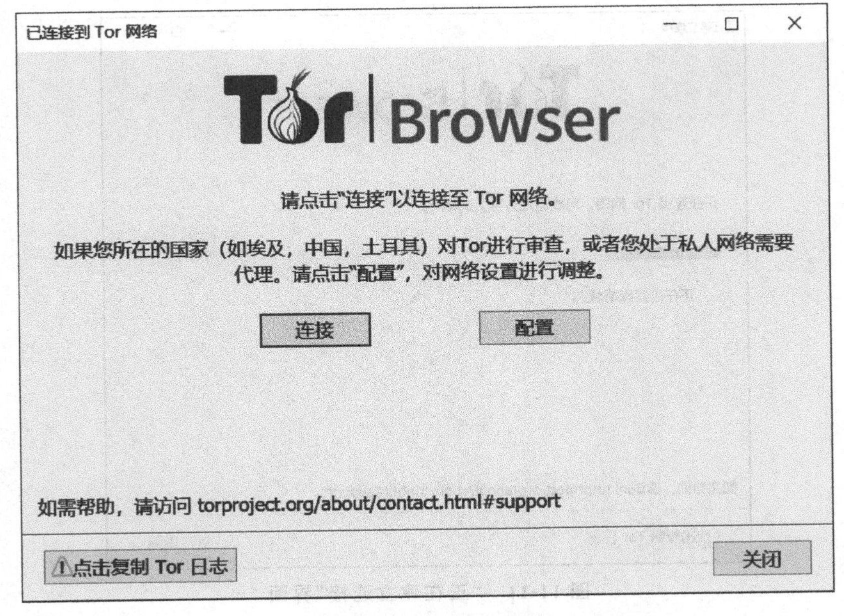

图 11-9 连接 Tor 网络

(5) 网络设置。单击图 11-9 中的"配置"按钮,进入"Tor 网络设置"对话框,选中"我所在的国家对 Tor 进行了封锁",选中"选择内置网桥"中的"meek-azure(中国可用)",效果如图 11-10 所示,单击"连接"按钮。

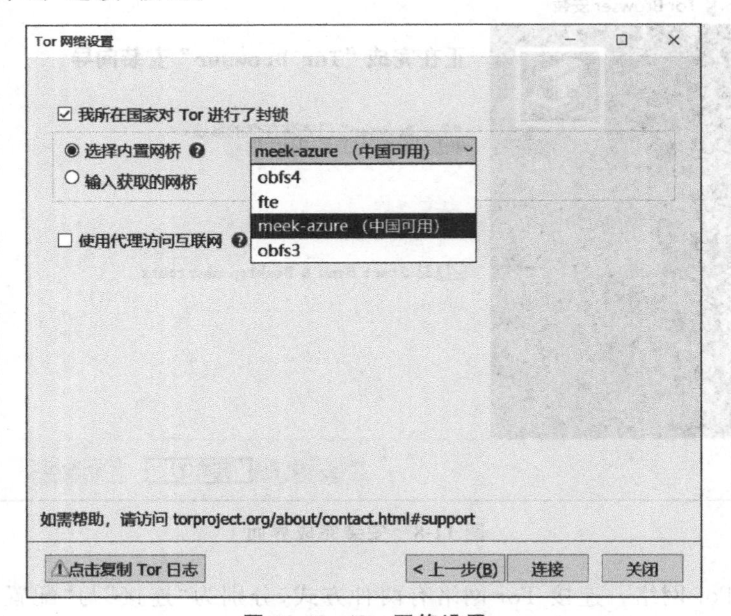

图 11-10 Tor 网络设置

(6) 连接网络。进入"正在建立连接"界面,如图 11-11 所示,在进行连接时花费时间相对多,要耐心等待。

图 11-11 "正在建立连接"界面

(7) 当连接成功时,即可完成安装与网络连接,界面如图 11-12 所示,此时会自动打开该浏览器,同时也会在桌面上创建对应的快捷方式。

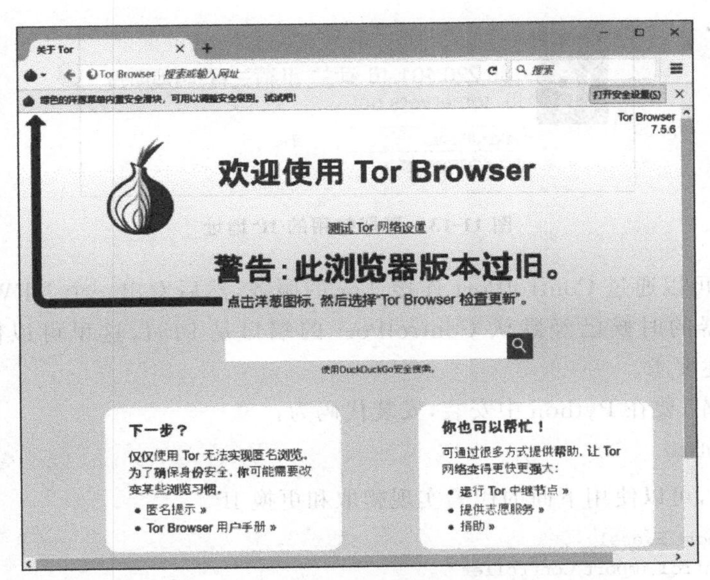

图 11-12　完成安装界面

11.3.2　使用 Tor

Tor 可以改变请求的 IP 地址。下面先介绍 Python 中如何使用 Tor，然后介绍如何使用 Tor 多次改变请求的 IP 地址。

由于 Tor 采用的是 Sock 请求，因此需要在 Python 安装 PySocks 库，安装代码为：

```
pip install pysocks
```

安装完成后，可以用下面的代码完成利用 Tor 改变请求的 IP 地址。

```
import socket
import socks
import requests
# Tor 使用 9150 端口为默认的 socks 端口
socks.set_default_proxy(socks.SOCKS5, "127.0.0.1", 9150)
socket.socket = socks.socksocket
# 获取这次爬取使用的 IP 地址
a = requests.get("http://checkip.amazonaws.com").text
print(a)
```

在上述代码中，Tor 的默认端口为 9150，使用 socks 请求端口 9150 发现每次请求。默认端口可以在 Tor 浏览器的安装地址找到。运行以上程序，得到 IP 地址如下：

```
185.220.101.46
```

观察可发现：输入的 IP 地址和输出不一样，这是因为 Tor 的路径是随机的。查询该 IP 所在的地址，可以发现与本机的 IP 地址不一样，如图 11-13 所示。

虽然目标服务器已经不知道我们真正的 IP 地址，但是如果继续请求该目标服务器，目标服务获取的请求就会来自同一个伪装 IP，导致伪装的 IP 被封杀。因此，如果能够改变伪装的 IP，就完全不用担心爬虫被封杀 IP 的问题了。

图 11-13 爬取使用的 IP 地址

要更新 IP，可以通过 ControlPort 连接 Tor 的服务，然后发出一个 NEWNYM 的信号。安装 Tor 浏览器的时候已经默认 ControlPort 的端口是 9151，这里可以使用 Python 的 stem 库完成上述要求。

使用 stem 库，要在 Python 中安装，安装代码为：

```
pip install stem
```

安装完成后，可以使用下面的代码实现爬取和更换 IP。

```
from stem import Signal
from stem.control import Controller
import socket
import socks
import requests
import time
controller = Controller.from_port(port = 9151)
controller.authenticate()
socks.set_default_proxy(socks.SOCKS5, "127.0.0.1", 9150)
socket.socket = socks.socksocket
total_scrappy_time = 0
total_changeIP_time = 0
for x in range(0,10):
 a = requests.get("http://checkip.amazonaws.com").text
 print("第", x+1, "次 IP: ", a)
 time1 = time.time()
 a = requests.get("http://www.santostang.com/").text
 #print(a)
 time2 = time.time()
 total_scrappy_time = total_scrappy_time + time2 - time1
 print("第", x+1, "次抓取花费时间: ", time2 - time1)
 time3 = time.time()
 controller.signal(Signal.NEWNYM)
 time.sleep(5)
 time4 = time.time()
 total_changeIP_time = total_changeIP_time + time4 - time3 - 5
 print("第", x+1, "次更换 IP 花费时间: ", time4 - time3 - 5)
print("平均爬取花费时间: ", total_scrappy_time/10)
print("平均更换 IP 花费时间: ", total_changeIP_time/10)
```

此处用到了 stem 中的 controller 模块，通过 Controller.from_port(port=9151)使用 ControlPort 的 9151 端口，并使用 controller.authenticate()进行验证，由于在默认状态下不需要密码，因此括号中留空就可以了。当需要更新 IP 时，可以使用 controller.ignal(Signal.NEWNYM)。

```
第 1 次 IP: 51.77.52.216
第 1 次爬取花费时间: 4.3322358404239
第 1 次更换 IP 花费时间: 0.013842641265
第 2 次 IP: 151.17.32.14
第 2 次爬取花费时间: 3.0089712344565
第 2 次更换 IP 花费时间: 0.0083842641265
…
平均爬取花费时间为: 4.6385168956012
平均更换 IP 花费时间为: 0.0033549648464
```

如果不使用 Tor，要正常爬取博客主页几次，和使用 Tor 的速度相比怎么样呢？代码为：

```
from stem import Signal
from stem.control import Controller
import socket
import socks
import requests
import time
total_scrappy_time = 0
total_changeIP_time = 0
for x in range(0,10):
  #a = requests.get("http://checkip.amazonaws.com").text
  #print ("第", x+1, "次 IP: ", a)
  time1 = time.time()
  a = requests.get("http://www.santostang.com/").text
  #print(a)
  time2 = time.time()
  total_scrappy_time = total_scrappy_time + time2 - time1
  print("第", x+1, "次爬取花费时间: ", time2 - time1)
  time3 = time.time()
  #controller.signal(Signal.NEWNYM)
  time.sleep(5)
  time4 = time.time()
  total_changeIP_time = total_changeIP_time + time4 - time3 - 5
  print("第", x+1, "次更换 IP 花费时间: ", time4 - time3 - 5)
print("平均爬取花费时间: ", total_scrappy_time/10)
print("平均更换 IP 花费时间: ", total_changeIP_time/10)
```

下面是未使用 Tor 进行爬取的结果：

```
第 1 次爬取花费时间: 7.256422014256
第 2 次爬取花费时间: 6.028544133652
第 3 次爬取花费时间: 6.781254656232
第 4 次爬取花费时间: 5.200452112354
…
平均爬取花费时间为: 2.159312004736
```

如果不使用 Tor，平均爬取时间就会少了一半多，只有 2.1 秒。看来 Tor 经过多个节点再到目标服务器还花了不少时间，可能降低了爬取效率。但是它也有不可忽视的优点：

（1）完全免费。

（2）更换 IP 过程较为稳定，速度快，相比代理池更稳定。

11.3.3 实现自动投票

下面再通过一个代码来演示自动爬取更换IP的过程。

【例11-1】 Python自动投票源码(自动爬取更换IP)。

```
#服务端
from socket import *
import subprocess
import struct
ip_port = ('127.0.0.1', 8000)
buffer_size = 1024
backlog = 5
tcp_server = socket(AF_INET, SOCK_STREAM)
tcp_server.setsockopt(SOL_SOCKET,SO_REUSEADDR,1) #就是它,在bind前加
tcp_server.bind(ip_port)
tcp_server.listen(backlog)
while True:
    conn, addr = tcp_server.accept()
    print('新的客户端链接: ', addr)
    while True:
        try:
            cmd = conn.recv(buffer_size)
            print('收到客户端命令:', cmd.decode('utf-8'))
            #执行命令cmd,得到命令的结果cmd_res
            res = subprocess.Popen(cmd.decode('utf-8'),shell=True,
                                   stderr=subprocess.PIPE,
                                   stdout=subprocess.PIPE,
                                   stdin=subprocess.PIPE,
                                   )
            err = res.stderr.read()
            if err:
                cmd_res = err
            else:
                cmd_res = res.stdout.read()
            if not cmd_res:
                cmd_res = '执行成功'.encode('gbk')
            length = len(cmd_res)
            data_length = struct.pack('i',length)
            conn.send(data_length)
            conn.send(cmd_res)
        except Exception as e:
            print(e)
            break
    conn.close()
#客户端
from socket import *
ip_port = ('127.0.0.1',8000)
buffer_size = 1024
backlog = 5
tcp_client = socket(AF_INET,SOCK_STREAM)
tcp_client.connect(ip_port)
while True:
```

```
    cmd = input('>>:').strip()
    if not cmd:
        continue
    if cmd == 'quit':
        break
    tcp_client.send(cmd.encode('utf-8'))
    length = tcp_client.recv(4)
    length = struct.unpack('i',length)[0]
    recv_size = 0
    recv_msg = b''
    while recv_size < length:
        recv_msg += tcp_client.recv(buffer_size)
        recv_size = len(recv_msg)
    print(recv_msg.decode('gbk'))
```

运行程序，获取 IP 信息如下：

```
fzUcfQAAAABJRU5ErkJggg = = " /> < meta name = " expires" content = " NOW" > < meta name =
"description" content = " webcam.net is your fi
…
```

11.4 习题

1. 使用动态 IP 拨号服务器的________方法和________进行代理访问的方法可以成功修改访问网站的________。

2. 使用服务器采集有两大原因是什么？

3. 使用 Tor 的优点是什么？

4. 利用 Python 编写免费爬取 IP 代理。

5. 访问西刺代理，查看国内普通代理页面，在爬虫脚本中加入普通代理 IP。

第 12 章 Python 基础爬虫

CHAPTER 12

为什么叫基础爬虫呢？因为该爬虫项目功能简单，仅仅考虑功能实现，未涉及优化和稳健性。本章项目的需求是爬取 100 个百度百科网络爬虫词条以及相关词条的标题、摘要和链接等信息，如图 12-1 所示。

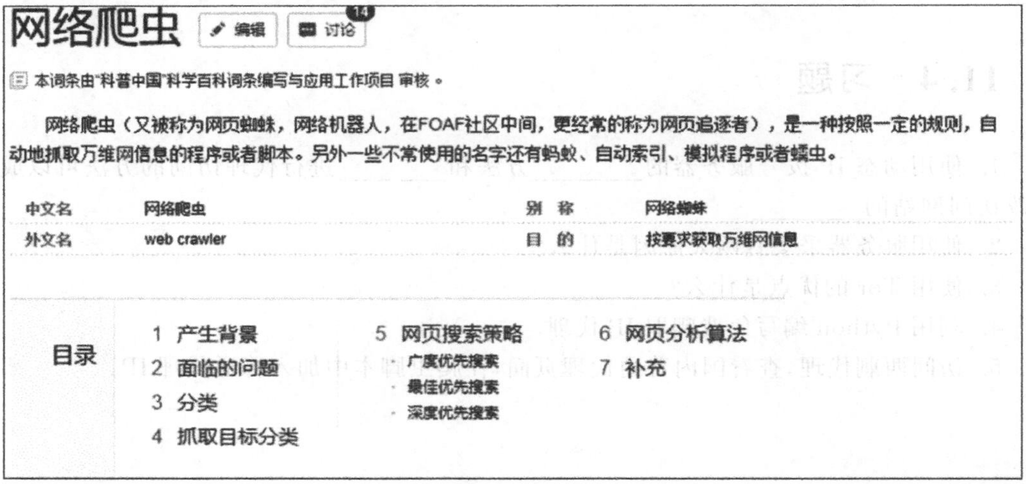

网络爬虫 编辑 讨论 14

本词条由"科普中国"科学百科词条编写与应用工作项目 审核。

网络爬虫（又被称为网页蜘蛛，网络机器人，在FOAF社区中间，更经常的称为网页追逐者），是一种按照一定的规则，自动地抓取万维网信息的程序或者脚本。另外一些不常使用的名字还有蚂蚁、自动索引、模拟程序或者蠕虫。

中文名	网络爬虫	别　称	网络蜘蛛
外文名	web crawler	目　的	按要求获取万维网信息

目录

1 产生背景
2 面临的问题
3 分类
4 抓取目标分类
5 网页搜索策略
· 广度优先搜索
· 最佳优先搜索
· 深度优先搜索
6 网页分析算法
7 补充

图 12-1　网络爬虫词条

12.1 架构及流程

下面先来介绍一下基础爬虫的框架，如图 12-2 所示。介绍基础爬虫包含哪些模块，各个模块之间有什么关系？

基础爬虫框架主要包括五大模块，分别为爬虫调度器、URL 管理器、HTML 下载器、HTML 解析器、数据存储器。其功能主要表现如下：

- 爬虫调度器——主要负责统筹其他 4 个模块的协调工作。
- URL 管理器——负责管理 URL 链接，维护已经爬取的 URL 集合和未爬取的 URL 集合，提供获取新 URL 链接的接口。
- HTML 下载器——用于从 URL 管理器中获取未爬取的 URL 链接并下载 HTML 网页。

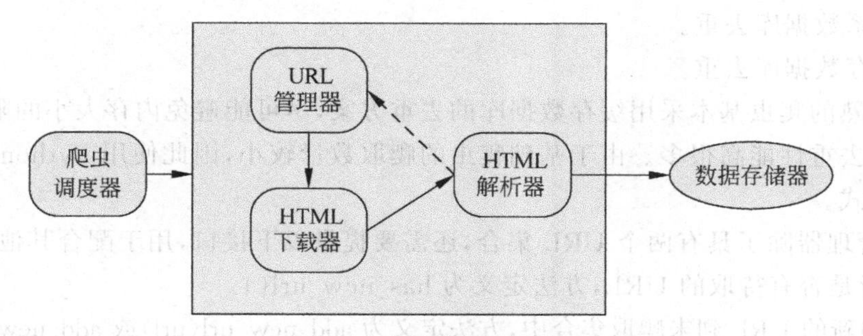

图 12-2 基础爬虫框架

- HTML 解析器——用于从 HTML 下载器中获取已经下载的 HTML 网页,并从中解析出新的 URL 链接交给 URL 管理器,解析出有效数据交给数据存储器。
- 数据存储器——用于将 HTML 解析器解析出来的数据通过文件或数据库的形式存储起来。

爬虫框架的动态运行流程如图 12-3 所示。

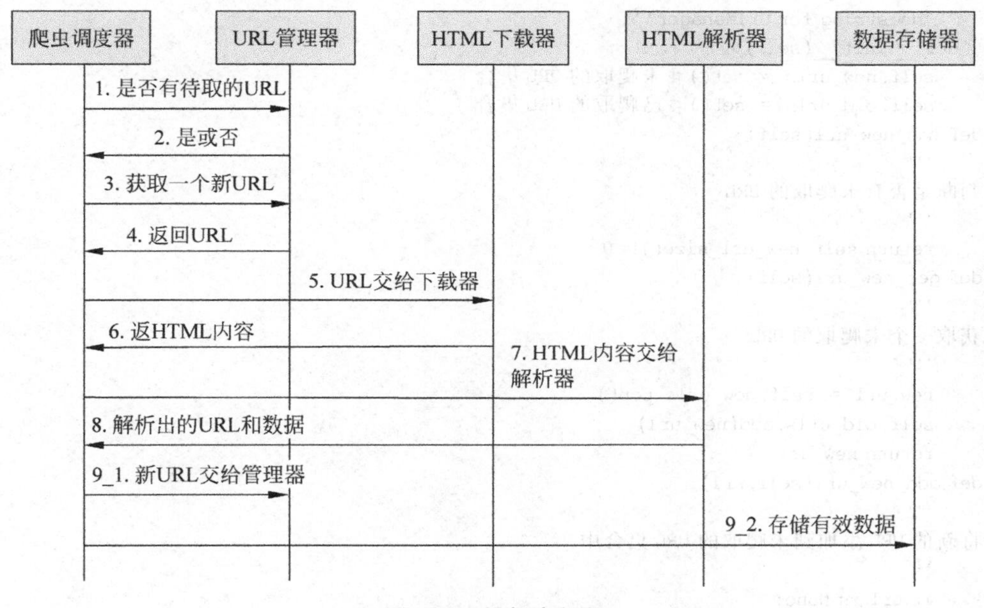

图 12-3 运行流程图

12.2 URL 管理器

URL 管理器主要包括两个变量：一个是已爬取 URL 的集合；另一个是未爬取 URL 的集合。采用 Python 中的 set 类型,主要是使用 set 的去重复功能,防止链接重复爬取,因为爬取链接重复时容易生成死循环。链接去重复在 Python 爬虫中是必备的功能,解决方案主要有 3 种：

(1) 内存去重。

（2）关系数据库去重。

（3）缓存数据库去重。

大型成熟的爬虫基本采用缓存数据库的去重方案，尽可能避免内存大小的限制，又比关系型数据库去重性能高很多。由于基础爬虫的爬取数量较小，因此使用 Python 中 set 这个内存去重方式。

URL 管理器除了具有两个 URL 集合，还需要提供以下接口，用于配合其他模块使用：

- 判断是否有待取的 URL，方法定义为 has_new_url()。
- 添加新的 URL 到未爬取集合中，方法定义为 add_new_url(url)或 add_new_urls(urls)。
- 获取一个未爬取的 URL，方法定义为 get_new_url()。
- 获取未爬取 URL 集合的大小，方法定义为 new_url_size()。
- 获取已经爬取的 URL 集合的大小，方法定义为 old_url_size()。

完整的 URLManager.py 的程序代码为：

```
# -*- encoding:utf-8 -*-
# 爬虫 URL 管理器
class UrlManager(object):
  """docstring for UrlManager"""
  def __init__(self):
    self.new_urls = set() #未爬取的 URL 集合
    self.old_urls = set() #已爬取的 URL 集合
def has_new_url(self):
    '''
判断是否有未爬取的 URL
    '''
    return self.new_url_size()!= 0
def get_new_url(self):
    '''
获取一个未爬取的 URL
    '''
    new_url = self.new_urls.pop()
    self.old_urls.add(new_url)
    return new_url
def add_new_url(self,url):
    '''
将新的 URL 添加到未爬取的 URL 集合中
    '''
    if url is None:
        return
    if url not in self.new_urls and url not in self.old_urls:
        self.new_urls.add(url)
def add_new_urls(self,urls):
    '''
将新的 URL 添加到未爬取的 URL 集合中
    '''
    if urls is None or len(urls) == 0:
        return
    for url in urls:
        self.add_new_url(url)
def new_url_size(self):
    '''
```

```
获取未爬取的URL集合
    '''
    return len(self.new_urls)
def old_url_size(self):
    '''
获取已经爬取的URL集合大小
    '''
    return len(self.old_urls)
```

12.3 HTML 下载器

HTML下载器用来下载网页,这时需要注意网页的编码,以保证下载的网页没有乱码。下载器需要用到Requests模块,它只需要实现一个接口。完整HTML下载器HtmDownload.py的代码为:

```
#coding:utf-8
import requests
class HtmlDownloader(object):
    def download(self,url):
        if url is None:
            return None
        user_agent = 'Mozilla/4.0 (compatible; MSIE 5.5; Windows NT)'
        headers = {'User-Agent':user_agent}
        r = requests.get(url,headers = headers)
        if r.status_code == 200:
            r.encoding = 'utf-8'
            return r.text
        return None
```

12.4 HTML 解析器

HTML解析器使用BeautifulSoup4进行HTML解析。需要解析的部分主要分为提取相关词条页面的URL和提取当前词条的标题和摘要信息。

先使用"审查元素"方法查看一下标题和摘要所在的结构位置,如图12-4所示。

由图12-4可以看到标题的标记位于<dd class="lemmaWgt-lemmaTitle-title"><h1></h1>,摘要文本位于<div class="lemma-summary"label-module="lemmaSummary">。

最后分析一下需要提取的URL的格式。相关词条的URL格式类似于<a target="_blank" href="/view/7833.htm">万维网</a>这种形式,提取出a标记中的href属性即可,从格式中可以看到href属性值是一个相对网址,可以使用urlparse.urljoin函数将当前网址和相对网址拼接成完整的URL路径。

HTML解析器主要提供一个parser对外接口,输入参数为当前页面的URL和HTML下载器返回的网页内容。完整的解析器HtmlParer.py程序的代码为:

```
#coding:utf-8
import re
```

图 12-4 HTML 结构位置

```
import urllib.parse
from bs4 import BeautifulSoup
class HtmlParser(object):
    def parser(self,page_url,html_cont):
        '''
        用于解析网页内容抽取 URL 和数据
        :param page_url: 下载页面的 URL
        :param html_cont: 下载的网页内容
        :return:返回 URL 和数据
        '''
        if page_url is None or html_cont is None:
            return
        soup = BeautifulSoup(html_cont,'html.parser',from_encoding='utf-8')
        new_urls = self._get_new_urls(page_url,soup)
        new_data = self._get_new_data(page_url,soup)
        return new_urls,new_data
    def _get_new_urls(self,page_url,soup):
        '''
        抽取新的 URL 集合
        :param page_url: 下载页面的 URL
        :param soup:soup
        :return: 返回新的 URL 集合
        '''
        new_urls = set()
        #抽取符合要求的 a 标签
        #原书代码
        # links = soup.find_all('a',href=re.compile(r'/view/\d+\.htm'))
        百度词条的链接形式发生改变
        links = soup.find_all('a', href=re.compile(r'/item/.*'))
        for link in links:
            #提取 href 属性
            new_url = link['href']
            #拼接成完整网址
            new_full_url = urllib.parse.urljoin(page_url,new_url)
            new_urls.add(new_full_url)
```

```
        return new_urls
    def _get_new_data(self,page_url,soup):
        '''
        抽取有效数据
        :param page_url:下载页面的 URL
        :param soup:
        :return:返回有效数据
        '''
        data = {}
        data['url'] = page_url
        title = soup.find('dd',class_ = 'lemmaWgt - lemmaTitle - title').find('h1')
        data['title'] = title.get_text()
        summary = soup.find('div',class_ = 'lemma - summary')
        #得到 tag 中包含的所有内容包括子孙 tag 中的内容,并将结果作为 Unicode 字符串返回
        data['summary'] = summary.get_text()
        return data
```

12.5 数据存储器

Python 爬虫数据存储器主要包括两个方法：store_data(data)用于将解析出来的数据存储到内存中；output_html()用于将存储的数据输出为指定的文件格式，使用的是将数据输出为 HTML 格式。完整的数据存储器 DataOutput.py 的代码为：

```
# - * - encoding:utf - 8 - * -
import codecs
class DataOutput(object):
"""docstring for DataOutput"""
def __init__(self):
    super(DataOutput, self).__init__()
    self.datas = []
def store_data(self,data):
    if data is None:
        return
    self.datas.append(data)
def output_html(self):
    fout = codecs.open('baike.html','w',encoding = 'utf - 8')
    fout.write("<html>")
    fout.write("<head><meta charset = 'utf - 8'/></head>")
    fout.write("<body>")
    fout.write("<table>")
    for data in self.datas:
        fout.write("<tr>")
        fout.write("<td>%s</td>" % data['url'])
        fout.write("<td>%s</td>" % data['title'])
        fout.write("<td>%s</td>" % data['summary'])
        fout.write("</tr>")
        self.datas.remove(data)
    fout.write("</table>")
    fout.write("</body>")
    fout.write("</html>")
    fout.close()
```

其实，前面的代码并不是很好的方式，更好的方式是将数据分批存储到文件，而不是将所有数据存储到内存，一次性写入文件容易使系统出现异常，造成数据丢失。但是由于此处只需要100条数据，速度很快，所以这种方式还是可行的。如果数据多，建议还是采用分批存储的办法。

12.6 爬虫调度器实现

前面章节对URL管理器、HTML下载器、HTML解析器和数据存储器等模块进行了实现，接着编写爬虫调度器以协调管理这些模块。爬虫调度器首先要做的是初始化各个模块，然后通过craw(root_url)方法传入URL，方法内部实现按照运行流程控制各个模块的工作。完整的爬虫调度器SpiderMan.py的代码为：

```
#coding:utf-8
from URLManager import UrlManager
from HtmlDownloader import HtmDownload
from HtmlParser import HtmlParser
from DataOutput import DataOutput
class SpiderMan(object):
    def __init__(self):
        self.manager = UrlManager()
        self.downloader = HtmlDownloader()
        self.parser = HtmlParser()
        self.output = DataOutput()
    def crawl(self,root_url):
        #添加入口 URL
        self.manager.add_new_url(root_url)
        #判断 URL 管理器中是否有新的 URL,同时判断爬取了多少个 URL
        while(self.manager.has_new_url() and self.manager.old_url_size()< 100):
            try:
                #从 URL 管理器爬取新的 URL
                new_url = self.manager.get_new_url()
                #HTML 下载器下载网页
                html = self.downloader.download(new_url)
                #HTML 解析器爬取网页数据
                new_urls,data = self.parser.parser(new_url,html)
                #将爬取到 URL 添加到 URL 管理器中
                self.manager.add_new_urls(new_urls)
                #数据存储器存储文件
                self.output.store_data(data)
                print("已经爬取 %s 个链接" % self.manager.old_url_size())
            except Exception as e:
                print("crawl failed")
            #数据存储器将文件输出成指定格式
        self.output.output_html()
if __name__=="__main__":
    spider_man = SpiderMan()
    spider_man.crawl("http://baike.baidu.com/view/284853.htm")
```

至此，基础爬虫架构所需的模块都已经完成，启动程序，过几分钟左右，数据都被存储为baike.html，爬取结果如下：

```
<html><head><meta charset='utf-8'/></head><body><table><tr><td>http://baike.baidu.com/view/284853.htm</td><td>网络爬虫</td><td>
网络爬虫(又被称为网页蜘蛛,网络机器人,在FOAF社区中间,更经常的称为网页追逐者),是一种按照一定的规则,自动地爬取万维网信息的程序或者脚本。另外一些不常使用的名字还有蚂蚁、自动索引、模拟程序或者蠕虫
</td></tr><tr><td>http://baike.baidu.com/item/%E6%96%87%E6%9C%AC%E6%A3%80%E7%B4%A2</td><td>文本检索</td><td>
文本检索(Text Retrieval)与图像检索、声音检索、图片检索等都是信息检索的一部分,是指根据文本内容,如关键字、语意等对文本集合进行检索、分类、过滤等
</td></tr><tr><td>http://baike.baidu.com/item/%E6%96%AF%E5%9D%A6%E7%A6%8F%E5%A4%A7%E5%AD%A6</td><td>斯坦福大学</td><td>
斯坦福大学(Stanford University),全名小利兰·斯坦福大学(Leland Stanford Junior University),简称"斯坦福"(Stanford),位于美国加州旧金山湾区南部的帕罗奥多市(Palo Alto)境内……
…
```

12.7　习题

1. 基础爬虫框架主要包括五大模块：________、________、________、________、________。
2. 怎样实现链接去重？
3. Python爬虫数据存储器主要包括哪两个方法？
4. 完善12.2节URLManager.py的架构，为其添加爬取内容。

第 13 章 Python 的 App 爬取

CHAPTER 13

随着移动互联网的发展，越来越多的企业并没有提供 Web 页面端的服务，而是直接开发了 App，更多信息都是通过 App 展示的。

App 爬取相比 Web 端更加容易，反爬虫能力没有那么强，而且数据大多数是以 JSON 形式传递的，解析更加简单。在 Web 端，可以通过浏览器开发者工具监听到各个网络请求和响应过程，在 App 端如果想查看这些内容就需要抓包软件。常用的软件包有 WireShark Fiddler、Charles、mitmproxy、AnyProxy 等，它们的原理基本相同。可以通过设置代理的方式将手机处于抓包软件的监听下，就可以看到 App 运行过程中发生的所有请求和响应了，与分析 Ajax 一样。如果参数程序是有规律的，那么总结出来的规律直接用程序模拟爬取即可，如果没有规律，那么可以通过 mitmdump 对接 Python 脚本直接处理 response。另外，App 的爬取肯定不能由人来完成，是需要自动化的，可以使用 Appium。

13.1 Charles 爬取

Charles 是一个网络抓包工具，可以用它来做 App 的抓包分析，得到 App 运行过程中发生的所有网络请求和响应内容，这就和 Web 端浏览器的开发者工具 Network 部分看到的结果一致。

相比 Fiddler 来说，Charles 的功能更强大，而且跨平台支持更好。所以选用 Charles 作为主要的移动端抓包工具，用于分析移动 App 的数据包，辅助完成 App 数据爬取工具。

本节以京东 App 为例，通过 Charles 爬取 App 运行过程中的网络数据包，然后查看具体的 Request 和 Response 内容，以此来了解 Charles 的用法。

1. Charles 的安装

官方网站 https://www.charlesproxy.com/。进入官网下载最新的稳定版本，如图 13-1 所示。可以发现，它支持 Windows、Linux 和 Max 三大平台。

直接单击对应的安装包下载即可，下载完成后，单击安装包，弹出安装界面如图 13-2 所示，采用默认安装方式。

Charles 是收费软件，不过可以免费试用 30 天。如果试用期过了，其实还可以试用，不过每次试用不能超过 30 分钟，启动有 10 秒的延时，但是完整的软件功能还是可以使用的，所以还算比较友好。

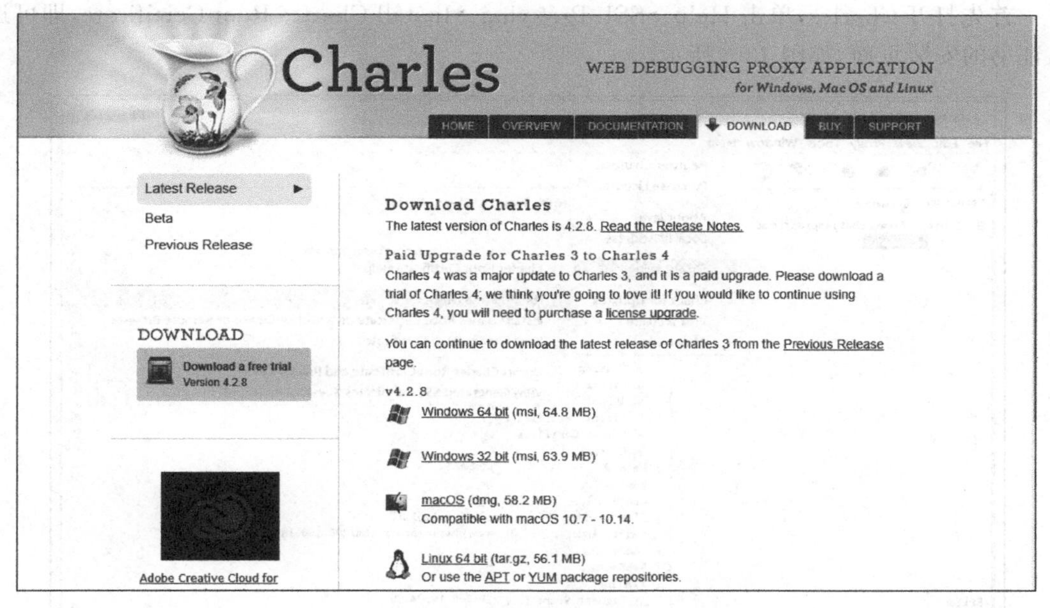

图 13-1　Charles 下载界面

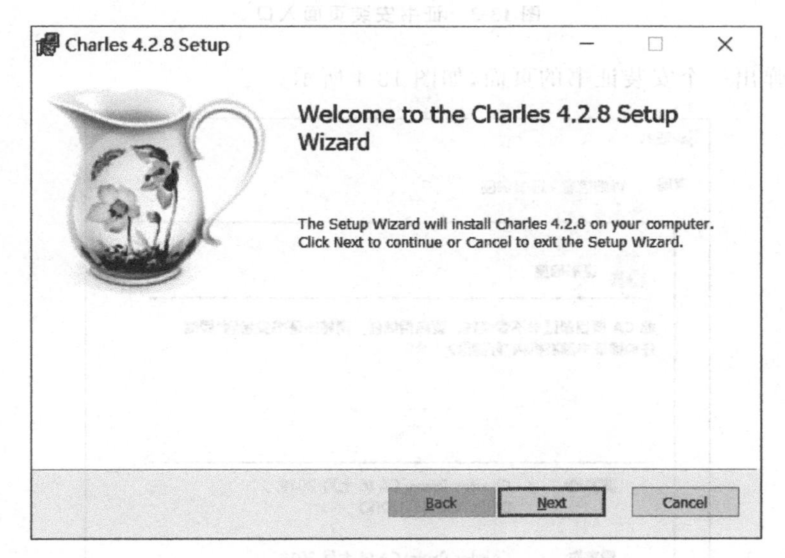

图 13-2　安装界面

2. 证书配置

现在很多页面都在向 HTTPS 方向发展，HTTPS 通信协议应用得越来越广泛。如果一个 App 通信应用了 HTTPS 协议，那么它通信的数据就会被加密，常规的截包方法是无法识别请求内部的数据的。

安装完成后，如果想要做 HTTPS 抓包，那么还需要配置一下相关 SS 证书。Charles 是运行在 PC 端的，要爬取的是 App 端的数据，所以要在 PC 和手机端都安装证书。下面介绍在 Windows 平台下证书配置过程。

首先打开 Charles，单击 Help→SSL Proxying→Install Charles Root Certificate，即可进入证书的安装页面，如图 13-3 所示。

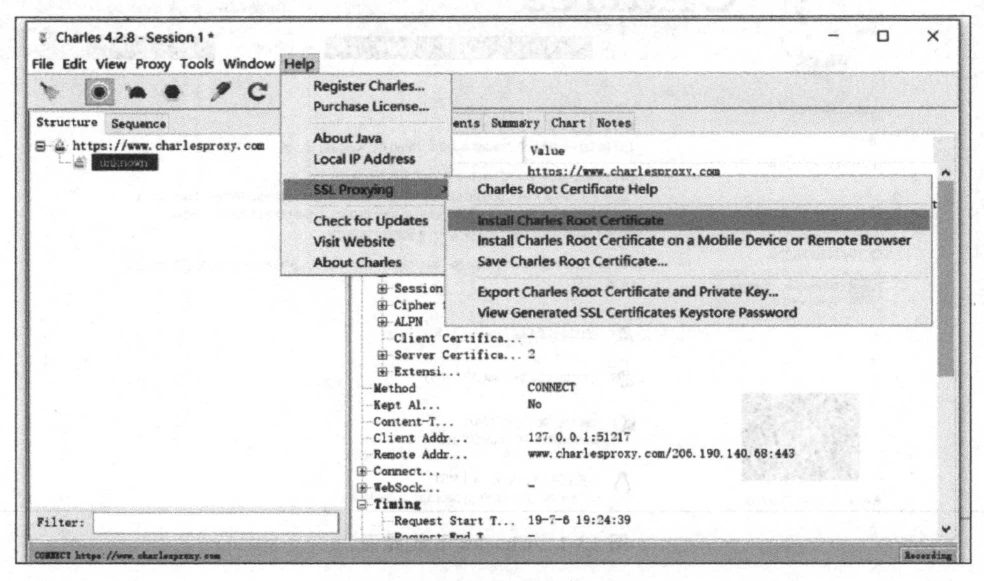

图 13-3 证书安装页面入口

接着，会弹出一个安装证书的页面，如图 13-4 所示。

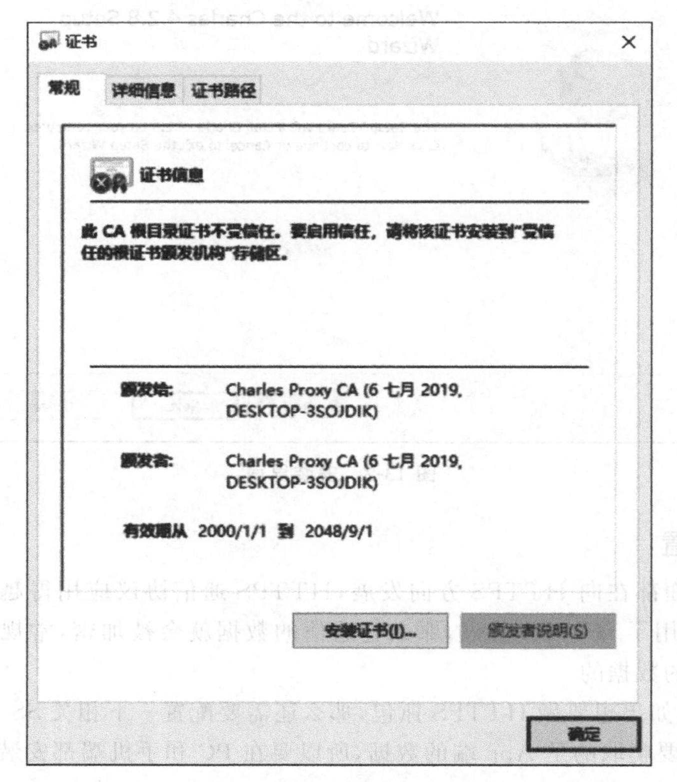

图 13-4 证书安装页面

单击图 13-4 的“安装证书”按钮，就会打开证书导入向导，如图 13-5 所示。

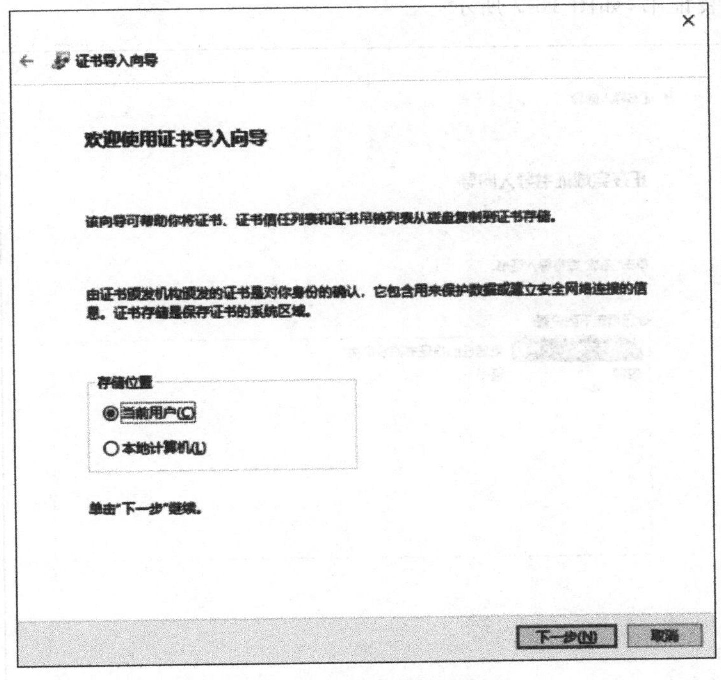

图 13-5 证书导入向导

直接单击“下一步”按钮，此时需要选择证书的存储区域，单击第二个选项“将所有的证书放入下列存储”，然后单击“浏览”按钮，从中选择证书存储位置为“受信任的根证书颁发机构”，再单击“确定”按钮，最后单击“下一步”按钮，如图 13-6 所示。

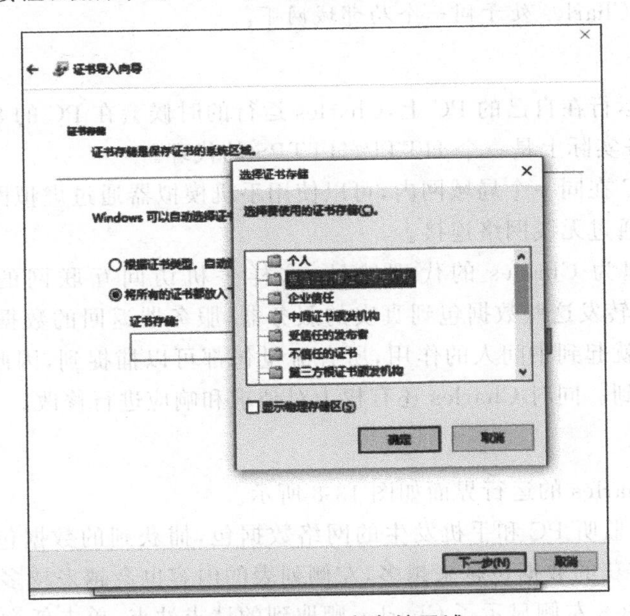

图 13-6 选择证书存储区域

选择好证书存储区域后，单击“确定”按钮，再单击“证书导入向导”对话框中的“下一步”按钮，即继续安装证书，如图 13-7 所示。

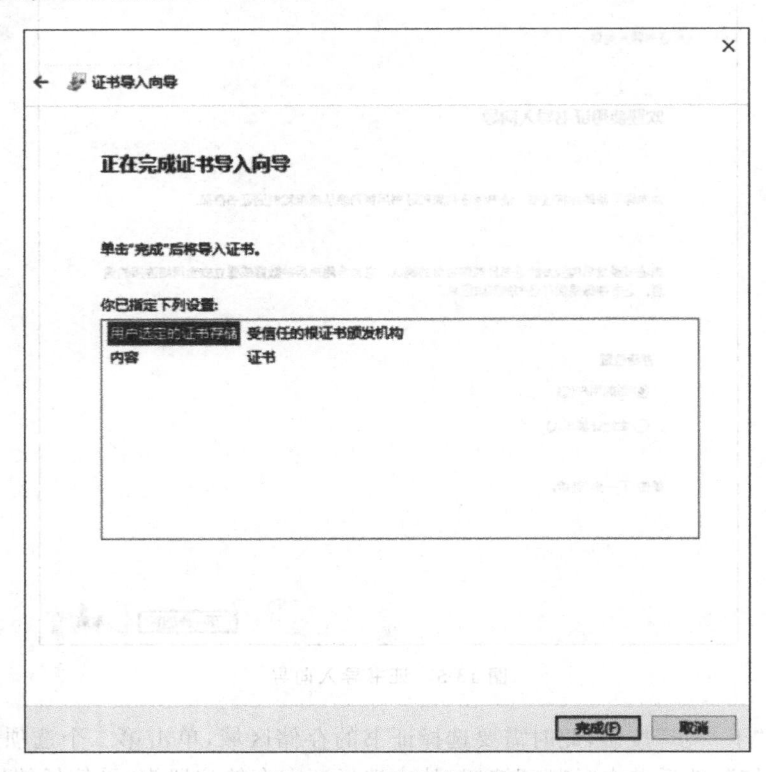

图 13-7 完成证书安装

注意：手机和 Charles 处于同一个局部域网下。

3. 原理

首先 Charles 运行在自己的 PC 上，Charles 运行的时候会在 PC 的 8888 端口开启一个代理服务，这个服务实际上是一个 HTTP/HTTPS 的代理。

确保手机和 PC 在同一个局域网内，可以使用手机模拟器通过虚拟网络连接，也可以使用手机真机和 PC 通过无线网络连接。

设置手机代理为 Charles 的代理地址，这样手机访问互联网的数据包就会流经 Charles，Charles 再转发这些数据包到真实的服务器，服务器返回的数据包再由 Charles 转发回手机，Charles 就起到中间人的作用，所有流量包都可以捕捉到，因此所有 HTTP 请求和响应都可以捕获到。同时 Charles 还有权力对请求和响应进行修改。

4. 抓包

初始状态下 Charles 的运行界面如图 13-8 所示。

Charles 会一直监听 PC 和手机发生的网络数据包，捕获到的数据包就会显示在左侧，随着时间的推移，捕获的数据包越来越多，左侧列表的内容也会越来越多。

可以看到，图 13-8 左侧显示了 Charles 爬取到的请求站点，单击任意一个条目便可以查看对应请求的详细信息，其中包括 Request、Response 等内容。

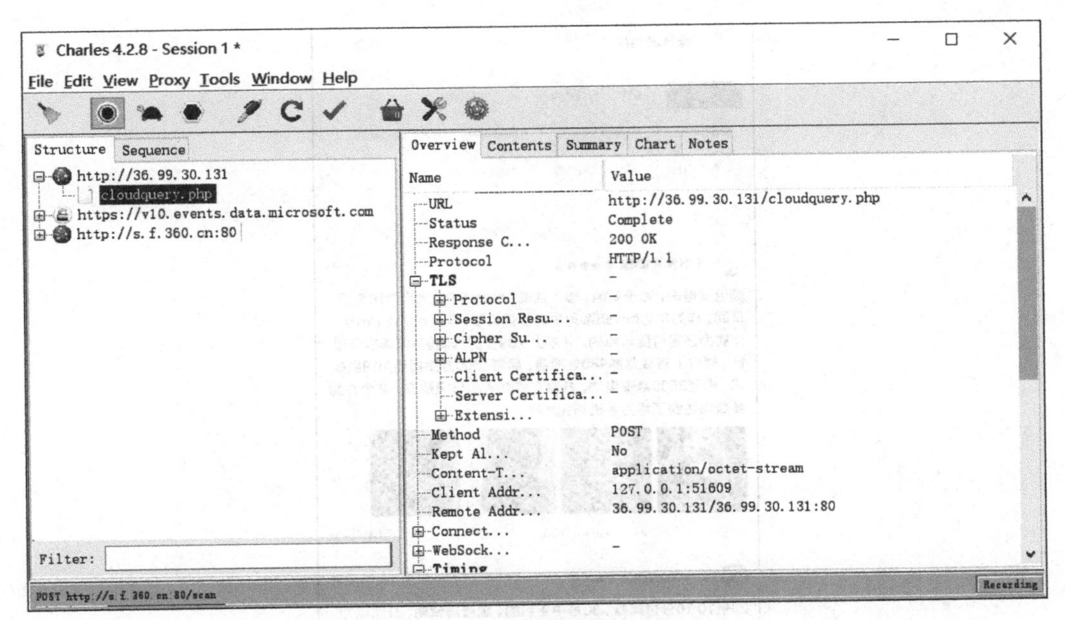

图 13-8 Charles 运行界面

接着清空 Charles 的爬取结果，单击左侧的“扫帚”图标即可清空当前捕获到的所有请求。然后单击第二个监听按钮，确保监听按钮是打开的，这表示 Charles 正在监听 App 的网络数据流，如图 13-9 所示。

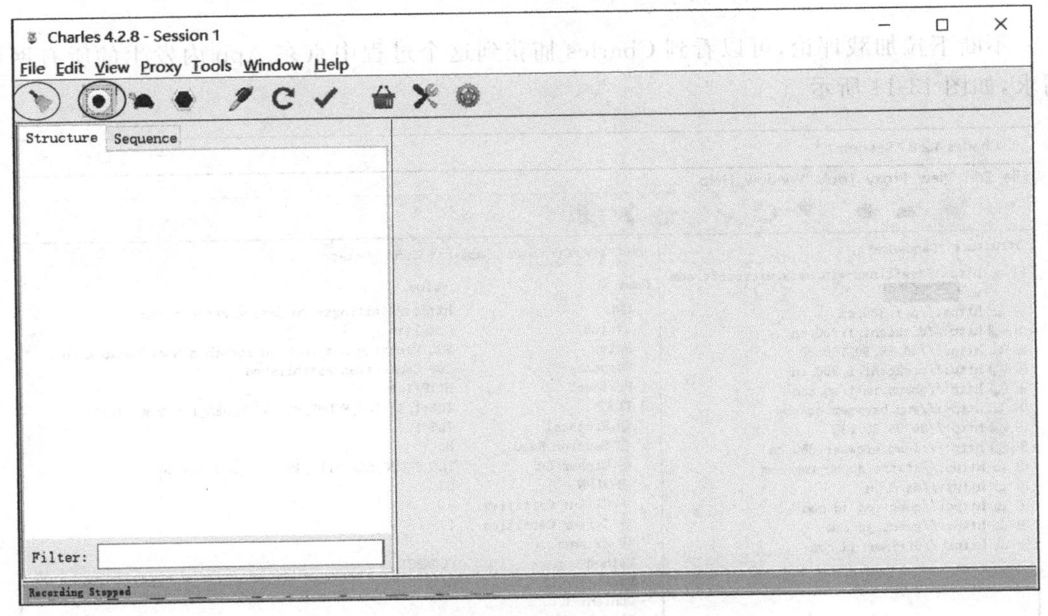

图 13-9 监听过程

这时打开手机京东 App，注意一定要提前设置好 Charles 的代理并配置好 CA 证书，否则没有效果。打开任意一个商品，如华为，然后打开它的商品评论页面，如图 13-10 所示。

图 13-10 评论页面

不断下拉加载评论，可以看到 Charles 捕获到这个过程中京东 App 内发生的所有网络请求，如图 13-11 所示。

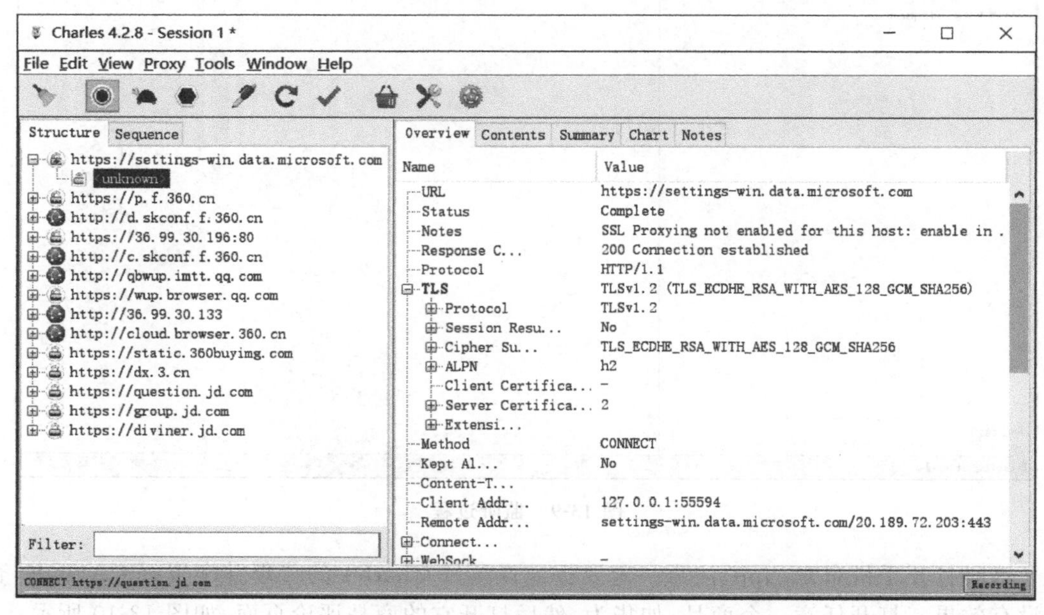

图 13-11 监听结果

左侧列表中会出现一个 api. m. jd. com 链接，而且它在不停闪动，很可能就是当前 App 发出的获取评论数据的请求被 Charles 捕获到了。单击将其展开，继续下拉刷新评论。随着下拉的进行，此处又会出现一个个网络请求记录，这时新出现的数据包请求确定就是获取评论的请求。

为了验证其正确性，单击查看其中一个条目的详细信息。切换到 Contents 选项卡，这时发现一些 JSON 数据，核对一下结果，结果有 commentData 字段，其内容和在 App 中看到的评论内容一致。

5. 分析

现在分析这个请求和响应的详细信息。首先可以回到 Overview 选项卡，上方显示了请求的接口 URL，接着是响应状态 Status Code，请求方式 Method 等，如图 13-12 所示。

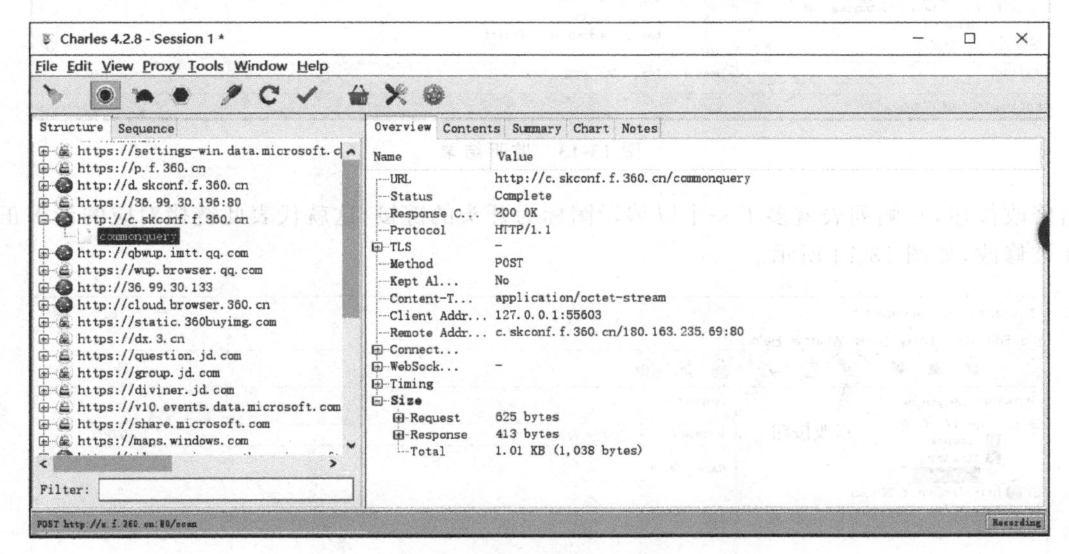

图 13-12 监听结果

这个结果和原本在 Web 端用浏览器开发者工具内捕获到的结果形式是类似的。接着单击 Contents 选项卡，查看该请求和响应的详细信息。

上半部分显示的是 Request 的信息，下半部分显示的是 Response 的信息。比如针对 Request，切换到 Headers 选项卡即可看到该 Request 的 Headers 信息；针对 Response，切换到 HTML 选项卡即可看到该 Response 的 Body 信息，并且该内容已经被格式化，如图 13-13 所示。

由于这个请求是 POST 请求，所以还需要关心 POST 的表单信息，切换到 Form 选项卡即可查看。

至此，已经成功爬取 App 中的评论接口的请求和响应了。至于其他 App，同样可以使用这样的方式来分析。如果可以直接分析得到请求的 URL 和参数的规律，那么直接用程序模拟即可批量爬取。

6. 重发

Charles 还有一个强大功能，它可以将捕获到的请求加以修改并发送修改后的请求。单

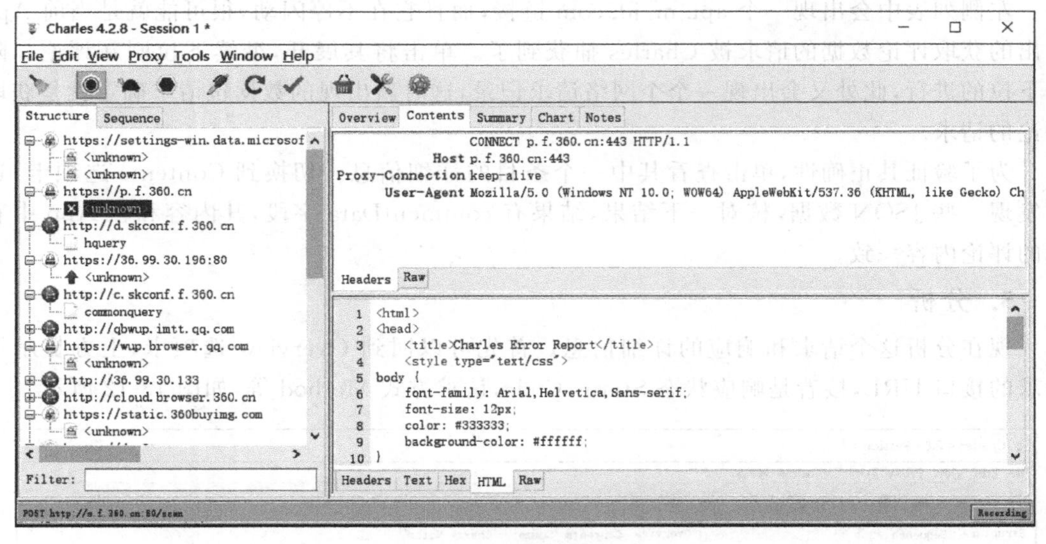

图 13-13　监听结果

击修改按钮，左侧列表就多了一个以编辑图标为开头的链接，这就代表此链接对应的请求正在被修改，如图 13-14 所示。

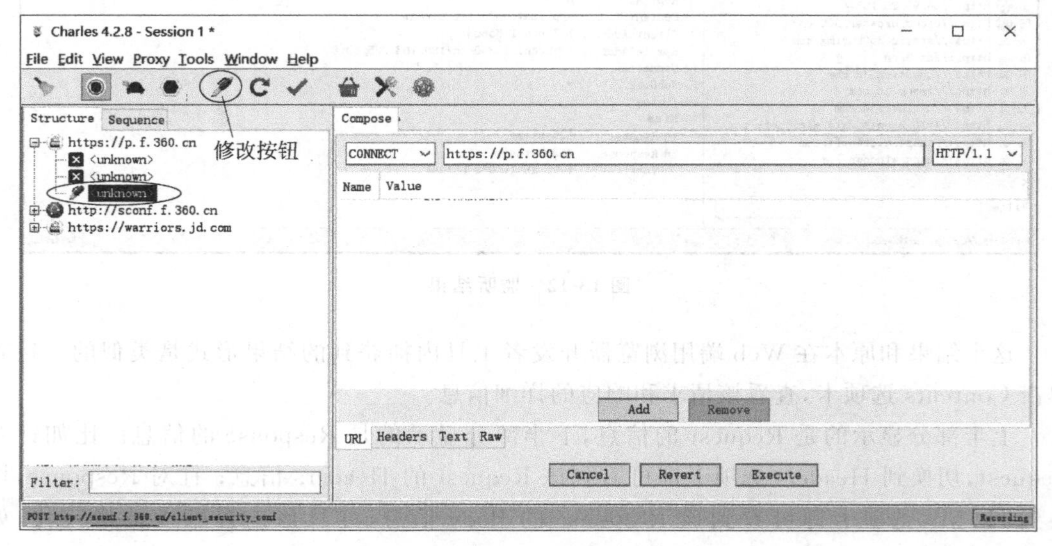

图 13-14　编辑页面

可以将 Form 中的某个字段移除，比如这里将 partner 字段移除，然后单击 Remove。这时已经对原来请求携带的 Form Date 做了修改，然后单击下方的 Execute 按钮即可执行修改后的请求。可以发现，左侧列表再次出现了接口的请求结果，内容仍然不变。有了这个功能，就可以方便地使用 Charles 来做调试，可以通过修改参数、接口等来测试不同请求的响应状态，从而知道哪些参数是不必要的，以及参数分别有什么规律，最后得到一个最简单的接口和参数形式以供程序模拟调用使用。

7. 爬取

下面使用 Python 来实现 App 爬取手机游戏——《英雄》的信息。

(1) 利用 App 爬取,可以看是否将所有的英雄显示,代码为:

```
import requests
def main():
    headers = {
# 将 Fiddler 右上方的内容填在 headers 中
        "Accept-Charset": "UTF-8",
        "Accept-Encoding": "gzip,deflate",
        "User-Agent": "Dalvik/2.1.0 (Linux; U; Android 7.0; HUAWEI CAZ-TL10 Build/
HUAWEICAZ-TL10)",
        "X-Requested-With": "XMLHttpRequest",
        "Content-type": "application/x-www-form-urlencoded",
        "Connection": "Keep-Alive",
        "Host": "gamehelper.gm825.com"
    }
    # 右上方有个 get 请求,将 get 后的网址赋给 heros_url
    heros_url = "http://gamehelper.gm825.com/wzry/hero/list?channel_id=90001a&app_id=
h9044j&game_id=7622&game_name=%E7%8E%8B%E8%80%85%E8%8D%A3%E8%80%80&vcode=
13.0.1.0&version_code=13010&cuid=F6DFAFC3BED1C29825EC8D404110F5C5&ovr=7.0&device=
HUAWEI_HUAWEI+CAZ-TL10&net_type=1&client_id=&info_ms=&info_ma=hoeVma%
2BgYmXjgZG7TVJzaoLyRRILGMIaVltuIflvZFE%3D&mno=0&info_la=mh%2FAbS1DsM0kM7IDlFIbYQ%
3D%3D&info_ci=mh%2FAbS1DsM0kM7IDlFIbYQ%3D%3D&mcc=0&clientversion=13.0.1.0&bssid=
zRqQJG5mLlFy6mYG4YA%2BE0UcqUCBAXmZcXNHROzwWy8%3D&os_level=24&os_id=c0be30adbd11-
c768&resolution=1080_1788&dpi=480&client_ip=192.168.2.114&pdunid=WWUDU16A29002522"
    # 英雄的列表显示在 json 格式下
    res = requests.get(url=heros_url, headers=headers).json()
    # 打印列表
    print(res['list'])
    # 计算有多少个英雄
    print(len(res['list']))
if __name__ == "__main__":
    main()
```

运行程序,得到爬取结果如图 13-15 所示。

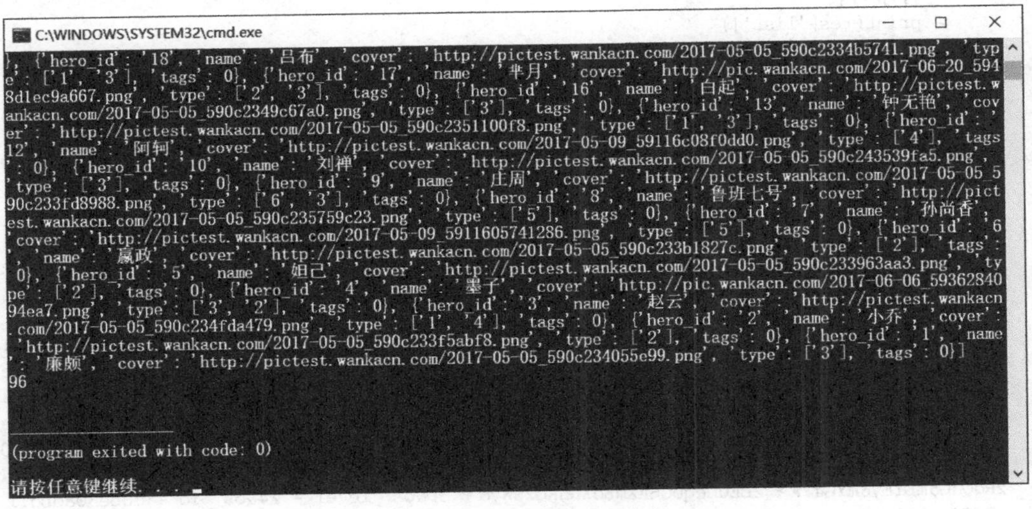

```
C:\WINDOWS\SYSTEM32\cmd.exe
}, {'hero_id': '18', 'name': '吕布', 'cover': 'http://pictest.wankacn.com/2017-05-05_590c2334b5741.png', 'typ
e': ['1', '3'], 'tags': 0}, {'hero_id': '17', 'name': '芈月', 'cover': 'http://pic.wankacn.com/2017-06-20_594
8d1ec9a667.png', 'type': ['2', '3'], 'tags': 0}, {'hero_id': '16', 'name': '白起', 'cover': 'http://pictest.w
ankacn.com/2017-05-05_590c2349c67a0.png', 'type': ['3'], 'tags': 0}, {'hero_id': '13', 'name': '钟无艳', 'cov
er': 'http://pictest.wankacn.com/2017-05-05_590c2351100f8.png', 'type': ['1', '3'], 'tags': 0}, {'hero_id': '
12', 'name': '阿轲', 'cover': 'http://pictest.wankacn.com/2017-05-09_59116c08f0dd0.png', 'type': ['4'], 'tags
': 0}, {'hero_id': '10', 'name': '刘禅', 'cover': 'http://pictest.wankacn.com/2017-05-05_590c243539fa5.png',
'type': ['3'], 'tags': 0}, {'hero_id': '9', 'name': '庄周', 'cover': 'http://pictest.wankacn.com/2017-05-05_5
90c233fd8988.png', 'type': ['6', '3'], 'tags': 0}, {'hero_id': '8', 'name': '鲁班七号', 'cover': 'http://pict
est.wankacn.com/2017-05-05_590c235759c23.png', 'type': ['5'], 'tags': 0}, {'hero_id': '7', 'name': '孙尚香',
'cover': 'http://pictest.wankacn.com/2017-05-09_5911605741286.png', 'type': ['5'], 'tags': 0}, {'hero_id': '6
', 'name': '嬴政', 'cover': 'http://pictest.wankacn.com/2017-05-05_590c233b1827c.png', 'type': ['2'], 'tags':
 0}, {'hero_id': '5', 'name': '妲己', 'cover': 'http://pictest.wankacn.com/2017-05-05_590c233963aa3.png', 'ty
pe': ['2'], 'tags': 0}, {'hero_id': '4', 'name': '墨子', 'cover': 'http://pic.wankacn.com/2017-06-06_59362840
94ea7.png', 'type': ['3', '2'], 'tags': 0}, {'hero_id': '3', 'name': '赵云', 'cover': 'http://pictest.wankacn
.com/2017-05-05_590c234fda479.png', 'type': ['1', '4'], 'tags': 0}, {'hero_id': '2', 'name': '小乔', 'cover':
 'http://pictest.wankacn.com/2017-05-05_590c233f5abf8.png', 'type': ['2'], 'tags': 0}, {'hero_id': '1', 'name
': '廉颇', 'cover': 'http://pictest.wankacn.com/2017-05-05_590c234055e99.png', 'type': ['3'], 'tags': 0}]
96

(program exited with code: 0)

请按任意键继续. . .
```

图 13-15　App 爬取游戏信息

由图13-15，可以观察到，每个英雄的图片也在其各自字典的"cover"下，接下来将图片下载到计算机中：

```
import requests
import os
from urllib.request import urlretrieve
# 右上方有个 get 请求，将 get 后的网址赋给 heros_url
heros_url = "http://gamehelper.gm825.com/wzry/hero/list?channel_id=90001a&app_id=h9044j&game_id=7622&game_name=%E7%8E%8B%E8%80%85%E8%8D%A3%E8%80%80&vcode=13.0.1.0&version_code=13010&cuid=F6DFAFC3BED1C29825EC8D404110F5C5&ovr=7.0&device=HUAWEI_HUAWEI+CAZ-TL10&net_type=1&client_id=&info_ms=&info_ma=hoeVma%2BgYmXjgZG7TVJzaoLyRRILGMIaVltuIflvZFE%3D&mno=0&info_la=mh%2FAbS1DsM0kM7IDlFIbYQ%3D%3D&info_ci=mh%2FAbS1DsM0kM7IDlFIbYQ%3D%3D&mcc=0&clientversion=13.0.1.0&bssid=zRqQJG5mLlFy6mYG4YA%2BE0UcqUCBAXmZcXNHROzwWy8%3D&os_level=24&os_id=c0be30adbd11-c768&resolution=1080_1788&dpi=480&client_ip=192.168.2.114&pdunid=WWUDU16A29002522"
def imgs_download(heros_url, headers):
    res = requests.get(url=heros_url, headers=headers).json()
    hero_path = "heros_img"
    for hero in res['list']:
        img_url = hero['cover']
        hero_name = hero['name'] + ".png"
        filename = hero_path + "/" + hero_name
        if hero_path not in os.listdir():
            os.makedirs(hero_path)
        urlretrieve(url=img_url, filename=filename)
def main():
    headers = {
        # 将 Fiddler 右上方的内容填在 headers 中
        "Accept-Charset": "UTF-8",
        "Accept-Encoding": "gzip,deflate",
        "User-Agent": "Dalvik/2.1.0 (Linux; U; Android 7.0; HUAWEI CAZ-TL10 Build/HUAWEICAZ-TL10)",
        "X-Requested-With": "XMLHttpRequest",
        "Content-type": "application/x-www-form-urlencoded",
        "Connection": "Keep-Alive",
        "Host": "gamehelper.gm825.com"
    }
    # 英雄的列表显示在 json 格式下
    # res = requests.get(url=heros_url, headers=headers).json()
    # 打印列表
    # print(res['list'])
    # 计算有多少个英雄
    # print(len(res['list']))
    imgs_download(heros_url, headers)
if __name__ == "__main__":
    main()
```

运行程序，在计算机上打开cover文件，得到下载图片如图13-16所示。

接下来就是打印每个英雄的历史背景与使用技巧，代码为：

```
import requests
# 右上方有个 get 请求，将 get 后的网址赋给 heros_url
heros_url = "http://gamehelper.gm825.com/wzry/hero/list?channel_id=90001a&app_id=h9044j&game_id=7622&game_name=%E7%8E%8B%E8%80%85%E8%8D%A3%E8%80%80&vcode=13.0.1.0&version_code=13010&cuid=F6DFAFC3BED1C29825EC8D404110F5C5&ovr=7.0&device=HUAWEI_HUAWEI+CAZ-TL10&net_type=1&client_id=&info_ms=&info_ma=hoeVma%2BgYmXjgZG7TVJzaoLyRRILGMIaVltuIflvZFE%3D&mno=0&info_la=mh%2FAbS1DsM0kM7IDlFIbYQ%3D%3D&info_ci=mh%2FAbS1DsM0kM7IDlFIbYQ%3D%3D&mcc=0&clientversion=13.0.1.0&bssid=zRqQJG5mLlFy6mYG4YA%2BE0UcqUCBAXmZcXNHROzwWy8%3D&os_level=24&os_id=c0be30adbd11-c768&resolution=1080_1788&dpi=480&client_ip=192.168.2.114&pdunid=WWUDU16A29002522"
```

图 13-16 下载的图片

```
def hero_info(heros_url, headers):
    res = requests.get(url = heros_url, headers = headers).json()
    for hero in res['list']:
        id = hero['hero_id']
        info_url = "http://gamehelper.gm825.com/wzry/hero/detail?hero_id = " + id +
"&channel_id = 90001a&app_id = h9044j&game_id = 7622&game_name = %E7%8E%8B%E8%80%85%
E8%8D%A3%E8%80%80&vcode = 13.0.1.0&version_code = 13010&cuid = F6DFAFC3BED1C29825 -
EC8D404110F5C5&ovr = 7.0&device = HUAWEI_HUAWEI + CAZ - TL10&net_type = 1&client_id =
UTAH2jTRdl%2FfxnOjEiOS4A%3D%3D&info_ms = %2BpdbZccbIPeH%2BTpoBwY0gw%3D%3D&info_ma =
hoeVma%2BgYmXjgZG7TVJzaoLyRRILGMIaVltuIflvZFE%3D&mno = 0&info_la = mh%2FAbS1DsM0kM7IDlFIbYQ%
3D%3D&info_ci = mh%2FAbS1DsM0kM7IDlFIbYQ%3D%3D&mcc = 0&clientversion = 13.0.1.0&bssid =
zRqQJG5mLlFy6mYG4YA%2BE0UcqUCBAXmZcXNHROzwWy8%3D&os_level = 24&os_id = c0be30adbd11 -
c768&resolution = 1080_1788&dpi = 480&client_ip = 192.168.2.114&pdunid = WWUDU16A29002522"
        res = requests.get(url = info_url, headers = headers).json()
        print(hero['name'] + " :")
        print("历史上的他/她 : " + res['info']['history_intro'])
        print("背景故事 : " + res['info']['background_story'])
        print("对抗技巧 : " + res['info']['hero_tips'])
        print("团战思想 : " + res['info']['melee_tips'] + "\n")
def main():
    headers = {
        # 将 Fiddler 右上方的内容填在 headers 中
        "Accept - Charset": "UTF - 8",
        "Accept - Encoding": "gzip,deflate",
        "User - Agent": "Dalvik/2.1.0 (Linux; U; Android 7.0; HUAWEI CAZ - TL10 Build/
HUAWEICAZ - TL10)",
        "X - Requested - With": "XMLHttpRequest",
        "Content - type": "application/x - www - form - urlencoded",
        "Connection": "Keep - Alive",
        "Host": "gamehelper.gm825.com"
    }
```

```
    hero_info(heros_url, headers)
if __name__ == "__main__":
    main()
```

运行程序，上述代码将 App 中描述英雄的背景与实战技巧打印出来，如图 13-17 所示。

```
C:\WINDOWS\SYSTEM32\cmd.exe
马超 :
历史上的他/她 : 马超，字孟起，扶风茂陵人，伏波将军马援之后，卫尉马腾之子。东汉末年军阀，三国蜀汉名将，少年成
名，曹操曾多次征召马超入京为官，但都被马超拒绝。而后马腾入京被封为卫尉，马超就统领了马腾的部队。
背景故事 : 暂无
对抗技巧 : 暂无
团战思想 : 暂无

曜 :
历史上的他/她 : 暂无
背景故事 : 王者大陆的英雄如同夜空星辰。这次，我们想要塑造一个普通少年，他想要在璀璨群星中找到自己的位置，辨认
自己的光芒。起初，他有一个热血中二的梦，想受到所有人的尊敬、认可甚至崇拜，希望自己成为“夜空中最亮的那颗星”
。
他疯狂的摹仿王者世界里更替不休的偶像（尤其是李白），因为太过卖弄形式，他的剑法招式总是冗华而浮夸，自认为这是
最炫酷最闪耀的姿态——就像钢琴家用了全部力量去砸琴键，歌唱家用了最大声去唱歌。当主角长大一些后，他也曾希望摹
仿走向成熟的同龄人，约束自己的剑法，获得真正的实力。
然而有人告诉他，只有当一个人永远牢牢抓住本真的自我，才可能获得真正的力量，……他醒悟了，那套源于童年的剑法因
此不仅没有消失，反而在时间中折射出更强的光芒。他的本真引领他获得了家族遗失已久的、召唤星辰的力量，它注入在他
所有奔放、热烈、纯真的节奏之中，让他成为了真正的剑客和英雄。他认知到不必去与人比较谁是最亮的星，他一直闪耀着
独一无二的光芒。
星星的位置是不断变化的，甚至在宇宙的某一些位置，看到的星空呈现出一些特别的现象，例如，他们看起来在完全没有规
律的运动，例如，有些星星出现一次就得再等上十年；……曜仰望星空，漫天的星辰在告诉他什么呢？星星在不断的变化，
他需要找到一些基准点来进行定位，一颗两颗三颗，似乎有一个平面永远不会移动，就像一道门，星河奔涌着穿过这道门周
而复始，而他体内的力量也随着星河的流动渐渐涌起。这就是曜的技能设计的初衷与灵感。
曜从小和姐姐镜竞赛第一。二人天性极为不同，镜强势冷静，而夸张花哨的剑术和虚张声势的姿态贯穿着曜的童年。后来，
曜与镜都去到稷下学习，曜获得星辰之力，却脾性未改，仍然坚持以夸张卖弄的风格与姐姐抗衡，甚至组织了自己的“星之
```

图 13-17 App 信息内容

13.2 Appium 爬取

Appium 是一个跨平台移动端自动化测试工具，可以非常便捷地为 iOS 和 Android 平台创建自动化测试用例。它可以模拟 App 内部的各种操作，如单击、滑动、文本输入等，手工操作的动作 Appium 都可以完成。前面我们了解过 Selenium，它是一个网页端的自动测试工具。Appium 实际上继承了 Selenimu，Appium 也是利用 WebDriver 来实现 App 的自动化测试。对 iOS 设备来说，Appium 使用 UIAutomation 来实现驱动。对于 Android 来说，它使用 UiAutomator 和 Selendroid 来实现驱动。

Appium 相当一个服务器，可以向 Appium 发送一些操作指令，Appium 就会根据不同的指令对移动设备进行驱动，完成不同的动作。

对爬虫来说，用 Selenium 来爬取 JavaScript 渲染的页面，即可爬。Appium 同样也可以，用 Appium 来做 App 爬虫不失为一个好的选择。

13.2.1 Appium 安装

首先，需要安装 Appium。Appium 负责驱动移动端来完成一系列操作，对于 iOS 设备来说，它使用苹果的 UIAutomation 来实现驱动；对于 Android 来说，它使用 UIAutomator 和 Selendroid 来实现驱动。

同时 Appium 也相当于一个服务器，可以向它发送一些操作命令，它会根据不同的指令

对移动设备进行驱动，以完成不同的操作。

安装 Appium 有两种方式：一种是直接下载安装包 Appium Desktop 安装；另一种是通过 Node.js 来安装。下面介绍下载安装包安装。

Appium Desktop 支持全平台的安装，直接从 GitHub 的 Releases 中安装即可，链接为 https://github.com/appium/appium-desktop/releases。目前最新版本是 1.14.0，下载页面如图 13-18 所示。

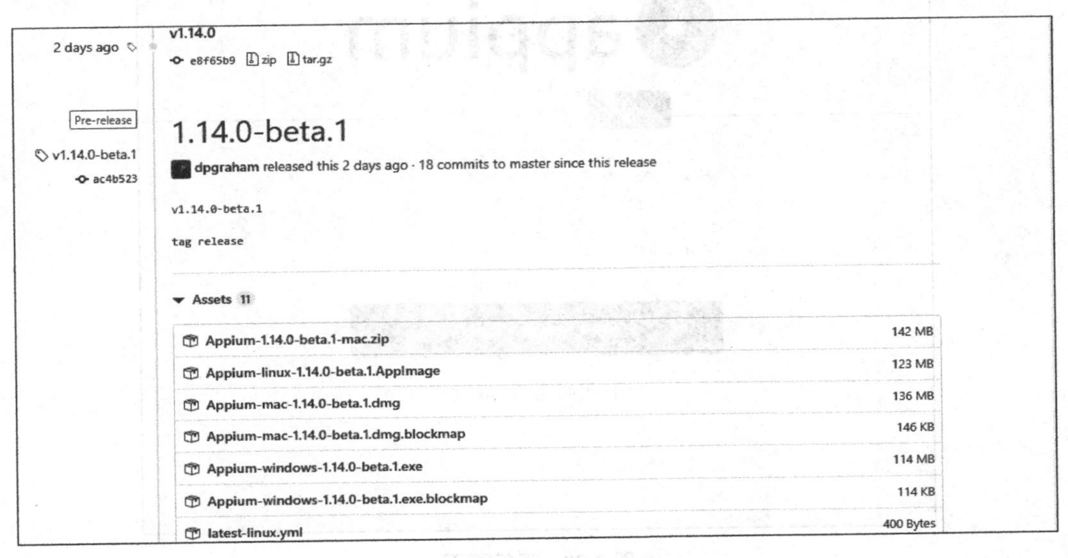

图 13-18 下载页面

Windows 平台可以下载安装包 appium-desktop-Setup-1.14.0.exe，下载完成双击进行安装，安装界面如图 13-19 所示，采用默认安装方式。

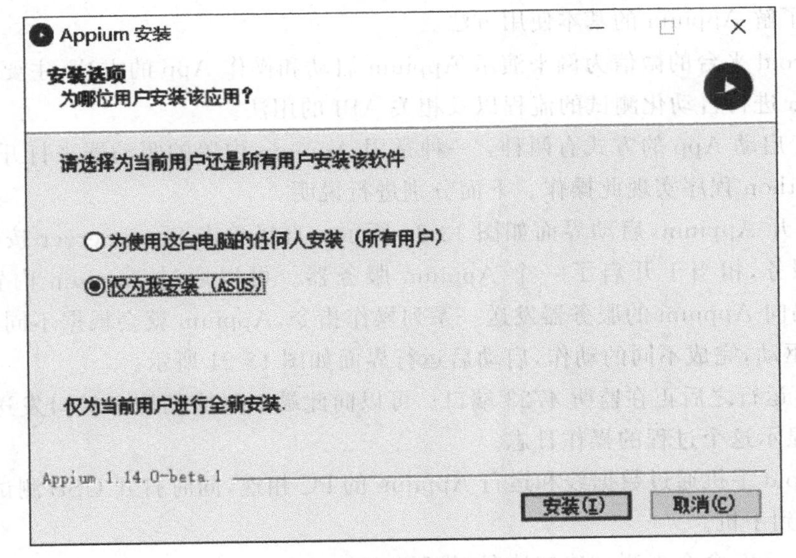

图 13-19 安装界面

采用默认安装方式，安装完成后运行，看到的页面如图 3-20 所示，即证明安装成功。

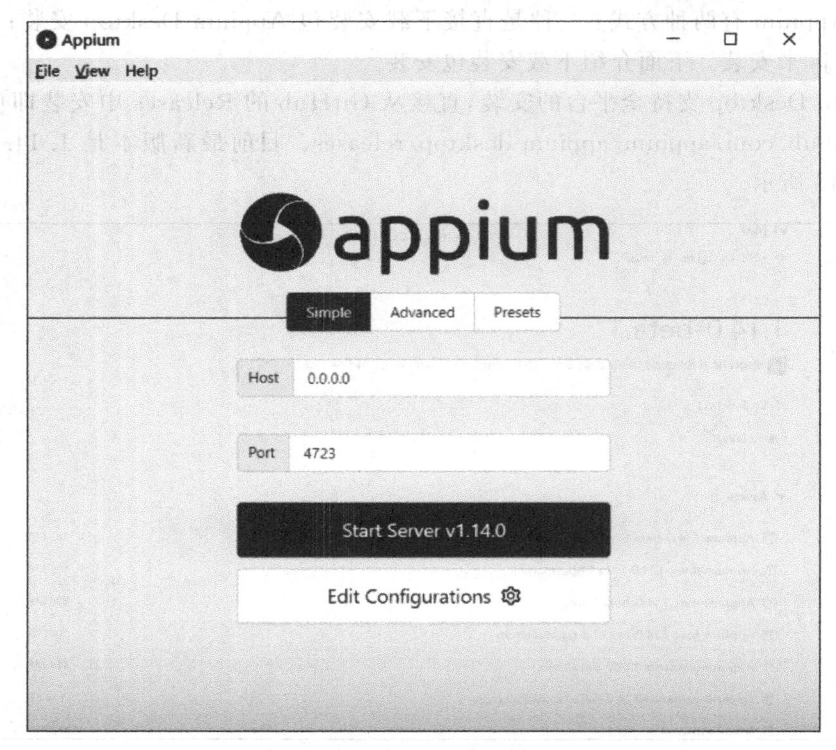

图 3-20 运行页面

13.2.2 Appium 的基本使用

下面来了解 Appium 的基本使用方法。

以 Android 平台的微信为例来演示 Appium 启动和操作 App 的方法，主要目的是了解利用 Appium 进行自动化测试的流程以及相关 API 的用法。

Appium 启动 App 的方式有两种：一种是用 Appium 内置的驱动器来打开 App；另一种是利用 Python 程序实现此操作。下面分别进行说明。

首先，打开 Appium，启动界面如图 13-20 所示。直接单击 Start Server 按钮即可启动 Appium 的服务，相当于开启了一个 Appium 服务器。可以通过 Appium 内置的驱动或 Appium 代码向 Appium 的服务器发送一系列操作指令，Appium 就会根据不同的指令对移动设备进行驱动，完成不同的动作，启动后运行界面如图 13-21 所示。

Appium 运行之后正在监听 4723 端口。可以向此端口对应的服务接口发送操作指令，此页面就会显示这个过程的操作日志。

将 Android 手机通过数据线和运行 Appium 的 PC 相连，同时打开 USB 测试功能，确保 PC 可以连接到手机。

可以输入 adb 命令来测试连接情况，代码如下：

```
adb devices -l
```

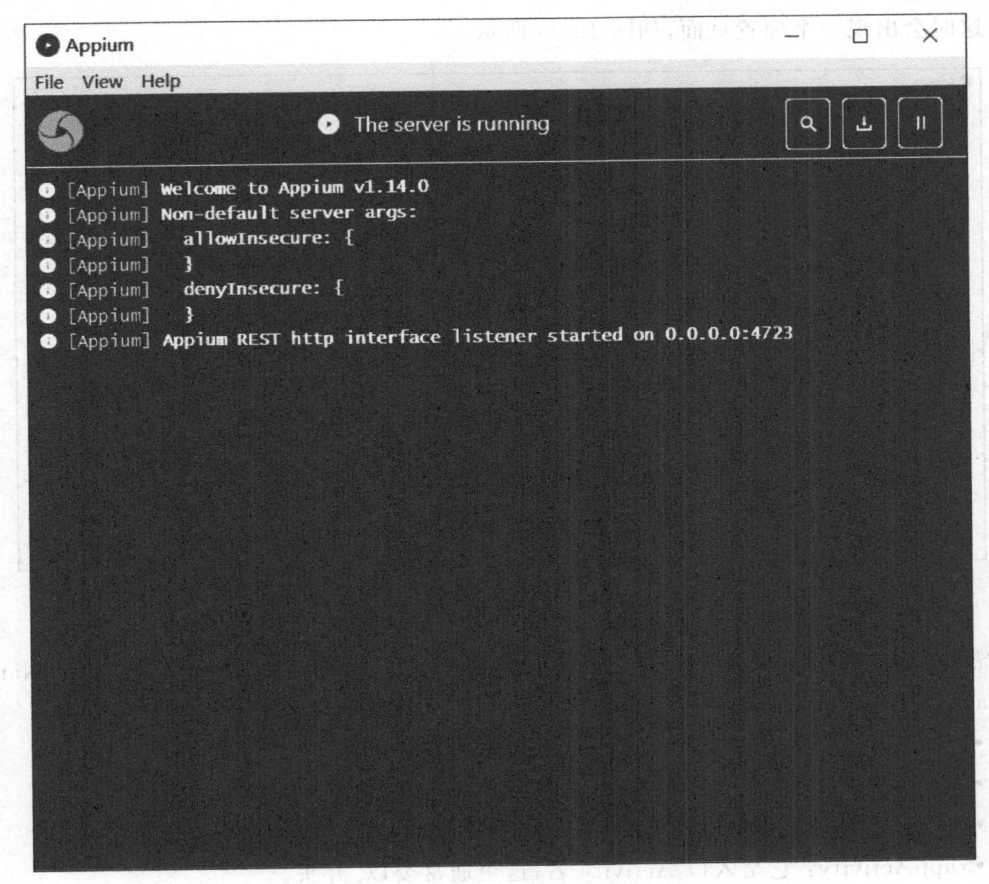

图 13-21 Server 运行界面

如果出现类似如下结果，则说明 PC 已经正确连接手机。

```
List of devices attached
2da42ac0 device usb:336205636X product:leo model:MI_6X device:leo
```

model 是设备的名称，就是下面需要用到的 deviceName 变量，model 后为手机名。

如果提示找不到 adb 命令，请检查 Android 开发环境和环境变量是否配置成功。如果可以成功调用 adb 命令但不显示设备信息，请检查手机和 PC 的连接情况。

接下来用 Appium 内置的驱动器打开 App，单击 Appium 中的 Start New Session 按钮，如图 13-22 所示。

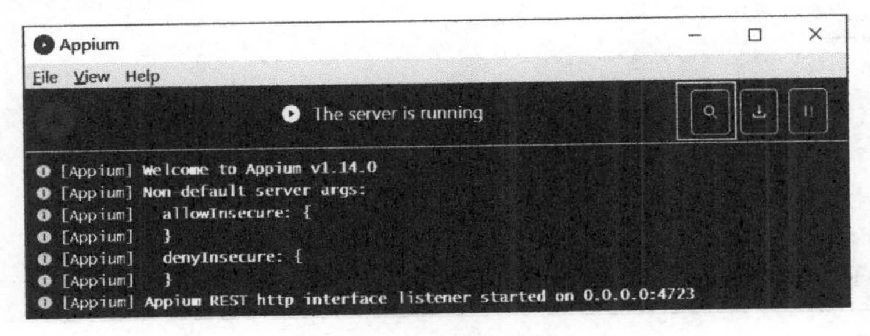

图 13-22 操作实例

这时会出现一个配置页面，如图 13-23 所示。

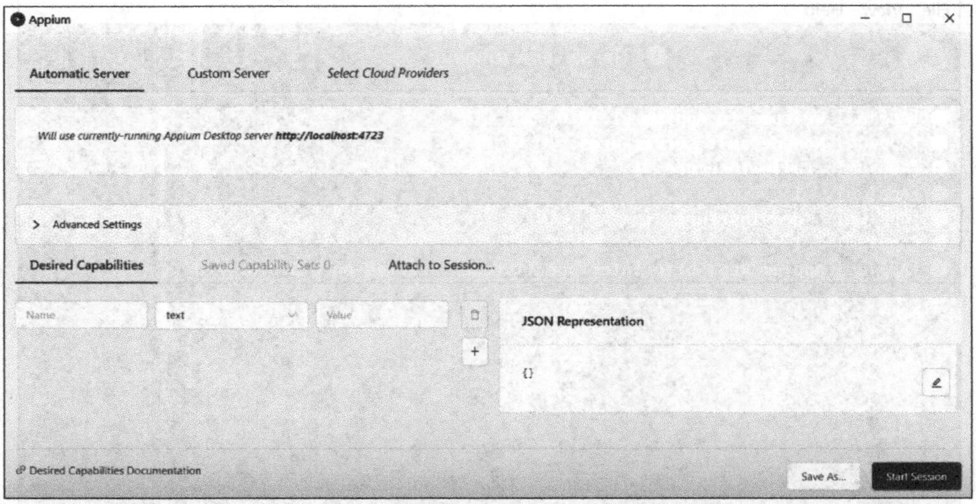

图 13-23 配置页面

需要配置启动 App 时的 Desired Capabilities 参数，分别是 platformName、deviceName、appPackage 和 appActivity。

- platformName：它是平台名称，需要区分 Android 或 iOS，此处填写 Android。
- deviceName：它是设备名称，此处是手机的具体类型。
- appPackage：它是 App 程序包名。
- appActivity：它是入口 Activity 名，这里通常要以.开头。

在当前配置页面的左下角也有配置参数的相关说明，链接为 https://github.com/appium/appium/blob/master/docs/en/writing-running-appium/caps.md。

在 Appium 中加入上面 4 个配置，如图 13-24 所示。

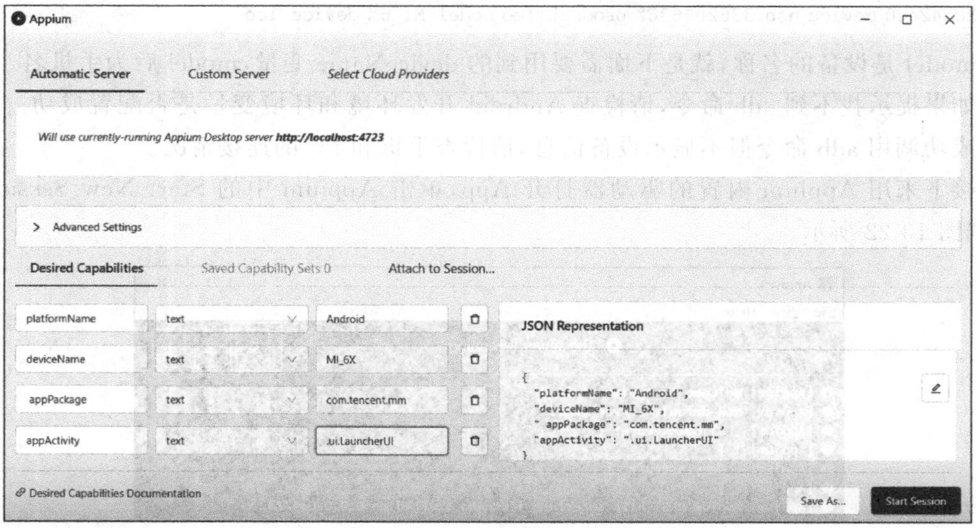

图 13-24 配置信息

单击 Save 按钮，保存下来，以后可以继续使用这个配置，如图 13-25 所示。

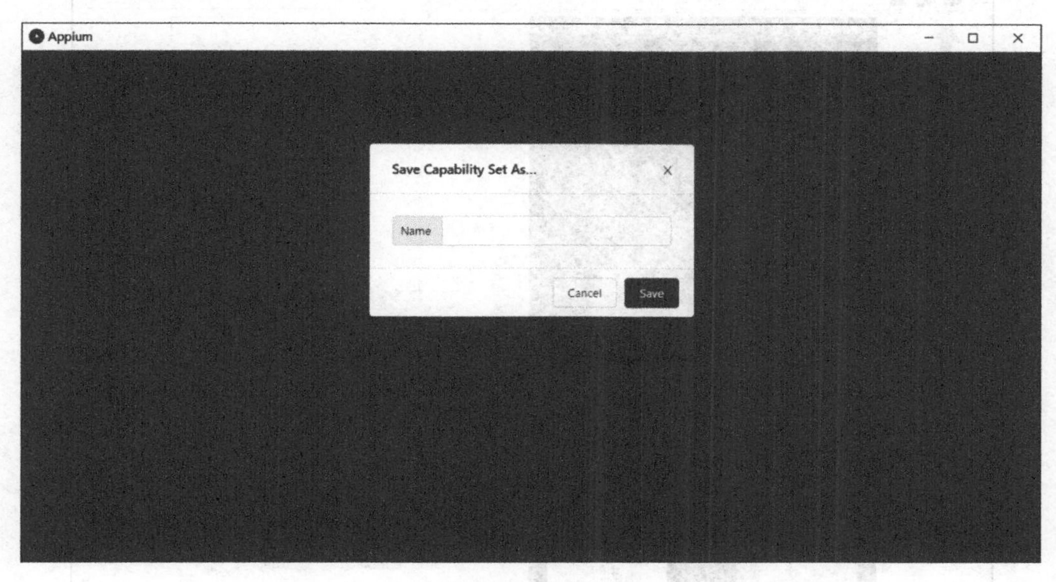

图 13-25 保存界面

单击右下角的 Start Session 按钮，即可启动 Android 手机上的微信 App 并进入启动页面。同时 PC 上会弹出一个调试窗口，从这个窗口可以预览当前手机页面，并可查看页面的源代码，也可以进行相应的操作，如图 13-26 所示。

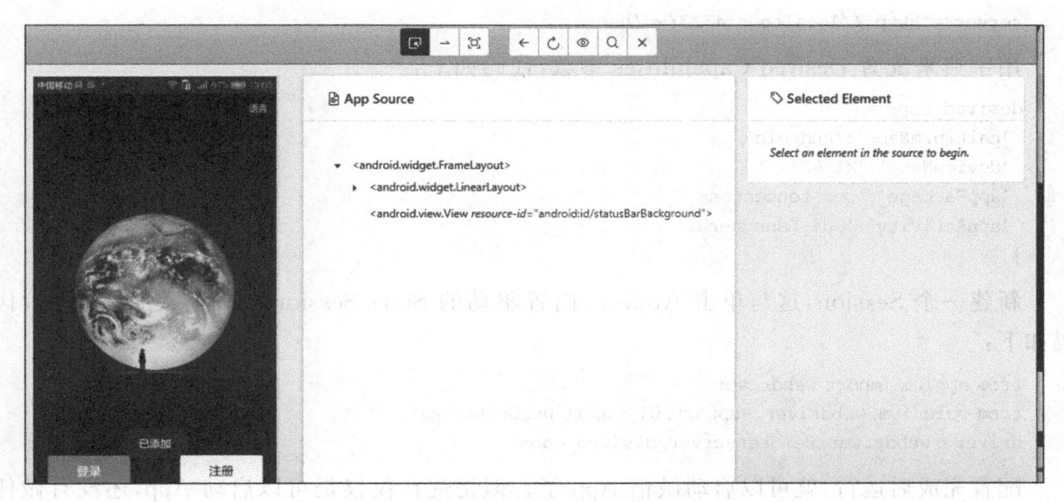

图 13-26 调试窗口

单击中间栏最上方的第三个录制按钮，Appium 会开始录制操作动作，这时在窗口中操作 App 的行为都会被记录下来，Recorder 处可以自动生成对应语言的代码。例如，单击录制按钮，然后选中 App 中的登录按钮，单击 Tap 操作，即模拟了按钮单击功能，这时手机和窗口的 App 都会跳转到登录页面，同时中间栏会显示此动作对应的代码，如图 13-27 所示。

下面介绍使用 Python 代码驱动 App 的方法。首先需要在代码中指定一个 Appium

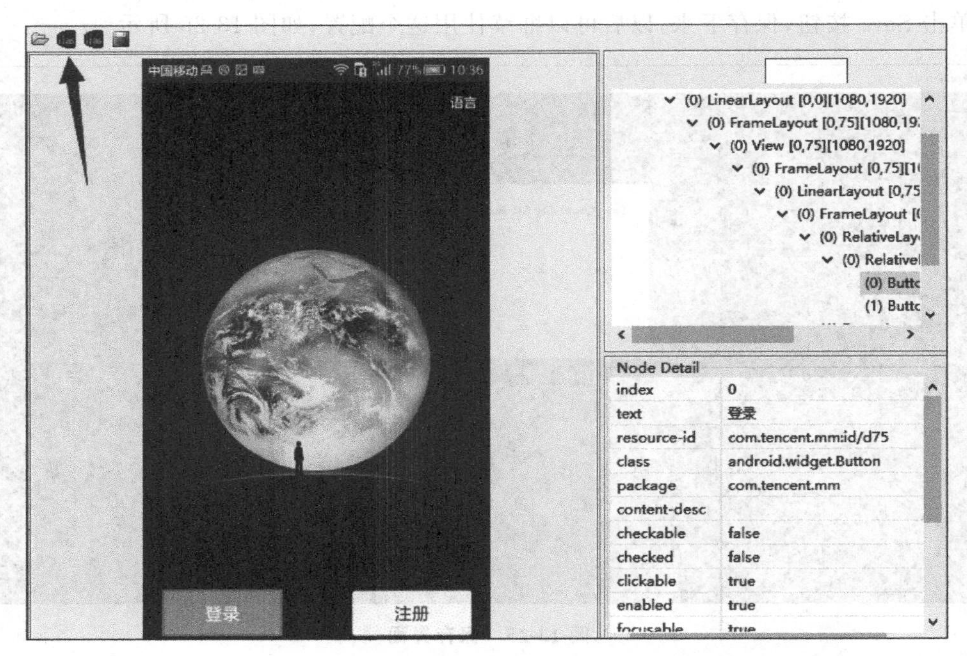

图 13-27 操作选项

Server,而这个 Server 在刚才打开 Appium 的时候已经开启了,是在 4732 端口上运行的,配置如下:

```
server = 'http://localhost:4723/wd/hub'
```

用字典来配置 Desired Capabilities 参数,代码如下:

```
desired_caps = {
 'paltformName':'Android',
 'deviceName':'MI_6X'
 'appPackage':'com.tencent.mm'
 'appActivity':'.ui.LauncherUI'
}
```

新建一个 Session,这与单击 Appium 内置驱动的 Start Session 按钮有类似的功能,代码如下:

```
from appium import webdriver
from selenium.webdriver.support.ui import WebDriverWait
driver = webdriver.Remote(server,desired_caps)
```

配置完成后运行,就可以启动微信 App 了。但是现在仅仅是可以启动 App,还没有做任何动作。再用代码来模拟刚才演示的两个动作:一个是单击"登录"按钮;另一个是输入手机号。

看看刚才 Appium 内置驱动器中 Recorder 录制生成的 Python 代码,自动生成的代码非常烦琐,例如单击"登录"按钮的代码如下:

```
el1 = driver.find_element_by_xpath("/hierarchy/android.widget.FrameLayout/android.widget.LinearLayout/android.widget.FramelLayout/android.view.View/android.widget.FrameLayout/android.widget.LinearLayout/android.widget.FrameLayout/android.widget.RelativeLayout/android.widget.RelativeLayout/android.widget.Button[1]")
el1.click()
```

这段代码的 XPath 选择器路径太长，选择方式没有那么科学，获取元素时也没有设置等待，很可能会出现超时异常。所以修改一下，将其修改为通过 ID 查找元素，设置延时等待，两次操作的代码改写如下：

```
wait = WebDriverWait(driver,30)
login = wait.until(EC.presence_of_element_located((By.ID,'com.tencent.mm:id/cjk')))
login.click()
phone = wait.until(EC.presence_of_element_located((By.ID,'com.tencent.mm:id/h2')))
phone.set_text('18888888888')
```

综上所述，完整的代码为：

```
from appium import webdriver
from selenium.webdriver.common.by import By
from selenium.webdriver.support.ui import WebDriverWait
from selenium.webdriver.support import expected_conditions as EC
server = 'http://localhost:4732/wd/hub'
desired_caps = {
 'paltformName':'Android',
 'deviceName':'MI_6X'
 'appPackage':'com.tencent.mm'
 'appActivity':'.ui.LauncherUI'
}
driver = webdriver.Remote(server,desired_caps)
wait = WebDriverWait(driver,30)
login = wait.until(EC.presence_of_element_located((By.ID,'com.tencent.mm:id/cjk')))
login.click()
phone = wait.until(EC.presence_of_element_located((By.ID,'com.tencent.mm:id/h2')))
phone.set_text('18888888888')
```

一定要重新连接手机，再运行此代码，这时即可观察到手机上首先弹出了微信欢迎页面，然后模拟单击"登录"按钮、输入手机号，操作完成。这样就成功使用 Python 代码实现了 App 的操作。

13.3 API 爬取

接下来介绍使用代码如何操作 App、总结相关 API 的用法。这里使用 Python 库为 AppiumPythonClient，其 GitHub 地址为 https://github.com/appium/phthon-client，此库继承自 Selenium，使用方法与 Selenium 有很多共同之处。

1. 初始化

需要配置 Desired Capabilities 参数，完整的配置说明可以参考 https://github.com/appium/appium/blob/master/docs/en/writing-running-appium/caps.md。一般来说，配置几个基本参数即可，代码如下：

```
from appium import webdriver
server = 'http://localhost:4732/wd/hub'
desired_caps = {
 'paltformName':'Android',
 'deviceName':'MI_6X'
 'appPackage':'com.tencent.mm'
```

```
'appActivity':'.ui.LauncherUI'
}
driver = webdriver.Remote(server,desired_caps)
```

这里配置了启动微信 App 的 Desired Capabilities，这样 Appnium 就会自动查找手机上的包名和入口类，然后将其启动。包名和入口类的名称可以在安装包的 AndroidManifest.xml 文件中获取。

如果要打开的 App 没有事先在手机上安装，可以直接指定 App 参数为安装包所在路径，这样程序启动就会自动向手机安装并启动 App，代码如下：

```
from appium import webdriver
server = 'http://localhost:4732/wd/hub'
desired_caps = {
 'paltformName':'Android',
 'deviceName':'MI_6X'
 'app':'./weixin.apk'
}
driver = webdriver.Remote(server,desired_caps)
```

程序启动的时候就会寻找 PC 当前路径下的 APK 安装包，然后将其安装到手机中并启动。

2. 查找元素

可以使用 Selenium 中通用的查找方法来实现元素的查找，代码如下：

```
el = driver.find_element _by_id('com.tencent.mm:id/cjk')
```

在 Selenium 中，其他查找元素的方法同样适用，此处不再介绍。

在 Android 平台上，还可以使用 UIAutomator 进行元素选择，代码如下：

```
el = self.driver.find_element_by_android_uiautomator('new UiSelector().description("Animation")')
els = self.driver.find_element_by_android_uiautomator('new UiSelector().clickable(true)')
```

3. 单击

单击可以使用 tap()方法，该方法可以模拟手指单击操作(最多一个手指)，可设置按时长短(毫秒)，代码如下：

```
tap(self,positions,duration = None)
```

其中，后两个参数含义为：

- positions——它是单击的位置组成的列表。
- duration——它是单击持续时间。

实例如下：

```
driver.tap([(100,20),(100,60),(100,100)],500)
```

这样可以模拟单击屏幕的某几个点。

对于某个元素如按钮来说，可以直接调用 cilck()方法实现模拟单击，实例如下：

```
button = find_element_by_id('com.tencent.mm:id/btn')
button.click()
```

4. 屏幕拖动

可以使用 scroll()方法模拟屏幕滚动，用法如下：

```
scroll(self.origin_el,destination_el)
```

可以实现从元素 origin_el 滚动至元素 destination_el。

它的两个参数含义为：

- original_el——它是被操作的元素。
- destination_el——它是目标元素。

实例如下：

```
driver.scroll(el1,el2)
```

可以使用 swipe()模拟从 A 点滑动到 B 点，用法如下：

```
swipe(self,start_x,strat_y,end_x,end_y,duration = None)
```

参数的说明如下：

- start_x——它是开始位置的横坐标。
- start_y——它是开始位置的纵坐标。
- end_x——它是终止位置的横坐标。
- end_y——它是终止位置的纵坐标。
- duration——它是持续时间，单位是毫秒。

实例如下：

```
driver.swipe(50,100,50,400,5000)
```

这样可以实现在 5s 内，由(50,100)滑动到(50,400)。

可以使用 flick()方法模拟从 A 点快速滑动到 B 点，用法如下：

```
flick(self,start_x,start_y,end_x,end_y)
```

几个参数的说明如下：

- start_x——它是开始位置的横坐标。
- start_y——它是开始位置的纵坐标。
- end_x——它是终止位置的横坐标。
- end_y——它是终止位置的纵坐标。

实例如下：

```
driver.flick(50,100,50,400)
```

5. 拖曳

可以使用 drag_and_drop()将某个元素拖动到另一个目标元素上，用法如下：

```
drag_and_drop(self,origin_el,destination_el)
```

可以实现将元素 origin_el 拖曳至元素 destination_el。

参数说明如下：

- origin_el——它是被拖曳的元素。
- destination_el——它是目标元素。

实例如下：

```
driver.drag_and_drop(el1,el2)
```

6. 文本输入

可以使用 set_text()方法实现文本输入,代码如下:

```
el = find_element_by_id('com.tencent.mm:id/cjk')
el.set_text('Hello')
```

7. 动作链

与 Selenium 中的 ActionChains 类似,Appium 中的 TouchAction 可支持的方法有 tap()、press()、long_press()、release()、move_to()、wait()、cancel()等,实例如下:

```
el = self.driver.find_element_by_accessibility_id('Animation')
action = TouchAction(self.driver)
action.tap(el).perform()
```

首先选中一个元素,然后利用 TouchAction 实现单击操作。

如果想要实现拖动操作,可以用如下方式:

```
els = self.driver.find_elements_by_class_name('listView')
a1 = TouchAction()
a1.press(els[0]).move_to(x = 10, y = 0).move_to(x = 10, y = - 75).move_to(x = 10, y = - 600)
.release()
a2 = TouchAction()
a1.press(els[1]).move_to(x = 10, y = 10).move_to(x = 10, y = - 300).move_to(x = 10, y = - 600)
.release()
```

利用以上 API,可以完成绝大部分操作。

13.4 Appium 爬取微信朋友圈

接着,将使用 Appium 实现微信朋友圈的爬取。

目标:以 Android 平台为例,实现爬取微信朋友圈的动态信息,动态信息包括好友昵称、正文、发布日期。其中发布日期还需要进行转换,如日期显示为 1 小时前,则时间转换为今天,最后将动态信息保存到 MongoDB。

实现步骤如下:

(1) 初始化。

首先新建一个 Moments 类,进行一些初始化配置,代码如下:

```
from appium import webdriver
from selenium.webdriver.support.ui import WebDriverWait
from selenium.webdriver.support import expected_conditions as EC
from selenium.webdriver.common.by import By
PLATFORM = 'Android'
deviceName = 'MI_6X'
app_package = 'com.tencent.mm'
app_activity = '.ui.LauncherUI'
driver_server = 'http://localhost:4723/wd/hub'
TIMEOUT = 300
MONGO_URL = 'localhost'
MONGO_DB = 'moments'
MONGO_COLLECTION = 'moments'
```

```
class Moments():
    def __init__(self):
   """
   初始化
   """
   #驱动配置
        self.desired_caps = {
        'platformName':PLATFORM,
        'deviceName':deviceName,
        'appPackage':app_package,
        'appActivity':app_activity}
        self.driver = webdriver.Remote(driver_server,self.desired_caps)
        self.wait = WebDriverWait(self.driver,300)
      self.client = MongoClient(MONGO_URL)
      self.db = self.client[MONGO_DB]
      self.collection = self.db[MONGO_COLLECTION]
```

这里实现实现了一些初始化配置，如驱动的配置、延时等待配置、MongoDB 连接配置等。

(2) 模拟登录。

接着要做的就是登录微信。单击"登录"按钮，输入用户名、密码，提交即可。实现样例如下：

```
from appium import webdriver
from selenium.webdriver.support.ui import WebDriverWait
from selenium.webdriver.support import expected_conditions as EC
from selenium.webdriver.common.by import By
PLATFORM = 'Android'
deviceName = 'MI_6X'
app_package = 'com.tencent.mm'
app_activity = '.ui.LauncherUI'
driver_server = 'http://127.0.0.1:4723/wd/hub'
class Moments():
    def __init__(self):
        self.desired_caps = {
        'platformName':PLATFORM,
        'deviceName':deviceName,
        'appPackage':app_package,
        'appActivity':app_activity}
        self.driver = webdriver.Remote(driver_server,self.desired_caps)
        self.wait = WebDriverWait(self.driver,300)
    def login(self):
        print('单击登录按钮——————')
        login = self.wait.until(EC.presence_of_element_located((By.ID,'com.tencent.mm:id/cjk')))
        login.click()
        #输入手机号
        phone = self.wait.until(EC.presence_of_element_located((By.ID, 'com.tencent.mm:id/h2')))
        phone_num = input('请输入手机号')
        phone.send_keys(phone_num)
        print('单击下一步中')
        button = self.wait.until(EC.presence_of_element_located((By.ID, 'com.tencent.mm:id/
  alr')))
        button.click()
```

```
        pass_w = input('请输入密码：')
        password = self.wait.until(EC.presence_of_element_located((By.ID, 'com.tencent.mm:
id/h2')))
        password.send_keys(pass_w)
        login = self.driver.find_element_by_id('com.tencent.mm:id/alr')
        login.click()
        #提示关闭
        tip = self.wait.until(EC.element_to_be_clickable((By.ID, 'com.tencent.mm:id/adj')))
        tip.click()
```

这里依次实现了一些单击和输入操作，对于不同的平台和版本来说，流程可能不太一样，此处仅作参考。

登录完成后，进入朋友圈的页面。选中朋友圈所在的选项卡，单击“朋友圈”按钮，即可进入朋友圈，代码如下：

```
def enter(self):
    print('单击发现——')
    tab = self.wait.until(EC.element_to_be_clickable((By.XPATH, '//*[@resource-id =
"com.tencent.mm:id/cdh"]/..')))
    print('已经找到发现按钮')
    time.sleep(6)
    tab.click()
    # self.wait.until(EC.text_to_be_present_in_element((By.ID, 'com.tencent.mm:id/cdj'), '
发现'))
    print('单击朋友圈')
    friends = self.wait.until(EC.presence_of_element_located((By.XPATH, '//*[@resource-
id = "android:id/list"]/*[@class = "android.widget.LinearLayout"][1]')))
    friends.click()
```

爬取工作正式开始。

(3) 爬取动态

我们知道，在朋友圈中可以一直拖动，所以这里需要模拟一下无限拖动的操作，代码如下：

```
#滑动点
FLICK_START_X = 300
FLICK_START_Y = 300
FLICK_DISTANCE = 700
def crawl(self):
    while True:
#上滑
self.driver.swipe(FLICK_START_X, FLICK_START_Y + FLICK_DISTANCE, FLICK_START_X, FLICK_START_
Y)
```

利用 swipe()方法，传入起始点和终止点实现拖动，加入无限循环实现无限拖动。

获取当前显示的朋友圈的每条状态对应的区块元素，遍历每个区块元素，再获取内部显示的用户名、正文和发布时间，代码实现如下：

```
#当前页面显示的所有状态
items = self.wait.until(
    EC.presence_of_all_elements_located(
        (By.XPATH, '//*[@resource-id = "com.tencent.mm:id/cve"]//android.widget
.FrameLayout')))
#遍历每条状态
```

```
for item in items:
        try:
            #昵称
            nickname = item.find_element_by_id('com.tencent.mm:id/aig').get_attribute('text')
            #正文
            content = item.find_element_by_id('com.tencent.mm:id/cwn').get_attribute('text')
            #日期
            date = item.find_element_by_id('com.tencent.mm:id/crh').get_attribute('text')
            #处理日期
            date = self.processor.date(date)
            print(nickname,content,date)
            data = {
              'nickname':nickname,
              'content':content,
              'date':date,
                }
            except NoSuchElementException:
                pass
```

这里遍历每条状态,再调用 find_element_by_id()方法获取昵称、正文、发布日期对应的元素,然后通过 get_attribute()方法获取内容。这样就成功获取到了朋友圈的每条动态信息。

针对日期的处理,调用了一个 Processor 类的 date()处理方法,该方法实现如下:

```
def date(self,datetime):
  """
  处理时间
  :param datetime: 原始时间
  :return:处理后时间
  """
  if re.match('\d+分钟前',datetime):
      minute = re.match('(\d+)',dateime).group(1)
      datetime = time.strftime('%Y-%m-%d',time.localtime(time.time() - float(minute) * 60))
  if re.match('\d+小时前',datetime):
      hour = re.match('(\d+)',dateime).group(1)
      datetime = time.strftime('%Y-%m-%d',time.localtime(time.time() - float(minute) *
60 * 60))
  if re.match('昨天',datetime):
      datetime = time.strftime('%Y-%m-%d',time.localtime(time.time() - 24 * 60))
  if re.match('\d+天前',datetime):
      day = re.match('(\d+)',dateime).group(1)
      datetime = time.strftime('%Y-%m-%d',time.localtime(time.time() - float(minute) *
24 * 60 * 60))
  return datetime
```

这个方法使用了正则匹配的方法来提取时间中的具体数值,再利用时间转换函数实现时间的转换。例如,时间是 5 分钟前,这个方法先将 5 提取出来,用当前时间戳减去 300 即可得到发布时间的时间戳,然后再转化为标准时间即可。

最后调用 MongoDB 的 API 来实现爬取结果的存储。为了去除重复,这里调用了 update()方法,实现如下:

```
self.collection.update({'nickname':nickname,'content':content},{'$set':data},True)
```

首先根据昵称和正文来查询信息,如果信息不存在,则插入数据,否则更新数据。这个操作的关键点是第三个参数 True，此参数设置为 True，这可以实现存在即更新、不存在则插入的操作。

最后实现一个入口方法调用以上的几个方法。调用此方法即可开始爬取，代码为：

```
def main(self):
    #登录
    self.login()
    #进入朋友圈
    self.enter()
    #爬取
    self.crawl()
```

这样就完成了整个朋友圈的爬取。运行代码后，手机微信便会启动，并且可以成功进入朋友圈，然后一直不断执行拖动过程。控制台输出相应的爬取结果并保存到 MongoDB 数据库中。在 MongoDB 中可查看爬取的结果，如图 13-28 所示。

Key	Value	Type
(9) ObjectId("5b6961ddb8b37f1797d136b3")	{ 3 fields }	Object
(10) ObjectId("5b6961e0b8b37f1797d136b6")	{ 3 fields }	Object
(11) ObjectId("5b6961e4b8b37f1797d136b8")	{ 3 fields }	Object
(12) ObjectId("5b6961e8b8b37f1797d136ba")	{ 3 fields }	Object
(13) ObjectId("5b6961e9b8b37f1797d136bc")	{ 3 fields }	Object
(14) ObjectId("5b6961ecb8b37f1797d136bf")	{ 3 fields }	Object
(15) ObjectId("5b6961eeb8b37f1797d136c1")	{ 3 fields }	Object
(16) ObjectId("5b6961f1b8b37f1797d136cc")	{ 3 fields }	Object
(17) ObjectId("5b6961f3b8b37f1797d136ce")	{ 3 fields }	Object
(18) ObjectId("5b6961f8b8b37f1797d136db")	{ 3 fields }	Object
(19) ObjectId("5b6961fab8b37f1797d136dd")	{ 3 fields }	Object
(20) ObjectId("5b6961ffb8b37f1797d136e0")	{ 3 fields }	Object
(21) ObjectId("5b6966f5b8b37f1797d136f7")	{ 3 fields }	Object
(22) ObjectId("5b69670cb8b37f1797d136fb")	{ 3 fields }	Object
(23) ObjectId("5b696723b8b37f1797d13700")	{ 3 fields }	Object
(24) ObjectId("5b69672fb8b37f1797d13703")	{ 3 fields }	Object
(25) ObjectId("5b69673bb8b37f1797d13708")	{ 3 fields }	Object

图 13-28　查看爬取结果

可以看到朋友圈的数据成功保存到数据库中。

13.5　习题

1. Appium 实际上继承了________，Appium 也是利用________来实现________的自动化测试。

2. 相比 Fiddler 来说，Charles 有哪些优势？

3. Appium 启动 App 的方式有哪几种？

4. 根据 13.1 节的 Charles 爬取过程，编写代码实现爬取有道中英文翻译字典进行互译。

第14章 Python分布式爬虫

CHAPTER 14

通过前面章节的学习，应该已经能够请求URL获取网页数据，并通过解析网页存储数据了，这说明已经掌握了使用爬虫的入门基础技术获取数据的方法，但是这种单线程的爬虫效率十分低，大量的时间浪费在等待中。

我们也学习过使用多线程、多进程或多协程成倍提升爬虫的效率，甚至通过将爬虫部署在服务器上把个人计算机解放出来，但是，即使能够将爬虫部署在不同服务器上，在不同服务器上使用多线程爬虫提升效率，仍然存在两个问题：

(1) 服务器之间没有通信，每个服务器的待爬网页还是需要手动分配。

(2) 存储数据还是在各个服务器上，并没有集中存储到某一个服务器或数据库中。

利用分布式爬虫能够很好地解决上述问题。通过使用分布式爬虫，一方面，能极大地提高爬虫的效率；另一方面，不同服务器之间的统一管理能够实现从不同服务爬虫的队列管理到数据存储的优化。

14.1 主从模式

主从模式是指由一台主机作为控制节点负责对所有运行网络爬虫的主机进行管理，爬虫只需要从控制节点那里接收任务，并把新生成的任务提交给控制节点就可以了，在这个过程中不必与其他爬虫通信，这种方式实现简单，便于管理。但控制节点则需要与所有爬虫进行通信，因此可以看到主从模式是有缺陷的，控制节点会成为整个系统的瓶颈，容易导致整个分布式网络爬虫系统性能下降。

图14-1为使用3台主机进行分布式爬取的结构图，一台主机作为控制节点，另外两台主机作为爬虫节点。

图14-1中的控制节点ControlNode主要分为URL管理器、数据存储器和控制调度器。控制调度器通过3个进程来协调URL管理器和数据存储器的工作，一个是URL管理进程，负责URL的管理和将URL传递给爬虫节点；另一个是数据提取进程，负责读取爬虫节点返回的数据，将返回数据中的URL交给URL管理进程，将标题和摘要等数据交给数据存储进程；最后一个是数据存储进程，负责将数据提取进程中提交的数据进行本地存储。执行流程如图14-2所示。

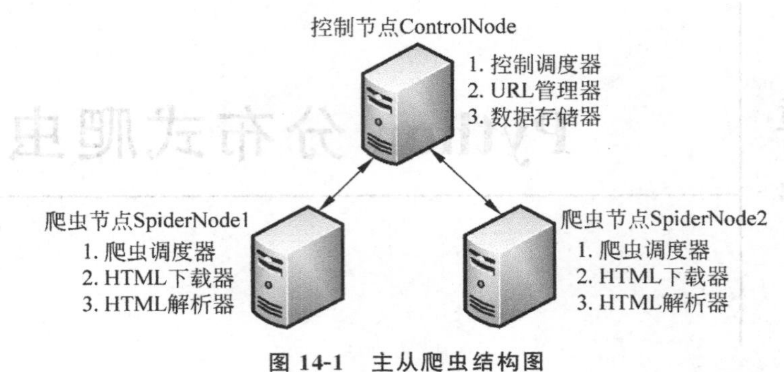

图 14-1 主从爬虫结构图

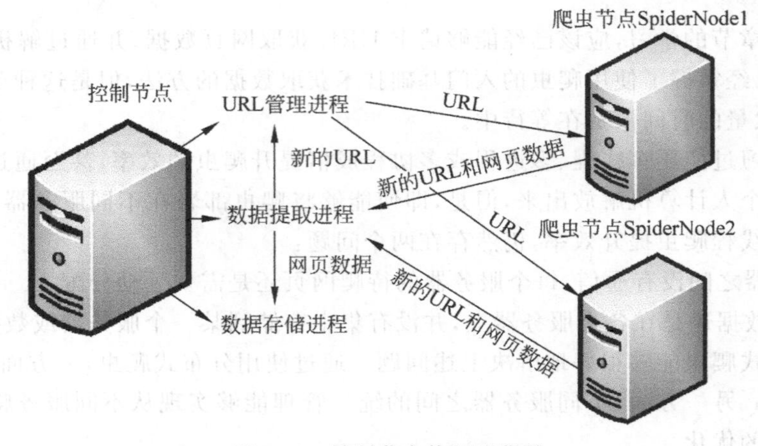

图 14-2 控制节点执行流程图

分布式爬虫系统广泛应用于大型爬虫项目中，力求以最高的效率完成任务，这也是分布式爬虫系统的意义所在。分布式系统的核心在于通信，下面介绍 3 种分布式爬虫。

14.1.1 URL 管理器

下面对 12 章的 URL 管理器代码做了一些优化修改。由于我们采用 set 内存去重的方式，如果直接存储大量的 URL 链接，尤其是 URL 链接很长的时候，很容易造成内存溢出，所以采用将爬取过的 URL 进行 MD5 处理的方法，由于字符串经过 MD5 处理后的信息摘要长度可以是 128 位，将生成的 MD5 摘要存储到 set 后，可以极大地减少内存消耗。Python 中的 MD5 算法生成的是 32 位的字符串，由于爬取的 URL 较少，MD5 冲突不大，完全可以取中间的 16 位字符串，即 16 位 MD5 加密。同时添加了 save_progress() 和 load_progress() 方法进行序列化的操作，将未爬取 URL 集合和已爬取的 URL 集合序列化到本地，保存当前的进度，以便下次恢复状态。URL 管理器 URLManager.py 代码如下：

```
#coding:utf-8
import pickle
import hashlib
class UrlManager(object):
    def __init__(self):
```

```
        self.new_urls = self.load_progress('new_urls.txt') # 未爬取 URL 集合
        self.old_urls = self.load_progress('old_urls.txt') # 已爬取 URL 集合
    def has_new_url(self):
        '''
判断是否有未爬取的 URL
        :return:
        '''
        return self.new_url_size()!= 0
    def get_new_url(self):
        '''
获取一个未爬取的 URL
        :return:
        '''
        new_url = self.new_urls.pop()
        m = hashlib.md5()
        m.update(new_url.encode("utf-8"))
        self.old_urls.add(m.hexdigest()[8:-8])
        return new_url
    def add_new_url(self,url):
        '''
将新的 URL 添加到未爬取的 URL 集合中
        :param url:单个 URL
        :return:
        '''
        if url is None:
            return
        m = hashlib.md5()
        m.update(url.encode('utf-8'))
        url_md5 = m.hexdigest()[8:-8]
        if url not in self.new_urls and url_md5 not in self.old_urls:
            self.new_urls.add(url)
    def add_new_urls(self,urls):
        '''
将新的 URL 添加到未爬取的 URL 集合中
        :param urls:url 集合
        :return:
        '''
        if urls is None or len(urls) == 0:
            return
        for url in urls:
            self.add_new_url(url)
    def new_url_size(self):
        '''
获取未爬取 URL 集合的大小
        :return:
        '''
        return len(self.new_urls)
    def old_url_size(self):
        '''
获取已经爬取 URL 集合的大小
        :return:
        '''
        return len(self.old_urls)
    def save_progress(self,path,data):
```

```
        '''
保存进度
        :param path:文件路径
        :param data:数据
        :return:
        '''
        with open(path, 'wb') as f:
            pickle.dump(data, f)
    def load_progress(self,path):
        '''
从本地文件加载进度
        :param path:文件路径
        :return:返回 set 集合
        '''
        print('[ + ] 从文件加载进度: %s' % path)
        try:
            with open(path, 'rb') as f:
                tmp = pickle.load(f)
                return tmp
        except:
            print('[!] 无进度文件, 创建: %s' % path)
        return set()
```

14.1.2 数据存储器

数据存储器的内容基本上和第12章的数据存储器一样,不过生成的文件按照当前时间进行命名,以避免重复,同时对文件进行缓存写入。代码为:

```
#coding:utf-8
import codecs
import time
class DataOutput(object):
    def __init__(self):
        self.filepath='baike_%s.html' % (time.strftime("%Y_%m_%d_%H_%M_%S",
time.localtime()) )
        self.output_head(self.filepath)
        self.datas=[]
    def store_data(self,data):
        if data is None:
            return
        self.datas.append(data)
        if len(self.datas)>10:
            self.output_html(self.filepath)
    def output_head(self,path):
        '''
将HTML头写进去
        :return:
        '''
        fout=codecs.open(path,'w',encoding='utf-8')
        fout.write("<html>")
    fout.write(r'''<meta http-equiv="Content-Type" content="text/html; charset=utf-8" />''')
        fout.write("<body>")
        fout.write("<table>")
```

```
        fout.close()
    def output_html(self,path):
        '''
将数据写入 HTML 文件中
        :param path: 文件路径
        :return:
        '''
        fout = codecs.open(path,'a',encoding = 'utf - 8')
        for data in self.datas:
            fout.write("<tr>")
            fout.write("<td>%s</td>" % data['url'])
            fout.write("<td>%s</td>" % data['title'])
            fout.write("<td>%s</td>" % data['summary'])
            fout.write("</tr>")
        self.datas = []
        fout.close()
    def ouput_end(self,path):
        '''
        输出 HTML 结束
        :param path: 文件存储路径
        :return:
        '''
        fout = codecs.open(path,'a',encoding = 'utf - 8')
        fout.write("</table>")
        fout.write("</body>")
        fout.write("</html>")
        fout.close()
```

14.1.3 控制调度器

控制调度器主要是产生并启动URL管理进程、数据提取进程和数据存储进程，同时维护4个队列保持进程间的通信，分别为url_queue、result_queue、conn_q、store_q。这4个队列说明如下：

- url_q队列——是URL管理进程将URL传递给爬虫节点的通道。
- result_q队列——是爬虫节点将数据返回给数据提取进程的通道。
- conn_q队列——是数据提取进程将新的URL数据提交给URL管理进程的通道。
- store_q队列——是数据提取进程将获取到的数据交给数据存储进程的通道。

因为要和工作节点进行通信，所以分布式进程必不可少，创建一个分布式管理器，定义为start_manager方法。方法代码如下：

```
# coding:utf - 8
from multiprocessing.managers import BaseManager
import time
from multiprocessing import Process, Queue
from .DataOutput import DataOutput
from .UrlManager import UrlManager
class NodeManager(object):
    def start_Manager(self,url_q,result_q):
        '''
        创建一个分布式管理器
```

```
        :param url_q: url 队列
        :param result_q: 结果队列
        :return:
        '''
        # 把创建的两个队列注册在网络上，利用 register 方法，callable 参数关联了
        # Queue 对象，将 Queue 对象暴露在网络中
        BaseManager.register('get_task_queue',callable = lambda:url_q)
        BaseManager.register('get_result_queue',callable = lambda:result_q)
        # 绑定端口 8001，设置验证口令“baike”。这相当于对象的初始化
        manager = BaseManager(address = ('', 8001), authkey = 'baike'.encode('utf-8'))
        # 返回 manager 对象
        return manager
```

URL 管理进程将从 conn_q 队列获取到的新 URL 提交给 URL 管理器，经过去重后，取出 URL 放入 url_queue 队列中并传递给爬虫节点，代码为：

```
    def url_manager_proc(self,url_q,conn_q,root_url):
        url_manager = UrlManager()
        url_manager.add_new_url(root_url)
        while True:
            while(url_manager.has_new_url()):

                # 从 URL 管理器获取新的 URL
                new_url = url_manager.get_new_url()
                # 将新的 URL 发给工作节点
                url_q.put(new_url)
                print('old_url = ',url_manager.old_url_size())
                # 加一个判断条件，当爬取 2000 个链接后就关闭，并保存进度
                if(url_manager.old_url_size()> 2000):
                    # 通知爬行节点工作结束
                    url_q.put('end')
                    print('控制节点发起结束通知!')
                    # 关闭管理节点，同时存储 set 状态
                    url_manager.save_progress('new_urls.txt',url_manager.new_urls)
                    url_manager.save_progress('old_urls.txt',url_manager.old_urls)
                    return
            # 将从 result_solve_proc 获取到的 URL 添加到 URL 管理器之间
            try:
                urls = conn_q.get()
                url_manager.add_new_urls(urls)
            except BaseException as e:
                time.sleep(0.1) # 延时休息
```

数据提取进程从 result_queue 队列读取返回的数据，并将数据中的 URL 添加到 conn_q 队列并交给 URL 管理进程，将数据中的文章标题和摘要添加到 store_q 队列并交给数据存储进程。代码为：

```
    def result_solve_proc(self,result_q,conn_q,store_q):
        while(True):
            try:
                if not result_q.empty():
                    # Queue.get(block = True, timeout = None)
                    content = result_q.get(True)
                    if content['new_urls'] == 'end':
```

```
                    #结果分析进程接受通知然后结束
                    print('结果分析进程接受通知然后结束!')
                    store_q.put('end')
                    return
                conn_q.put(content['new_urls'])    #url 为 set 类型
                store_q.put(content['data'])       #解析出来的数据为 dict 类型
            else:
                time.sleep(0.1)                    #延时休息
        except BaseException as e:
            time.sleep(0.1)                        #延时休息
```

数据存储进程从 store_q 队列中读取数据，并调用数据存储器进行数据存储。代码为：

```
def store_proc(self,store_q):
    output = DataOutput()
    while True:
        if not store_q.empty():
            data = store_q.get()
            if data == 'end':
                print('存储进程接受通知然后结束!')
                output.ouput_end(output.filepath)
                return
            output.store_data(data)
        else:
            time.sleep(0.1)
    pass
```

最后启动分布式管理器、URL 管理进程、数据提取进程和数据存储进程，并初始化 4 个队列。代码为：

```
if __name__ == '__main__':
    #初始化 4 个队列
    url_q = Queue()
    result_q = Queue()
    store_q = Queue()
    conn_q = Queue()
    #创建分布式管理器
    node = NodeManager()
    manager = node.start_Manager(url_q,result_q)
    #创建 URL 管理进程、数据提取进程和数据存储进程
    url_manager_proc = Process(target = node.url_manager_proc, args = (url_q,conn_q,'http://
baike.baidu.com/view/284853.htm',))
    result_solve_proc = Process(target = node.result_solve_proc, args = (result_q,conn_q,
store_q,))
    store_proc = Process(target = node.store_proc, args = (store_q,))
    #启动 3 个进程和分布式管理器
    url_manager_proc.start()
    result_solve_proc.start()
    store_proc.start()
    manager.get_server().serve_forever()
```

14.2 爬虫节点

爬虫节点(SpiderNode)相对简单，主要包含 HTML 下载器、HTML 解析器和爬虫调度器。执行流程如下：

- 爬虫调度器从控制节点中的 url_q 队列读取 URL。
- 爬虫调度器调用 HTML 下载器、HTML 解析器获取网页中新的 URL 和标题摘要。
- 最后爬虫调度器将新的 URL 和标题摘要传入 result_q 队列并交给控制节点。

14.2.1 HTML 下载器

HTML 下载器的代码与前面第 12 章的一致，只要注意网页编码即可。代码为：

```
#coding:utf-8
import requests
class HtmlDownloader(object):
    def download(self,url):
        if url is None:
            return None
        user_agent = 'Mozilla/4.0 (compatible; MSIE 5.5; Windows NT)'
        headers = {'User-Agent':user_agent}
        r = requests.get(url,headers = headers)
        if r.status_code == 200:
            r.encoding = 'utf-8'
            return r.text
        return None
```

14.2.2 HTML 解析器

HTML 解析器的代码参见第 12 章，具体代码如下：

```
#coding:utf-8
import re
import urllib.parse
from bs4 import BeautifulSoup
class HtmlParser(object):
    def parser(self,page_url,html_cont):
        '''
       用于解析网页内容抽取 URL 和数据
        :param page_url: 下载页面的 URL
        :param html_cont: 下载的网页内容
        :return:返回 URL 和数据
        '''
        if page_url is None or html_cont is None:
            return
        soup = BeautifulSoup(html_cont,'html.parser',from_encoding='utf-8')
        new_urls = self._get_new_urls(page_url,soup)
        new_data = self._get_new_data(page_url,soup)
        return new_urls,new_data
    def _get_new_urls(self,page_url,soup):
        '''
        抽取新的 URL 集合
        :param page_url: 下载页面的 URL
        :param soup:soup
        :return: 返回新的 URL 集合
        '''
        new_urls = set()
        #抽取符合要求的 a 标签
```

```
        links = soup.find_all('a',href = re.compile(r'/item/. * '))
        for link in links:
            #提取 href 属性
            new_url = link['href']
            #拼接成完整网址
            new_full_url = urllib.parse.urljoin(page_url,new_url)
            new_urls.add(new_full_url)
        return new_urls
    def _get_new_data(self,page_url,soup):
        '''
        抽取有效数据
        :param page_url:下载页面的 URL
        :param soup:
        :return:返回有效数据
        '''
        data = {}
        data['url'] = page_url
        title = soup.find('dd',class_ = 'lemmaWgt - lemmaTitle - title').find('h1')
        data['title'] = title.get_text()
        summary = soup.find('div',class_ = 'lemma - summary')
        #得到 tag 中包含的所有文本内容,并将结果作为 Unicode 字符串返回
        data['summary'] = summary.get_text()
        return data
```

14.2.3 爬虫调度器

爬虫调度器需要用到分布式进程中工作进程的代码,其需要先连接上控制节点,然后依次完成从 url_q 队列中获取 URL,下载并解析网页,将获取的数据交给 result_q 队列,返回给控制节点等各项任务。代码为:

```
#coding:utf - 8
from multiprocessing.managers import BaseManager
from HtmlDownloader import HtmlDownloader
from HtmlParser import HtmlParser
class SpiderWork(object):
    def __init__(self):
        #初始化分布式进程中的工作节点的连接工作
        # 实现第一步:使用 BaseManager 注册获取 Queue 的方法名称
        BaseManager.register('get_task_queue')
        BaseManager.register('get_result_queue')
        # 实现第二步:连接到服务器
        server_addr = '168.151.0.1'
        print(('Connect to server %s...' % server_addr))
        # 端口和验证口令注意保持与服务进程设置的完全一致
        self.m = BaseManager(address = (server_addr, 8001), authkey = 'baike'.encode('utf - 8'))
        # 从网络连接:
        self.m.connect()
        # 实现第三步:获取 Queue 的对象
        self.task = self.m.get_task_queue()
        self.result = self.m.get_result_queue()
        #初始化网页下载器和解析器
        self.downloader = HtmlDownloader()
```

```
            self.parser = HtmlParser()
            print('init finish')
        def crawl(self):
            while(True):
                try:
                    if not self.task.empty():
                        url = self.task.get()
                        if url == 'end':
                            print('控制节点通知爬虫节点停止工作...')
                            #接着通知其他节点停止工作
                            self.result.put({'new_urls':'end','data':'end'})
                            return
                        print('爬虫节点正在解析：%s' % url.encode('utf-8'))
                        content = self.downloader.download(url)
                        new_urls,data = self.parser.parser(url,content)
                        self.result.put({"new_urls":new_urls,"data":data})
                except EOFError as e:
                    print("连接工作节点失败")
                    return
                except Exception as e:
                    print(e)
                    print('Crawl fali ')
if __name__ == "__main__":
    spider = SpiderWork()
    spider.crawl()
```

在爬虫调度器设置了一个本地 IP：168.151.0.1，大家可以在同一台机器上测试代码的正确性。当然也可以使用 3 台 VPS 服务器，其中两台运行爬虫节点程序，将 IP 改为控制节点主机的公网 IP；一台运行控制节点程序，进行分布式爬取，这样更贴近真实的爬取环境。图 14-3 为最终爬取的数据，图 14-4 为 new_urls.txt 内容，图 14-5 为 old_urls.txt 内容，大家可以进行对比。

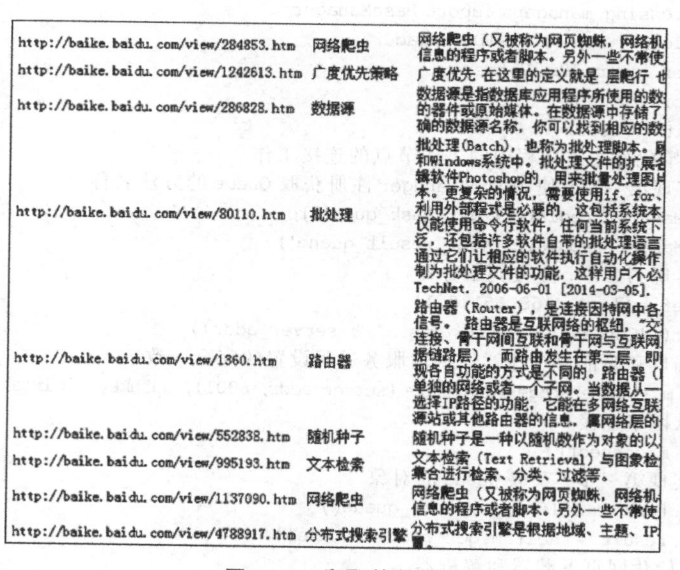

http://baike.baidu.com/view/284853.htm	网络爬虫	网络爬虫（又被称为网页蜘蛛，网络机 信息的程序或者脚本。另外一些不常使
http://baike.baidu.com/view/1242613.htm	广度优先策略	广度优先 在这里的定义就是 层爬行 也
http://baike.baidu.com/view/286828.htm	数据源	数据源是指数据库应用程序所使用的数 的器件或原始媒体。在数据源中存储了 确的数据源名称，你可以找到相应的数
http://baike.baidu.com/view/80110.htm	批处理	批处理(Batch)，也称为批处理脚本。 和Windows系统中。批处理文件的扩展名 辑软件Photoshop的，用来批量处理图片 本。更复杂的情况，需要使用if、for、 利用外部程式是必要的，这包括系统本 仅能使用命令行软件，任何当前系统下 泛，还包括许多软件自带的批处理语言 通过它们让相应的软件执行自动化操作 制为批处理文件的功能，这样用户不必 TechNet. 2006-06-01 [2014-03-05].
http://baike.baidu.com/view/1360.htm	路由器	路由器（Router），是连接因特网中各 信号。 路由器是互联网络的枢纽，“交 连接、骨干网间互联和骨干网与互联网 据链路层），而路由发生在第三层，即 现各自功能的方式是不同的。路由器（ 单独的网络或者一个子网。当数据从一 选择IP路径的功能，它能在多网络互联 源站或其他路由器的信息，属网络层的
http://baike.baidu.com/view/552838.htm	随机种子	随机种子是一种以随机数作为对象的以
http://baike.baidu.com/view/995193.htm	文本检索	文本检索（Text Retrieval）与图象检 集合进行检索、分类、过滤等。
http://baike.baidu.com/view/1137090.htm	网络爬虫	网络爬虫（又被称为网页蜘蛛，网络机 信息的程序或者脚本。另外一些不常使
http://baike.baidu.com/view/4788917.htm	分布式搜索引擎	分布式搜索引擎是根据地域、主题、IP 置。

图 14-3 爬取的数据

```
c__builtin__
set
p1
((lp2
Vhttp://baike.baidu.com/view/404402.htm
p3
aVhttp://baike.baidu.com/view/1765562.htm
p4
aVhttp://baike.baidu.com/view/381469.htm
p5
aVhttp://baike.baidu.com/view/1117503.htm
p6
aVhttp://baike.baidu.com/view/166248.htm
p7
aVhttp://baike.baidu.com/view/593053.htm
p8
aVhttp://baike.baidu.com/view/167593.htm
p9
aVhttp://baike.baidu.com/view/82343.htm
p10
aVhttp://baike.baidu.com/view/1106925.htm
p11
aVhttp://baike.baidu.com/view/2205439.htm
```

图 14-4 new_urls. txt 内容

```
c__builtin__
set
p1
((lp2
S'0d3fc7ed58aed814'
p3
aS'0dec0af6d6c26bc8'
p4
aS'b642a68d43457326'
p5
aS'1192ed1347b2d15e'
p6
aS'711109c4b4df5017'
p7
aS'b1ce07d693a11a8d'
p8
aS'cb918f37fce954bb'
p9
aS'432ed15851e1e31a'
p10
aS'fe2177cf37985908'
p11
aS'540b6606c1339741'
```

图 14-5 old_urls. txt 结果

14.3 Redis

Redis(REmote DIctionary Server)是一个由 Salvatore Sanfilippo 编写的键-值对存储系统。它是一个开源的、使用 ANSI C 语言编写、遵守 BSD 协议、支持网络、可基于内存也可持久化的日志型、键-值对数据库,并提供多种语言的 API。

Redis 与其他键-值对缓存产品具有以下 3 个特点:

- Redis 支持数据的持久化,可以将内存中的数据保存在磁盘中,重启的时候可以再次加载进行使用。
- Redis 不仅仅支持简单的键-值对类型的数据,同时还提供 list、set、zset、hash 等数据结构的存储。

• Redis 支持数据的备份，即主从模式的数据备份。

Redis 具有的优势主要表现在：

• 性能极佳——Redis 读的速度是 110 000 次/s，写的速度是 81 000 次/s。
• 丰富的数据类型——Redis 支持二进制案例的 Strings、Lists、Hashes、Sets 及 Ordered Sets 数据类型操作。
• 原子——Redis 的所有操作都是原子性的，意思就是要么成功执行要么失败完全不执行。单个操作是原子性的，多个操作也支持事务，也具有原子性。
• 丰富的特性——Redis 还支持 publish/subscribe、通知、Key 过期等特性。

在分布式中，Redis 的队列性特别好用，常被用来作为分布式的基石。接下来实践的内容是：在多台器上安装 Redis，然后让一台作为服务器，其他机器开启客户端共享队列。

14.3.1 Redis 的安装

首先，需要在 Windows 上安装 Redis，安装步骤如下：

进入 Redis for Windows 下载页面（https://github.com/microsoftarchive/redis/releases）下载最新版 Redis。Redis 支持 32 位和 64 位。可以根据系统平台的实际情况选择，安装文件是 ZIP 文件（免安装版），如图 14-6 所示。

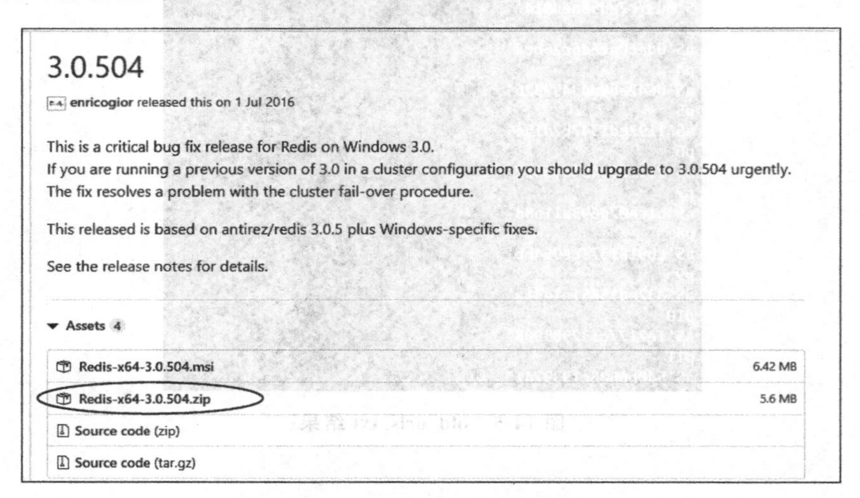

图 14-6 下载 Redis 界面

下载完成后，将压缩包解压并进入其中，如图 14-7 所示。

打开一个 cmd 窗口使用 cd 命令切换目录到 C:\Users\ASUS\Desktop\python_works 中，运行：

```
redis - server.exe redis.windows.conf
```

提示：如果想方便、快捷，可以将 Redis 的路径加到系统的环境变量中，这样就不用输入路径了。程序中的 redis.windows.conf 可以省略，如果省略，会启用默认的。运行程序，效果如图 14-8 所示。

此时，再打开一个 cmd 窗口，原来的不要关闭，不然就无法访问服务端了。切换到 Redis 的目录下运行：

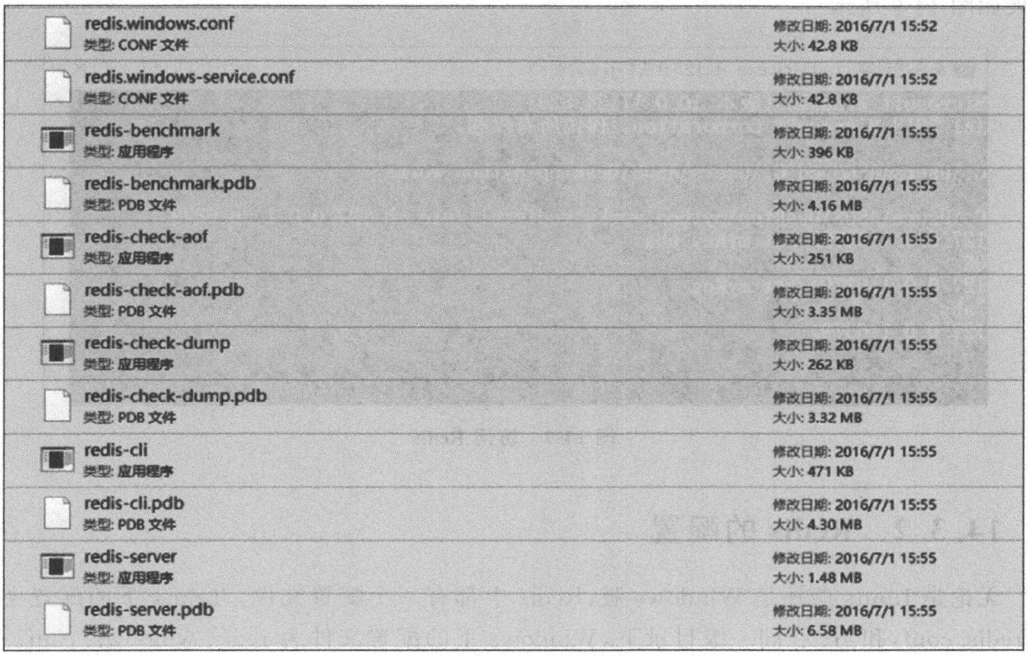

redis.windows.conf 类型: CONF 文件 修改日期: 2016/7/1 15:52 大小: 42.8 KB
redis.windows-service.conf 类型: CONF 文件 修改日期: 2016/7/1 15:52 大小: 42.8 KB
redis-benchmark 类型: 应用程序 修改日期: 2016/7/1 15:55 大小: 396 KB
redis-benchmark.pdb 类型: PDB 文件 修改日期: 2016/7/1 15:55 大小: 4.16 MB
redis-check-aof 类型: 应用程序 修改日期: 2016/7/1 15:55 大小: 251 KB
redis-check-aof.pdb 类型: PDB 文件 修改日期: 2016/7/1 15:55 大小: 3.35 MB
redis-check-dump 类型: 应用程序 修改日期: 2016/7/1 15:55 大小: 262 KB
redis-check-dump.pdb 类型: PDB 文件 修改日期: 2016/7/1 15:55 大小: 3.32 MB
redis-cli 类型: 应用程序 修改日期: 2016/7/1 15:55 大小: 471 KB
redis-cli.pdb 类型: PDB 文件 修改日期: 2016/7/1 15:55 大小: 4.30 MB
redis-server 类型: 应用程序 修改日期: 2016/7/1 15:55 大小: 1.48 MB
redis-server.pdb 类型: PDB 文件 修改日期: 2016/7/1 15:55 大小: 6.58 MB

图 14-7 Redis 压缩包

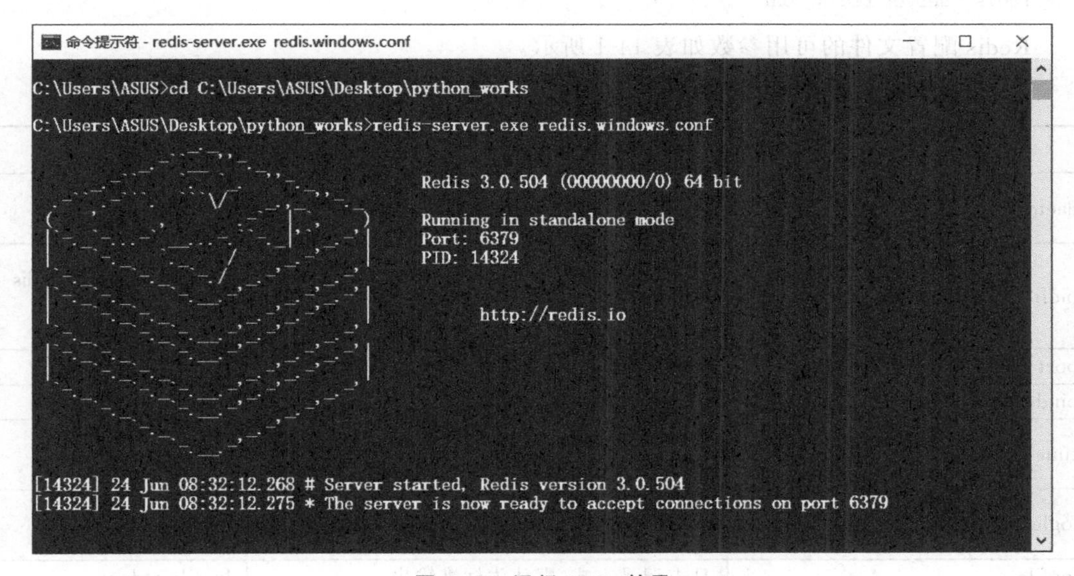

图 14-8 运行 Redis 效果

```
redis-cli.exe -h 127.0.0.1 -p 6379
```

设置键-值对：

```
set myKey abc
```

取出键-值对：

```
get myKey
```

效果如图 14-9 所示。

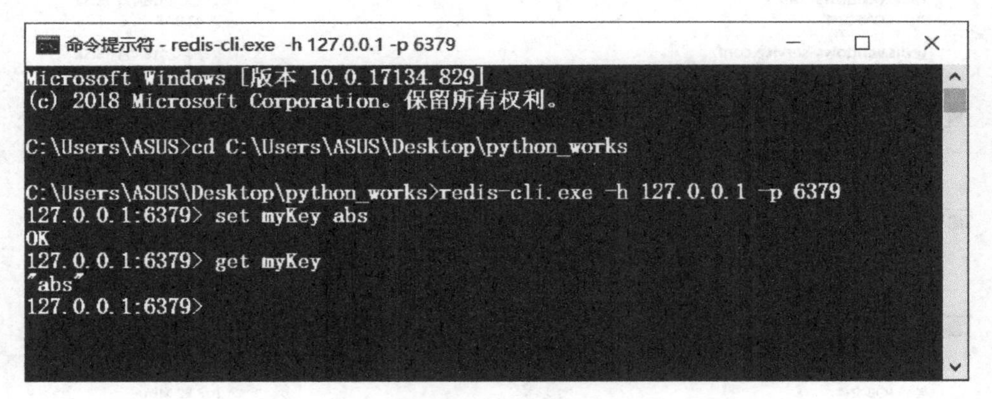

图 14-9 访问 Redis

14.3.2 Redis 的配置

无论是 Linux 版还是 Windows 版，Redis 中都有一个配置文件。Linux 下的配置文件为 redis.conf，和 src 在同一级目录下，Windows 下的配置文件为 redis.windows.conf。在使用 redis-server 启动服务的时候，可以在命令后面指定配置文件，类似如下的情况：

```
redis - server redis.conf
```

Redis 配置文件的可用参数如表 14-1 所示。

表 14-1 配置参数

参 数	描 述	实 例
daemonize	Redis 默认不是以守护进程的方式运行，设置为 yes 启用守护进程	Daemonize yes
pidfile	当 Redis 以守护进程方式运行时，Redis 默认会将 pid 写入/var/run/redis.pid 文件，可以使用 pidfile 指定路径	pidfile /var/run/redis.pid
port	指定 Redis 监听端口，默认端口为 6379	port 6379
bind	绑定的主机地址，可以用于限制连接	bind 127.0.0.1
timeout	客户端闲置 timeout 时间后关闭连接，如果设置为 0，则表示关闭此功能	timeout 300
loglevel	指定日志记录级别，Redis 总共支持 4 个级别：debug、verbose、notice、warning，默认为 verbose	loglevel verbose
logfile	日志记录方式，默认为标准输出	logfile stdout
databases	设置数据库的数量，默认数据库为 0	databases 16
save < seconds >< changes >	指定在 seconds 时间内，有 changes 次更新操作，就将数据同步到数据文件	save 900 1
rdbcompression	指定存储至本地数据库时是否压缩数据，默认为 yes，Redis 采用 LZF 压缩	rdbcompression yes
dbfilename	指定本地数据库文件名，默认值为 dump.rdb	dbfilename dump.rdb
dir	数据库镜像备份的文件放置的路径	dir./

续表

参　数	描　述	实　例
slaveof <masterip><masterport>	设置该数据库为其他数据库的 slave 数据库，参数为 master 服务的 IP 地址及端口，在 Redis 启动时，它会自动从 master 进行数据同步	slaveof 127.0.0.1 5000
masterauth <masterpassword>	当 master 服务设置了密码保护时，slave 服务连接 master 的密码	Masterauth abc123
requirepass	设置 Redis 连接密码	requirepass abs123
maxclients	设置同一时间最大客户端连接数，默认无限制	maxclients 128
maxmemory <bytes>	指定 Redis 最大内存限制，当内存满了，redis 将先尝试剔除设置过 expire 信息的 key，而不管该 key 的过期时间是否到达	Maxmemory 1024
appendonly	指定是否在每次更新操作后进行日志记录，Redis 在默认的情况下是异步地把数据写入磁盘	appendonly no
appendfilename	指定更新日志文件名，默认为 appendonly.aof	appendfilename append only.aof
appendfsyns	指定更新日志条件，共有 3 个可选值。on：表示等操作系统进行数据缓存时同步到磁盘，最快的方式；always：表示每次更新操作后手动调用 fsync()将数据写到磁盘，安全但是有点慢；everysec：表示每秒同步一次，默认值	appendfsync everysec
vm-enabled	指定是否启用虚拟内存机制，默认值为 no	vm-enabled no
vm-swap-file	虚拟内存文件路径，默认值为/tmp/redis.swap	vm-swap-file/tmp/redis.swap
vm-max-memory	将所有大于 vm-max-memory 的数据存入虚拟内存。当 vm-max-memory 设置为 0 的时候，将所有 value 都存在磁盘。默认值为 0，最好不要使用默认值	vm-max-memory 0
vm-page-size	设置虚拟内存的页大小	vm-page-size 32
vm-pages	设置 swap 文件中的 page 数量	vm-pages 134217728
vm-max-threads	设置访问 swap 文件的线程数，最好不要超过机器的核数。默认值为 4	vm-max-threads 4
glueoutputbuf	设置在向客户端应答时，是否把较小的包合并为一个包发送，默认为开启	glueoutputbuf yes
hash-max-zipmap-entries	当 hash 中包含超过指定元素个数并且最大的元素没有超过临界值时，hash 将以一种特殊的编码方式来存储可以大大减少内存使用	hash-max-zipmap-entries 64 has-max-zipmap-value 512
activerehashing	开启之后，Redis 将在每 100 毫秒时使用 1 毫秒的 CPU 时间来对 Redis 的 hash 进行重新 hash，可以降低内存的占用。默认开启	activerehashing yes

14.3.3 数据类型

Redis 支持 5 种数据类型,分别为 string(字符串)、hash(哈希)、list(列表)、set(集合)及 zset(sorted set:有序集合)。

1. string(字符串)

string 是 Redis 最基本的类型,String 一个键对应一个值。string 类型可以包含任何数据,比如.jpg 图片或序列化的对象。从内部实现来看,其实 String 可以看作 byte 数组,是二进制安全的,一个键最大能存储 512MB。

下面使用 set 和 get 操作 string 类型的数据,如图 14-10 所示。

```
命令提示符 - redis-cli.exe -h 127.0.0.1 -p 6379
127.0.0.1:6379> set name qiye
OK
127.0.0.1:6379> get name
"qiye"
127.0.0.1:6379>
```

图 14-10 string 类型演示

以上实例使用了 Redis 的 set 和 get 命令。键为 name,对应的值为 qiye。

注意:一个键最大能存储 512MB。

2. hash 类型

Redis 的 hash 类型是一个 string 类型的域和值的映射表,特别适合用于存储对象。相较于将对象的每个字段存成单个 string 类型,将一个对象存储在 hash 类型中会占用更少的内存,并且可以更方便地存取整个对象。每个 hash 可以存储 $2^{32}-1$ 个元素。下面使用 hset、hget、hmset、hmget 命令进行操作,如图 14-11 所示。

```
命令提示符 - redis-cli.exe -h 127.0.0.1 -p 6379
127.0.0.1:6379>
127.0.0.1:6379>
127.0.0.1:6379> hset person name qiye
(integer) 1
127.0.0.1:6379> hget person name
"qiye"
127.0.0.1:6379> hmset student name qiye age 24 country china
OK
127.0.0.1:6379> hmget student age
1) "24"
127.0.0.1:6379> hmget student names
1) (nil)
127.0.0.1:6379>
```

图 14-11 hash 类型演示实例

实例中，使用 Redis 的 hset 设置了键为 person、域为 name、值为 qiye 的 hash 数据，hmset 可以设置多个 Field 的值。

3. list 类型

list 类型是一个双向链表，其每个子元素都是 string 类型，最多可存储 $2^{32}-1$ 个元素，可以使用 push、pop 操作从链表的头部或者尾部添加删除元素，操作中 Key 可以理解为链表的名字。下面使用 lpush 和 lrange 命令进行操作，如图 14-12 所示。

```
命令提示符 - redis-cli.exe -h 127.0.0.1 -p 6379
127.0.0.1:6379>
127.0.0.1:6379>
127.0.0.1:6379> lpush country china
(integer) 1
127.0.0.1:6379> lpush country USA
(integer) 2
127.0.0.1:6379> lpush country UK
(integer) 3
127.0.0.1:6379> lrange country 0 5
1) "UK"
2) "USA"
3) "china"
127.0.0.1:6379>
```

图 14-12 list 类型演示实例

在上实例中使用 lpush 往 country 中添加了 china、USA、UK 等值，使用 lrange 从指定起始位置取出 country 中的值。

4. set 类型

set 是 string 类型的无序集合，最大可以包含 $2^{32}-1$ 个元素。对集合可以添加、删除元素，也可以对多个集合求交、并、差，操作中键可以理解为集合的名字。set 通过 hash table 实现，添加、删除和查找的复杂度都是 $O(1)$。hash table 会随着添加或删除自动调整大小。下面使用 sadd 和 smembers 命令进行操作，效果如图 14-13 所示。

```
命令提示符 - redis-cli.exe -h 127.0.0.1 -p 6379
127.0.0.1:6379>
127.0.0.1:6379> sadd url www.baidu.com
(integer) 1
127.0.0.1:6379> sadd url www.hao123.com
(integer) 1
127.0.0.1:6379> sadd url www.hao30.com
(integer) 1
127.0.0.1:6379> sadd url www.hao360.com
(integer) 1
127.0.0.1:6379> sadd url www.hao360.com
(integer) 0
127.0.0.1:6379> smembers url
1) "www.hao123.com"
2) "www.baidu.com"
3) "www.hao360.com"
4) "www.hao30.com"
```

图 14-13 set 类型演示实例

在前面的实例中，通过 sadd 添加了 5 次数据，重复的数据是会被忽略的，最后通过 smembers 获取 url 中的值，只有 3 条数据，这时就可以使用 set 类型进行 URL 去重。

5. sorted set 类型

和 set 一样，sorted set 也是 string 类型元素的集合，不允许重复的成员。sorted set 算是 set 的升级版本，它在 set 的基础上增加了一个顺序属性，会关联一个 double 类型的 score。这一属性在添加和修改元素的时候可以指定，每次指定后，sorted set 会自动重新按新的值调整顺序。sorted set 成员是唯一的，但 score 却可以重复。下面使用 zadd 和 zrangebyscore 命令进行操作，效果如图 14-14 所示。

```
命令提示符 - redis-cli.exe -h 127.0.0.1 -p 6379
127.0.0.1:6379>
127.0.0.1:6379>
127.0.0.1:6379> zadd web 0 flask
(integer) 1
127.0.0.1:6379> zadd web 1 web.py
(integer) 1
127.0.0.1:6379> zadd web 2 django
(integer) 1
127.0.0.1:6379> zadd web 3 flash
(integer) 1
127.0.0.1:6379> zrangebyscore web 0 5
1) "flask"
2) "web.py"
3) "django"
4) "flash"
127.0.0.1:6379>
```

图 14-14 sorted set 类型演示实例

在以上实例中，通过 zadd 添加了 4 次数据，重复的数据是会被忽略的，最后通过 zrangebyscore 根据 score 范围获取 Web 中的值。

通过本节的学习，相信大家已经对 Redis 的基本用法有了一定的了解。Redis 还有很多命令和用法，有兴趣的读者可以在网上学习，网址为 http://www.redis.net.cn/。

14.4 Python 与 Redis

了解完 Redis 的基础知识后，我们最关心的是如何使用 Python 对 Redis 进行操作。Redis 有很多开源的 Python 接口，但是比较成熟和稳定的是 redis-py。

14.4.1 连接方式

在 Python 安装 Redis，只需要在 cmd 窗口中输入代码：

```
pip install redis
```

即可自动完成安装。

安装完 Redis 后，即可实现连接建立。首先导入 Redis 模块，通过指定主机和端口和 Redis 建立连接，进行操作，代码为(要在 Redis-server 启动状态)：

```
# -*- coding:utf-8 -*-
import redis
r = redis.Redis(host='127.0.0.1', port=6379)
r.set('name','qiye')          #添加
print(r.get('name'))          #获取
```

运行程序，输出如下：

```
b'qiye'
```

14.4.2 连接池

或者使用连接池管理 Redis 的连接，避免每次建立、释放连接的开销，默认，每个 Redis 实例都会维护一个自己的连接池。可以直接建立一个连接池，然后作为参数 Redis，这样就可以实现多个 Redis 实例共享一个连接池。例如：

```
# -*- coding:utf-8 -*-
import redis
pool = redis.ConnectionPool(host='127.0.0.1', port=6379)
r = redis.Redis(connection_pool=pool)
r.set('name', 'qiye')          #添加
print(r.get('name'))           #获取
```

运行程序，输出如下：

```
b'qiye'
```

14.4.3 Redis 的基本操作

下面详细介绍一下常用的操作类型。

1. 操作 string 类型

Redis 中的 string 在内存中按照一个名称对应一个值来存储。

(1) set()方法。

在 Python 中，Redis 用 set()方法来设置键-值对，语法为：

```
r.set(name,value,ex=None,px=None,nx=False,xx=False)
```

其中，各参数含义如下：

- name——键。
- value——值。
- ex——过期时间(秒)。
- px——过期时间(毫秒)。
- nx——如果设置为 True，则只有 name 不存在时，当前 set 操作才执行，同 setnx(name, value)。
- xx——如果设置为 True，则只有 name 存在时，当前 set 操作才执行。

例如：

```
# -*- coding:utf-8 -*-
import redis
pool = redis.ConnectionPool(host='127.0.0.1', port=6379)
```

```
r = redis.Redis(connection_pool = pool)
r.set('name', 'qiye',ex = 5)        #添加
print(r.get('name'))                #获取
```

即指5秒后name对应的值为None。

(2) setnx()方法。

只有当name不存在时,才能进行设置操作,语法格式为:

```
setnx(name,value)
```

其中,各参数含义如下:

- name——键。
- value——值。

例如:

```
r.setnx('name','hah')
```

(3) setex()方法。

该方法用于设置键-值对,语法格式为:

```
setex(name,with,time)
```

其中,各参数含义如下:

- name——键。
- value——值。
- time——过期时间,可以是timedelta对象或者是数字秒。

例如:

```
r.setex(name, "qiye", 5)
#设置过期时间(秒)
```

(4) psetex()方法。

该方法用于设置键-值对,语法格式为:

```
psetex(name,time_ms,value)
```

其中,各参数含义如下:

- name——键。
- time_ms——过期时间,可以是timedelta对象或者是数字毫秒。
- value——值。

例如:

```
r.psetex(name, 6000,"qiye")
```

(5) mset()方法。

该方法用于批量设置键值,语法格式为:

```
mset( * args, ** kwargs)
```

例如:

```
#批量设置值
r.mset(name1 = 'qiye', name2 = 'lisi')
```

(6) mget()方法。

该方法用于批量获取键值,语法格式为:

```
mget(keys, * args)
```

其中,参数 keys 指多个健。

例如:

```
r.mget({"name1":'qiye', "name2":'lisi'})
```

(7) getset()方法。

该方法用于设置新值并获取原来的值,语法格式为:

```
getset(name,value)
```

其中,各参数含义如下:

- name——键。
- value——值。

例如:

```
#设置新值,打印原值
print(r.getset("name1","wangwu"))   #输出:zhangsan
print(r.get("name1"))               #输出:wangwu
```

(8) getrange()方法。

该方法根据字节获取子字符串,语法格式为:

```
getrange(key,start,end)
```

其中,各参数含义如下:

- key——键。
- start——起始位置,单位为字节。
- end——结束位置,单位为字节。

例如:

```
#根据字节获取子序列
r.set("name","qiye 人名")
print(r.getrange("name",4,9))#输出
```

(9) setrange()方法。

该方法从指定字符串索引开始向后修改字符串内容,语法格式为:

```
setrange(name, offset, value)
```

其中,各参数含义如下:

- name——键。
- offset——索引,单位字节。
- value——值。

例如:

```
#修改字符串内容,从指定字符串索引开始向后替换,如果新值太长,则向后添加
r.set("name","qiye")
r.setrange("name",1,"q")
```

```
print(r.get("name")) #输出
r.setrange("name",6,"eeeeeee")
print(r.get("name")) #输出
```

运行程序,输出如下:

```
qqye'
qqye\x00\x00eeeeeee'
```

(10) setbit()方法。

该方法为对 name 对应值的二进制形式进行位操作,语法格式为:

```
setbit(name,offset,value)
```

其中,各参数含义如下:

- name——键。
- offset——索引,单位为字节。
- value——0 或 1。

例如:

```
str = "345"
r.set("name",str)
for i in str:
    print(i,ord(i),bin(ord(i))) # 输出值、ASCII 码中对应的值、对应值转换的二进制
r.setbit("name",6,0) # 把第 7 位改为 0,也就是 3 对应地变成了 0b110001
print(r.get("name")) # 输出
```

运行程序,输出如下:

```
3 51 0b110011
4 52 0b110100
5 53 0b110101
b'145'
```

(11) getbit()方法。

该方法获取 name 对应值的二进制形式中某位的值,语法格式为:

```
getbit(name,offset)
```

其中,各参数含义如下:

- name——键。
- offset——索引,单位为位。

例如:

```
# 获取 name 对应值的二进制中某位的值(0 或 1)
r.set("name","3") # 对应的二进制 0b110011
print(r.getbit("name",5))
print(r.getbit("name",6))
```

运行程序,输出如下:

```
0
1
```

(12) bitcount()方法。

该方法获取 name 对应值的二进制形式中 1 的个数,语法格式为:

```
bitcount(key,start = None,end = None)
```

其中,各参数含义如下:

- key——Redis 的 name。
- start——字节起始位置。
- end——字节结束位置。

例如:

```
#获取对应二进制中1的个数
r.set("name","345") #0b110011 0b110100 0b110101
print(r.bitcount("name",start = 0,end = 1))
```

运行程序,输出如下:

```
7
```

(13) strlen()。

该方法返回 name 对应值的长度,语法格式为:

```
strlen(name)
```

其中,name 为键。

例如:

```
#返回 name 对应值的字节长度(一个汉字 3 字节)
r.set("name","qiye 键值")
print(r.strlen("name"))
```

运行程序,输出如下:

```
10
```

(14) append()方法。

该方法在 name 对应值之后追加内容,语法格式为:

```
append(key,value)
```

其中,各参数含义如下:

- key——键。
- value——要追加的字符串。

例如:

```
#在 name 对应的值后面追加内容
r.set("name","qiye")
print(r.get("name"))        #输出
r.append("name","lisi")
print(r.get("name"))        #输出
```

运行程序,输出如下:

```
qiye'
qiyelisi'
```

(15) incr()方法。

该方法用于为对应的值自增,语法格式为:

```
incr(self, name, amount = 1)
```

其中,各参数含义如下:

- self——自增名称。
- name——键。
- amount——自增的数。

例如:

```
#自增 mount 对应的值,当 mount 不存在时,则创建 mount = amount,否则,则自增,amount 为自增数(整数)
print(r.incr("mount",amount = 2))      #输出
print(r.incr("mount"))                 #输出
print(r.incr("mount",amount = 3))      #输出
print(r.incr("mount",amount = 6))      #输出
print(r.get("mount"))                  #输出
```

运行程序,输出如下:

```
14
15
18
24
14
15
18
24
'24'
```

(16) incrbyfloat()方法。

该方法为类似 incr()自增,只是自增数 amount 与 incr()中的不同,语法格式为:

```
incrbyfloat(self, name, amount = 1.0)
```

其中,各参数含义如下:

- self——自增名称。
- name——键。
- amount——为自增数(浮点数)。

(17) decr()方法。

该方法为键值的自减,其语法格式为:

```
decr(self, name, amount = 1)
```

其中,自减 name 对应的值,当 name 不存在时,则创建 name=amount;否则,自减,amount 为自增数(整数)。

2. 操作 hash 类型

Redis 中的 hash 在内存中类似于一个 name 对应一个 dic 来存储。下面讲解一些常用的操作 hash 类型的方法。

(1) hset()方法。

该方法设置 name 对应 hash 中的一个键-值对,如果不存在,则创建;否则,进行修改。

语法格式为：

```
hset(name,key,value)
```

其中，各参数含义如下：

- name——hash 的名称。
- key——hash 中的键。
- value——hash 中的值。

例如：

```
r.hset("dic_name","a1","aa")
```

(2) hmset()方法。

该方法在 name 对应的 hash 中批量设置键-值对，语法格式为：

```
hmset(name,mapping)
```

其中，参数含义如下：

- name——hash 的名称。
- mapping——字典。

例如：

```
#在 name 对应的 hash 中批量设置键 - 值对,mapping: 字典
dic = {"a1":"aa","b1":"bb"}
r.hmset("dic_name",dic)
print(r.hget("dic_name","b1"))#输出
```

运行程序，输出如下：

```
'bb'
```

(3) hget()方法。

该方法获取名称对应的 hash 中键的值，语法格式为：

```
hget(name,key)
```

其中，参数含义如下：

- name——hash 的名称。
- key——hash 中的键。

(4) hmget()方法。

该方法批量获取名称对应的 hash 中多个键的值，语法格式为：

```
hmget(name,keys, * args)
```

其中，参数含义如下：

- name——hash 的名称。
- keys——要获取的键集合，如：['k1','k2','k3']。
- * args——要获取的键，如：k1,k2,k3。

例如：

```
#在 name 对应的 hash 中获取多个键的值
li = ["a1","b1"]
print(r.hmget("dic_name",li))
print(r.hmget("dic_name","a1","b1"))
```

运行程序，输出如下：

```
['aa', 'bb']
['aa', 'bb']
```

(5) 其他方法。

hash还有一些常用的方法，分别为hlen(name)、hkeys(name)、hvals(name)、hexists(name，key)、hdel(name，* keys)、hincrby(name，key，amount=1)。

例如：

```
dic = {"a1":"aa","b1":"bb"}
r.hmset("dic_name",dic)
#hlen(name) 获取 hash 中键 - 值对的个数
print(r.hlen("dic_name"))
```

输出为：

```
2
#hkeys(name) 获取 hash 中所有的键的值
print(r.hkeys("dic_name"))
```

输出为：

```
[b'a1', b'b1']
#hvals(name) 获取 hash 中所有的值的值
print(r.hvals("dic_name"))
```

输出为：

```
[b'aa', b'bb']
#检查 name 对应的 hash 是否存在当前传入的 key
print(r.hexists("dic_name","a1"))#
```

输出为：

```
True
#删除指定 name 对应的 key 所在的键值对
r.hdel("dic_name","a1")
#自增 hash 中 key 对应的值,不存在则创建 key = amount(amount 为整数)
print(r.hincrby("demo","a",amount = 2))
```

输出为：

```
2
```

3. 操作 list 类型

Redis中的list在内存中按照一个名称对应一个列表来存储。下面介绍常用的操作list类型的方法。

(1) lpush()方法。

该方法在名称对应的列表中添加元素，每个新的元素都添加到列表的最左边，语法格式为：

```
lpush(name,values)
```

其中，参数含义如下：

• name——list 对应的名称。

- value——要添加的元素。

例如：

```
# 在名称对应的列表中添加元素,每个新的元素都添加到列表的最左边
r.lpush("list_name",2)
r.lpush("list_name",1,3,5) #保存在列表中的顺序为 5,3,1,2
```

添加到 list 右边使用 rpush(name,values)方法。

(2) linsert()方法。

该方法为 name 对应的列表的某一个值前或后插入一个新值。语法格式为：

```
linsert(name,where,refvalue,value)
```

其中,参数含义如下：

- name——列表的名称。
- where——before 或 after。
- refvalue——在它前后插入数据。
- value——插入的数据。

例如：

```
# 在 name 对应的列表的某一个值前或后插入一个新值
r.linsert("list_name","BEFORE","2","SS") #在列表内找到第一个元素 2,在它前面插入 SS
```

(3) lset()方法。

该方法用于对名称对应列表中的某一个索引位置赋值。语法格式为：

```
lset(name,index,value)
```

其中,参数含义如下：

- name——列表的名称。
- index——列表的索引位置。
- value——要设置的值。

例如：

```
#对 list 中的某一个索引位置重新赋值
r.lset("list_name",0,"bbb")
```

(4) lrem()方法。

该方法在名称对应的列表中删除指定的值。语法格式为：

```
lrem(name,value,num)
```

其中,参数含义如下：

- name——列表的名称。
- value——要删除的值。
- num——第 num 次出现。当 num=0 时,删除列表中所有的指定值；当 num=2 时,从前到后删除 2 个；当 num=-2 时,从后向前删除 2 个。

例如：

```
#删除 name 对应的列表中的指定值
r.lrem("list_name","SS",num=0)'''
```

(5) lpop()方法。

该方法在名称对应列表的左侧获取第一个元素并在列表中移除和返回。语法格式为：

```
lpop(name)
```

name 为列表的名称。

例如：

```
#移除列表的左侧第一个元素,返回值则是第一个元素
print(r.lpop("list_name"))
```

(6) rpoplpush()方法。

该方法是从一个列表取出最右边的元素，同时将其添加到另一个列表的最左边。语法格式为：

```
rpoplpush(src,dst)
```

其中，参数含义如下：

- src——要取数据的列表。
- dst——要添加数据的列表。

(7) blpop()方法。

该方法将多个列表排列，按照从左到右去移除各个列表内的元素。语法格式为：

```
blpop(keys, timeout)
```

其中，参数含义如下：

- keys——Redis 的 name 的集合。
- timeout——超时时间，获取完所有列表的元素之后，阻塞等待列表内有数据的时间(秒)，0 表示永远阻塞。

例如：

```
#将多个列表排列,从左到右去移除各个列表内的元素
r.lpush("list_name",3,4,5)
r.lpush("list_name1",3,4,5)
while True:
    print(r.blpop(["list_name","list_name1"],timeout = 0))
    print(r.lrange("list_name",0, - 1),r.lrange("list_name1",0, - 1))
```

运行程序，输出如下：

```
(b'list_name', b'5')
[b'4', b'3', b'4', b'3', b'2'] [b'5', b'4', b'3']
(b'list_name', b'4')
[b'3', b'4', b'3', b'2'] [b'5', b'4', b'3']
(b'list_name', b'3')
[b'4', b'3', b'2'] [b'5', b'4', b'3']
(b'list_name', b'4')
[b'3', b'2'] [b'5', b'4', b'3']
(b'list_name', b'3')
[b'2'] [b'5', b'4', b'3']
(b'list_name', b'2')
[] [b'5', b'4', b'3']
```

```
(b'list_name1', b'5')
[] [b'4', b'3']
(b'list_name1', b'4')
[] [b'3']
(b'list_name1', b'3')
[] []
```

(8) 其他方法。

除了以上介绍的 list 方法外，还有 lindex(name, index)、lrange(name, start, end)、ltrim(name, start, end)、rpoplpush(src, dst)、brpoplpush(src, dst, timeout＝0)等方法，它们的含义与用法如下：

```
#根据索引获取列表内元素
print(r.lindex("list_name",1))
#分片获取元素
print(r.lrange("list_name",0, -1))
#移除列表内没有在该索引之内的值
r.ltrim("list_name",0,2)
#同 rpoplpush,多了个 timeout, timeout: 取数据的列表没元素后的阻塞时间,0 为一直阻塞
r.brpoplpush("list_name","list_name1",timeout = 0)
```

4. 操作 set 类型

set 集合就是不允许重复的列表，下面介绍一些常用的操作 set 类型的方法。

(1) sadd()方法。

该方法为 name 集合添加元素，语法格式为：

```
sadd(name,values)
```

其中，参数含义如下：

- name——set 的 name。
- values——要添加的元素。

例如：

```
#向 name 对应的集合中添加元素
r.sadd("set_name","aa")
r.sadd("set_name","aa","bb")
```

(2) scard()方法。

该方法获取名称对应的集合中元素的个数，语法格式为：

```
scard(name)
```

参数 name 为 set 的名称。

例如：

```
#获取 name 对应的集合中的元素个数
r.scard("set_name")
```

(3) smembers()方法。

该方法获取名称对应的集合的所有成员，语法格式为：

```
smembers(name)
```

参数 name 为 set 的名称。

例如：

```
r.smembers("set_name")
```

(4) sdiff()方法。

该方法获取多个名称对应集合的差集，语法格式为：

```
sdiff(keys, *args)
```

其中，参数含义如下：

- keys——set 中所有的集合。
- *args——要获取的集合。

例如：

```
#在第一个名称对应的集合中且不在其他名称对应的集合的元素集合
r.sadd("set_name","aa","bb")
r.sadd("set_name1","bb","cc")
r.sadd("set_name2","bb","cc","dd")
print(r.sdiff("set_name","set_name1","set_name2"))
```

运行程序，输出如下：

```
{'aa'}
```

(5) sinter()方法。

该方法获取多个名称对应集合的交集。例如：

```
r.sadd("set_name","aa","bb")
r.sadd("set_name1","bb","cc")
r.sadd("set_name2","bb","cc","dd")
print(r.sinter("set_name","set_name1","set_name2"))
```

运行程序，输出如下：

```
{'bb'}
```

(6) sumion()方法。

该方法获取多个名称对应集合的并集。例如：

```
#获取多个 name 对应的集合的并集
r.sunion("set_name","set_name1","set_name2")
```

(7) srem()方法。

该方法用于删除名称对应的集合的某些值。语法格式为：

```
srem(name,values)
```

例如：

```
print(r.srem("set_name2","bb","dd"))
```

(8) randmember()方法。

该方法从名称对应的集合中随机获取 numbers 个元素。语法格式为：

```
randmember(name, numbers)
```

例如：

```
print(r.srandmember("set_name2",2))
```

运行程序，输出如下：

```
['cc','dd']
```

5. 操作 sorted set 类型

有序集合即是指在集合的基础上，对每个元素排序，元素的排序需要根据另外一个值来进行比较，所以，对于有序集合，每一个元素有两个值，即值和分数，分数专门用来做排序。下面介绍常用的操作 sorted set 类型的方法。

(1) zadd()方法。

该方法在名称对应的有序集合中添加元素和元素对应的分数，语法格式为：

```
zadd(name, * args, ** kwargs)
```

例如：

```
# 在 name 对应的有序集合中添加元素
r.zadd("zset_name", "a1", 6, "a2", 2,"a3",5)
#或
r.zadd('zset_name1', b1 = 10, b2 = 5)
```

(2) zcard()方法。

该方法获取名称对应的有序集合中元素个数，语法格式为：

```
zcard(name)
```

例如：

```
print(r.zcard("zset_name"))
```

(3) zrange()方法。

该方法按照索引范围获取名称对应的有序集合的元素，语法格式为：

```
zrange(name, start, end, desc = False, withscores = False, score_cast_func = float)
```

其中，参数含义如下：

- name——Redis 的名称。
- start——有序集合索引起始位置。
- end——有序集合索引结束位置。
- desc——排序规则，默认按照分数从小到大排序。
- withscores——是否获取元素的分数，默认只获取元素的值。
- score_cast_func——对分数进行数据转换的函数。

例如：

```
# 按照索引范围获取名称对应的有序集合的元素
aa = r.zrange("zset_name",0,1,desc = False,withscores = True,score_cast_func = int)
print(aa)
```

(4) zrem()方法。

该方法删除名称对应有序集合中值是 values 的成员，语法格式为：

```
zrem(name,values)
```

例如：

```
r.zrem("zset_name","a1","a2")
```

(5) zscore()方法。

该方法获取名称对应有序集合中 value 对应的分类，语法格式为：

```
zscore(name,value)
```

例如：

```
print(r.zscore("zset_name","a1"))
```

(6) zinterstore()方法。

该方法用于获取两个有序集合的交集并放入 dest 集合，如果遇到相同值不同分数，则按照 aggregate 进行操作，语法格式为：

```
zinterstore(dest, keys, aggregate = None)
```

例如：

```
r.zadd("zset_name", "a1", 6, "a2", 2,"a3",5)
r.zadd('zset_name1', a1 = 7,b1 = 10, b2 = 5)
# # aggregate 的值为: SUM、MIN、MAX
r.zinterstore("zset_name2",("zset_name1","zset_name"),aggregate = "MAX")
print(r.zscan("zset_name2"))
```

14.4.4 管道

Redis 默认在执行每次请求时都会创建(连接池申请连接)和断开(归还连接池)一次连接操作，如果想要在一次请求中指定多个命令，则可以使用 pipline。默认情况下一次 pipline 进行的是原子性操作。

例如：

```
# -*- coding:utf-8 -*-
import redis
pool = redis.ConnectionPool(host = '192.168.0.110', port = 6379)
r = redis.Redis(connection_pool = pool)
pipe = r.pipeline(transaction = True)
r.set('name', 'zhangsan')
r.set('name', 'lisi')
pipe.execute()
```

14.4.5 发布和订阅

在 Python 中想要发布和订阅，首先要定义一个 RedisHelper 类，连接 Redis，定义频道为 monitor，定义发布(publish)及订阅(subscribe)方法。实现代码为：

```
# -*- coding:utf-8 -*-
import redis
class RedisHelper(object):
    def __init__(self):
```

```
        self.__conn = redis.Redis(host='192.168.0.110',port=6379) # 连接 Redis
        self.channel = 'monitor' # 定义名称
    def publish(self,msg): # 定义发布方法
        self.__conn.publish(self.channel,msg)
        return True
    def subscribe(self): # 定义订阅方法
        pub = self.__conn.pubsub()
        pub.subscribe(self.channel)
        pub.parse_response()
        return pub
```

发布者的代码为：

```
# -*- coding:utf-8 -*-
# 发布
from RedisHelper import RedisHelper
obj = RedisHelper()
obj.publish('hello') # 发布
```

订阅者的代码为：

```
# -*- coding:utf-8 -*-
# 订阅
from RedisHelper import RedisHelper
obj = RedisHelper()
redis_sub = obj.subscribe() # 调用订阅方法
while True:
    msg = redis_sub.parse_response()
    print(msg)
```

14.5 操作 RabbitMQ

RabbitMQ 是一个在 AMQP 基础上完整的，可复用的企业消息系统。它遵循 Mozilla Public License 开源协议，采用 Erlang 实现的工业级的消息队列(MQ)服务器，Rabbit MQ 建立在 Erlang OTP 平台上。

MQ 全称为 Message Queue，消息队列是一种应用程序对应用程序的通信方法。应用程序通过读写出入队列的消息(针对应用程序的数据)来通信，而无需专用连接来链接它们。

消息传递指的是程序之间通过在消息中发送数据进行通信，而不是通过直接调用彼此来通信，直接调用通常是用于诸如远程过程调用的技术。排队指的是应用程序通过队列来通信，队列的使用除去了接收和发送应用程序同时执行的要求。

14.5.1 安装 Erlang

在安装 rabbitMQ 之前，需要先安装 Erlang，官网下载 Erlang 的网址为 http://www.erlang.org/downloads。下载完成后，双击打开安装界面，如图 14-15 所示，进行默认安装即可。

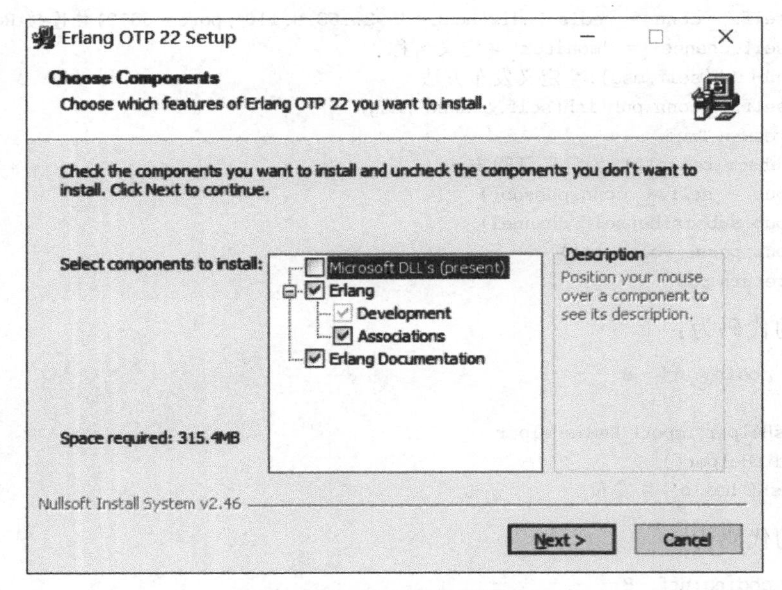

图 14-15　Erlang 安装界面

14.5.2　安装 RabbitMQ

安装 Erlang 完成后，接着安装 RabbitMQ，其下载官网地址为 https://www.rabbitmq.com/download.html。安装方法不再赘述。

14.6　习题

1. 使用 3 台主机进行分布式爬取结构图，其中一台主机作为________，另外两台主机作为________。

2. 爬虫节点主要包含________、________和________。

3. 什么是主从模式？

4. Redis 的优势有哪些？

5. 编写代码，利用 Python 连接 mongodb 数据库，实现插入数据、更新数据、查询数据、删除数据等操作。

第 15 章 CHAPTER 15

爬虫的综合实战

在前面的章节内容中，对爬虫的基本概念、公式、应用都进行了详细、全面的介绍，本章直接通过几个实例来演示爬虫的综合实战。

15.1 Email 提醒

大家可能会奇怪 Email 在 Python 爬虫开发中有什么用呢？Email 主要起到提醒作用，当爬虫在运行过程中遇到异常或者服务器遇到问题时，可以通过 Email 及时向自己报告。

发送邮件的协议是 STMP，Python 内置对 SMTP 的支持，可以发送纯文本邮件、HTML 邮件以及带附件的邮件。Python 对 SMTP 的支持包括 smtplib 和 email 两个模块，email 负责构造邮件，smtplib 负责发送邮件。

在介绍发送 Email 之前，首先申请一个 163 邮箱，开启 SMTP 功能。这里采用的网易的电子邮件服务器 smtp.163.com，如图 15-1 所示。

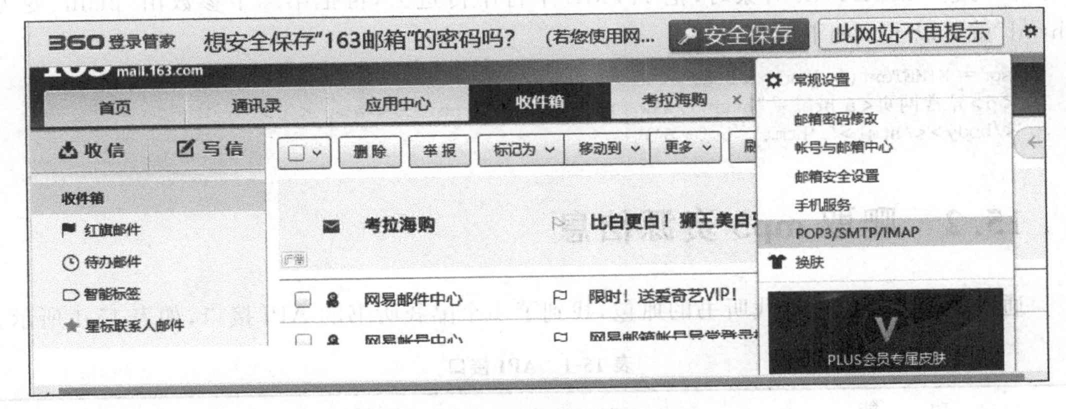

图 15-1 163 邮箱开启 SMTP

将 SMTP 开启之后，构造一个纯文本邮件：

```
from email.mime.text import MIMEText
msg = MIMEText('Python 爬虫运行异常，异常信息为遇到 HTTP 403', 'plain', 'utf-8')
```

构造 MIMEText 对象时需要 3 个参数：

- 邮件正文。

• MIME 的 subtype,传入“plain”表示纯文本,最终的 MIME 就是“text/plain”。
• 设置编码格式,UTF-8 编码保证多语言兼容性。

接着设置邮件的发件人、收件人和邮件主题等信息,并通过 SMTP 发送出去。代码如下:

```
#coding:utf-8
from email.header import Header
from email.mime.text import MIMEText
from email.utils import parseaddr, formataddr
import smtplib
def _format_addr(s):
    name, addr = parseaddr(s)
    return formataddr((Header(name, 'utf-8').encode(), addr))
#发件人地址
from_addr = 'xxxxxxxx@163.com'
#邮箱密码
password = 'pass'
#收件人地址
to_addr = 'xxxxxxxx@qq.com'
#163 网易邮箱服务器地址
smtp_server = 'smtp.163.com'
#设置邮件信息
msg = MIMEText('Python 爬虫运行异常,异常信息为遇到 HTTP 403', 'plain', 'utf-8')
msg['From'] = _format_addr('一号爬虫<%s>' % from_addr)
msg['To'] = _format_addr('管理员<%s>' % to_addr)
msg['Subject'] = Header('一号爬虫运行状态', 'utf-8').encode()
#发送邮件
server = smtplib.SMTP(smtp_server, 25)
server.login(from_addr, password)
server.sendmail(from_addr, [to_addr], msg.as_string())
server.quit()
```

有时候发送的可能不是纯文本,需要发送 HTML 邮件,以便将异常网页信息发送回去。在构造 MIMEText 对象时,把 HTML 字符串传进去,再把第二个参数由“plain”变为“html”就可以了。如下所示:

```
msg = MIMEText('<html><body><h1>Hello</h1>' +
'<p>异常网页<a href="http://www.cnblogs.com">cnblogs</a>...</p>' +
'</body></html>', 'html', 'utf-8')
```

15.2 爬取 mp3 资源信息

通过 Wireshark 对酷我听书的抓包,找到了 4 个酷我听书的 API 接口,如表 15-1 所示。

表 15-1 API 接口

功　能	API 接口
获取所有节目分类	http://ts.kuwo.cn/service/gethome.php? act=new_home
获取某一分类下的所有节目	http://ts.kuwo.cn/service/getlist.v31.php? act=catlist&id={id}
获取某一节目下的所有热门曲目	http://ts.kuwo.cn/service/getlist.v31.php? act=cat&id={id}&type=hot
获取某一曲目详细信息	http://ts.kuwo.cn/service/getlist.v31.php? act=cat&id=detail&id={id}

由前面的介绍可知，这几个 API 接口是逐层递进的关系，从前一个 API 接口的 JSON 响应中可以获取下一个 API 接口所需的 ID。知道了这层关系，下面就编写一个简单的 API 爬虫程序，功能是提取相声分类下郭德纲相声的曲目详细信息。

1. 爬虫下载器

实现爬虫下载器的 JSON 格式的代码为：

```
#coding:utf-8
import requests
class SpiderDownloader(object):
    def download(self,url):
        if url is None:
            return None
        user_agent = 'Mozilla/5.0 (Windows NT 6.1; WOW64) AppleWebKit/537.36 (KHTML, like
Gecko) Chrome/45.0.2454.93 Safari/537.36'
        headers = {'User-Agent':user_agent}
        r = requests.get(url,headers=headers)
        if r.status_code==200:
            r.encoding='utf-8'
            return r.text
        return None
```

2. 爬虫解析器

由于是爬取所有郭德纲的曲目信息，提前通过 API 接口知道了 ID，所以直接爬取 http://ts.kuwo.cn/service/getlist.v31.php?act=cat&id=50 这个链接下的数据即可。数据格式如图 15-2 所示。

{"ret":200,"sign":"a06fa6c420bdc0dc9e4acd52c5285d23","count":8,"list":[{"Id":100174649,"Pid":1,"Artist":"郭德纲","User":"professor","Name":"郭德纲&于谦对口相声精选集","State":0,"PlCntAll":1005909330,"Img":"do2pf1","Count":43,"Update":"2019-01-03 16:38:44"},{"Id":100235855,"Pid":1,"Artist":"郭德纲","User":"刘彤","Name":"郭德纲对口相声精选集","State":2,"PlCntAll":10116624,"Img":"jnyzop","Count":97,"Update":"2019-01-04 15:56:59"},{"Id":100235857,"Pid":1,"Artist":"郭德纲","User":"刘彤","Name":"郭德纲相声精选集","State":0,"PlCntAll":6925512,"Img":"r5ubip","Count":122,"Update":"2019-01-04 17:28:58"},{"Id":100235849,"Pid":1,"Artist":"郭德纲","User":"刘彤","Name":"郭德纲单口相声精选集","State":2,"PlCntAll":4328064,"Img":"2pbkt4","Count":25,"Update":"2019-01-04 11:26:40"},{"Id":100235861,"Pid":1,"Artist":"郭德纲","User":"刘彤","Name":"郭德纲剧场压轴大作实录-我要上春晚","State":2,"PlCntAll":3465768,"Img":"wx3m2n","Count":31,"Update":"2019-01-04 16:36:10"},{"Id":100235860,"Pid":1,"Artist":"郭德纲","User":"刘彤","Name":"郭德纲剧场压轴大作实录-论相声50年之现状","State":2,"PlCntAll":1457508,"Img":"a0bacw","Count":29,"Update":"2019-01-04 16:00:48"},{"Id":100235859,"Pid":1,"Artist":"郭德纲","User":"刘彤","Name":"郭德纲剧场压轴大作实录-我这一辈子","State":2,"PlCntAll":1392996,"Img":"4c4m1m","Count":22,"Update":"2019-01-04 15:07:56"},{"Artist":"嘻哈包袱铺","Count":4,"Id":8622941,"Img":"oh40uh","Name":"嘻哈包袱铺奇葩说相声专场","Pid":1,"PlCntAll":635610,"State":0,"Type":0,"Update":"2019-03-11 16:53:47","User":"李方锋"}]}

图 15-2 数据格式

解析器需要将 JSON 文件中 list 下所有的 Name 和 ID 信息提取出来，将提取出来的 ID，再代入 http://ts.kuwo.cn/service/getlist.v31.php?act=cat&id=detail&id={id} 链接获取详细信息，并将其中曲目的 ID、Name 和 Path 提取出来，存储为 HTML。解析器代码为：

```
#coding:utf-8
import json
class SpiderParser(object):
    def get_kw_cat(self, response):
```

```
        '''
        获取分类下的曲目
        :param response:
        :return:
        '''
        try:
            kw_json = json.loads(response, encoding = "utf - 8")
            cat_info = []
            if kw_json["sign"] is not None:
                if kw_json["list"] is not None:
                    for data in kw_json["list"]:
                        id = data["Id"]
                        name = data["Name"]
                        cat_info.append({'id':id,'cat_name':name})
                    return cat_info
        except Exception,e:
            print(e)
    def get_kw_detail(self,response):
        '''
        获取某一曲目的详细信息
        :param response:
        :return:
        '''
        detail_json = json.loads(response, encoding = "utf - 8")
        details = []
        for data in detail_json["Chapters"]:
            if data is None:
                return
            else:
                try:
                    file_path = data["Path"]
                    name = data["Name"]
                    file_id = str(data["Id"])
                    details.append({'file_id':file_id,'name':name,'file_path':file_path})
                except Exception,e:
                    print(e)
        return details
```

3. 数据存储器

数据存储器的代码如下：

```
#coding:utf - 8
import codecs
class SpiderDataOutput(object):
    def __init__(self):
        self.filepath = 'kuwo.html'
        self.output_head(self.filepath)
    def output_head(self,path):
        '''
        将 HTML 头写进去
        :return:
        '''
        fout = codecs.open(path,'w',encoding = 'utf - 8')
        fout.write("<html>")
```

```
        fout.write("<body>")
        fout.write("<table>")
        fout.close()
    def output_html(self,path,datas):
        '''
        将数据写入 HTML 文件中
        :param path: 文件路径
        :return:
        '''
        if datas == None:
            return
        fout = codecs.open(path,'a',encoding = 'utf - 8')
        for data in datas:
            fout.write("<tr>")
            fout.write("<td>%s</td>" % data['file_id'])
            fout.write("<td>%s</td>" % data['name'])
            fout.write("<td>%s</td>" % data['file_path'])
            fout.write("</tr>")
        fout.close()
    def ouput_end(self,path):
        '''
        输出 HTML 结束
        :param path: 文件存储路径
        :return:
        '''
        fout = codecs.open(path,'a',encoding = 'utf - 8')
        fout.write("</table>")
        fout.write("</body>")
        fout.write("</html>")
        fout.close()
```

4. 爬虫调度器

爬虫调度器的代码为：

```
#coding:utf - 8
from APISpider.SpiderDataOutput import SpiderDataOutput
from APISpider.SpiderDownloader import SpiderDownloader
from APISpider.SpiderParser import SpiderParser
class SpiderMan(object):
    def __init__(self):
        self.downloader = SpiderDownloader()
        self.parser = SpiderParser()
        self.output = SpiderDataOutput()
    def crawl(self,root_url):
        content = self.downloader.download(root_url)
        for info in self.parser.get_kw_cat(content):
            print(info)
            cat_name = info['cat_name']
            detail_url = 'http://ts.kuwo.cn/service/getlist.v31.php?act = detail&id = %s'
 % info['id']
            content = self.downloader.download(detail_url)
            details = self.parser.get_kw_detail(content)
            print(detail_url)
```

```
            self.output.output_html(self.output.filepath,details)
        self.output.ouput_end(self.output.filepath)
if __name__ == "__main__":
    spider = SpiderMan()
    spider.crawl('http://ts.kuwo.cn/service/getlist.v31.php?act=cat&id=50')
```

以上就是API爬虫的所有内容，启动爬虫，数据就开始存储了，效果如图15-3所示。

104926293 第19集_你要锻炼	VJJvY3.aac
104926294 第20集_你压力大吗	f2aQRb.aac
104926295 第21集_你要买房	3eqYja.aac
104926296 第22集_你得锻炼	YrYfAz.aac
104034241 001—续济公传	MZB7Zz.mp3
104034242 002—续济公传	veUbQn.mp3
104034243 003—续济公传	bia2Yr.mp3
104034244 004—续济公传	y2l3eu.mp3
104034245 005—续济公传	nY3Abm.mp3
104034246 006—续济公传	lVvqqa.mp3
104034247 007—续济公传	viMJZj.mp3
104034248 008—续济公传	jYBN7z.mp3
104034249 009—续济公传	E7ZBNv.mp3
104034250 010—续济公传	bmE32m.mp3
104034251 011—续济公传	zMnuui.mp3
104034252 012—续济公传	ZjQV7n.mp3
104034253 013—续济公传	mlrABb.mp3
104034254 014—续济公传	BnQblf.mp3
104034255 015—续济公传	rEjiMb.mp3
104034256 016—续济公传	lBfqQr.mp3

图15-3　最终数据

注意：以上所有的分析结果仅限当时的情况，但方法是一样的。大家可以尝试着将所有的链接都用上，并将数据存储到数据库中。另外，这些接口对同一个IP有次数限制。

15.3　创建云起书院爬虫

在开始编程之前，首先要根据项目需求对云起书院网站进行分析。目标是提取小说的名称、作者、分类、状态、更新时间、字数、单击量、人气和推荐等数据。首先来到书院的书库(http://yunqi.qq.com/bk)，如图15-4所示。

可以在图书列表中找到每一本书的名称、作者、分类、状态、更新时间、字数等信息。同时将页面滑到底部，可以看到翻页的按钮。

接着选其中一部小说单击进去，可以进入小说的详情页，在作品信息中，可以找到单击量、人气和推荐等数据，如图15-5所示。

1. 定义Item

创建完工程后，首先要做的是定义Item，确定需要提取的结构化数据。主要定义两个Item：一个负责装载小说的基本信息；一个负责装载小说热度(单击量和人气等)的信息。代码如下：

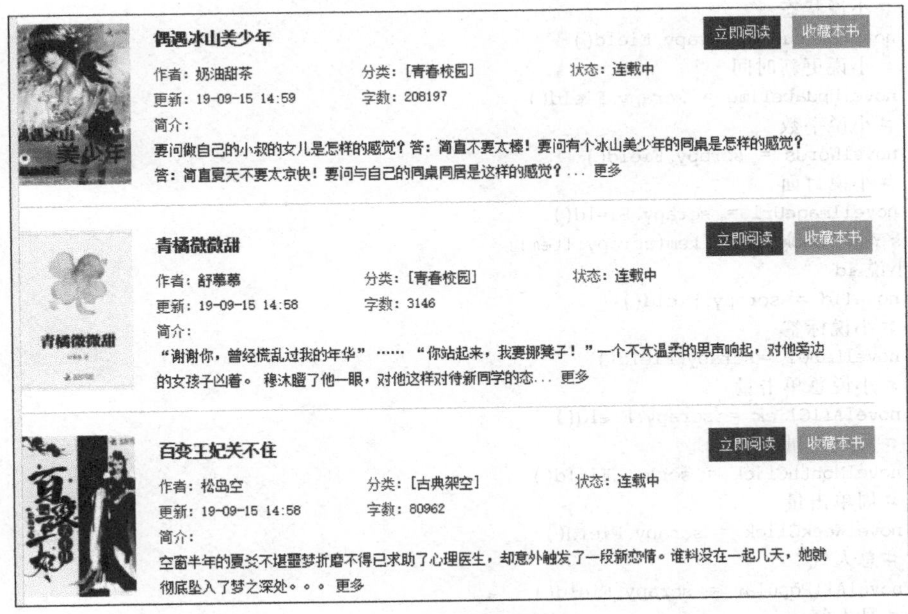

图 15-4　图书列表

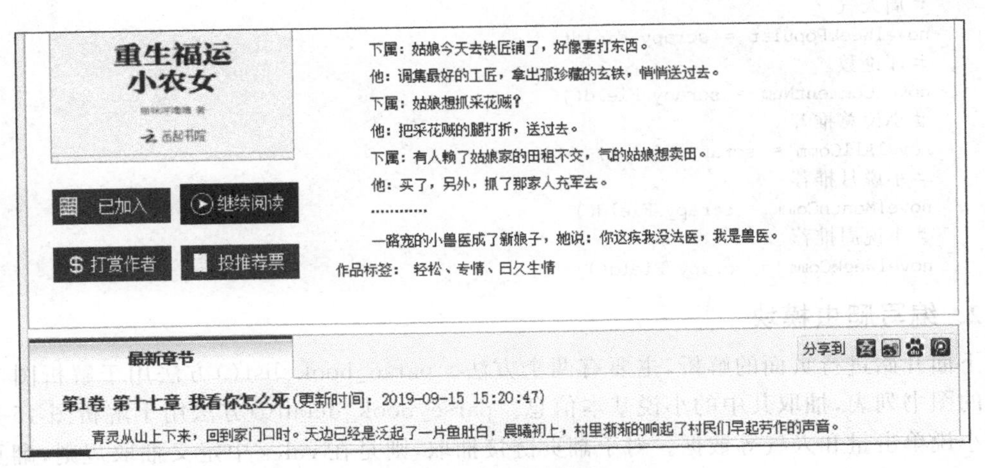

图 15-5　小说详情页

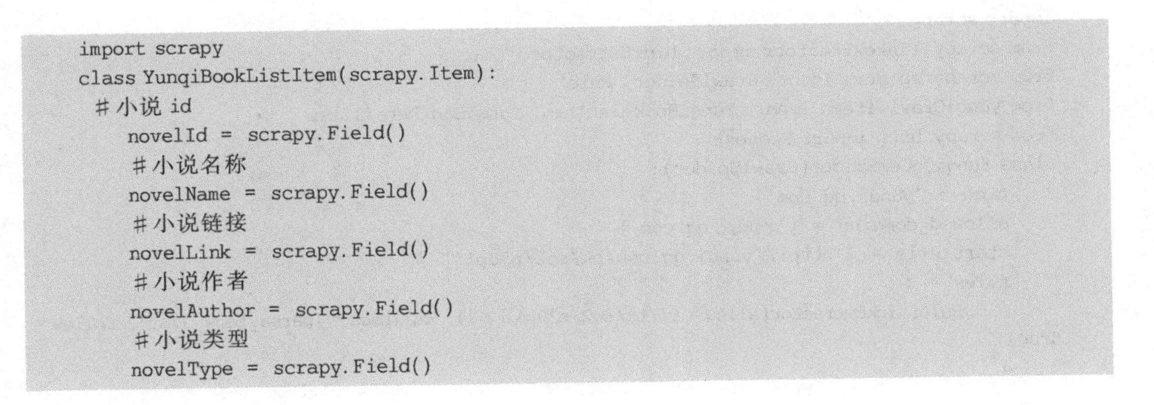

```
import scrapy
class YunqiBookListItem(scrapy.Item):
 #小说 id
    novelId = scrapy.Field()
    #小说名称
    novelName = scrapy.Field()
    #小说链接
    novelLink = scrapy.Field()
    #小说作者
    novelAuthor = scrapy.Field()
    #小说类型
    novelType = scrapy.Field()
```

```
        #小说状态
        novelStatus = scrapy.Field()
        #小说更新时间
        novelUpdateTime = scrapy.Field()
        #小说字数
        novelWords = scrapy.Field()
        #小说封面
        novelImageUrl = scrapy.Field()
class YunqiBookDetailItem(scrapy.Item):
    #小说 id
        novelId = scrapy.Field()
        #小说标签
        novelLabel = scrapy.Field()
        #小说总单击量
        novelAllClick = scrapy.Field()
        #月单击量
        novelMonthClick = scrapy.Field()
        #周单击量
        novelWeekClick = scrapy.Field()
        #总人气
        novelAllPopular = scrapy.Field()
        #月人气
        novelMonthPopular = scrapy.Field()
        #周人气
        novelWeekPopular = scrapy.Field()
        #评论数
        novelCommentNum = scrapy.Field()
        #小说总推荐
        novelAllComm = scrapy.Field()
        #小说月推荐
        novelMonthComm = scrapy.Field()
        #小说周推荐
        novelWeekComm = scrapy.Field()
```

2. 编写爬虫模块

下面开始进行页面的解析，主要有两个方法。parse_book_list()方法用于解析图 15-4 所示的图书列表，抽取其中的小说基本信息。parse_book_detail()方法用于解析图 15-5 所示的小说单击量和人气等数据。对于翻页链接抽取，则是在 rules 中定义抽取规则，翻页链接基本上符合“/bk/so2/n30p/d+”这种形式，YunqiQqComSpider 的完整代码为：

```
import scrapy
from scrapy.linkextractors import LinkExtractor
from scrapy.spiders import CrawlSpider, Rule
from yunqiCrawl.items import YunqiBookListItem, YunqiBookDetailItem
from scrapy.http import Request
class YunqiQqComSpider(CrawlSpider):
    name = 'yunqi.qq.com'
    allowed_domains = ['yunqi.qq.com']
    start_urls = ['http://yunqi.qq.com/bk/so2/n30p1']
    rules = (
        Rule(LinkExtractor(allow = r'/bk/so2/n30p\d + '), callback = 'parse_book_list', follow =
True),
    )
```

```
    def parse_book_list(self,response):
        books = response.xpath(".//div[@class='book']")
        for book in books:
            novelImageUrl = book.xpath("./a/img/@src").extract_first()
            novelId = book.xpath("./div[@class='book_info']/h3/a/@id").extract_first()
            novelName = book.xpath("./div[@class='book_info']/h3/a/text()").extract_
first()
            novelLink = book.xpath("./div[@class='book_info']/h3/a/@href").extract_
first()
            novelInfos = book.xpath("./div[@class='book_info']/dl/dd[@class='w_auth']")
            if len(novelInfos)> 4:
                novelAuthor = novelInfos[0].xpath('./a/text()').extract_first()
                novelType = novelInfos[1].xpath('./a/text()').extract_first()
                novelStatus = novelInfos[2].xpath('./text()').extract_first()
                novelUpdateTime = novelInfos[3].xpath('./text()').extract_first()
                novelWords = novelInfos[4].xpath('./text()').extract_first()
            else:
                novelAuthor = ''
                novelType = ''
                novelStatus = ''
                novelUpdateTime = ''
                novelWords = 0
            bookListItem = YunqiBookListItem(novelId = novelId,novelName = novelName,
                                novelLink = novelLink,novelAuthor = novelAuthor,
                                novelType = novelType,novelStatus = novelStatus,
                                novelUpdateTime = novelUpdateTime,novelWords = novelWords,
                                novelImageUrl = novelImageUrl)
            yield bookListItem
            request = scrapy.Request(url = novelLink,callback = self.parse_book_detail)
            request.meta['novelId'] = novelId
            yield request
    def parse_book_detail(self,response):
        # from scrapy.shell import inspect_response
        # inspect_response(response, self)
        novelId = response.meta['novelId']
        novelLabel = response.xpath("//div[@class='tags']/text()").extract_first()
        novelAllClick = response.xpath(".//*[@id='novelInfo']/table/tr[2]/td[1]/text()")
.extract_first()
        novelAllPopular = response.xpath(".//*[@id='novelInfo']/table/tr[2]/td[2]/text()")
.extract_first()
        novelAllComm = response.xpath(".//*[@id='novelInfo']/table/tr[2]/td[3]/text()")
.extract_first()
        novelMonthClick = response.xpath(".//*[@id='novelInfo']/table/tr[3]/td[1]/text()")
.extract_first()
        novelMonthPopular = response.xpath(".//*[@id='novelInfo']/table/tr[3]/td[2]/
text()").extract_first()
        novelMonthComm = response.xpath(".//*[@id='novelInfo']/table/tr[3]/td[3]/text()")
.extract_first()
        novelWeekClick = response.xpath(".//*[@id='novelInfo']/table/tr[4]/td[1]/text()")
.extract_first()
        novelWeekPopular = response.xpath(".//*[@id='novelInfo']/table/tr[4]/td[2]/
text()").extract_first()
        novelWeekComm = response.xpath(".//*[@id='novelInfo']/table/tr[4]/td[3]/text()")
.extract_first()
```

```
        novelCommentNum = response.xpath(".//*[@id='novelInfo_commentCount']/text()")
.extract_first()
        bookDetailItem = YunqiBookDetailItem(novelId = novelId, novelLabel = novelLabel,
novelAllClick = novelAllClick, novelAllPopular = novelAllPopular, novelAllComm = novelAllComm,
novelMonthClick = novelMonthClick, novelMonthPopular = novelMonthPopular, novelMonthComm =
novelMonthComm, novelWeekClick = novelWeekClick, novelWeekPopular = novelWeekPopular,
novelWeekComm = novelWeekComm, novelCommentNum = novelCommentNum)
        yield bookDetailItem
```

3. Pipeline

上面完成了爬虫模块的编写,下面开始编写 Pipeline,主要是完成 Item 到 MongoDB 的存储,分成两个集合进行存储,并采用搭建 MongoDB 集群的方式。实现代码为:

```
# -*- coding: utf-8 -*-
import re
import pymongo
from yunqiCrawl.items import YunqiBookListItem
class YunqicrawlPipeline(object):
    def __init__(self, mongo_uri, mongo_db,replicaset):
        self.mongo_uri = mongo_uri
        self.mongo_db = mongo_db
        self.replicaset = replicaset
    @classmethod
    def from_crawler(cls, crawler):
        return cls(
            mongo_uri = crawler.settings.get('MONGO_URI'),
            mongo_db = crawler.settings.get('MONGO_DATABASE', 'yunqi'),
            replicaset = crawler.settings.get('REPLICASET')
        )
    def open_spider(self, spider):
        self.client = pymongo.MongoClient(self.mongo_uri,replicaset = self.replicaset)
        self.db = self.client[self.mongo_db]
    def close_spider(self, spider):
        self.client.close()
    def process_item(self, item, spider):
        if isinstance(item,YunqiBookListItem):
            self._process_booklist_item(item)
        else:
            self._process_bookeDetail_item(item)
        return item
    def _process_booklist_item(self,item):
        '''
        处理小说信息
        :param item:
        :return:
        '''
        self.db.bookInfo.insert(dict(item))
    def _process_bookeDetail_item(self,item):
        '''
        处理小说热度
        :param item:
        :return:
        '''
```

```
        #需要对数据进行一下清洗,类似: 总字数: 10120,提取其中的数字
        pattern = re.compile('\d+')
        #去掉空格和换行
        item['novelLabel'] = item['novelLabel'].strip().replace('\n','')
        match = pattern.search(item['novelAllClick'])
        item['novelAllClick'] = match.group() if match else item['novelAllClick']
        match = pattern.search(item['novelMonthClick'])
        item['novelMonthClick'] = match.group() if match else item['novelMonthClick']
        match = pattern.search(item['novelWeekClick'])
        item['novelWeekClick'] = match.group() if match else item['novelWeekClick']
        match = pattern.search(item['novelAllPopular'])
        item['novelAllPopular'] = match.group() if match else item['novelAllPopular']
        match = pattern.search(item['novelMonthPopular'])
        item['novelMonthPopular'] = match.group() if match else item['novelMonthPopular']
        match = pattern.search(item['novelWeekPopular'])
        item['novelWeekPopular'] = match.group() if match else item['novelWeekPopular']
        match = pattern.search(item['novelAllComm'])
        item['novelAllComm'] = match.group() if match else item['novelAllComm']
        match = pattern.search(item['novelMonthComm'])
        item['novelMonthComm'] = match.group() if match else item['novelMonthComm']
        match = pattern.search(item['novelWeekComm'])
        item['novelWeekComm'] = match.group() if match else item['novelWeekComm']
        self.db.bookhot.insert(dict(item))
```

最后在 settings 中添加如下代码,激活 Pipeline。

```
ITEM_PIPELINES = {
    'yunqiCrawl.pipelines.YunqicrawlPipeline': 300,
}
```

4. 应对反爬虫机制

为了不被反爬虫机制检测到,主要采用了伪造随机 User-Agent、自动限速、禁用 Cookie 等措施。

1) 伪造随机 User-Agent

可以使用中间件来伪造中间件,实现代码为:

```
#coding:utf-8
import random
'''
这个类主要用于产生随机 UserAgent
'''
class RandomUserAgent(object):
    def __init__(self,agents):
        self.agents = agents
    @classmethod
    def from_crawler(cls,crawler):
        return cls(crawler.settings.getlist('USER_AGENTS'))#返回的是本类的实例
                                                          #cls == RandomUserAgent

    def process_request(self,request,spider):
```

在 settings 中设置 USER_AGENTS 的值:

```
USER_AGENTS = [
    "Mozilla/4.0 (compatible; MSIE 6.0; Windows NT 5.1; SV1; AcooBrowser; .NET CLR 1.1.4322;
.NET CLR 2.0.50727)",
```

```
    "Mozilla/4.0 (compatible; MSIE 7.0; Windows NT 6.0; Acoo Browser; SLCC1; .NET CLR 2.0.50727; Media Center PC 5.0; .NET CLR 3.0.04506)",
    "Mozilla/4.0 (compatible; MSIE 7.0; AOL 9.5; AOLBuild 4337.35; Windows NT 5.1; .NET CLR 1.1.4322; .NET CLR 2.0.50727)",
    "Mozilla/5.0 (Windows; U; MSIE 9.0; Windows NT 9.0; en-US)",
    "Mozilla/5.0 (compatible; MSIE 9.0; Windows NT 6.1; Win64; x64; Trident/5.0; .NET CLR 3.5.30729; .NET CLR 3.0.30729; .NET CLR 2.0.50727; Media Center PC 6.0)",
    "Mozilla/5.0 (compatible; MSIE 8.0; Windows NT 6.0; Trident/4.0; WOW64; Trident/4.0; SLCC2; .NET CLR 2.0.50727; .NET CLR 3.5.30729; .NET CLR 3.0.30729; .NET CLR 1.0.3705; .NET CLR 1.1.4322)",
    "Mozilla/4.0 (compatible; MSIE 7.0b; Windows NT 5.2; .NET CLR 1.1.4322; .NET CLR 2.0.50727; InfoPath.2; .NET CLR 3.0.04506.30)",
    "Mozilla/5.0 (Windows; U; Windows NT 5.1; zh-CN) AppleWebKit/523.15 (KHTML, like Gecko, Safari/419.3) Arora/0.3 (Change: 287 c9dfb30)",
    "Mozilla/5.0 (X11; U; Linux; en-US) AppleWebKit/527+ (KHTML, like Gecko, Safari/419.3) Arora/0.6",
    "Mozilla/5.0 (Windows; U; Windows NT 5.1; en-US; rv:1.8.1.2pre) Gecko/20070215 K-Ninja/2.1.1",
    "Mozilla/5.0 (Windows; U; Windows NT 5.1; zh-CN; rv:1.9) Gecko/20080705 Firefox/3.0 Kapiko/3.0",
    "Mozilla/5.0 (X11; Linux i686; U;) Gecko/20070322 Kazehakase/0.4.5",
    "Mozilla/5.0 (X11; U; Linux i686; en-US; rv:1.9.0.8) Gecko Fedora/1.9.0.8-1.fc10 Kazehakase/0.5.6",
    "Mozilla/5.0 (Windows NT 6.1; WOW64) AppleWebKit/535.11 (KHTML, like Gecko) Chrome/17.0.963.56 Safari/535.11",
    "Mozilla/5.0 (Macintosh; Intel Mac OS X 10_7_3) AppleWebKit/535.20 (KHTML, like Gecko) Chrome/19.0.1036.7 Safari/535.20",
    "Opera/9.80 (Macintosh; Intel Mac OS X 10.6.8; U; fr) Presto/2.9.168 Version/11.52",
    "Mozilla/5.0 (Windows NT 6.1; WOW64) AppleWebKit/536.11 (KHTML, like Gecko) Chrome/20.0.1132.11 TaoBrowser/2.0 Safari/536.11",
    "Mozilla/5.0 (Windows NT 6.1; WOW64) AppleWebKit/537.1 (KHTML, like Gecko) Chrome/21.0.1180.71 Safari/537.1 LBBROWSER",
    "Mozilla/5.0 (compatible; MSIE 9.0; Windows NT 6.1; WOW64; Trident/5.0; SLCC2; .NET CLR 2.0.50727; .NET CLR 3.5.30729; .NET CLR 3.0.30729; Media Center PC 6.0; .NET4.0C; .NET4.0E; LBBROWSER)",
    "Mozilla/4.0 (compatible; MSIE 6.0; Windows NT 5.1; SV1; QQDownload 732; .NET4.0C; .NET4.0E; LBBROWSER)",
    "Mozilla/5.0 (Windows NT 6.1; WOW64) AppleWebKit/535.11 (KHTML, like Gecko) Chrome/17.0.963.84 Safari/535.11 LBBROWSER",
    "Mozilla/4.0 (compatible; MSIE 7.0; Windows NT 6.1; WOW64; Trident/5.0; SLCC2; .NET CLR 2.0.50727; .NET CLR 3.5.30729; .NET CLR 3.0.30729; Media Center PC 6.0; .NET4.0C; .NET4.0E)",
    "Mozilla/5.0 (compatible; MSIE 9.0; Windows NT 6.1; WOW64; Trident/5.0; SLCC2; .NET CLR 2.0.50727; .NET CLR 3.5.30729; .NET CLR 3.0.30729; Media Center PC 6.0; .NET4.0C; .NET4.0E; QQBrowser/7.0.3698.400)",
    "Mozilla/4.0 (compatible; MSIE 6.0; Windows NT 5.1; SV1; QQDownload 732; .NET4.0C; .NET4.0E)",
    "Mozilla/4.0 (compatible; MSIE 7.0; Windows NT 5.1; Trident/4.0; SV1; QQDownload 732; .NET4.0C; .NET4.0E; 360SE)",
    "Mozilla/4.0 (compatible; MSIE 6.0; Windows NT 5.1; SV1; QQDownload 732; .NET4.0C; .NET4.0E)",
    "Mozilla/4.0 (compatible; MSIE 7.0; Windows NT 6.1; WOW64; Trident/5.0; SLCC2; .NET CLR 2.0.50727; .NET CLR 3.5.30729; .NET CLR 3.0.30729; Media Center PC 6.0; .NET4.0C; .NET4.0E)",
    "Mozilla/5.0 (Windows NT 5.1) AppleWebKit/537.1 (KHTML, like Gecko) Chrome/21.0.1180.89 Safari/537.1",
    "Mozilla/5.0 (Windows NT 6.1; WOW64) AppleWebKit/537.1 (KHTML, like Gecko) Chrome/21.0.1180.89 Safari/537.1",
```

```
    "Mozilla/5.0 (iPad; U; CPU OS 4_2_1 like Mac OS X; zh-cn) AppleWebKit/533.17.9 (KHTML, like Gecko) Version/5.0.2 Mobile/8C148 Safari/6533.18.5",
    "Mozilla/5.0 (Windows NT 6.1; Win64; x64; rv:2.0b13pre) Gecko/20110307 Firefox/4.0b13pre",
    "Mozilla/5.0 (X11; Ubuntu; Linux x86_64; rv:16.0) Gecko/20100101 Firefox/16.0",
    "Mozilla/5.0 (Windows NT 6.1; WOW64) AppleWebKit/537.11 (KHTML, like Gecko) Chrome/23.0.1271.64 Safari/537.11",
    "Mozilla/5.0 (X11; U; Linux x86_64; zh-CN; rv:1.9.2.10) Gecko/20100922 Ubuntu/10.10 (maverick) Firefox/3.6.10"
]
```

并启用该中间件，代码为：

```
DOWNLOADER_MIDDLEWARES = {
    'scrapy.downloadermiddlewares.useragent.UserAgentMiddleware': None,
    'yunqiCrawl.middlewares.RandomUserAgent.RandomUserAgent': 410,
}
```

2）自动限速的配置

实现自动限速的配置代码为：

```
DOWNLOAD_DELAY = 3
AUTOTHROTTLE_ENABLED = True
AUTOTHROTTLE_START_DELAY = 5
AUTOTHROTTLE_MAX_DELAY = 60
```

3）禁用 Cookie

实现禁用 Cookie 的代码为：

```
COOKIES_ENABLED = False
```

采取以上措施之后如果还是会被发现的话，可以写一个 HTTP 代理中间件来更换 IP。

5. 去重优化

最后在 settings 中配置 scrapy_Redis，代码为：

```
#使用 scrapy_redis 的调度器
SCHEDULER = "yunqiCrawl.scrapy_redis.scheduler.Scheduler"
#在 redis 中保持 scrapy-redis 用到的各个队列，从而允许暂停和暂停后恢复
SCHEDULER_PERSIST = True
# 在 redis 中保持 scrapy-redis 用到的各个队列，从而允许暂停和暂停后恢复
#使用 scrapy_redis 的去重方式
# DUPEFILTER_CLASS = "scrapy_redis.dupefilter.RFPDupeFilter"
REDIS_HOST = '127.0.0.1'
REDIS_PORT = 6379
```

经过以上步骤，一个分布式爬虫就搭建起来了，如果想在远程服务器上使用，直接对 IP 和端口进行修改即可。

下面需要讲解一下去重优化的问题，看一下 scrapy_Redis 中是如何实现 RFPDupeFilter 的。关键代码为：

```
def request_seen(self, request):
    fp = request_fingerprint(request)
    added = self.server.sadd(self.key, fp)
    return not added
```

scrappy_Redis 是将生成的 fingerprint 放到 Redis 的 set 数据结构中进行去重的。接着

看一下 fingerprint 是如何产生的，先进入 request_fingerprint 方法中。

```
def request_fingerprint(request, include_headers = None):
 if include_headers:
     include_headers = tuple([h.lower() for h in sorted(include_headers)])
 cache = _fingerprint_cache.setdefault(request,{})
 if include_headers not in cache:
     fp = hashlib.shal()
     fp.update(request.method)
     fp.update(canonicalize_url(request.url))
     fp.updage(request.body or '')
     if include_headers:
         for hdr in include_headers:
             fp.update(hdr)
             for v in request.headers.getlist(hdr):
                 fp.update(v)
     cache[include_headers] = fp.hexdigest()
 return cache[include_headers]
```

从代码中看到依然调用的是 scrapy 自带的去重方式，只不过将 fingerprint 的存储换了个位置。

推荐一个开源项目 https://github.com/qiyeboy/Scrapy_Redis_Bloomfilter，它在 scrapy-Redis 的基础上加入了 BloomFilter 的功能。使用方法如下：

```
git clone https://github.com/giyeboy/Scrapy_Redis_Bloomfilter
```

将源码包 clone 到本地，并将 BloomfilterOnRedis_Demo 文件夹下的 scrapy_Redis 文件夹复制到 Scrapy 项目中 settings.py 的同级文件夹下，以 yunqiCrawl 项目为例，在 settings.py 中增加如下几个字段：

- FILTER_URL＝None
- FILTER_HOST＝'localhost'
- FILTER_PORT＝6379
- FILTER_DB＝0
- SCHEDULER_QUEUE_CLASS＝'yunqiCrawl.scrapy_Redis.queue.SpiderPriorityQueue'

将之前使用的官方 SCHEDULER 替换为本地文件夹的 SCHEDULER：

```
SCHEDULER = 'yunqicrawl.scrapy_redis.scheduler.scheduler'
```

最后将 DUPEFILTER_CLASS＝"scrappy_Redis.dupefilter.RFPDupeFilter"删除即可。

15.4 使用代理爬取微信公众号文章

本节利用代理来爬取微信公众号的文章，下面介绍主要步骤。

1. 目标

我们的主要目标是利用代理爬取微信公众号的文章，提取正文、发表日期、公众号等内容，爬取来源是搜狗微信，其链接为 http://weixin.sogou.com/，然后将爬取结果保存到 MySQL 数据库。

2. 准备工作

首先需要准备能正常运行的代理池。这里需要用的 Python 库有 aiohttp、requests、Redis-py、pyquery、Flask、PyMySQL。

3. 爬取分析

搜狗对微信公众平台的公众号和文章做了整合。可以通过上面的链接搜索到相关的公众号和文章,例如搜索 NBA,可以搜索到最新的文章,如图 15-6 所示。

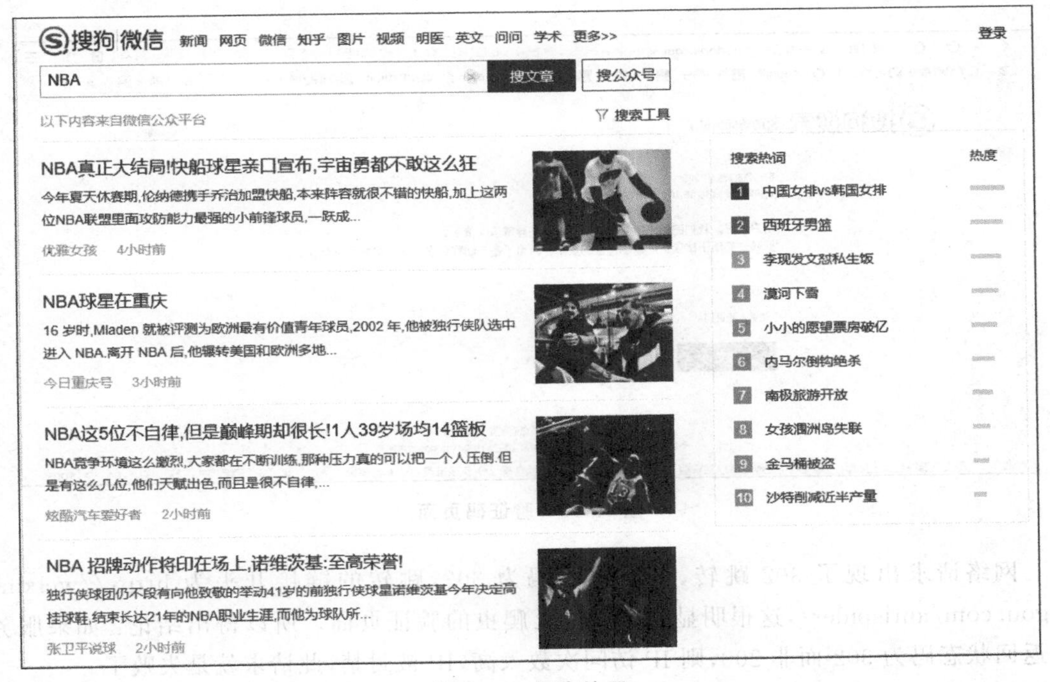

图 15-6 搜索结果

单击搜索后,搜索结果的 URL 中其实有很多无关 GET 请求参数,将无关的参数去掉,只保留 type 和 query 参数,例如 http://weixin.sogou.com/weixin?type=2&query=NBA,搜索关键词为 NBA,类型为 2,2 代表搜索微信文章。

下拉网页,单击"下一页"按钮即可翻页,如图 15-7 所示。

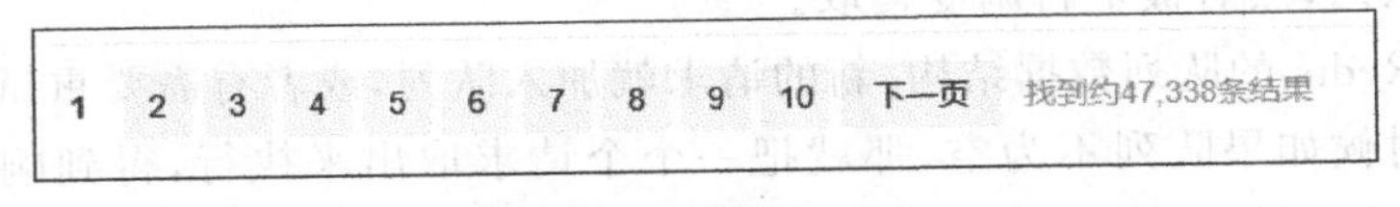

图 15-7 翻页列表

注意,如果没有输入数据账号登录,那么只能看到 10 页的内容,登录之后可以看到 100 页内容,如图 15-8 和图 15-9 所示。

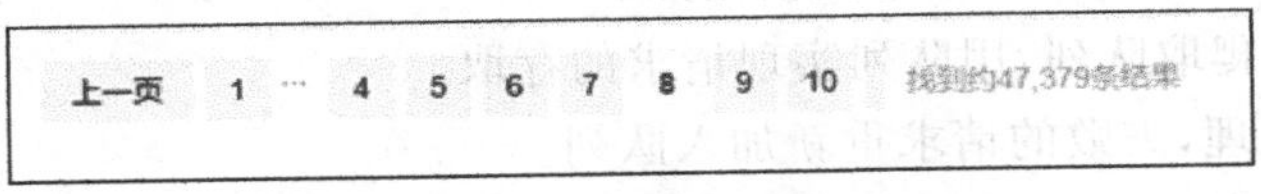

上一页 1 … 4 5 6 7 8 9 10 找到约47,379条结果

图 15-8 不登录的结果

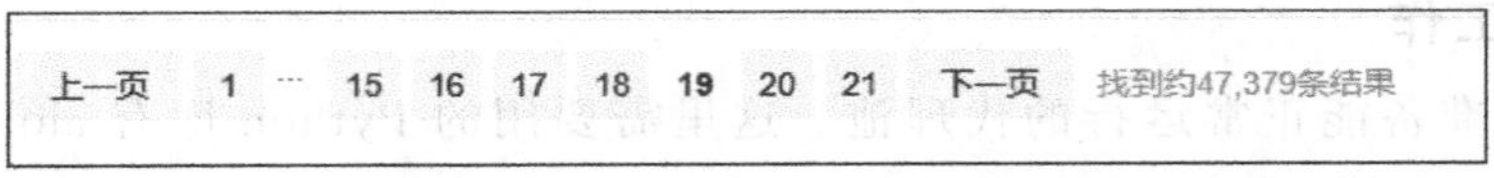

上一页 1 … 15 16 17 18 19 20 21 下一页 找到约47,379条结果

图 15-9 登录后的结果

如果需要爬取更多内容,就需要登录并使用 Cookie 来爬取。

搜索微信站点的反爬虫能力很强,如连续刷新,站点就会弹出类似图 15-10 的验证码页面。

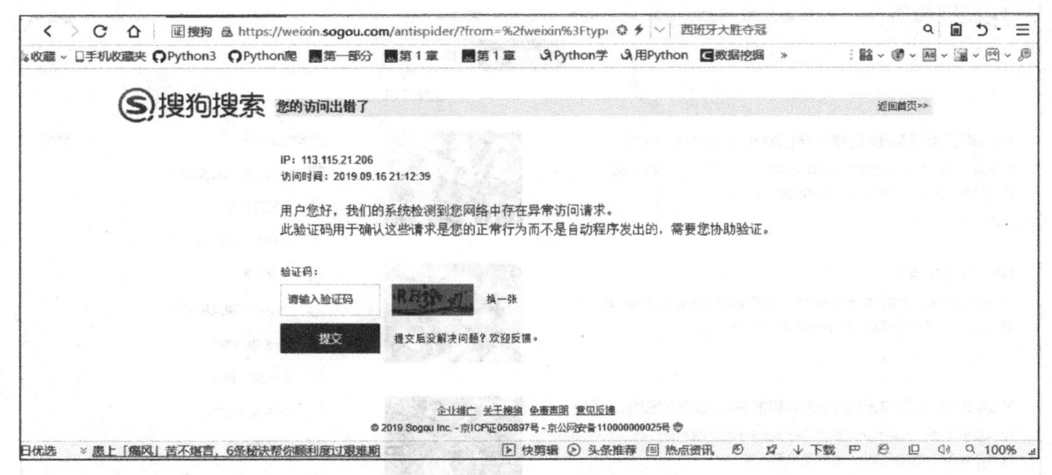

图 15-10 验证码页面

网络请求出现了 302 跳转,返回状态码为 302,跳转的链接开头为 http://weixin.sogou.com/antispider/,这很明显就是一个反爬虫的验证页面。所以得出结论:如果服务器返回状态码为 302 而非 200,则 IP 访问次数太高,IP 被封禁,此请求就是失败了。

如果遇到这种情况,可以选择识别验证码并解封,也可以使用代理直接切换 IP。在这里采用第二种方法,使用代理直接跳过这个验证。还需要更改检测的 URL 为搜索微信的站点。

对于这种反爬能力很强的网站来说,如果遇到此种返回状态就需要重试。所以采用另一种爬取方式,借助数据库构造一个爬取队列,待爬取的请求都放到队列里,如果请求失败了则重新放回队列,然后被重新调度爬取。

在此采用 Redis 的队列数据结构,新的请求就加入队列,或者有需要重试的请求也放回队列。调度的时候如果队列不为空,那就把一个个请求取出来执行,得到响应后再进行解析,提取出想要的结果。

这次采用 MySQL 存储,将爬取结果构造为一个字典,实现动态存储。

综上所述,本实例实现的功能有如下几点:

- 修改代理池检测链接为搜索微信站点。
- 构造 Redis 爬取队列,用队列实现请求的存取。
- 实现异常处理,失败的请求重新加入队列。
- 实现翻页和提取文章列表,并将对应请求加入队列。

- 实现微信文章的信息的提取。
- 将提取到的信息保存到 MySQL。

4）构造请求

既然要用队列来存储请求，那么肯定要实现一个 Request 请求的数据结构，这个请求需要包含一些必要信息，如请求链接、请求头、请求方式、超时时间。另外对于某些请求，需要对应的方法来处理其响应，所以需要再加一个 callback 回调函数。每次翻页请求需要代理来实现，所以还需要一个参数 NeedProxy。如果一个请求失败次数太多，那就不再重新请求了，所以还需要增加失败次数的记录。

这些字段都需要作为 Request 的一部分，组成一个完整的 Request 对象放入队列去调度，这样从队列获取出来的时候直接执行这个 Request 对象即可。

可以采用继承 requests 库中的 Request 对象的方式来实现这个数据结构。requests 库中已经有了 Request 对象，它将 Request 请求作为一个整体对象去执行，得到响应后再返回。其实 requests 库的 get()、post()等方法都是通过执行 Request 对象实现的。

首先看看 Request 对象的源码：

```
class Request(RequestHooksMinxin):
  def _init_(self,
        method = None, url = None, headers = None, files = None, data = None,
        params = None, auth = None, cookies = None, hooks = None, json = None):
        #字义空的字典参数
        data = [] if data is None else data
        files = [] if files is None else files
        headers = {} if headers is None else headers
        params = {} if params is None else params
        hooks = {} if hooks is None else
        self.hooks = default_hooks()
        for (k,v) in list(hooks.items()):
            self.register_hook(even = k, hook = v)
        self.method = method
        self.url = url
        self.headers = headers
        self.files = files
        self.data = data
        self.json = json
        self.params = params
        self.auth = auth
        self.cookies = cookies
```

这是 requests 库中 Request 对象的构造方法。这个 Request 对象已经包含了请求方式、请求链接、请求头这几个属性，但是相比我们需要的还差了几个。我们需要实现一个特定的数据结构，在原先的基础上加入另外的几个属性。这里需要继承 Request 对象重新实现一个请求，将它定义为 WeixinRequest，实现如下：

```
from weixin.config import *
from requests import Request
class WeixinRequest(Request):
    def __init__(self, url, callback, method = 'GET', headers = None, need_proxy = False, fail_
time = 0, timeout = TIMEOUT):
        Request.__init__(self, method, url, headers)
```

```
        self.callback = callback
        self.need_proxy = need_proxy
        self.fail_time = fail_time
        self.timeout = timeout
```

在此实现了 WeixinRequest 数据结构。_init_()方法先调用 Request 的_init_()方法，然后加入另外的几个参数，定义为 callback、need_proxy、fail_time、timeout，分别代表回调函数、是否需要代理爬取、失败次数、超时时间。

可以将 WeixinRequest 作为一个整体来执行，一个个 WeixinRequest 对象都是独立的，每个请求都有自己的属性。例如，调用它的 callback，就可以知道这个请求的响应应该用什么方法来处理；调用 fail_time 就可以知道这个请求失败了多少次，判断失败次数是不是到了阈值，该不该丢弃这个请求。

5. 实现请求队列

接着就需要构造请求队列，实现请求的存取。存取无非就是两个操作：一个是放，一个是取，所以这里利用 Redis 的 rpush()和 lpop()方法即可。

还需要注意，存取时不能直接存 Request 对象，因为 Redis 中存的是字符串，所以在存 Request 对象之前先把它序列化，取出来的时候再将其反序列化，这个过程可以利用 pickle 模块实现。

实现代码为：

```
from redis import StrictRedis
from config import *
from pickle import dumps, loads
from request import WeixinRequest
class RedisQueue():
    def __init__(self):
        """
        初始化 Redis
        """
        self.db = StrictRedis(host = REDIS_HOST, port = REDIS_PORT, password = REDIS_
PASSWORD)
    def add(self, request):
        """
        向队列添加序列化后的 Request
        :param request: 请求对象
        :param fail_time: 失败次数
        :return: 添加结果
        """
        if isinstance(request, WeixinRequest):
            return self.db.rpush(REDIS_KEY, dumps(request))
        return False
    def pop(self):
        """
        取出下一个 Request 并反序列化
        :return: Request or None
        """
        if self.db.llen(REDIS_KEY):
            return loads(self.db.lpop(REDIS_KEY))
        else:
```

```
            return False
    def clear(self):
        self.db.delete(REDIS_KEY)
    def empty(self):
        return self.db.llen(REDIS_KEY) == 0
if __name__ == '__main__':
    db = RedisQueue()
    start_url = 'http://www.baidu.com'
    weixin_request = WeixinRequest(url = start_url, callback = 'hello', need_proxy = True)
    db.add(weixin_request)
    request = db.pop()
    print(request)
    print(request.callback, request.need_proxy)
```

这里实现了一个 RedisQueue，它的_init_()构造方法中初始化了一个 StrickRedis 对象。随后实现了 add()方法，首先判断 Request 的类型，如果是 WeixinRequest，那么程序就会用 pickle 的 dumps()方法序列化，然后再调用 rpush()方法加入队列。pop()方法则相反，调用 lpop()方法将请求从队列取出，然后再用 pickle()的 loads()方法将其转为 WeixinRequest 对象。另外，empty()方法返回队列是否为空，只需要判断队列长度是否为 0 即可。

在调度时，只需要新建一个 RedisQueue 对象，然后调用 add()方法，传入 WeixinRequest 对象，即可将 WeixinRequest 加入队列，调用 pop()方法，即可取出下一个 WeixinRequest 对象，非常简单易用。

6. 修改代理池

接着要生成请求并开始爬取，在此之前还需要做一件事，那就是先找一些可用代理。之前代理池检测的 URL 并不是搜狗微信站点，所以需要将代理池检测的 URL 修改成搜狗微信站点，以便于将被搜狗微信站点封禁的代理剔除掉，留下可用代理。

现在将代理池的设置文件中的 TEST_URL 修改一下，如 https://weixin.sogou.com/weixin?type=2&query=nba，被本站点封的代理会被减分，正常请求的代理就会赋值为 100，最后留下的就是可用代理。修改之后将获取模块、检测模块、接口模块的开关都设置为 True。这样，数据中留下的代理就是针对搜狗微信的可用代理了。

同时访问代理接口，接口设置为 5555，访问 http://127.0.0.1:5555/random，即可获取随机可用代理。

再定义一个函数来获取随机代理：

```
PROXY_POOL_URL = 'http://127.0.0.1:5555/random'
    def get_proxy(self):
        """
        从代理池获取代理
        :return:
        """
        try:
            response = requests.get(PROXY_POOL_URL)
            if response.status_code == 200:
                print('Get Proxy', response.text)
                return response.text
```

```
            return None
        except requests.ConnectionError:
            return None
```

7. 第一个请求

一切准备工作都做好，下面就可以构造第一个请求放到队列中以供调度了。定义一个Spider类，实现start()方法的代码如下：

```
from requests import Session
from db import RedisQueue
from request import WeixinRequest
from urllib.parse import urlencode
class Spider():
    base_url = 'http://weixin.sogou.com/weixin'
    keyword = 'NBA'
    headers = {
        'Accept': 'text/html,application/xhtml+xml,application/xml;q=0.9,image/webp,
image/apng,*/*;q=0.8',
        'Accept-Encoding': 'gzip, deflate',
        'Accept-Language': 'zh-CN,zh;q=0.8,en;q=0.6,ja;q=0.4,zh-TW;q=0.2,mt;q=0.2',
        'Cache-Control': 'max-age=0',
        'Connection': 'keep-alive',
        'Cookie': 'IPLOC=CN1100; SUID=6FEDCF3C541C940A000000005968CF55; SUV=
1500041046435211; ABTEST=0|1500041048|v1; SNUID=CEA85AE02A2F7E6EAFF9C1FE2ABEBE6F;
weixinIndexVisited=1; JSESSIONID=aaar_m7LEIW-jg_gikPZv; ld=Wkllllllll2BzGMVlllll-
VOo8cUlllll5G@HbZllll9lllllRklll5@@@@@@@@@@',
        'Host': 'weixin.sogou.com',
        'Upgrade-Insecure-Requests': '1',
        'User-Agent': 'Mozilla/5.0 (Macintosh; Intel Mac OS X 10_12_3) AppleWebKit/537.36
(KHTML, like Gecko) Chrome/59.0.3071.115 Safari/537.36'
    }
    session = Session()
    queue = RedisQueue()
    def start(self):
        """
        初始化工作
        """
        # 全局更新Headers
        self.session.headers.update(self.headers)
        start_url = self.base_url + '?' + urlencode({'query': self.keyword, 'type': 2})
        weixin_request = WeixinRequest(url=start_url, callback=self.parse_index, need_
proxy=True)
        # 调度第一个请求
        self.queue.add(weixin_request)
```

这里定义了Spider类，设置了很多全局变量，比如keyword设置为NBA，headers就是请求头。在浏览器里登录账号，然后在开发者工具里将请求头复制出来，记得带上Cookie字段，这样才能爬取100页的内容。然后初始化Session和RedisQueue对象，它们分别用来执行请求和存储请求。

首先，start()方法全局更新了headers，使得所有请求都能应用Cookie。然后构造了一个起始URL(http://weixin.sogou.com/weixin?type=2&query=NBA)，随后用该URL构造了一个WeixinRequest对象。回调函数是Spider类的parse_index()方法，也就是当这

个请求成功之后就用 parse_index()来处理和解析。need_proxy 参数设置为 True，代表执行这个请求需要用到代理。随后调用了 RedisQueue 的 add()方法，将这个请求加入队列，等待调度。

8. 调度请求

加入第一个请求之后，调度开始了。首先从队列中取出这个请求，将它的结果解析出来，生成新的请求加入队列，然后取出新的请求，对结果进行解析，再生成新的请求加入队列，这样循环往复执行，直到队列中没有请求，则代表爬取结束。实现代码为：

```
VALID_STATUSES = [200]
    def schedule(self):
        """
        调度请求
        :return:
        """
        while not self.queue.empty():
            weixin_request = self.queue.pop()
            callback = weixin_request.callback
            print('Schedule', weixin_request.url)
            response = self.request(weixin_request)
            if response and response.status_code in VALID_STATUSES:
                results = list(callback(response))
                if results:
                    for result in results:
                        print('New Result', type(result))
                        if isinstance(result, WeixinRequest):
                            self.queue.add(result)
                        if isinstance(result, dict):
                            self.mysql.insert('articles', result)

                else:
                    self.error(weixin_request)
            else:
                self.error(weixin_request)
```

此处实现了一个 schedule()方法，其内部是一个循环，循环地判断是否队列不为空。

当队列不为空时，调用 pop()方法取出下一个请求，调用 request()方法执行这个请求，request()方法的实现如下：

```
from requests import ReadTimeout,ConnectionError
    def request(self, weixin_request):
        """
        执行请求
        :param weixin_request: 请求
        :return: 响应
        """
        try:
            if weixin_request.need_proxy:
                proxy = self.get_proxy()
                if proxy:
                    proxies = {
                        'http': 'http://' + proxy,
                        'https': 'https://' + proxy
```

```
                    }
                    return self.session.send(weixin_request.prepare(),
                                                        timeout = weixin_request.timeout, allow_
redirects = False, proxies = proxies)
                return self.session.send(weixin_request.prepare(), timeout = weixin_request
.timeout, allow_redirects = False)
        except (ConnectionError, ReadTimeout) as e:
            print(e.args)
            return False
```

这里首先判断这个请求是否需要代理，如果需要代理，则调用 get_proxy()方法获取代理，然后调用 Session 的 send()方法执行这个请求。这里的请求调用了 prepare()方法转化为 prepared Request，具体的用法可以参考 http://docs.python-requests.org/en/master/user/advanced/#prepared-requests，同时设置 allow_redirects 为 False，timeout 是该请求的超时时间，最后响应返回。

执行 request()方法之后会得到两种结果：一种是 False，即请求失败，连接错误；另一种是 Response 对象，这时还需要判断状态码，如果状态码合法，那么就进行解析，否则重新将请求加回队列。

如果状态码合法，解析的时候就会调用 WeixinRequest 的回调函数进行解析，比如此处的回调函数是 parse_index()，其实现代码为：

```
from pyquery import PyQuery as pq
    def parse_index(self, response):
        """
        解析索引页
        :param response: 响应
        :return: 新的响应
        """
        doc = pq(response.text)
        items = doc('.news-box .news-list li .txt-box h3 a').items()
        for item in items:
            url = item.attr('href')
            weixin_request = WeixinRequest(url = url, callback = self.parse_detail)
            yield weixin_request
        next = doc('#sogou_next').attr('href')
        if next:
            url = self.base_url + str(next)
            weixin_request = WeixinRequest(url = url, callback = self.parse_index, need_
proxy = True)
            yield weixin_request
```

此方法做了两件事：一件事是获取本页的所有微信文章链接；另一件事是获取下一页的链接，在构造 WeixinRequest 之后 yield 返回。

然后，schedule()方法对返回的结果进行遍历，利用 isinstance()方法判断返回结果，如果返回结果是 WeixinRequest，就将其重新加入队列。

至此，第一次循环结束。

这时 while 循环会继续执行。队列已经包含第一页内容的文章详情页请求和下一页的请求，所以第二次循环得到的下一个请求就是文章详情页的请求，程序重新调用 request()方法获取其响应，然后调用其对应的回调函数解析。这时详情页请求的回调方法就不同了，这次是 parse_detail()方法，此方法实现如下：

```
def parse_detail(self, response):
    """
    解析详情页
    :param response: 响应
    :return: 微信公众号文章
    """
    doc = pq(response.text)
    data = {
        'title': doc('.rich_media_title').text(),
        'content': doc('.rich_media_content').text(),
        'date': doc('#post-date').text(),
        'nickname': doc('#js_profile_qrcode > div > strong').text(),
        'wechat': doc('#js_profile_qrcode > div > p:nth-child(3) > span').text()
    }
    yield data
```

这个方法解析了微信文章详情页的内容，提取出它的标题、正文文本、发布日期、发布人昵称、微信公众号名称，将这些信息组合成一个字典返回。

结果返回之后还需要判断其类型，如果是字典类型，则程序调用 mysql 对象的 insert()方法将数据存入数据库。

这样，第二次循环执行完毕。

第三次循环、第四次循环，循环往复，每个请求都有各自的回调函数，索引页解析完毕之后会继续生成后续请求，详情页解析完毕之后会返回结果以便存储，直到爬取完毕。

现在，整个调度就完成了。完整的 Spider 的代码为：

```
from requests import Session
from config import *
from db import RedisQueue
from mysql import MySQL
from request import WeixinRequest
from urllib.parse import urlencode
import requests
from pyquery import PyQuery as pq
from requests import ReadTimeout, ConnectionError
class Spider():
    base_url = 'http://weixin.sogou.com/weixin'
    keyword = 'NBA'
    headers = {
        'Accept': 'text/html,application/xhtml+xml,application/xml;q=0.9,image/webp,
image/apng,*/*;q=0.8',
        'Accept-Encoding': 'gzip, deflate',
        'Accept-Language': 'zh-CN,zh;q=0.8,en;q=0.6,ja;q=0.4,zh-TW;q=0.2,mt;q=0.2',
        'Cache-Control': 'max-age=0',
        'Connection': 'keep-alive',
         'Cookie': 'IPLOC = CN1100; SUID = 6FEDCF3C541C940A000000005968CF55; SUV =
1500041046435211; ABTEST = 0|1500041048|v1; SNUID = CEA85AE02A2F7E6EAFF9C1FE2ABEBE6F;
weixinIndexVisited=1; JSESSIONID = aaar_m7LEIW-jg_gikPZv; ld = Wkllllllll2BzGMVlllll-
VOo8cUlllll5G@HbZllll9lllllRklll5@@@@@@@@@@' 'Host': 'weixin.sogou.com',
        'Upgrade-Insecure-Requests': '1',
        'User-Agent': 'Mozilla/5.0 (Macintosh; Intel Mac OS X 10_12_3) AppleWebKit/537.36
(KHTML, like Gecko) Chrome/59.0.3071.115 Safari/537.36'
```

```
    }
    session = Session()
    queue = RedisQueue()
    mysql = MySQL()
    def get_proxy(self):
        """
        从代理池获取代理
        :return:
        """
        try:
            response = requests.get(PROXY_POOL_URL)
            if response.status_code == 200:
                print('Get Proxy', response.text)
                return response.text
            return None
        except requests.ConnectionError:
            return None
    def start(self):
        """
        初始化工作
        """
        # 全局更新 Headers
        self.session.headers.update(self.headers)
        start_url = self.base_url + '?' + urlencode({'query': self.keyword, 'type': 2})
        weixin_request = WeixinRequest(url = start_url, callback = self.parse_index, need_
proxy = True)
        # 调度第一个请求
        self.queue.add(weixin_request)
    def parse_index(self, response):
        """
        解析索引页
        :param response: 响应
        :return: 新的响应
        """
        doc = pq(response.text)
        items = doc('.news - box .news - list li .txt - box h3 a').items()
        for item in items:
            url = item.attr('href')
            weixin_request = WeixinRequest(url = url, callback = self.parse_detail)
            yield weixin_request
        next = doc('#sogou_next').attr('href')
        if next:
            url = self.base_url + str(next)
            weixin_request = WeixinRequest(url = url, callback = self.parse_ index, need_
proxy = True)
            yield weixin_request
    def parse_detail(self, response):
        """
        解析详情页
        :param response: 响应
        :return: 微信公众号文章
        """
        doc = pq(response.text)
        data = {
```

```
            'title': doc('.rich_media_title').text(),
            'content': doc('.rich_media_content').text(),
            'date': doc('#post-date').text(),
            'nickname': doc('#js_profile_qrcode > div > strong').text(),
            'wechat': doc('#js_profile_qrcode > div > p:nth-child(3) > span').text()
        }
        yield data
    def request(self, weixin_request):
        """
        执行请求
        :param weixin_request: 请求
        :return: 响应
        """
        try:
            if weixin_request.need_proxy:
                proxy = self.get_proxy()
                if proxy:
                    proxies = {
                        'http': 'http://' + proxy,
                        'https': 'https://' + proxy
                    }
                    return self.session.send(weixin_request.prepare(), timeout = weixin_
request.timeout, allow_redirects = False, proxies = proxies)
            return self.session.send(weixin_request.prepare(), timeout = weixin_request
.timeout, allow_redirects = False)
        except (ConnectionError, ReadTimeout) as e:
            print(e.args)
            return False
    def error(self, weixin_request):
        """
        错误处理
        :param weixin_request: 请求
        :return:
        """
        weixin_request.fail_time = weixin_request.fail_time + 1
        print('Request Failed', weixin_request.fail_time, 'Times', weixin_request.url)
        if weixin_request.fail_time < MAX_FAILED_TIME:
            self.queue.add(weixin_request)
    def schedule(self):
        """
        调度请求
        :return:
        """
        while not self.queue.empty():
            weixin_request = self.queue.pop()
            callback = weixin_request.callback
            print('Schedule', weixin_request.url)
            response = self.request(weixin_request)
            if response and response.status_code in VALID_STATUSES:
                results = list(callback(response))
                if results:
                    for result in results:
                        print('New Result', type(result))
```

```
                    if isinstance(result, WeixinRequest):
                        self.queue.add(result)
                    if isinstance(result, dict):
                        self.mysql.insert('articles', result)
                else:
                    self.error(weixin_request)
            else:
                self.error(weixin_request)
    def run(self):
        """
        入口
        :return:
        """
        self.start()
        self.schedule()
if __name__ == '__main__':
    spider = Spider()
    spider.run()
```

最后，加了一个 run()方法作为入口，启动的时候只需要执行 Spider 的 run()方法即可。

9. MySQL 存储

整个调度模块完成。上述内容还没提及的就是存储模块，这里还需要定义一个 MySQL，实现如下：

```
import pymysql
from weixin.config import *
class MySQL():
    def __init__(self, host = MYSQL_HOST, username = MYSQL_USER, password = MYSQL_PASSWORD,
port = MYSQL_PORT, database = MYSQL_DATABASE):
        """
        MySQL 初始化
        :param host:
        :param username:
        :param password:
        :param port:
        :param database:
        """
        try:
            self.db = pymysql.connect(host, username, password, database, charset = 'utf8',
port = port)
            self.cursor = self.db.cursor()
        except pymysql.MySQLError as e:
            print(e.args)
    def insert(self, table, data):
        """
        插入数据
        :param table:
        :param data:
        :return:
        """
        keys = ', '.join(data.keys())
        values = ', '.join(['%s'] * len(data))
```

```
        sql_query = 'insert into %s (%s) values (%s)' % (table, keys, values)
        try:
            self.cursor.execute(sql_query, tuple(data.values()))
            self.db.commit()
        except pymysql.MySQLError as e:
            print(e.args)
            self.db.rollback()
```

init()方法初始化了 MySQL 连接，此时需要 MySQL 的用户、密码、端口、数据库名称等信息。数据库名为 weixin，需要自己创建。

insert()方法传入表名和字典即可动态构造 SQL，SQL 构造之后执行即可插入数据。还需要提前建立一个数据表，表名为 articles，建表的 SQL 语句如下：

```
CREATE TABLE 'articles'(
'id' int(11) NOT NULL,
'title' varchar(255) NOT NULL,
'content' text NOT NULL,
'data' varchar(255) NOT NULL,
'wechat' varchar(255) NOT NULL,
'nickname' varchar(255) NOT NULL
    )DEFAULT CHARSET = utf8
ALTER TABLE 'articles' ADO PRIMARY KEY('id');
```

至此，整个爬虫算法完成。

参考文献

[1] 赵志勇. Python 机器学习算法[M]. 北京：人民邮电出版社，2017.
[2] 唐松，陈智铨. Python 网络爬虫——从入门到实践[M]. 北京：机械工业出版社，2017.
[3] 范传辉. Python 爬虫开发与项目实战[M]. 北京：机械工业出版社，2017.
[4] 崔庆才. Python 3 网络爬虫开发实战[M]. 北京：人民邮电出版社，2018.
[5] Magnus Lie Hetland. Python 基础教程[M]. 袁国忠，译. 3 版. 北京：人民邮电出版社，2016.
[6] 李刚. 疯狂 Python 讲义[M]. 北京：电子工业出版社，2018.

图书资源支持

感谢您一直以来对清华大学出版社图书的支持和爱护。为了配合本书的使用，本书提供配套的资源，有需求的读者请扫描下方的“书圈”微信公众号二维码，在图书专区下载，也可以拨打电话或发送电子邮件咨询。

如果您在使用本书的过程中遇到了什么问题，或者有相关图书出版计划，也请您发邮件告诉我们，以便我们更好地为您服务。

我们的联系方式：

地　　址：北京市海淀区双清路学研大厦 A 座 701

邮　　编：100084

电　　话：010-83470236　010-83470237

资源下载：http://www.tup.com.cn

客服邮箱：tupjsj@vip.163.com

QQ：2301891038（请写明您的单位和姓名）

教学资源 · 教学样书 · 新书信息

人工智能科学与技术
人工智能|电子通信|自动控制

资料下载 · 样书申请

书圈

用微信扫一扫右边的二维码，即可关注清华大学出版社公众号。